科技部“十二五”科技支撑计划课题（2013BAJ03B04和2013BAJ03B06）资助

XIBU SHENGTAI CHENGZHEN YU
LÜSE JIANZHU YANJIU LUNWENJI

西部生态城镇与绿色建筑研究论文集

——中国绿色建筑与节能青年委员会2014年年会暨西部生态城镇与绿色建筑技术论坛论文集

ZHONGGUO LÜSE JIANZHU YU JIENENG QINGNIAN WEIYUANHUI 2014NIAN NIANHUI
JI XIBU SHENGTAI CHENGZHEN YU LÜSE JIANZHUJISHU LUNTAN LUNWENJI

中国绿色建筑与节能青年委员会
中国建筑西南设计研究院 编

西南交通大学出版社
·成 都·

图书在版编目（CIP）数据

西部生态城镇与绿色建筑研究论文集：中国绿色建筑与节能青年委员会 2014 年年会暨西部生态城镇与绿色建筑技术论坛论文集 / 中国绿色建筑与节能青年委员会，中国建筑西南设计研究院编．—成都：西南交通大学出版社，2014.9

ISBN 978-7-5643-3486-4

Ⅰ．①西…　Ⅱ．①中…　②中…　Ⅲ．①城镇－生态建筑－建筑设计－西北地区－文集②城镇－生态建筑－建筑设计－西南地区－文集　Ⅳ．①TU201.5-53

中国版本图书馆 CIP 数据核字（2014）第 225341 号

西部生态城镇与绿色建筑研究论文集

——中国绿色建筑与节能青年委员会 2014 年年会

暨西部生态城镇与绿色建筑技术论坛论文集

中国绿色建筑与节能青年委员会

中国建筑西南设计研究院　编

*

责任编辑　杨　勇　曾荣兵

封面设计　墨创文化

西南交通大学出版社出版发行

四川省成都市金牛区交大路 146 号　邮政编码：610031

发行部电话：028-87600564

http://www.xnjdcbs.com

四川川印印刷有限公司印刷

*

成品尺寸：210 mm × 285 mm　印张：21.5

字数：596 千字

2014 年 9 月第 1 版　2014 年 9 月第 1 次印刷

ISBN 978-7-5643-3486-4

定价：106.00 元

西部生态城镇与绿色建筑研究论文集

——中国绿色建筑与节能青年委员会2014年年会暨西部生态城镇与绿色建筑技术论坛论文集

中国绿色建筑与节能青年委员会2014年年会
暨西部生态城镇与绿色建筑技术论坛

主办单位 中国绿色建筑与节能青年委员会

承办单位 中国建筑西南设计研究院

协办单位 中国建筑第八工程局有限公司西南分公司

新疆太阳能科技开发公司

四川南玻节能玻璃有限公司

华润置地（成都）发展有限公司

学术委员会：

主　任 林波荣

副主任 冯　雅　钱　方

委　员 孙　澄　杨建荣　张　赟　李　楠

田铁威　夏　麟　高庆龙　李建春

曹　彬　钟辉智

组织委员会：

主　任 林波荣

副主任 冯　雅　高庆龙

委　员 钟辉智　许　科　申　雨　王　晓

孙雨佳　李霍弦　南艳丽　李慧群

杨正武　司鹏飞　刘　静　迟柏慧

闵晓丹　石利军　刘东升　刘希臣

前　言

在全面推进建筑可持续发展的背景下，绿色建筑已成为实现这一目标不可或缺的支持。在持续深入研究设计理论、标准与方法的同时，生态城镇、建筑节能技术、建筑声学、可再生能源技术等最新的理论和技术被应用到建筑的绿色设计中，直接影响并推动了绿色建筑的发展。

本论文集由中国绿色建筑与节能青年委员会 2014 年年会暨西部生态城镇与绿色建筑技术论坛的精选论文汇集而成。论文内容反映了以下研究成果：绿色建筑设计理论、标准与方法，生态城镇，建筑节能技术，绿色建筑中的声学研究，空调系统及可再生能源应用，绿色建筑工程实践。本次年会共征集到论文 74 篇，其中 44 篇论文全文收录于本论文集；另有 15 篇论文发表在《绿色城市与生态建筑》杂志的专刊上面，为便于大家了解本次会议的全部论文情况，特将该部分论文的摘要作为附录收入本论文集。

本论文集的出版受到国家科技部“十二五”科技支撑计划课题（2013BAJ03B04 和 2013BAJ03B06）的资助。囿于编委会水平有限，论文集可能存在不足，欢迎各界人士批评指正。

西部生态城镇与绿色建筑研究论文集编委会

2014 年 8 月 28 日

目 录

绿色建筑设计理论、标准与方法

生态城镇

建筑节能技术

绿色建筑中的声学研究

空调系统及可再生能源应用

绿色建筑工程实践

附 录

绿色建筑设计理论、标准与方法

国家标准《绿色建筑评价标准》的评价指标体系演进

叶 凌 程志军 王清勤 林海燕
（中国建筑科学研究院，北京 100013）

【摘 要】 国家标准《绿色建筑评价标准》（GB/T 50378—2014）已发布，将于2015年实施。本文首先汇总回顾了《绿色建筑评价标准》（GB/T 50378—2006）中的评价指标，并根据其评价方式分为措施、效果、标准、性能等四类，还简要分析了其存在问题。基于标准修订工作的逻辑框架，进一步介绍了《绿色建筑评价标准》（GB/T 50378—2014）中评价指标体系及基于（GB/T 50378—2006）的修改情况，并分析了其继承性、全局性和可操作性。
【关键词】 国家标准 绿色建筑评价标准 评价指标体系

1 简 介

国家标准《绿色建筑评价标准》（GB/T 50378—2006）是总结我国绿色建筑方面的实践经验和研究成果，借鉴国际先进经验制定的第一部多目标、多层次的绿色建筑综合评价标准。该标准明确了绿色建筑的定义、评价指标和评价方法，确立了我国以“四节一环保”为核心内容的绿色建筑发展理念和评价体系。标准自2006年发布实施以来，不仅有效指导了我国绿色建筑评价实践工作，累计评价项目数千个，且已成为我国各级、各类绿色建筑标准研究和编制的重要基础。

根据住房城乡建设部《2011 年工程建设标准规范制订、修订计划》,《绿色建筑评价标准》（GB/T 50378—2006）于2001年开始修订。修订工作在国家科技支撑计划的同步支持下，开展了广泛的调查研究，总结了标准的实施情况和实践经验，参考了有关国外标准，开展了多项专题研究，其中就包括对评价指标体系的研究。修订工作现已完成,《绿色建筑评价标准》（GB/T 50378—2014）已发布并将自2015年1月1日起实施。本文对GB/T 50378—2006和GB/T 50378—2014两部标准中评价指标体系的演进作介绍和分析。

2 GB/T50378—2006 中的评价指标体系

2.1 现 状

国家标准《绿色建筑评价标准》（GB/T 50378—2006）[1]第4、5章分别规定了住宅建筑、公共建筑的评价条文，共计53条控制项、83条一般项和23条优选项条文。基于这159条评价条文，在

“四节一环保” + “运营”的6大类框架下总结得到具体评价指标94项，如表1所示。表1还依据相关管理要求，区分了各评价指标的适用评价阶段。根据评价方式的不同，将各项指标具体分为措施、标准、效果、性能等4类，其中：“措施”为评价是否采用了某具体技术/管理措施，“标准”为引用或基于我国相关标准评价量化效果/性能；“效果”和“性能”则是在我国相关标准之外对效果/性能的评价，不同之处在于前者定性，后者定量。

表1 GB/T 50378—2006中的评价指标体系

指标大类	评价指标	条文号			适用类型	适用阶段	评价方式
		控制项	一般项	优选项			
节地与室外环境	场地建设保护	4.1.1，5.1.1			住宅＋公建	设计＋运行	效果
	场地选址安全	4.1.2，5.1.2			住宅＋公建	设计＋运行	效果
	超标污染源	4.1.7，5.1.4			住宅＋公建	设计＋运行	标准
	选用废弃场地			4.1.18，5.1.12	住宅＋公建	设计＋运行	措施
	施工过程环境保护	4.1.8，5.1.5			住宅＋公建	运行	措施
	公共服务设施		4.1.9		住宅	设计＋运行	措施
	公交站点距离		4.1.15，5.1.10		住宅＋公建	设计＋运行	措施
	人均居住用地指标	4.1.3			住宅	设计＋运行	标准
	旧建筑利用		4.1.10	5.1.13	住宅＋公建	设计＋运行	措施
	地下空间开发		5.1.11	4.1.17	住宅＋公建	设计＋运行	措施
	绿地与立体绿化	4.1.6	5.1.8		住宅＋公建	设计＋运行	标准/措施
	绿化物种与复层绿化	4.1.5	4.1.14，5.1.9		住宅＋公建	设计＋运行	措施
	透水地面		4.1.16	5.1.14	住宅＋公建	设计＋运行	措施
	日照标准与光污染	4.1.4，5.1.3			住宅＋公建	设计＋运行	标准＋效果
	环境噪声		4.1.11，5.1.6		住宅＋公建	设计＋运行	标准
	热岛强度		4.1.12		住宅	设计＋运行	性能
	风环境		4.1.13，5.1.7		住宅＋公建	设计＋运行	性能
节能与能源利用	围护结构热工性能	4.2.1，5.2.1			住宅＋公建	设计＋运行	标准
	建筑设计节能		4.2.4，5.2.6		住宅＋公建	设计＋运行	效果
	外窗可开启面积		5.2.7		公建	设计＋运行	标准
	外窗气密性		5.2.8		公建	设计＋运行	标准
	冷热源机组能效	4.2.2，5.2.2	4.2.6		住宅＋公建	设计＋运行	标准
	电加热热源	5.2.3			公建	设计＋运行	措施
	输配系统能效		4.2.5，5.2.13		住宅＋公建	设计＋运行	标准
	照明节能	5.2.4	4.2.7	5.2.19	住宅＋公建	设计＋运行	措施/标准
	排风热回收		4.2.8，5.2.10		住宅＋公建	设计＋运行	措施
	废热利用		5.2.14		公建	设计＋运行	措施
	蓄冷蓄热		5.2.9		公建	设计＋运行	措施

续表 1

指标大类	评价指标	条文号			适用类型	适用阶段	评价方式
		控制项	一般项	优选项			
节能与能源利用	分布式三联供			5.2.17	公建	设计+运行	措施
	可再生能源利用		4.2.9	4.2.11，5.2.18	住宅+公建	设计+运行	性能
	建筑设计能耗			4.2.10，5.2.16	住宅+公建	设计+运行	性能
	热计量	4.2.3			住宅	设计+运行	措施
	能耗分项计量	5.2.5	5.2.15		公建	设计+运行	措施
	可调新风比		5.2.11		公建	设计+运行	措施
	部分负荷节能		5.2.12		公建	设计+运行	效果
节水与水资源利用	水系统规划方案	4.3.1，5.3.1			住宅+公建	设计+运行	措施
	景观用水	4.3.4			住宅	设计+运行	措施
	供水排水系统	5.3.2			公建	设计+运行	效果
	避免管网漏损	4.3.2，5.3.3			住宅+公建	设计+运行	效果
	节水灌溉		4.3.8，5.3.8		住宅+公建	设计+运行	措施
	节水器具	4.3.3，5.3.4			住宅+公建	设计+运行	标准
	用水计量		5.3.10		公建	设计+运行	措施
	降低地表径流		4.3.6		住宅+公建	设计+运行	效果
	雨水集蓄利用		4.3.10，5.3.6		住宅+公建	设计+运行	措施
	非传统水源用途		4.3.7，5.3.7		住宅+公建	设计+运行	措施
	非传统水源用水安全	4.3.5，5.3.5			住宅+公建	设计+运行	措施
	非传统水源利用率		4.3.11，5.3.11	4.3.12，5.3.12	住宅+公建	设计+运行	性能
	再生水水源		4.3.9，5.3.9		住宅+公建	设计+运行	措施
节材与材料资源利用	建材有害物质含量	4.4.1，5.4.1			住宅+公建	运行	标准
	本地建材		4.4.3，5.4.3		住宅+公建	运行	措施
	预拌混凝土		4.4.4，5.4.4		住宅+公建	设计+运行	措施
	高性能结构材料		4.4.5，5.4.5		住宅+公建	设计+运行	措施
	建筑造型简约	4.4.2，5.4.2			住宅+公建	设计+运行	效果
	结构体系			4.4.10，5.4.11	住宅+公建	设计+运行	效果
	土建装修一体化		4.4.8，5.4.8		住宅+公建	设计+运行	措施
	灵活隔断		5.4.9		住宅+公建	设计+运行	措施
	建筑垃圾分类处理		4.4.6，5.4.6		住宅+公建	运行	措施
	利废材料		4.4.9，5.4.10		住宅+公建	运行	性能
	可再循环材料		4.4.7，5.4.7		住宅+公建	设计+运行	性能
	可再利用材料			4.4.11，5.4.12	住宅+公建	运行	性能

续表 1

指标大类	评价指标	条文号			适用类型	适用阶段	评价方式
		控制项	一般项	优选项			
室内环境质量	日照标准	4.5.1			住宅	设计＋运行	标准
	采光系数	4.5.2	5.5.11		住宅＋公建	设计＋运行	标准
	改善自然采光效果			5.5.15	公建	设计＋运行	效果
	可调节外遮阳		4.5.10	5.5.13	住宅＋公建	设计＋运行	措施
	照明设计指标	5.5.6			公建	设计＋运行	标准
	开窗视野		4.5.6		住宅	设计＋运行	效果
	围护结构隔声与噪声标准	4.5.3，5.5.5	5.5.9		住宅＋公建	设计＋运行	标准
	减少噪声干扰		5.5.10		公建	设计＋运行	效果
	空调设计参数	5.5.1			公建	设计＋运行	标准
	围护结构无结露	5.5.2	4.5.7		住宅＋公建	设计＋运行	标准
	围护结构内表面温度		4.5.8		住宅	设计＋运行	标准
	室温调控		4.5.9，5.5.8		住宅＋公建	设计＋运行	措施
	功能材料			4.5.12	住宅	运行	效果
	促进自然通风	4.5.4	5.5.7		住宅＋公建	设计＋运行	标准/效果
	空调设计新风量	5.5.3			公建	设计＋运行	标准
	室内空气污染物	4.5.5，5.5.4			住宅＋公建	运行	标准
	室内空气质量监控		4.5.11	5.5.14	住宅＋公建	设计＋运行	措施
	无障碍设施		5.5.12		公建	运行	措施
运营管理	管理制度	4.6.1，5.6.1			住宅＋公建	运行	措施
	水电气计量收费	4.6.2	5.6.10		住宅＋公建	设计＋运行	措施
	环境管理体系认证		4.6.9，5.6.5		住宅＋公建	运行	标准
	资源管理激励机制			5.6.11	公建	运行	措施
	施工土方平衡和设施延续性		5.6.4		公建	运行	效果
	智能化系统		4.6.6，5.6.8		住宅＋公建	设计＋运行	效果
	设备自控		5.6.9		公建	设计＋运行	效果
	设备与管道设置		4.6.11，5.6.6		住宅＋公建	设计＋运行	效果
	空调通风系统清洗		5.6.7		公建	运行	标准
	废气废水排放	5.6.2			公建	运行	标准
	垃圾分类收集处理	4.6.3，5.6.3	4.6.10		住宅＋公建	运行	措施/性能
	垃圾站清洁		4.6.5		住宅	运行	措施
	垃圾容器	4.6.4			住宅	运行	措施
	垃圾生物降解			4.6.12	住宅	运行	措施
	病虫害防治		4.6.7		住宅	运行	效果
	树木成活率		4.6.8		住宅	运行	性能

2.2 问 题

在这些评价指标中，同时适用于住宅和公建的有 58 项，另有仅适用于住宅的 14 项和仅适用于公建的 22 项。另外，还有 21 项指标仅适用于运行评价。此外，有部分条文对于特定建筑功能或类型存在不适用。一些具体特点包括："节地"类有多项指标仅适用于住宅；"节能"类有多项指标仅适用于公建；"节材"类有多项指标设计阶段不参评；"室内"类同时适用于住宅和公建的指标不到一半；"运营"类兼有上述特点，住宅和公建的评价指标分别侧重于环境卫生和设备设施。如此不仅会造成各星级达标项数要求随着不参评项增多而递减，存在放大误差的失真情况；更可能会造成达到同样技术要求或效果的住宅和公建，或同一建筑在设计和运行评价时，评价星级结果存在不一致，有失公平。

从评价方式上而言，采用措施评价和标准评价的指标分别有 41.5 项和 24 项（同一指标有 2 种评价方式的按 0.5 项计，后同），说明大多数评价指标操作性强且客观性好，但前者难以得知技术/管理措施对于建筑及其使用者产生的量化效果。采用效果评价的指标有 19 项之多，但却依赖评审专家主观判断，操作性和客观性不好（不少已在标准条文说明或《绿色建筑评价技术细则》[2]中补充了具体措施）。采用性能评价的指标有 9.5 项，虽可定量反映最终效果，但也存在一些指标值不尽合理、部分评价方式复杂且置信度不高等问题。

此外，结合此前完成的评价条文在绿色建筑项目中的应用情况调研，及其与多部地方标准的对比分析[3, 4]，发现了一些条文鲜有项目达标（如第 4.1.12 条"热岛强度"、第 5.2.9 条"蓄冷蓄热"、第 4.5.10、5.5.13 条"可调节外遮阳"）、一些优选项条文反而基本全部达标（如第 4.1.17 条"地下空间开发"、第 5.1.14 条"透水地面"、第 5.2.19 条"照明节能"、第 5.5.15 条"改善自然采光效果"），一些条文在多部地方标准中得到了增删内容、修改指标值、调整属性甚至取消等发展（例如第 4.1.6、5.1.8 条"绿地与立体绿化"、第 4.2.9、4.2.11、5.2.18 条"可再生能源利用"）。这些均反映出评价指标不适用或不实用的问题。

3 GB/T50378—2014 中的评价指标体系

3.1 标准修订工作

预期通过修订达到标准的评价对象范围得到扩展、评价阶段更加明确、评价方法更加科学合理、评价指标体系更加完善等效果，由此设定了标准修订工作的具体目标。为了实现绿色建筑评价工作的全面系统、科学客观、方便易行、清晰直观，在评价方法定量化的同时，评价指标体系也进行了适用建筑类型和评价阶段、具体评价方式等方面的完善，并对各评价条文赋分，所作工作如表 2 所示。

表 2 评价指标体系涉及的标准修订工作逻辑框架

标准	修订目标	对评价指标的要求	修订工作
评价对象	扩展适用范围	适用于各类民用建筑	① 合并相关条文； ② 补充新条文或新内容
评价阶段	全生命期评价	覆盖建筑工程各阶段	增加"施工管理"章
评价方法	量化评价结果	对评价结果评分 （控制项除外）	① 将原一般项和优选项合并为评分项并赋分； ② 减少效果评价类条文
	鼓励提高创新	对提高创新予以加分	增加"提高与创新"章 设置加分项并赋分

3.2 指标体系介绍

在前述思路指导下，综合考虑评价指标在实际项目中的应用情况以及在地方标准中的沿用和发展情况[2, 3]，通过评价条文的合并、修改和新增，得到了一个三级指标体系。其中，一级指标基于建设阶段（设计＋施工＋运营），并在设计上辅以绿色性能（四节一环保）细分；二级指标基本基于不同专业；三级指标为具体评价指标，共129项。详见表3。

表3 GB/T 50378—2014 中的评价指标体系

一级指标	二级指标	三级指标/具体指标	评价方式	GB/T 50378—2006 修改情况		备 注
				对应条文	程度	
节地与室外环境	土地利用	选址合规	措施	4.1.1，5.1.1	大改	控制项，原为效果评价
		场地安全	效果	4.1.2，5.1.2	小改	控制项
		节约集约用地	标准	4.1.3	大改	补充公建内容，不同功能分别评价
		绿化用地	标准/措施	4.1.6	大改	补充公建内容，不同功能分别评价
		地下空间	性能	4.1.17，5.1.11	大改	原为措施评价，不同功能分别评价
	室外环境	日照标准	标准	4.1.4，5.1.3，4.5.1	重写	
		光污染	标准	5.1.3	重写	原为效果评价
		环境噪声	标准	4.1.11，5.1.6	不变	
		风环境	性能	4.1.13，5.1.7	大改	不同季节分别评价
		降低热岛强度	措施	4.1.12	大改	原为性能评价
	交通设施公共服务	公交设施	措施	4.1.15，5.1.10	大改	
		人行道无障碍	措施	—	新增	
		停车场所	措施	—	新增	见于多部地标
		公共服务设施	措施	4.1.9	大改	补充公建内容，不同功能分别评价
	场地生态	污染源	标准	4.1.7，5.1.4	不变	控制项
		生态保护补偿	措施	—	新增	见于多部地标
		绿色雨水设施	措施	4.1.16，5.1.14	大改	
		场地径流总量	性能	4.3.6	大改	原为效果评价
		绿化方式与植物	措施	4.1.5，5.1.9，4.1.14，5.1.8	小改	
节能与能源利用	建筑围护结构	节能设计标准	标准	4.2.1,5.2.1,4.2.3,5.2.8	重写	控制项
		建筑设计优化	措施	4.2.4，5.2.6	小改	原为效果评价
		外窗幕墙可开启	标准＋措施	5.2.7	大改	外窗、幕墙分别评价
		热工性能	标准/性能	4.2.1，5.2.1，4.2.10，5.2.16	重写	兼加分项，2种评价方式供选
	供暖通风空调	电热设备	措施	5.2.3	小改	控制项
		用能分项计量	措施	5.2.5，5.2.15	小改	控制项
		冷热源机组	标准	4.2.2，5.2.2，4.2.6	大改	兼加分项

续表 3

一级指标	二级指标	三级指标/具体指标	评价方式	GB/T 50378—2006 修改情况		备　注
				对应条文	程度	
节能与能源利用	供暖通风空调	输配系统	标准	4.2.5，5.2.13	小改	
		系统选择优化	性能	4.2.10，5.2.16	大改	
		过渡季节能	措施	5.2.11	大改	仅公建适用
		部分负荷节能	措施	5.2.12	大改	原为效果评价
	照明与电气	照明功率密度	标准	5.2.4，5.2.19	小改	兼控制项
		照明控制	措施	4.2.7	大改	
		电梯扶梯	措施	—	新增	见于多部地标
		其他电气设备	标准	—	新增	见于多部地标
	能量综合利用	排风热回收	效果	4.2.8，5.2.10	小改	原为措施评价
		蓄冷蓄热	措施	5.2.9	小改	仅公建适用
		余热废热利用	措施	5.2.14	小改	
		可再生能源	性能	4.2.9，4.2.11，5.2.18	重写	对不同用途分别评价
		分布式三联供	性能	5.2.17	小改	加分项，仅公建适用，原为措施评价
节水与水资源利用	节水系统	水资源利用方案	措施	4.3.1，5.3.1，4.3.10，5.3.6,4.3.9,5.3.9,4.3.4	小改	控制项
		给排水系统	效果	5.3.2，4.3.5，5.3.5	小改	控制项
		节水用水定额	标准	—	新增	仅适用于运行评价
		管网漏损	措施	4.3.2，5.3.3	大改	原为效果评价，不同阶段分别评价
		超压出流	标准	—	新增	
		用水计量	措施	5.3.10	大改	
		公用浴室	措施	—	新增	
	节水器具设备	卫生器具	标准	4.3.3，5.3.4	大改	兼控制项、加分项
		绿化灌溉	措施	4.3.8，5.3.8	大改	两种途径供选
		空调冷却技术	措施/性能	—	新增	两种评价方式供选，不同阶段分别评价
		其他技术措施	措施	—	新增	
	非传统水源利用	非传统水源	措施/性能	4.3.7，5.3.7，4.3.11，5.3.11，4.3.12，5.3.12	重写	两种评价方式供选，不同功能分别评价
		冷却水补水	措施	—	新增	
		景观水体	措施	—	新增	
节材与材料资源利用	节材设计	建筑造型要素	效果	4.4.2，5.4.2	不变	控制项
		建筑形体规则	标准	—	新增	
		结构优化	措施	—	新增	
		土建装修一体化	措施	4.4.8，5.4.8	大改	不同功能分别评价
		灵活隔断	措施	5.4.9	大改	仅公建适用

续表 3

一级指标	二级指标	三级指标/具体指标	评价方式	GB/T 50378—2006 修改情况		备 注
				对应条文	程度	
节材与材料资源利用	节材设计	预制构件	措施	—	新增	见于多部地标
		整体化厨卫	措施	—	新增	
		结构体系	效果	4.4.10，5.4.11	不变	加分项
	材料选用	禁限材料	标准	—	新增	控制项，见于多部地标
		本地材料	措施	4.4.3，5.4.3	大改	仅适用于运行评价
		预拌混凝土	措施	4.4.4，5.4.4	不变	
		预拌砂浆	措施	—	新增	见于多部地标
		高强结构材料	措施	4.4.5，5.4.5	大改	兼控制项，不同结构分别评价
		高耐久结构材料	措施	4.4.5，5.4.5	大改	不同结构分别评价
		可循环利用材料	性能	4.4.7, 5.4.7, 4.4.11, 5.4.12	重写	不同功能分别评价
		利废材料	性能	4.4.9，5.4.10	大改	两种途径供选，仅适用于运行评价
		装饰装修材料	措施+效果	—	新增	仅适用于运行评价
室内环境质量	室内声环境	室内噪声级	标准	4.5.3，5.5.5	小改	兼控制项
		构件隔声性能	标准	4.5.3，5.5.9	小改	兼控制项
		噪声干扰	效果	5.5.10	大改	
		专项声学设计	措施	—	新增	仅公建适用
	室内光环境与视野	照明数量与质量	标准	5.5.6	小改	控制项
		户外视野	措施/效果	4.5.6	大改	不同功能分别评价
		采光系数	标准	4.5.2，5.5.11	大改	不同功能分别评价
		天然采光优化	措施+性能	5.5.15	大改	原为效果评价
	室内热湿环境	空调设计参数	标准	5.5.1，5.5.3	小改	控制项
		内表面结露	标准	5.5.2，4.5.7	小改	控制项
		内表面温度	标准	4.5.8	小改	控制项
		可调节遮阳	措施	4.5.10，5.5.13	大改	
		空调末端调节	措施	4.5.9，5.5.8	大改	
	室内空气质量	室内空气污染物	标准	4.5.5，5.5.4	小改	控制项、加分项，仅适用于运行评价
		自然通风优化	标准/性能	4.5.4，5.5.7	大改	不同功能分别评价
		室内气流组织	效果	—	新增	
		IAQ 监控	措施	4.5.11，5.5.14	大改	仅公建适用
		CO 监测	措施	4.5.11，5.5.14	大改	
		空气处理	效果	—	新增	加分项
施工管理	环境保护	施工环保计划	措施	4.1.8，5.1.5	大改	控制项
		施工降尘	措施	4.1.8，5.1.5	重写	
		施工降噪	标准	4.1.8，5.1.5	重写	
		施工废弃物	措施+性能	4.4.6，5.4.6	重写	
	资源节约	施工用能	措施	—	新增	
		施工用水	措施	—	新增	

续表 3

一级指标	二级指标	三级指标/具体指标	评价方式	GB/T 50378—2006 修改情况		备 注
				对应条文	程度	
施工管理	资源节约	混凝土损耗	性能	—	新增	
		钢筋损耗	措施/性能	—	新增	2 种评价方式供选
		定型模板	措施	—	新增	
	过程管理	施工管理体系	措施	—	新增	控制项
		职业健康安全	措施	—	新增	控制项
		绿色专项会审	措施	—	新增	控制项
		绿色专项实施	措施	—	新增	
		设计变更	措施	—	新增	
		耐久性检测	措施	—	新增	
		土建装修一体化	措施	4.4.8，5.4.8	大改	仅住宅适用
		竣工调试	措施	—	新增	
运营管理	管理制度	运行管理制度	措施	4.6.1，5.6.1	小改	控制项
		管理体系认证	标准	4.6.9，5.6.5	大改	
		操作规程	措施	—	新增	
		管理激励机制	措施	5.6.11	大改	
		教育宣传机制	措施	—	新增	
	技术管理	绿色设施工况	效果	—	新增	控制项
		自控系统工况	效果	5.6.9	大改	控制项
		设施检查调试	措施	—	新增	
		空调系统清洗	标准	5.6.7	大改	
		非传统水源记录	措施	—	新增	见于多部地标
		智能化系统	标准+效果	4.6.6，5.6.8	大改	原为效果评价，不同功能分别评价
		物业管理信息化	措施+效果	—	新增	
	环境管理	垃圾管理制度	措施	4.6.3，4.6.4	重写	控制项
		污染物排放	标准	5.6.2	小改	
		病虫害防治	措施	4.6.7	大改	原为效果评价
		植物生长状态	措施+效果	4.6.8	小改	原为性能评价
		垃圾站（间）	措施+效果	4.6.5	小改	
		垃圾分类	措施+性能	5.6.3，4.6.10，4.6.12	重写	
—	创新	建筑方案	效果	—	新增	加分项
		废弃场地/旧建筑	措施	4.1.18，5.1.12，4.1.10，5.1.13	小改	加分项
		BIM 技术	措施	—	新增	加分项
		碳排放	措施	—	新增	加分项
		其他创新	效果	—	新增	加分项

注：① 除已说明为控制项、加分项外，指标均为评分项；

② “施工管理”、“运营管理”下的三级指标均仅适用于运行阶段。

3.3 分析讨论

由表 3 与表 2 对比可见：

（1）体系具有继承性。原体系中的 6 大类指标全部沿用，94 项具体指标仅取消 6 项，绝大多数得到继承；新体系中有 85 项具体指标继承自原体系，另新增具体指标 44 个（其中包括“施工”类 12 项、“创新”类 4 项）。

（2）指标具有全局性。仅适用于住宅和公建的具体指标分别减少至 1 项和 6 项；前 5 个一级指标下的具体指标在设计阶段基本全部参评。为保证具体指标可适用于不同气候区域、建筑功能、供暖空调方式、结构体系等，还在指标对应的评价条文下设置了多个子项。

（3）评价具有可操作性。不少效果评价指标改用了其他评价方式或被移除，现仅有 13 项；措施评价指标数量占指标总数的一半以上，具体变化情况可见图 1。此外，还通过在评价条文下设置多个子项的形式，明确了对不同特点建筑的不同技术要求或评价方法，甚至提供了多种评价方式供选。

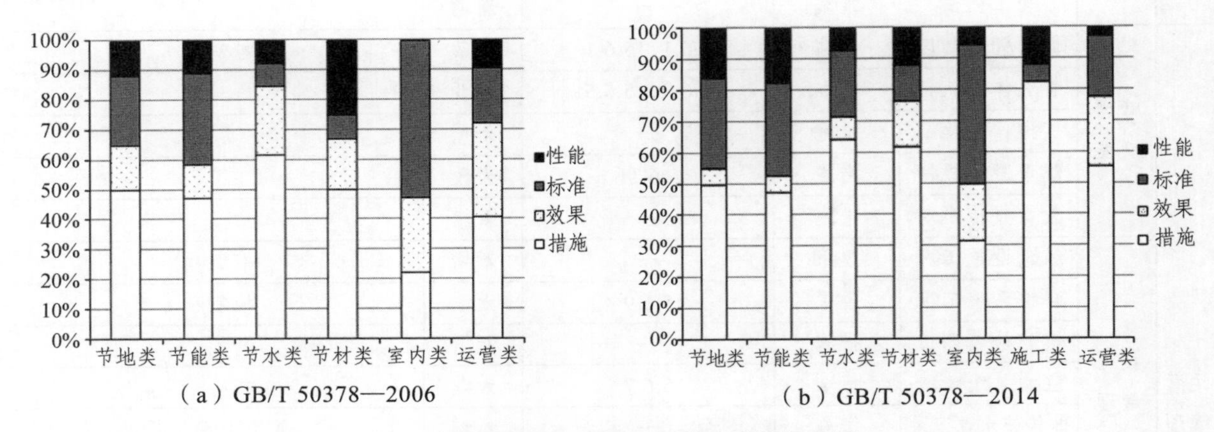

图 1 GB/T 50378 中不同评价方式指标比例

4 结束语

《绿色建筑评价标准》（GB/T 50378—2014）在原有评价指标体系基础上，形成了设 7 项一级指标、24 项二级指标、129 项三级指标的体系，不仅配合实现了评价方法的定量化，还实现了对主要建设阶段和主要建筑类型的全覆盖，并进一步提高了对指标的可操作性及其对不同建筑特点的适用性。标准为实现我国《绿色建筑行动方案》的主要目标提供了有力支撑，并将对促进绿色建筑持续健康发展、推进生态文明建设发挥重要作用。

5 致 谢

本研究受国家科技支撑计划课题（2012BAJ10B02）和中国建筑科学研究院青年基金科研项目支持。

参考文献

[1] 中华人民共和国建设部，中华人民共和国国家质量监督检验检疫总局. GB/T50378—2006. 绿色建筑评价标准. 北京：中国建筑工业出版社，2006.

[2] 中华人民共和国建设部. 关于印发《绿色建筑评价技术细则》(试行)的通知. 建科〔2007〕205号，2007.

[3] 程志军，叶凌，王清勤.《绿色建筑评价标准》评价技术条文应用情况分析. 第八届国际绿色建筑与建筑节能大会论文集. 北京：北京科海电子出版社，2012.

[4] 程志军，叶凌，高迪，等. 绿色建筑评价地方标准与国家标准对比分析. 北京：中国建筑工业出版社，2012：108-117.

BIM 技术与建筑能耗模拟的结合初探

钟辉智

（中国建筑西南设计研究院有限公司，四川成都 610081）

【摘　要】 本文提出的 BIM 与能耗模拟技术框架基于现有技术的一种解决方案，可以完成对已有模型的能耗模拟分析，促使设计方案达到最优化。但就目前的技术来说，建筑能耗模拟技术与 BIM 模型之间只能实现单方向的信息传输，即只能由 BIM 将相关的建筑信息传递到能耗模拟软件中，而不能像结构专业和设备专业一样将修改成果及时的反馈到 BIM 模型中，信息的双向传输将是以后能耗模拟与 BIM 研究的一个方向。

【关键词】 BIM　能耗模拟　信息传输

建筑信息模型 BIM（Building Information Modeling）是以建筑工程项目的各项相关信息数据作为模型的基础，进行建筑模型的建立，通过数字信息仿真模拟建筑物所具有的真实信息。

目前，国内最热门的绿色建筑中的建筑能耗水平如何利用 BIM 技术来评估则显得尤其重要。因为不同的建筑造型、不同的建筑材料、不同的建筑设备系统可以组合成很多方案，要从众多方案中选出最节能的方案，必须对每个方案的能耗进行估计，这就是建筑能耗模拟技术。一类模拟技术采用静态简化方法，如度-日数法和 BIN 方法。但是建筑物的传热过程是一个动态过程，建筑物的得热和失热是随时随地随着室外气候条件的变化而变化的，采用静态方法会引起较大误差。建筑能耗不仅仅依赖于维护结构和 HVAC 系统、照明系统的单独的性能，并且依赖于它们的总体性能。大型建筑非常复杂，建筑与环境、系统以及机房存在动态作用，这些都需要建立模型，进行动态模拟和分析。经过多年的发展，建筑模拟已经在建筑环境和能源领域取得了越来越广泛的应用，贯穿于建筑的整个寿命周期，包括建筑设计、建造、运行、维护和管理。

由此可见，建筑能耗模拟与 BIM 有非常大的关联性，建筑能耗模拟需要 BIM 的信息，但又有别于 BIM 的信息。

1　建筑能耗模拟与 BIM 信息的差异

（1）建筑能耗模拟软件对模型的简化。

在能耗模拟中，按照空气系统进行分区，每个区的内部温度一致，而所有的墙体和窗等围护结构的构件都被处理为没有厚度的表面，而在建筑设计当中墙体是有厚度的。为了解决这个问题，避免重复建模，建筑能耗模拟软件希望从 BIM 信息中获得的构件是没有厚度的一组坐标。

除了对围护结构的简化外，由于实际的建筑和空调系统往往非常复杂，完全真实的表述非但太过繁复，而且也没有必要，必须做一些简化处理。比如热区的个数，往往受程序的限制，即使在程序的限制以内，也不能过多，以免计算速度过慢。

（2）建筑构件的热工特性参数。

BIM 信息中含有建筑构件的很多信息，如尺寸、强度等，但能耗模拟软件的热工性能参数往往没有，这就需要进行补充和完善。

（3）负荷时间表。

要想得到建筑的冷/热负荷，必须知道建筑的使用情况，即对负荷的时间表进行设置，这在比 BIM 信息中没有，必须在能耗模拟软件中单独进行设置。由于还有其他模拟要基于 BIM 信息进行计算（如采光和 CFD 模拟），所以可以在 BIM 信息中增加负荷时间表，降低模拟软件的工作量。

2 建筑能耗模拟软件比选

世界上有很多用来设计和分析建筑及暖通空调系统的软件，美国能源部统计了全世界范围内用于建筑能效、可再生能源、建筑可持续等方面评价的软件工具，到目前为止共有 393 款。

其中比较流行的主要有：Energy-10、HAP、TRACE、DOE-2、BLAST、Energyplus、TRANSYS、ESP-r、Dest 等。详细的功能比较详见表 1。

表 1

项目		DOE2.1E	eQUEST	DeST	EnergyPlus	TRNSYS	ESP-r
总特点	顺序计算负荷、系统和设备	X	X	X	X	X	X
	计算步长用户自选			R	X	X	X
	可由 CAD 导入建筑模型		X	X	X	X	X
	将建筑模型导出 CAD 文件				X		X
	表面、热区、系统和设备的个数无限制		X	X	X	X	X
热区负荷计算	热平衡法			X	X	X	X
	建筑材料吸湿和放湿				X	X	
	有限差分/元墙体传热解法	X	X	X	X	X	X
	热舒适计算			X	X	X	X
太阳辐射与日光照明	考虑外部遮阳装置和周边建筑体的相互反射		X	X	X	X	X
	遮阳装置运行时间设定			X	X	X	
	用户自定义遮阳控制				X	X	
	可以控制的窗帘/百叶		X		X	X	X
	电致变色玻璃	X	X	X	X		X
	WINDOW6 计算与数据导入				X	X	

续表 1

项目		DOE2.1E	eQUEST	DeST	EnergyPlus	TRNSYS	ESP-r
太阳辐射与日光照明	用户自定义日光照明控制 分级或连续的照明控制 眩光计算与控制	X X	X X	X X X	X X X	X X	X X X
通风与气流分析	单区渗透计算	X	X	X	X	X	X
	自然通风			P	X	O	X
	多区气流分析			P	X	O	X
	置换通风				X	O	X
空调系统与设备	用户自配置空调系统 已配置的空调系统 空调系统部件	16 39	24 61	20 34	X 28 66	X 20 82	X 23 40
	太阳能吸热壁	X	X	P	X	X	X
	平板式太阳能集热器 真空管式太阳能集热器			X P	X	X X	X
可再生能源	光电池		X		X	X	X
	燃料电池				X	X	X
	风电				X	X	X

注：X：完全可用；P：部分可用；R：研究用途；O：可选（标准版本不包括，需另外购买）。

通过以上比较，可以看到，EnergyPlus 是目前功能最完善、可以满足建筑设计不同阶段的需求，所以采用 EnergyPlus 作为与 BIM 结合的能耗模拟软件是最好的选择。

目前国内外有许多软件工具也以 energyplus 为计算内核开发了一些商用的计算软件，如 DesignBuilder、OpenStudio、Simergy 等。除了考虑软件内核以外，还要考虑软件是否支持 BIM 模型导出的数据格式，如 GBXML 格式。

3 BIM 与能耗模拟技术框架

BIM 与能耗模拟技术框架详见图 1。

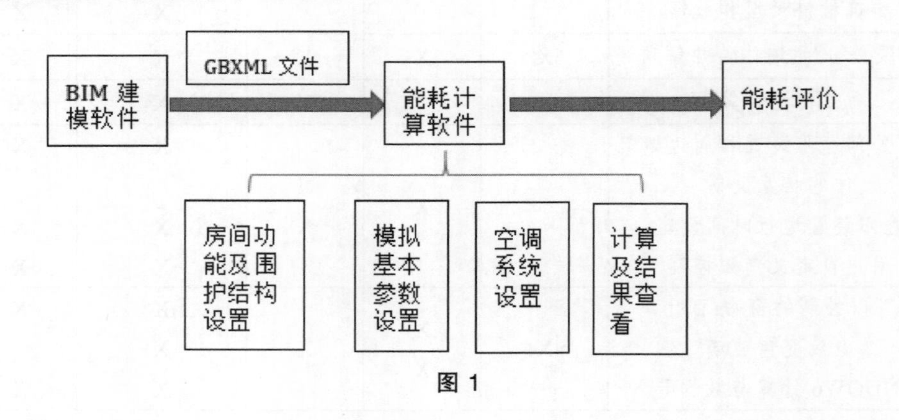

图 1

通过以上的分析可以看到，目前的建筑能耗模拟技术与 BIM 模型之间只能实现单方向的信息传输，即只能由 BIM 将相关的建筑信息传递到能耗模拟软件中，而不能像结构专业和设备专业一样将修改成果及时的反馈到 BIM 模型中。

4 结 语

BIM 和能耗模拟作为目前建筑领域的两大热点，如果可以将二者有机地结合起来，将极大地减少各专业的配合工作，提高工作效率。

本文提出的 BIM 与能耗模拟技术框架基于现有技术的一种解决方案，可以完成对已有模型的能耗模拟分析，促使设计方案达到最优化。但就目前的技术来说，建筑能耗模拟技术与 BIM 模型之间只能实现单方向的信息传输，即只能由 BIM 将相关的建筑信息传递到能耗模拟软件中，而不能像结构专业和设备专业一样将修改成果及时的反馈到 BIM 模型中，信息的双向传输将是以后能耗模拟与 BIM 研究的一个方向。

参考文献

[1] 潘毅群. 实用建筑能耗模拟手册[M]. 2013：4.
[2] 王润生，王文略. 浅析 BIM 在建筑设计中的应用[J]. 青岛理工大学学报，2013.
[3] GB/T 50378—2006，绿色建筑评价标准[S].

国内外绿色建筑标准在建筑全过程各阶段评价模式的比较分析

李文杰

（天津生态城绿色建筑研究院有限公司）

【摘　要】 绿色建筑要求在建筑全寿命周期内实现节约资源、保护环境等目标。为实现在建筑全寿命周期中的要求，国内外各个绿色建筑评价标准均结合各国行业现状，针对建筑全过程各个阶段的不同特点，提出了不同的评价模式。本文对国内外典型绿色建筑评价体系在建筑全过程各阶段的评价模式进行比较，分析了各种评价模式目前存在的问题，提出了改进的建议。

【关键词】 绿色建筑　标准体系　建筑全过程

1　引　言

绿色建筑是指在建筑的全寿命周期内，最大限度地节约资源（节能、节地、节水、节材）、保护环境和减少污染，为人们提供健康、适用和高效的使用空间，与自然和谐共生的建筑[1]。

绿色建筑全过程指的是绿色建筑从规划、设计、施工，直到竣工并投入运营的整个过程。为实现绿色建筑在建筑全寿命周期内节约资源、保护环境的目标，就必须在绿色建筑全过程中的各个阶段以不同的方式进行评价和制约，以保证各项指标的落实。

世界绿色建筑评价系统的发展始于20世纪80年代，是跟随着全球的绿色运动思潮而不断发展的。1990年，英国发布了世界第一套绿色建筑评价系统BREEAM。

但在绿色建筑实施的全过程中，涉及各个不同职能单位以及多种样式的合作关系，同时受限于行业现状与惯例，使得国内外绿色建筑评价标准对绿色建筑实施全过程的评价均存在一定的问题。

2　我国绿色建筑标准在建筑全过程各阶段的评价模式

我国现行绿色建筑评价标准为《绿色建筑评价标准》（GB/T 50378—2006），其中将绿色建筑标识分为设计标识和运营标识两种。

“绿色建筑设计评价标识”的评价在施工图完成后进行，并要求建筑施工图已经通过审图机构图审并备案。主要评价依据为项目规划材料与各专业施工图。标识有效期为两年。

“绿色建筑评价标识”，即运行标识，要求建设项目已通过工程备案验收并投入使用一年以上，未发生重大质量安全事故的工程项目，方可进行评价[4]。主要评价依据为施工材料、各类产品检测报告、建材设备入场记录、竣工图纸、运行阶段的各类参数记录、实地检测数据等。标识有效期为三年。运行标识评价条文项不仅涉及实际运行效果和物业管理制度，还包括施工过程中的环境保护、资源节约措施。在运行标识评价过程中，评价单位还会组织专家组进行实地考察。

由此可见，我国的《绿色建筑评价标准》的主要思路是，通过设计标识评价来规范前期的设计，通过运行标识来保证实施效果、施工过程、物业管理。

我国绿色建筑评价体系有如下几个问题：

（1）对于建筑在立项、方案阶段的绿色理念的介入，无硬性要求，靠建设单位自觉实现。导致很多项目在规划、方案等前期阶段缺乏指导，在施工图设计完成后才开始考虑绿色建筑的要求。

（2）对于建筑施工过程管理的要求欠缺。目前虽然《绿色建筑评价标准》中有对施工阶段的要求，但这些要求在运行标识评价阶段参评，往往不受到重视。而在运行一年后满足运行标识评价条件时，往往因为施工单位离场，资料交接不当等问题，无法真正对施工阶段起到约束。

（3）缺乏对竣工验收的要求。由于我国目前尚未展开对绿色建筑的统一验收工作，许多绿色建筑实际上施工与设计并不一致。这就导致了许多获得绿色建筑标识的项目实际上并未达到绿色建筑的要求。

（4）将绿色建筑评价分为两个阶段两个标识，对评价工作的管理和开展造成了一定的影响。目前我国通过运行标识的项目数量仅是通过设计标识数量的 1/10 左右，大多数绿色建筑项目仅为施工图通过设计标识的项目。

3 国外绿色建筑标准在建筑全过程各阶段的评价模式

3.1 国外绿色建筑标准概述

世界许多国家和地区都积极研究、探索和实践着国际绿色生态建筑评价体系。从 1990 年开始国外一些发达国家和地区针对绿色建筑推出了一系列评价体系，其中较有代表性的有：英国的 BREEAM，美国的 LEED，德国的 DGNB，新加坡的 Green Mark，日本的 CasBee 等。国外主要绿色建筑评价体系概况见表 1[3, 4]。

表 1 国外主要绿色建筑评价体系概况

评价体系	研发国家	研发时间	应用范围
BREEAM	英国	1990	国际
LEED	美国	1995	国际
DGNB	德国	2006	国际
Green Mark	新加坡	2005	国际
CasBee	日本	2003	本国

英国建筑研究院环境评估方法（英文名称：BREEAM-Building Research Establishment Environmental Assessment Method）被称为英国建筑研究院绿色建筑评估体系。始创于 1990 年的 BREEAM 是世界上第一个也是全球最广泛使用的绿色建筑评估方法。该评价体系是基于英国国情开发的，其适应性受到一定的限制。

LEED 由美国绿色建筑协会建立并于 2003 年开始推行的绿色建筑评价标准。其体系设计简洁，便于理解、把握和实施评估。

德国可持续建筑建筑协会（DGNB）所开发的 DGNB 是具有代表性的第二代绿色建筑评价标准，相对第一代标准，特别强调了全寿命周期的成本、环境影响的评价。

新加坡的绿色建筑评价标准 Green Mark 与中国绿色建筑评价标准最为相似，并推出了以中国建筑行业各类标准为评价依据的中国地区适用版[5]，对我国的绿色建筑评价有一定的借鉴意义。

日本的 CasBee 由日本可持续建筑协会开发，其主要特点是，将评估体系分为 Q（建筑环境性能、质量）与 LR（建筑环境负荷的减少），最终计算出建筑物的环境性能效率，即 Bee 值。

3.2 国外绿色建筑标准在建筑全过程各阶段的评价模式

对于英国绿色建筑评价标准 BREEAM、美国绿色建筑评价标准 LEED、德国绿色建筑评价标准 DGNB、新加坡绿色建筑评价标准 Green Mark 这几个标准对于绿色建筑各个过程的评价模式有很大的共通性，其各阶段评价模式可归纳为表 2。

表 2 国外绿色建筑标准各阶段评价模式

绿色建筑标准	方案、规划阶段	设计阶段	施工阶段	竣工阶段	运营阶段
英国 BREEAM	早期介入	立项申报，预认证	提出要求，验收核对	现场验收，通过认证	不定期核查
美国 LEED	早期介入	立项申报，预认证	提出要求，实时整改	调试要求，通过认证	不定期核查
德国 DGNB	早期介入	立项申报，预认证	提出要求，验收核对	通过认证	不定期核查
新加坡 Green Mark	早期介入	立项申报，预评估	提出要求，验收核对	现场验收，通过认证	一年后核查

而日本绿色建筑评价体系 CasBee 提供 4 种工具，即：工具 0-绿色建筑方案设计工具、工具 1-绿色设计（DfE）工具、工具 2-绿色标签工具、工具 3-绿色诊断与改造设计工具。在绿色建筑各个阶段进行评价的模式见表 3[6]。

表 3 日本绿色建筑评价体系 CasBee 各阶段评价模式

<table>
<tr><th>方案设计</th><th>施工图设计阶段</th><th>竣工阶段</th><th>运营阶段</th><th>改造设计阶段</th></tr>
<tr><td colspan="2">工具 0：选址及初步设计评价</td><td></td><td></td><td></td></tr>
<tr><td></td><td colspan="2">工具 1：施工图评价、变更评价</td><td></td><td></td></tr>
<tr><td></td><td></td><td colspan="2">工具 2：首先预认证，运营 1 年以上认证</td><td></td></tr>
<tr><td></td><td></td><td></td><td colspan="2">工具 3：进行既有建筑评价，或对改造设计进行评价</td></tr>
</table>

由此可见，国外绿色建筑评价标准从理念上来说，存在以下特点：

（1）强调早期介入。均鼓励绿色建筑团队在方案、规划阶段介入。同时，参评项目均可在设计阶段开始资料准备和评价工作。但在设计阶段，美国 LEED 标准仅有 LEED CS 和 LEED ND 可以申请预认证，德国的 DGNB 也可以申请预认证。预认证是为了给有销售和承租需要的建筑提供商业上的便利，并鼓励业主在早期考虑绿色建筑技术的实施。日本的绿色建筑评价体系同时也是一种对技术人员提供技术支持的工具[6]。

（2）在竣工阶段确保各项技术顺利落实后颁布标识。由于美国 LEED 有对设备调试的强制要求，因此必须在建筑竣工之后才能完成认证。同时，英国、德国、新加坡都强调有政府承认资质的核查员在竣工后进行核查。

（3）不设单独的运行标识，通过其他相关文件约束运营使用情况，例如英国工程师协会的运营导则、美国的设备调试运行指南等。同时，对于已经获得标识的新建项目，评价机构保留获取其运行数据和不定期核查的权利。

（4）设有既有建筑评价标准，但主要针对既有建筑本身的评价，而非针对运营模式，例如美国的 LEED-Existing Building、英国的 BREEAM-in use 等。同时，日本的 CasBee 也支持对建筑改造进行评价，美国的 LEED-NC 也可以评价重大改造。

4 综合比较分析

从各个阶段来分析，国内外绿色建筑评价体系的主要区别见表 4。

表 4 国内外绿色建筑评价体系的主要区别

流程 \ 各评价体系	中国绿色建筑评价体系	国外绿色建筑评价体系
早期介入	目前并不重视	强调早期介入，提供技术工具
施工阶段	设计标识无相应规定，运营标识时核查	新建建筑标识时需要提供施工资料
获得标识	施工图完成获得设计标识，一年后获得运营标识	新建建筑竣工时获得标识，既有建筑单独评价
竣工验收	设计标识无相应规定，运营标识时核查	新建建筑竣工时进行验收及调试

综上所述，其主要问题如下：

（1）设计阶段。在中国，由于设计方、施工方交流较少，以及涉及具体产品的招投标问题，很多细节需要二次深化设计，无法在施工图设计时全部确定。因此考虑到开展评价工作的难度，分为设计和运营两个阶段分别进行评价，在设计时仅根据施工图进行设计标识评价。评价标识分为两个，虽然可以在现有条件下保证技术贯彻，但使得概念更为繁琐，在社会推广、公众宣传和政府管理方面带来了一定的不便。而国外的绿色建筑评价体系在新建建筑评价时即包括施工管理和竣工验收，不设单独的运行标识来对运行管理进行评价，相对更为清晰明确。

（2）施工阶段。在这个阶段的问题涉及两个主要方面：施工过程的管理，是否收集废弃材料，是否减少扬尘和水土流失，是否注重土方平衡，是否遵循标准做法等；产品的选择，是否符合设计初衷，是否有完善的进场记录，产品检测报告等。目前国内外绿色建筑标准都开始重视施工阶段的评价，但评价方法并不完善，国标做法是在运营标识申报阶段审查施工阶段材料，这样实际上并未明确应何时规范施工过程，对施工环节提出意见。这给国内绿色建筑项目评价运营标识带来了一定的困难。

（3）竣工阶段。各国都强调现场验收的重要性。但目前我国的绿色建筑标准并未有现场验收的要求。美国 LEED 能源与大气一章的“Prerequisite 1 Fundamental Commissioning of Building Energy Systems”（强制项 1 建筑能源系统的基本调试），要求检查现场机电设备的施工情况并进行机电调试，因此必须在竣工验收之后方可获得标识[7]；德国 DGNB 明确要求认证仅适用于申请认证时所规划的主要面积中至少有 80%已完成内部装修的建筑，附属用途所占面积（例如地下车库、底层和零售商店等）必须已经全部竣工；英国 BREEAM 要求在“post practical completion”阶段进行“assessment review”后完成新建建筑评价[8]；新加坡绿色建筑标准要求核查员现场核查建筑实际竣工情况（见 Green Mark 网站 http：//www.bca.gov.sg/TOPCSC/top_inspection.html）。

（4）运营阶段。中国绿色建筑标准的运营标识虽然涵盖众多技术重点，但对施工、调试、变更的要求往往难以进行评价。因此造成目前我国运营标识项目远小于设计标识。

5 结 论

经过对国内外绿色建筑评价模式的比较，针对我国目前的绿色建筑评价标准，得出以下改进建议：

（1）注重方案、规划阶段的前期介入，在标准中体现相应的早期评价方法和技术工具。

（2）强调竣工验收工作，并在通过验收后正式颁发标识。

（3）把运营标识中涉及施工与变更的评价内容改在验收阶段进行，运营阶段仅涉及既有建筑的运营。

参考文献

[1] GB/T 50378—2006 绿色建筑评价标准[S]. 2006.

[2] 中华人民共和国建设部. 绿色建筑评价标识管理办法[Z]. 2007-08-21.

[3] 王祎，王随林，王清勤，等. 国外绿色建筑评价体系分析[J]. 建筑节能，2010，38（2）：64-66.

[4] 卢求. 德国 DGNB——世界第二代绿色建筑评估体系[J]. 世界建筑，2010（01）：105-107.

[5] BCA Green Mark International for Non-Residential Buildings（For use in China）[S]. 2008.

[6] 石文星. 建筑物综合环境性能评价体系：绿色设计工具[M]. 北京：中国建筑工业出版社，2005.

[7] LEED 2009 for new construction and major renovations[S]，2009.

[8] BREEAM 2011 New Construction Technical Guide[S]，2011.

绿色住宅建筑节能效果后评估研究

邹芳睿　冉　帆　孙晓峰

（天津生态城绿色建筑研究院有限公司，天津　300467）

【摘　要】　绿色住宅是一种基于资源高效利用而设计建造的新型住宅模式。我国绿色建筑评价标准存在重技术、轻效果的问题，导致获得高星级绿色建筑标识的建筑能耗和水耗并没有明显降低，有一些项目反而明显升高。本文通过对天津市 5 个住宅小区内的 5 栋 18 层绿色住宅在停止供暖前后室内温度变化进行测试、室内热环境舒适度调研及住宅实际采暖能耗实测相结合的方法，对绿色住宅建筑的节能效果进行后评估。研究结果表明采用被动式节能技术，提高围护结构性能是寒冷地区居住建筑节能最有效的手段，同时也可以大大提高室内热环境舒适度。在节能设计技术逐渐普及和深化的当下，应建立与之匹配的绿色施工和绿色运营技术管理标准体系，以确保绿色建筑实际效果符合设计预期。

【关键词】　绿色建筑　住宅　后评估　节能

1　引　言

随着城镇化的进程不断加大，中国的能源供应面临重大挑战。预计到 2020 年，中国将成为世界上最大的能源使用国和碳排放国，人均二氧化碳年排放量将超过了世界平均水平。而建筑能耗同目前的发达国家一样，占社会总能耗的比例将由目前的 30%上升到近 40%～50%。为此，住房城乡建设部制订的《“十二五”绿色建筑和绿色生态城区发展规划》[1]，提出了实施 100 个绿色生态城区示范建设，“十二五”期间新建 3 600 万套绿色保障房的目标。绿色住宅的核心是节约资源，保护环境，为人们提供更健康、舒适、经济的居住条件和环境[2]。因此，发展绿色住宅已成为节能降耗、建设低碳房地产市场、打造生态城市的重要发展趋势[3]。

目前的绿色建筑评价标准主要采取措施审查的方法，缺乏对建筑能耗指标的定量评价内容，即通过对建筑采用的各项技术措施是否符合评价标准的要求进行评价，确定绿色建筑的等级。以节能率作为核心的绿色建筑评价体系，存在重技术、轻效果的问题，导致获得绿色建筑标识的建筑能耗、水耗并没有降低，有一些项目反而明显升高。例如《天津市居住建筑节能设计标准》中规定的节能率 65%的建筑，采暖能耗理论值为 43.3 kW · h/（m^2 · a），然而，通过调研发现实际运行采暖能耗为 78 kW · h/（m^2 · a）。

使用后评估方法（POE，Post Occupancy Evaluation）是美国 Preiser 等人在其著作《使用后评价》

中提出的：在建筑建造和使用一段时间后，对建筑进行系统的严格评价过程。POE 主要关注建筑使用者的需求、建筑的设计成败和建成后建筑的性能。因此，对建筑进行 POE 不仅可以评价建筑实际效果，也会为将来的建筑设计提供依据和基础[4]。国内对绿色建筑的节能技术和措施研究较多，但对于绿色建筑的节能效果后评估工作开展得很少,其中针对住宅的节能效果的后评估研究是极少的。我国北方城镇采暖能耗占全国城镇建筑总能耗的 40%[5]。影响采暖能耗最大的因素就是围护结构保温性能的好坏。在居住建筑节能标准对节能率和围护结构保温性能要求越发严格的当下，亟待居住建筑节能效果进行评估的研究。

2 项目设计及实施情况调研

通过对天津市 5 个住宅小区内的 5 栋 18F 绿色住宅建筑进行围护结构设计及实施情况进行调查研究。了解各建筑设计能耗水平的同时，对比建筑实施情况是否与设计一致，确认设计能耗模拟是否可以确切反映建筑实际能耗水平。

2.1 项目设计情况

针对被调研的 5 栋住宅建筑，分别进行以下围护结构设计参数的统计，包括体形系数、窗墙比、外墙传热系数、外窗传热系数、外窗气密性等级、屋面传热系数（见表 1）。

表 1 被调研项目的围护结构设计参数对比

项目编号	体形系数	窗墙比	外墙传热系数 W/（$m^2 \cdot K$）	外窗传热系数 W/（$m^2 \cdot K$）	外窗气密性等级	屋面传热系数 W/（$m^2 \cdot K$）
A 项目	0.41	东 0.05、南 0.36、西 0.011、北 0.18	0.44	2.4	6	0.30
B 项目	0.41	东 0.04，南 0.35，西 0.04，北 0.22	0.43	2.2	6	0.29
C 项目	0.26	东 0.05，南 0.33，西 0.03，北 0.23	0.45	2.7	6	0.40
D 项目	0.20	东 0.022，南 0.438，西 0.021，北 0.245	0.41	2.4	6	0.42
E 项目	0.42	东 0.09，南 0.33，西 0.09，北 0.19	0.47	2.7	6	0.30

另外，外墙、屋面保温材料形式及外窗形式见表 2。

表 2 被调研项目外墙、屋面保温材料形式及外窗形式表

项目编号	外墙保温材料形式	外窗形式	屋面保温材料形式
A 项目	100 mm 厚聚苯板	断桥铝合金 Low-E6＋12A＋6	115 mm 挤塑聚苯板
B 项目	65 mm 厚挤塑聚苯板	塑钢 LOW-E 中空玻璃	120 mm 厚挤塑聚苯板
C 项目	100 mm 厚聚苯板	断桥铝合金中空双玻	80 mm 挤塑板
D 项目	80 mm 挤塑聚苯板	6＋12＋6 LOW-E 断桥铝合金中空玻璃	100 mm 厚石墨聚苯板
E 项目	100 mm 石墨聚苯板	断桥铝合金中空玻璃窗	90 mm 厚挤塑聚苯板

同时统计各栋建筑节能率和采暖能耗模拟值（见表 3）。

表 3　各住宅能耗模拟结果

项目编号	节能率	采暖能耗/（$kW \cdot h/m^2$）
A 项目	71.55%	35.20
B 项目	73.76%	32.46
C 项目	71.00%	35.88
D 项目	72.21%	34.38
E 项目	69.84%	37.31

通过围护结构设计参数及采暖能耗水平进行综合对比，得出各栋建筑设计节能水平由高到低为 B 项目、D 项目、A 项目、C 项目、E 项目。

2.2　项目实施情况

被调研的 5 个项目先后于 2012 年通过竣工验收，投入使用时间 1～2 年。通过调研过程施工过程记录，如保温材料进场复试报告、外窗进场复试报告、隐蔽工程验收记录并现场核实实施情况得出围护结构各关键部位传热系数均满足设计指标要求，设计能耗模拟基本可以反映建筑实际能耗水平。

3　节能效果分析

3.1　室内温度测试

检验围护结构保温效果最有效的方法为当冬季室内外存在明显温差时，测试停止采暖前后一段时间内，室内温度下降速度与趋势，下降速度越慢则围护结构保温性能越好。

室内温度测试实验设计符合《民用建筑室内热湿环境评价标准》（GB/T 50785—2012）的相关要求，具体内容如下：

被测试居室选择：① 各小区内朝向为南向或近南向建筑；② 选择建筑中 8～10 层中的任意居室的南向主卧室作为被测试房屋。（无日照遮挡）

测试时间：2014 年 3 月 28 日—2014 年 4 月 7 日。（生态城停止供暖时间为 4 月 1 日，由于接近停暖时间时，能源站将根据室外气温适当降低供暖温度，因此测试时间将停暖前 3 天纳入考核范围内）。

测试位置与数量：高度为 1.1 m 左右，并避免阳光直晒等外界因素的干扰。

测试仪器：HOBO 温度/湿度数据记录仪。

HOBO 温度/湿度数据记录仪采集了停暖前后 7 天的有效数据，各住宅停暖后室内温度变化曲线图如下：

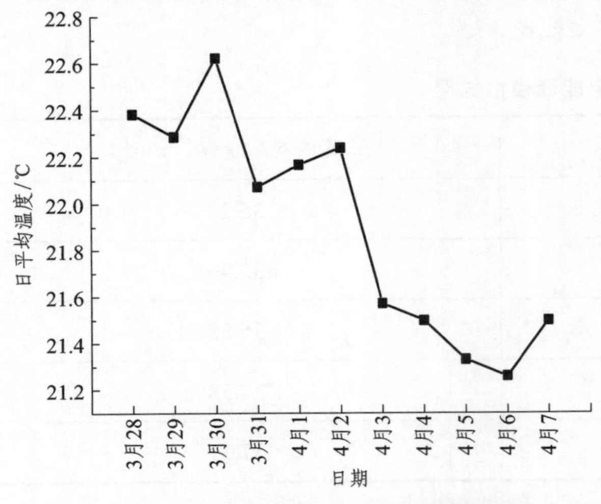

图 1 A住宅室内日平均温度变化曲线

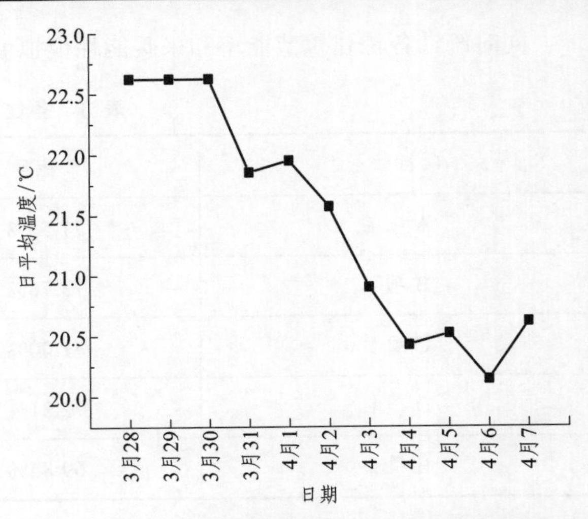

图 2 B住宅室内日平均温度变化曲线

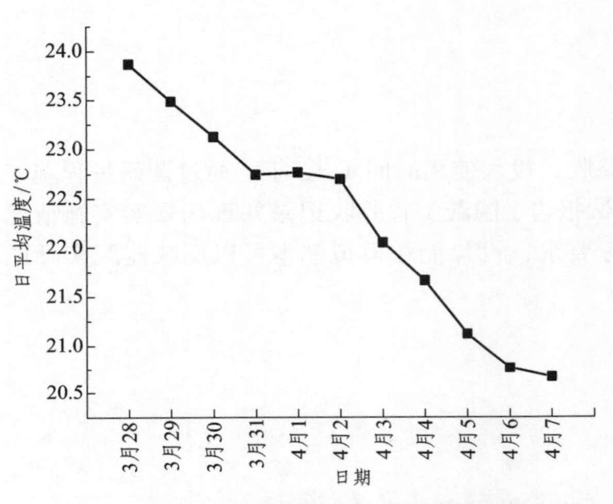

图 3 C住宅室内日平均温度变化曲线

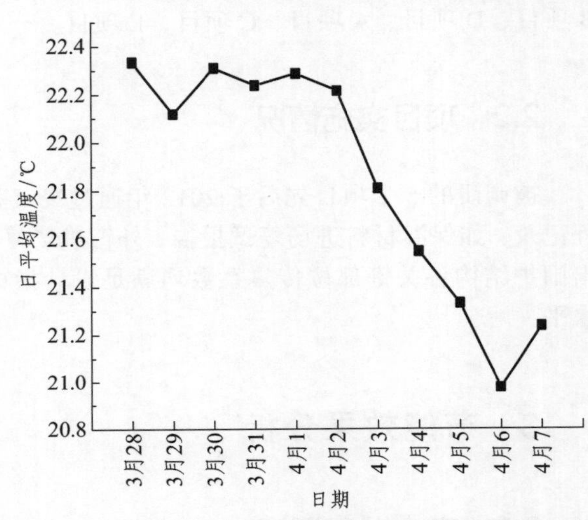

图 4 D住宅室内日平均温度变化曲线

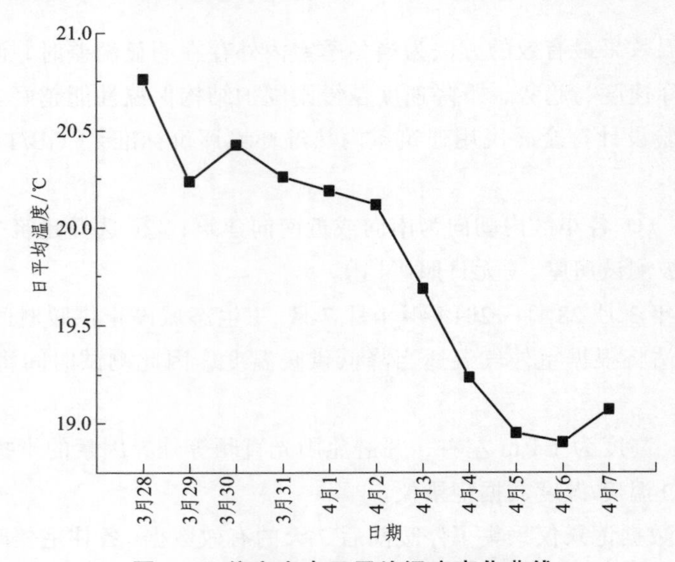

图 5 E住宅室内日平均温度变化曲线

根据日平均温度变化比较知：停暖后，各项目室内温度具有不同的下降趋势。通过统计室外气温变化发现，3 月 28 日至 4 月 7 日室外气温变化幅度很大，昼夜温差大概在 10 °C ~ 15 °C（见表 4）。

表 4　2014 年 3 月 28 日—2014 年 4 月 7 日的天气记录

测量日期	3.28	3.29	3.30	3.31	4.1	4.2	4.3	4.4	4.5	4.6	4.7
最低气温/°C	12	9	10	13	11	11	6	5	5	7	10
最高气温/°C	18	21	25	24	25	21	20	26	18	24	24
测量日期	3.28	3.29	3.30	3.31	4.1	4.2	4.3	4.4	4.5	4.6	4.7
年平均最低气温/°C	2.6	2.7	4.4	2	7	7.1	4.4	6.2	6.52	4.53	7.6
年平均最高气温/°C	10	14.4	19.4	15.3	22.3	16.8	17.1	20.8	13.83	15.3	18.1

因此，选取每天 0：00 时和 6：00 时室内温度数据作为分析重点，可有效避免白天太阳得热、人员发热、设备运行发热以及一些人为干扰。

表 5　3 月 28 日—4 月 7 日 0 时室内温差　°C

项目	3 月 28 日	4 月 1 日	4 月 7 日	停暖前后室内温差
A 项目	22.9	22.3	21.4	0.9
B 项目	23.4	21.8	20.1	1.7
C 项目	24.1	22.8	20.6	2.2
D 项目	22.5	21.9	21.0	0.9
E 项目	21.0	20.2	18.9	1.3

表 6　3 月 28 日—4 月 7 日 6 时室内温差　°C

项目	3 月 28 日	4 月 1 日	4 月 7 日	停暖前后室内温差
A 项目	22.7	22.0	21.2	0.8
B 项目	23.4	21.8	20.1	1.7
C 项目	24.0	22.7	20.5	2.2
D 项目	22.3	21.7	20.5	1.2
E 项目	20.8	19.9	18.6	1.3

通过对比停暖前后室内温差可得，室内温度变化由小到大依次为 A 项目、D 项目、E 项目、B 项目、C 项目。温差最大为 2.2 °C，其他项目温差在 2 °C 以内。在室内外温差大于 10 °C 的情况下，停暖一周后室内的温度均维持在 18 °C 以上，表明各项目的围护结构保温性能良好，满足居住舒适度要求。通过设计采暖能耗与室内温度测试结果进行对比发现，除 B 项目设计围护结构保温性能较好采暖能耗较低，而实测室内温度变化却较大外，其余项目围护结构性能与室内温度变化均呈负相关性，即围护结构保温性能越好，室内温度变化越不明显。

3.2　室内热环境舒适度调研

绿色建筑围护结构保温性能的好坏，会影响室内的温度变化。若温度变化较大，人们会通过采暖或制冷功能以达到调节室内温度的目的，从而增加建筑能耗，影响热环境舒适度的因素有室内温度、湿度等。

《民用建筑室内热湿环境评价标准》（GB/T 50785—2012）的相关要求，制定室内热环境舒适度调查问卷，针对被调研居室住户进行调研。

表 7 住户整体热感觉调研表

测量日期	3.28	3.29	3.30	3.31	4.1	4.2	4.3	4.4	4.5	4.6	4.7
A 项目	+1	+1	+1	+1	+1	+1	+1	+1	+1	0	0
B 项目	+1	+1	+1	+1	+1	+1	0	0	0	−1	−1
C 项目	+1	+1	+1	+1	+1	+1	0	0	0	−1	−1
D 项目	+1	+1	+1	+1	+1	+1	0	0	0	0	0
E 项目	+1	+1	+1	0	0	0	0	−1	−1	−1	−1

注：整体热感觉分 7 级，+3 代表热、+2 代表暖、+1 代表较暖、0 代表适中、−1 代表较凉、−2 代表凉、−3 代表冷。

从住户整体热感觉调研结果上看，舒适程度由低到高为 E 项目、C 项目、B 项目、D 项目、A 项目，除 E 项目外，其余项目室内温度变化幅度与热舒适度均呈负相关性。C 项目舒适度较差主要由于采暖期间室内温度本身就低于其他项目造成。

4 住宅建筑采暖能耗对比分析

通过调研 5 个住宅小区 2013—2014 年度供暖数据，得到采暖期室内平均温度及单位面积采暖能耗值，见表 8。

表 8 2013—2014 年度供暖数据表

项目	采暖期室内平均温度/°C	单位面积采暖能耗/[kW · h/（m^2 · a）]
A 项目	24	45.32
B 项目	26	58.12
C 项目	25	50.54
D 项目	25	48.53
E 项目	24	45.14

理论上，住宅实际采暖能耗与围护结构保温性能应呈负相关性，然而由于实际施工过程并未严格按照设计要求实施。比如，部分满足节能 65%的建筑，设计热负荷取 35 W/m^2 即可满足采暖要求，集中供暖单位增加施工费用，私自增大换热器负荷，使实际供水温度增高，从而导致实际采暖能耗偏高；另外，围护结构施工质量没有得到有效控制，如保温、隔热、热桥阻断等节点施工尚无严格质量控制，考核房屋整体保温性能的测试，如整体气密性测试、外围护结构保温性能测试等尚未广泛普及，围护结构实际保温性能无法得到有效保障。同时，人的行为模式和使用模式也是造成实际采暖能耗偏大的一个主要原因，部分用户将室内采暖温度设置在 24 °C ~ 26 °C，远大于设计温度 18 °C。

5 结 论

本文按照后评估（POE）的方法，对天津市5个住宅小区内的5栋18层绿色住宅建筑的围护结构保温性能、室内热环境舒适度及住宅实际采暖能耗进行调研和分析研究，得到主要结论如下：

（1）围护结构性能与室内温度变化呈负相关性，即围护结构保温性能越好，室内温度变化越不明显。

（2）室内温度变化幅度与热舒适度呈负相关性，温度变化较大会影响人体舒适度，同时室温高低也是影响热舒适度的另一重要因素。

（3）理论上，住宅实际采暖能耗与围护结构保温性能应呈负相关性，然而由于实际施工过程并未严格按照设计要求实施以及人为将室内采暖温度设置过高等，导致实际采暖能耗偏高。

因此，在节能设计技术逐渐普及和深化的当下，应建立与之匹配的绿色施工和绿色运营技术管理标准体系，以确保绿色建筑实际效果符合设计预期。

参考文献

[1] 住房与城乡建设部．“十二五”绿色建筑和绿色生态城区发展规划[Z]. 2013-04-03.
[2] 马静，邓宇．绿色住宅发展潜力及需求分析：以银川市为例[J]. 现代城市研究，2014，(4)：62-66.
[3] 董丛．浅谈推行绿色任宅存在问题及发展对策[J]. 建筑经济，2013，(1)：87-90.
[4] 林波荣，肖娟．我国绿色建筑常用节能技术后评估比较研究[J]. 暖通空调，2012，(10)：20-25.
[5] 江亿．中国建筑节能年度发展研究报告2007[M]. 2007.

中国绿色建筑之路——从设计到运行

丁剑红①

（伊尔姆环境资源管理咨询（上海）有限公司，上海　200080）

【摘　要】 随着政府一系列促进办法和奖励政策的出台，绿色建筑在中国迎来前所未有的高速发展机遇。本文以一个绿色建筑从业者的视角回顾了绿色建筑在中国的发展经历，基于统计数据评估中国绿色建筑的发展现状及其特点，并结合项目案例分析其存在的主要问题，探求绿色建筑由设计、建造到最终高效运行之间差距及其解决之道。

【关键词】 绿色建筑　LEED认证　运行标识　运行管理

1　概　述

上海市人民政府办公厅于2014年6月转发了市建设管理委等六部门制订的上海市新一轮绿色建筑发展三年行动计划[1]，进一步落实国家和上海市政府提出的绿色建筑发展目标，也成为全国各个省市大力发展绿色建筑产业的一个缩影。

绿色建筑市场无疑是火了，但随之而来的还有越来越多的质疑和反思。笔者觉得这是一件好事，作为一项新生事物，人们接收它大致总会经历“不了解—好奇—质疑—深入了解—完善接收”的一个过程。在市场“火”的时候，绿色建筑方面的学者和从业者能够静下心来做一些“冷”思考，对于这个产业的健康可持续发展肯定是有帮助的。

笔者将从一个绿色建筑从业者的视角，结合统计数据分析和案例分析，探讨绿色建筑在中国发展遇到的主要问题及其解决方法，探求中国绿色建筑从设计认证到运行实效之道。

2　绿色建筑在中国发展综述

以清华大学和上海建筑科学研究院为代表的国内绿色建筑研究机构早在 20 世纪末就开始关注绿色建筑并进行相关的技术储备，并于2003和2004年先后完成了我国的第一幢生态示范楼（上海建科院）和第一幢节能示范楼（清华大学），见图 1。

① 丁剑红，男，1982年1月生，硕士研究生，ERM中国区首席顾问，负责中国区节能与绿色建筑业务。

图 1　生态示范楼和节能示范楼

绿色建筑示范楼的出现将绿色节能建筑从一种概念变成了一个设计，进而建成一幢实物，给当时从事建筑设计、建造甚至是开发商都带来了很多的触动，加深了人们对绿色建筑的认识，起到了很好的宣传示范作用，也培养了我国最早的一批绿色建筑专家学者，为后来制定中国自己的绿色建筑评价标准奠定了技术和实践基础。即使时至今日，通过建造示范建筑来宣传自己的产品或理念仍然是很多研究机构和企业的首选。

此后，绿色建筑在中国以两条不同却又时有交叉的路径在中国快速成长。一个是以政府部门、高校研究机构和国内企业为主要推动力的中国绿色建筑标识体系；另一个是随着外资企业尤其是美资企业在华投资而引入中国的美国 LEED 绿色建筑认证体系。下面将就目前在中国应用最广泛的这两个绿色建筑认证体系发展现状作一简单回顾。

2.1　LEED 认证在中国

LEED 是 Leadership in Energy and Environmental Design 的简称，是美国绿色建筑委员会（USGBC）于 2003 年发布的一套绿色建筑评估体系，目前已经更新到 4.0 版。根据 USGBC 网站数据，中国最早的 LEED 认证项目出现在 2005 年的北京，是一家外资品牌的展厅。此后，我国的 LEED 认证步入快速发展轨道（详见图 2）。截至 2014 年 6 月，中国已经获得认证的 LEED 项目 574 个，注册项目 1 147 个，中国已经成为继美国本土之后全球第二大 LEED 认证市场[2]。

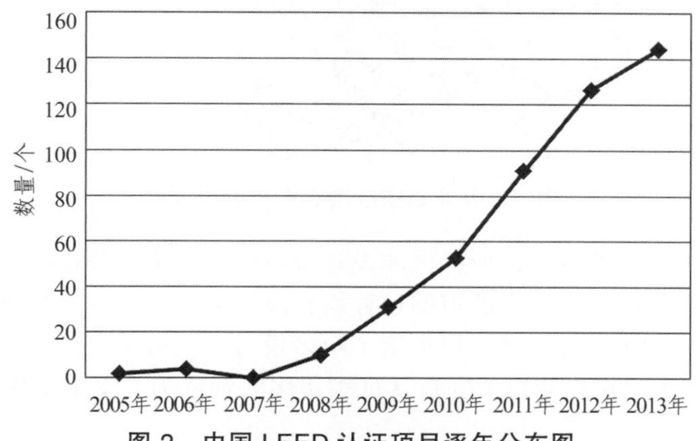

图 2　中国 LEED 认证项目逐年分布图

对数据进行进一步整理分析，得到 LEED 认证项目在中国不同地域的分布和不同认证类别间的分布。图 3 给出了中国内地 LEED 认证项目最多的十个城市及港澳台地区。由图可见，中国 LEED 认证和注册项目还仍然集中在以上海、北京、香港为代表的经济发达地区，随着西部开发的推进，LEED 在重庆、成都等西部发达城市也得到了快速发展。

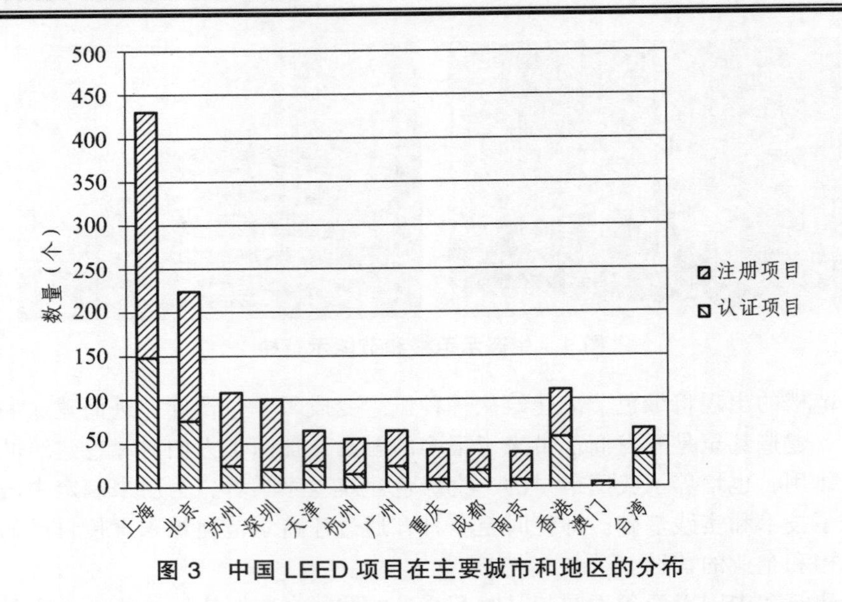

图 3　中国 LEED 项目在主要城市和地区的分布

图 4 给出了中国 LEED 认证和注册项目在不同类别间的分布。由图可见，中国 LEED 认证项目仍然集中在新建项目，主要的认证体系包括 LEED-CS（针对以出租为目的的商业建筑）、LEED-NC（针对自用的新建建筑）、LEED-CI（针对商业内装项目）。尤其是 LEED-CS 项目近几年发展迅猛，说明 LEED 因其市场宣传价值正收到越来越多的地产开发商的青睐。

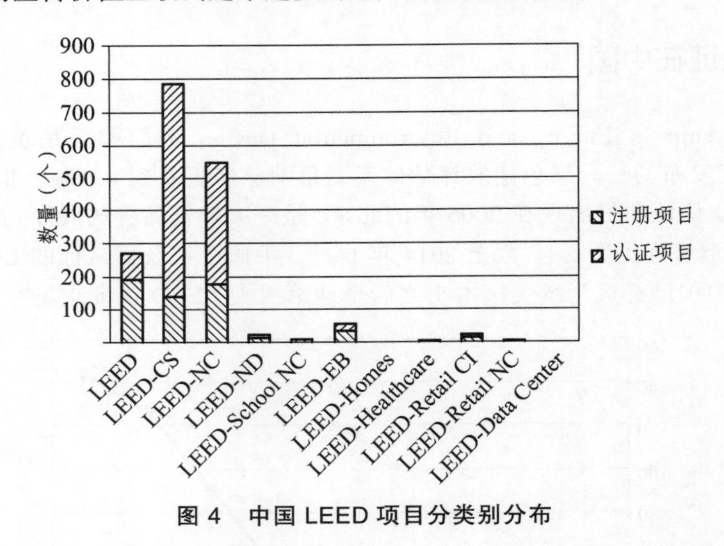

图 4　中国 LEED 项目分类别分布

LEED 项目采取在线评审的模式，所提供的设计资料和施工资料等证明文件只需要电子版，并不需要政府主观部门的批复确认。所有的审阅过程均在线完成，评审专家并不到现场查证确认。该模式的好处是保证了评审工作的公正性，但也给了很多投机者以可乘之机，伪造文件，弄虚作假在 LEED 认证项目中屡禁不止。这也使得 LEED 认证被很多人戏称为“文案工作”。

2.2　中国绿色建筑标识

由中国建科院和上海建科院主编的中国《绿色建筑评价标准》（GB 50378—2006）于 2006 年 6 月正式实施。再反复权衡“更科学”和“更易操作”后，编制组选择了后者，采用了一种类似于美国 LEED 认证体系的清单模式（Checklist），但更强调各个版本间的均衡发展。

之后住建部陆续颁布了一系列技术细则和管理办法，基本形成了两级管理、两阶段标识的中国绿色建筑认证体系。截至 2014 年 6 月底已完成绿建标识项目 1 619 个（详见图 5）[3]。随着政府绿色建筑行动计划的发布和奖励政策的进一步落实，绿色建筑将在今后相当长的一段时间内保持目前的高速发展态势。

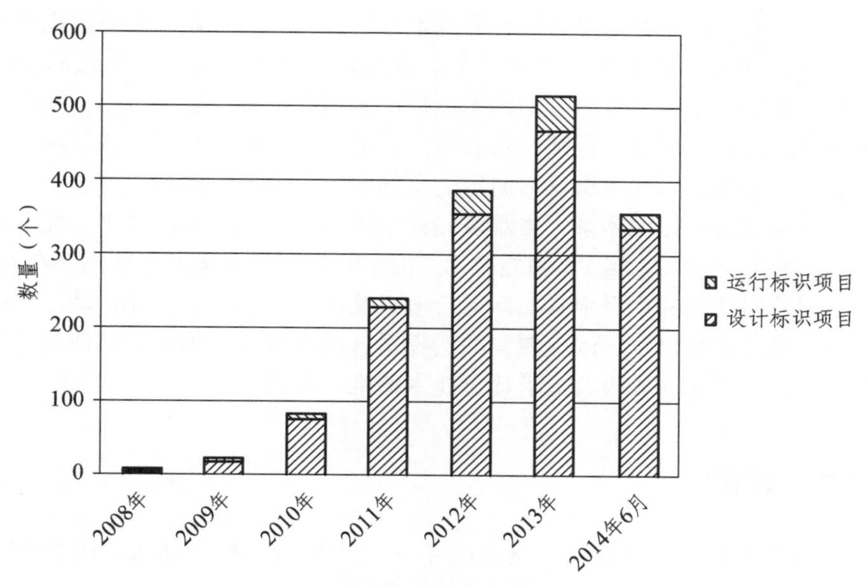

图 5　中国绿色建筑标识项目逐年分布图

在已经获得认证的中国绿色建筑标识项目中，设计标识项目 1 490 个，运行标识项目 129 个，运行标识项目只占总标识项目的比例不足 8%。也就是说大部分的绿色标识项目做到施工图就截止了，所设计的绿色节能技术在施工中有没有采纳无从查证。这使得绿色建筑标识被一部分人戏称为“纸上谈兵”。

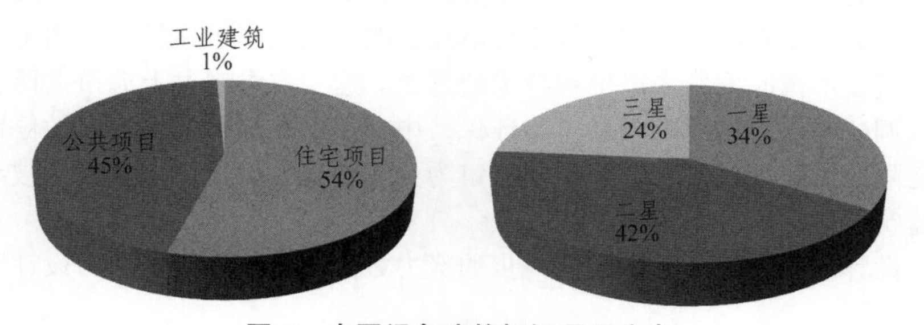

图 6　中国绿色建筑标识项目分类

3　绿色建筑常见问题汇总

针对上述质疑，很多学者也从不同的角度进行了剖析，清华大学朱颖心教授从实际节能效果出发对 LEED 在中国的适用性进行了分析[4]。本文将从实际工程操作的角度，结合项目案例来归纳总结绿色建筑在设计、建造和运行过程中常见的问题。

3.1　标准的本地适用性问题

无论是LEED认证还是中国本土的绿色建筑标识，在中国的应用过程中都碰了各种各样本地化的问题。笔者曾负责重庆某写字楼项目的LEED认证工作。LEED-CS体系中可持续场地部分得分点SS C4.2——替代交通：自行车停车位及更衣室因为其实施容易，增量成本低而在中国的LEED认证项目中被广泛实施。因此项目工程师也将该得分点推荐给重庆项目，业主首先就提出了质疑，因为重庆是山城，日常生活中基本见不到人骑自行车。这就是一个典型的经验主义的错误。因为先前LEED认证的项目主要集中在我国东部沿海的平原地区，因此该策略较为适用，地点换了，结论就完全不同了。这就要求我们的绿建工程师一定要跳出得分卡的框框，改变以认证为最终目标的功利态度，从项目的实际需求和实际环境出发，制定适用的绿色建筑技术体系。

即使中国本土的绿色建筑标识体系，也难以涵盖中国不同区域的实际要求，绿建认证体系鼓励的中自然通风、自然采光、地源热泵、太阳能技术、雨水收集再利用技术等新技术在不同地理位置、不同气候区域、不同使用功能的项目中其实际运行效果是千差万别的。因此，就需要绿色建筑的设计人员和咨询顾问从项目实际出发，因地制宜的选择适合的绿建技术体系。认证始终只应该是一项优秀设计的成果之一，而不应该成为其追求绿色技术的唯一目的。

3.2　重技术、轻设计

“重技术、轻设计”是我国绿建行业普遍存在另一大症结。造成这一现象的原因很多，但下面两点可能最能反映问题的本质。

首先，无论是LEED还是中国绿建标识体系，其得分点基本是由一项一项技术的组成的，这其中主动式技术所占比例远大于被动式技术，而且业主和设计单位在选择绿建认证策略时也都倾向于更容易实施，宣传噱头更大的主动式技术。

其次，我国的绿建专业人员中，以暖通专业为代表的机电专业占绝大多数，建筑和结构专业所占比例较小。因此是无论是标准体系的制定还是实际项目的实施，均会有倾向性的更多选择主动式技术。建筑和结构专业人士对绿色建筑参与热情不高也成为制约绿色建筑发展的主要因素之一。

因此，绿色建筑在中国时常给人以堆积技术的感觉。这一点参观过上海市世博会的同行一定深有感触。同样都强调建筑的可持续发展和生态环保，中方主动的项目仍然更多的停留在新技术集成和展示，而一江之隔的国际展馆区，以欧洲国家馆为代表的建筑则更多地选择了被动式的环保节能设计，强调人与建筑、建筑与技术的和谐统一。

提升绿色建筑设计水平应该成为我们下一步的努力方向，让技术更好地为设计服务。

3.3　设计与施工和运行管理的脱节

LEED认证和中国的绿色建筑标识体系均分为两阶段认证，其中LEED新建建筑认证涵盖设计和施工调试阶段，而中国绿色建筑设计标识仅评估设计方案。而在运行阶段，项目可以申请LEED既有建筑运行维护认证和中国绿色建筑运行标识。在已经完成的绿色建筑认证项目中，LEED既有建筑运行维护认证项目只占项目总数的 5.6%，而绿色建筑运行标识项目也仅占标识项目总数的 8%。

设计、施工和运行管理之间的脱节造成很多绿色建筑设计方案在施工中未得到落实，很多高性能的设备系统在实际运行过程中未发挥实效，这些都是造成绿色建筑给人以“华而不实”和“纸上谈兵”等负面印象的重要根源。笔者曾带领团队完成了一个 LEED 和中国绿色建筑标识双认证的项目，依然在其中发现了超过 20%的节能机会，而这其中大部分是无需投资的运行管理优化措施。

3.4 新技术管理维护要求高

实际调研过程中也发现，新技术带来了运行效能的提高，但也带来了更高的运行和维护要求。笔者曾参与上海地区某绿色建筑项目太阳能光伏发电系统的检测工作，检测结果由于长期缺乏维护，光伏板表面集尘明显，太阳能光伏发电系统运行效率较设计值下降了近一半。

另外，如雨水收集再利用系统、无水小便器、新风热回收系统等无不对管理维护提出了更好要求，再进行绿色建筑技术经济性比选时，必须考虑其管理维护成本。

4 绿建运行标识差距分析

随着国家和各省市绿色建筑奖励政策的出台，中国绿色建筑标识变得炙手可热。由于国家和大部分省市明确只有运行标识项目才可以申请奖励资金，因此越来越多的绿色设计标识和 LEED 认证项目将转而追求绿建运行标识。

很多学者对此进行研究分析[5~8]。笔者也结合自身完成的十数个绿建设计标识或 LEED 认证项目申请绿建运行标识的差距分析工作经验，总结如下：

LEED 认证项目申请中国绿建运行标识，优势是技术体系类似，而且 LEED 认证贯穿项目设计、施工和调试的全过程，施工资料收集保存较为完善。差距主要在前期设计方案说明不完善、建设期间检测报告不齐全以、部分关键技术的缺失以及管理制度的不完善。一个典型的 LEED 项目申请绿建二星或三星级运行标识项目，差距主要包括但不限于：

（1）给水系统规划方案。

（2）室内声、光、热舒适检测报告。

（3）建筑材料有害物质含量检测报告。

（4）土壤含氡量、场地噪声和雨水水质检测报告。

（5）未采用用能分项计量系统和雨水收集再利用系统等绿建标识推荐技术。

（6）节能、节水、节材等管理制度。

（7）资源管理激励机制等。

而已经取得绿建设计标识项目在申请运行标识时，最大的障碍有两点：一是项目未按设计方案施工，很多设计有的绿建技术未实际实施；二是施工资料的缺失，进而无法进行施工得分点的整理申报。

5 结 论

本文以一个长期从事绿色建筑工作的专业人员的视角，回顾了绿色建筑在中国的发展历程，客观剖析其面临的主要问题，探索解决之道。主要结论包括：

（1）绿色建筑在中国的发展历史已超过 10 年，经历了一个由沿海到内地、由设计到运行的发展历程。随着经济的快速发展和政府激励政策的出台，在今后的较长时间内还将保持目前的高速发展态势。

（2）当前的绿色建筑体系也面临着越来越多的挑战，条文难以本地化、重技术轻设计、设计、施工和运行管理的脱节以及运行维护要求居高不下都制约了绿色建筑的快速发展。

（3）已经取得 LEED 认证和中国绿色建筑设计标识的项目进一步申请绿建运行标识有着先天的优势，但也存在明显的差距，包括资料缺失、检测报告不齐全、未采用推荐技术和管理制度不完善等。

当前中国绿色建筑面临着前所未有的发展机遇，我们只有抓住机遇，正视问题，追求实效，才能不负于时代。

参考文献

[1] 上海市人民政府办公厅关于转发市建设管理委等六部门制订的《上海市绿色建筑发展三年行动计划（2014—2016）》的通知.

[2] http：//www.usgbc.org/

[3] http：//www.cngb.org.cn/

[4] 朱颖心. 绿色建筑评价的误区与反思——探索适合中国国情的绿色建筑评价之路. 建设科技，2009（14）.

[5] 韩继红，刘景立，杨建荣. 绿色建筑的运行管理策略. 住宅科技，2006（6）.

[6] 宋凌，李宏军. 运行使用阶段绿色建筑评价标识实践浅析. 建筑科学，2011，27（2）.

[7] 仇保兴. 进一步加快绿色建筑发展步伐——中国绿色建筑行动纲要（草案）解读. 城市发展研究，2011，18（7）.

[8] 汤民，孙大明，马素贞. 绿色建筑运行实效问题与碳减排研究分析. 施工技术，2012，41（3）.

BIM 技术在建筑节能设计评估中的应用研究

侯　博

（后勤工程学院国防建筑规划与环境工程系，重庆　401311）

【摘　要】 本文以建筑节能相关设计和评价标准为参考，提出利用建筑信息模型（BIM）技术对建筑设计中各专业数据信息进行集成管理，以此对建筑的节能设计进行分析与评估。同时结合对当前建筑节能评价体系不足之处的分析，指出利用 BIM 技术对建筑节能设计进行评估应采用预评估的形式为最佳，并阐述其必要性和可行性。

【关键词】 BIM　建筑节能设计　预评估

近年来我国经济持续稳步增长，但能源供需矛盾日益凸显，能源问题在一定程度上制约着我国经济持续健康发展。目前我国建筑总能耗约占到全社会总能耗的 20%[1]，建筑在用能的同时还向大气排放大量污染物，造成环境的恶化，建筑节能减排已成为当务之急。在这样的背景下，国家和地方政府对建筑节能都高度重视，制定了若干政策、标准作为指导。其中，建筑节能设计的评估是重要的一环，其反映了设计所能达到的节能效果，对节能设计具有重要的参考价值和指导意义，运用什么样的手段进行评估、在什么阶段进行评估是建筑节能设计评估需要关注的问题，本文通过对相关问题的分析，力求寻找合理的答案和解决途径。

1　BIM 技术的主要特点

1.1　建筑模型参数化

BIM（Building Information Model）即建筑信息模型，由名称即可看出，信息是 BIM 技术的核心，在 BIM 设计软件中，建筑物的所有信息均以数字形式保存在单一模型的集成数据库中，以便于更新和共享。该模型由若干建筑构件组成，构件的相关属性如几何尺寸、位置、材质、构造、传热系数、价格等被赋予其中，其设计过程可以称之为参数化设计，这也是其区别于传统的 CAD 等设计软件的关键。

1.2　数据信息关联化

建筑信息模型的数据之间具有实时的、一致性的关联。对数据库中某一数据的更改，都实时地在与其相关联的其他部位反映出来，这对大幅提高工作效率和准确性很有意义。由于整个建筑相关的信息和一整套设计文档存储在集成数据库中，并且完全相互关联，这样就可以在BIM上实现各专业的信息共享和协同工作，为后续进行各种与建筑节能有关的可视化分析，如空间分析、体量分析、传热分析等提供方便条件。

2 建筑节能设计评估的现状与思考

2.1 建筑节能评估体系的发展现状

全世界对建筑节能的关注到目前已有30余年[2]，我国从20世纪80年代起也开始试行了相关的建筑节能设计标准，但对于建筑节能设计的评估起步较晚，目前主流的建筑节能评价体系主要为国外建立，如20世纪90年代初英国提出的“建筑研究中心环境评估法”（BREEAM）、美国的“能源与环境设计先导”（LEED）、加拿大等国的“绿色建筑挑战2000”GBC2000等，这些评价标准以可持续发展原则为指导，具有清晰的组织体系，并兼顾定性和定量两方面分析，受到广泛的认可。我国建筑节能评估发展晚于国外，不及国外成熟，国内建筑节能及绿色建筑评价主要采用国外标准，但随着近年来建筑节能和绿色建筑的快速发展，国家也陆续发布了《绿色建筑评价标准》、《节能建筑评价标准》等相关建筑节能评价标准，对建筑节能工作起到了较大的推动作用。

2.2 对当前主要评估体系的思考

尽管目前国内外相关评估标准比较成熟，但通过分析上述主要的建筑节能或绿色建筑评估体系，可以发现这些评估体系主要采用后评估方式，即一般在建筑投入使用一年后进行，但众所周知的是，影响建筑节能的关键在于规划设计阶段，设计前期的场地选择、规划布局、节能措施、材料选择、设备选型等对建筑节能设计的最终效果起着重要作用，后评估方式的滞后性，使设计者失去了在前期进行弥补和优化的最佳时机。而目前在建筑设计阶段的能耗模拟分析也往往在施工图完成后进行，一旦在模拟计算中达到预期的节能目标，则基本上没有再进一步优化设计方案的动力。如何使建筑节能设计评估更方便及时地反馈给设计人员，以便最大限度地为改进设计而服务，是值得思考的问题。

3 BIM技术在建筑节能设计评估中的应用

3.1 BIM技术应用于节能评估的阶段及目标

通过上述对建筑节能设计评估的现状分析与思考，笔者认为应用BIM技术进行建筑节能设计评估应区别于其他相关评价方式，主要在建筑前期规划设计阶段进行，即以预评估的方式出现。其目标应不仅仅局限于对某建筑的节能效果作出评判，而更应着眼于为建筑节能设计的进一步优化完善提供准确的参考。

虽然当前在建筑设计阶段应用计算机进行能耗模拟分析计算已是普遍的评价方式，但相比成熟的后评估体系，这样的评价往往不够全面，重定量分析而轻定性分析，综合性和系统性有所欠缺，且由于技术上的局限，通常能耗分析软件专业性很强，需要专门的技术人员来完成，造成了建筑设计与能耗分析、建筑专业与设备专业一定程度的脱节，不利于各专业的协调工作和效率提升。BIM技术的出现使得建筑设计与节能设计可以结合得更加紧密，使建筑师能更加直观地对所设计的建筑进行节能评价，促进设计方案的优化完善。

3.2 BIM技术实现节能预评估的可行性

3.2.1 BIM可提供足够详细的数据信息

建筑节能设计及评估需要大量的数据信息，而传统的计算机辅助设计软件建立起来的建筑模型所含信息有限，在此基础上进行建筑节能的评估，需要专业人员输入大量的数据，既费人力，耗时也较多，这就容易造成建筑能耗分析往往成为建筑设计后的附加工作，难以对前期的建筑设计产生影响，即使根据分析结果来对设计进行优化，也是一个费时费力的过程，效率不高。而BIM提供了设计信息极其完整的设计模型，只要模型达到必要的详细度和可信度，就能在前期设计阶段完成能耗分析，实现对建筑节能设计的预评估。

3.2.2 BIM可实现数据信息的可交互操作

尽管能耗分析软件数量众多，但这类软件通常需要不同的接口，采用不同的数据形式，彼此之间兼容性较差，往往需要重新建模并输入大量的专业数据，造成建筑节能各项评价之间比较孤立，综合性较差。BIM技术可有效地解决这样的问题，由于其支持IFC（Industry Foundation Class）标准和Green Building XML（gbXML）数据传输协议，使得建筑信息模型和大量第三方分析应用软件之间有了良好的接口，可以将建筑信息模型中的数据传输到分析软件，从而实现单一数据平台上各个工种的协调设计和数据集中，解决了建筑设计和节能过程中数据流被割裂、重复输入、数据流失、出现信息歧义和不一致的问题[3]，提高了评估的效率和准确性。

3.2.3 BIM可对建筑全生命周期进行精确控制

BIM的应用并不局限于设计阶段，而是贯穿于整个工程项目从设计到施工，再到运营管理，直至拆除的全生命周期[4]，因此能够更精确地控制工程的各个环节，保证工程质量。BIM精确的建模及碰撞检查技术可以使各专业设计相互矛盾冲突之处在设计阶段就得以被发现，避免在施工阶段频繁出现设计变更，造成延误工期乃至返工的情况。模型里详细的材料、构造、工程量、造价、生产厂家等信息使施工过程更加精确地被控制，有助于提高施工效率，而这些信息也使得项目建成后的运营管理更加方便，做到可视化管理。可以说，一个准确、详细的BIM模型可以真正达到“所见即所得”的程度，为预评估提供了最接近实际的对象，使预评估真正具有实际意义。

3.3 BIM技术应用于节能预评估的方法

3.3.1 建立评估体系

建筑节能设计预评估的关键首先在于如何建立完善的评价体系以全面准确地预测建筑建成后的能耗情况，就评估的内容而言，预评估与目前国内应用的建筑节能或绿色建筑评价体系并无本质差别，但由于预评估在项目前期进行，其评估内容主要针对设计阶段。参考《节能建筑评价标准》

（GB/T 50668—2011）、《绿色建筑评价标准》（GB/T 50378—2006）等国内评价体系[5, 6]，其内容主要包括建筑规划、围护结构、暖通空调系统、给水排水系统、照明系统、室内环境等方面。

（1）建筑规划。

主要包括建筑群的规划布局、建筑的间距、朝向、日照、通风、绿化布置等方面。具体内容如建筑群体的布局是否适应当地气候、是否有利于建筑的日照、采光、通风，建筑朝向是否可以在夏季避免阳光直射，在冬天保持适当光线射入室内，基地的绿化面积与绿化率数值等。

（2）围护结构。

主要包括建筑的体形系数、外窗窗墙比、遮阳措施以及外墙、屋面、地面、门窗等部位的平均传热系数等。具体内容如建筑体形系数是否符合当地标准、围护结构使用的保温隔热材料性能如何、各部位传热系数大小、门窗气密性等。

（3）暖通空调系统。

主要包括设备的选择与控制、管路系统、空调系统能效、太阳能与其他可再生能源利用等方面。具体内容如设备选择是否与冷热负荷计算结果相一致、是否具有智能控制措施、管路的保温性能如何、是否合理利用太阳能与其他可再生能源如地热能等。

（4）给水排水系统。

主要包括管路系统、节水设备使用、非传统水源利用等方面，具体内容如管路系统是否合理、管路保温如何、用水场所使用节水设备情况、是否有效利用非传统的水资源如雨水、生活废水等。

（5）照明系统。

主要包括自然光的利用、设备的选择与控制方式、光源的能效、节能灯具的使用等方面，具体内容如是否充分利用自然采光，电力设备选择是否合理、能否智能控制、是否选用高能效的光源和节能照明器具等。

（6）室内环境。

主要包括室内温湿度控制、自然通风、室内采光系数与照度控制、噪声控制等，具体内容如室内的温湿度、风速等是否适宜、自然通风效果如何、外窗可开启面积与外窗面积之比、室内窗地比等。

3.3.2　建立建筑三维信息模型

建立信息准确详尽的建筑信息模型是进行预评估的基础，模型包含的有效信息越丰富，预评估的准确度与详细程度也就越高。目前比较成熟的三维建筑设计软件有 Autodesk 公司的 Revit、Graphisoft 公司的 ArchiCAD、Bentley 公司的 MicroStation Triforma 等[7]，尽管其各自特点和优势不尽相同，但它们都是以 BIM 技术为核心的参数化设计软件，建筑师运用此类软件建立起一个包含足够多预评估所需信息的建筑信息模型，如建筑的场地信息、周边建筑、道路、建筑材料、构造、物理性能以及设备等各专业相关数据，为建筑节能设计预评估各项指标分析的提供数据信息支持。

3.3.3　数据信息分析及评估

在建筑信息模型完整建立的基础上，将模型信息导入性能化分析模拟软件，如 Ecotect、Green Building Studio、EnergyPlus、DOE-2、IES 等，可对建筑规划设计、围护结构、设备系统、室内环境等方面的数据进行提取、计算、分析（见图 1 ~ 图 5）。在此模拟分析基础上，结合预评估的内容体系进行评价，并及时反馈给各专业，进行优化调整。

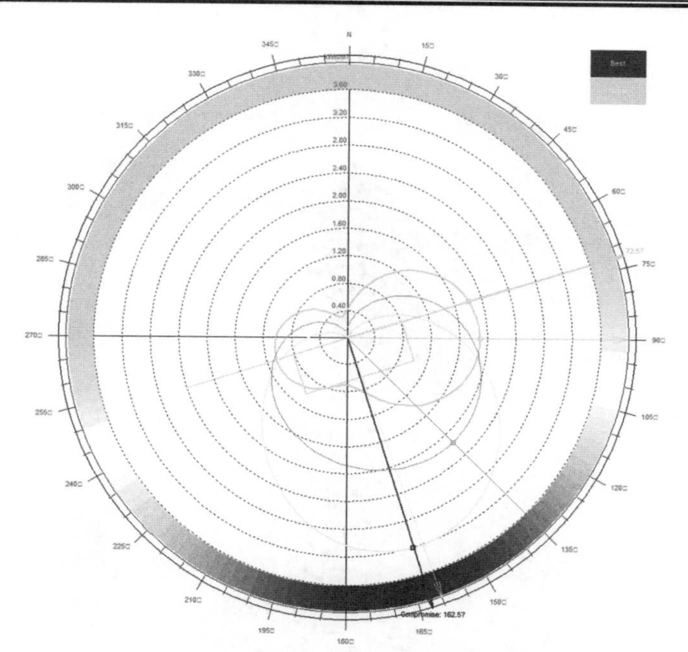

图 1　最佳朝向分析

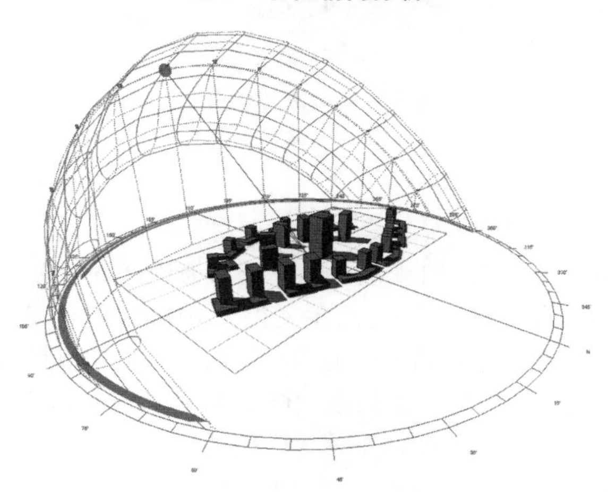

图 2　日照分析

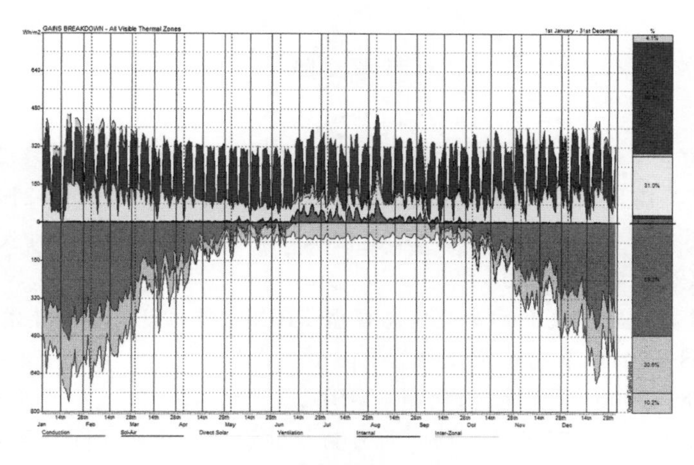

图 3　围护结构得失热分析

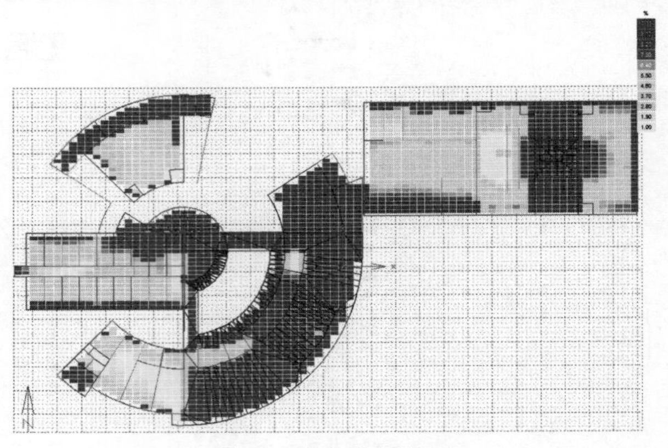

图 4　采光照明分析

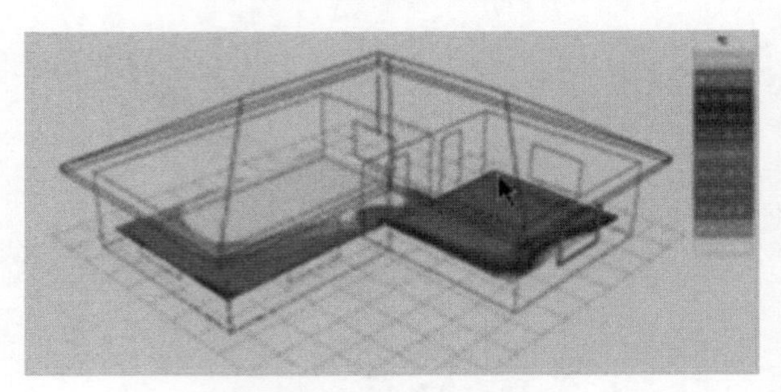

图 5　室内热环境分析

4　结　语

建筑节能评估是一项重要的工作，科学准确的评估可为设计方案最优化提供指导，而 BIM 技术的快速发展为这一工作提供了有力的技术支持。本文提出 BIM 应用于建筑节能设计评估的最佳阶段为前期规划设计阶段，其目的在于使评估更好地为设计服务，促使设计方案最优化。为更好地应用 BIM 技术进行预评估工作，笔者认为应大力加强我国 BIM 相关设计软件及系统的自主研发，如整合三维建模软件与性能化分析软件的节能评估系统等，使其更适合于我国的节能设计标准、法规，更好地为建筑节能设计工作服务。

参考文献

[1]　清华大学建筑节能中心. 中国建筑节能年度发展研究报告 2013[D]. 2013：4.

[2]　邱强. 建筑节能评估的进展综述[J]. 绿色科技，2012，(2)：212-214.

[3]　邱相武，赵志安，邱勇云. 基于 BIM 技术的建筑节能设计软件开发研究[J]. 建筑科学，2012，28(6)：24-27，40.

[4]　龙文志. 建筑业应尽快推行建筑信息模型（BIM）技术[J]. 建筑技术，2011，42(1)：9-4.

[5]　GB/T 50668—2011　节能建筑评价标准[S].

[6]　GB/T 50378—2006　绿色建筑评价标准[S].

[7]　罗智星，谢栋. 基于 BIM 技术的建筑可持续性设计应用研究[J]. 建筑与文化，2010，(2)：100-103.

博物馆建筑的绿色建筑评价初探

王 赓[1] 王敬怡[2]

（1. 国家海洋博物馆筹建处，天津经济技术开发区第二大街 42 号 300457；
2. 天津市建筑设计院，天津市河西区气象台路 95 号 300072）

【摘 要】 本文介绍了某海洋博物馆工程的绿色建筑评价及相关设计，针对国内外及天津的标准提出博物馆建筑对于绿色建筑标准的适用性。

【关键词】 绿色建筑 海洋博物馆 评价标准

1 绿色建筑的背景及意义

目前地球环境污染严重，并且世界能源形势也日益紧张，如何降低能源消耗，减轻地球环境的负担，共建和谐美好的家园成为人们的共识。作为高能耗的重要领域之一，建筑业一直是人们改革能源利用方式的重要领域。1992 年 6 月联合国环境与发展大会通过的一个有关环境与发展方面的国家和国际行动的指导性文件——《关于环境与发展的里约热内卢宣言》（The Rio Declaration on Environment and Development）中的“可持续发展”指出要改变以牺牲环境为代价，掠夺性的，甚至是破坏性的发展模式，从传统的资源型发展模式，走上良性循环的生态型发展模式，促使经济与社会、环境协调发展。这种新的发展观必然导致产生新的建筑观——可持续发展建筑观，即保护生态、创造可持续发展的人类生存环境。随着可持续发展理念的完善，“绿色建筑”的概念应运而生，并将成为未来建筑的发展趋势。

2 国际绿色建筑评价标准的情况

目前国际上发展比较成熟、有影响力的绿色建筑评价体系有英国的 BREEAM（Building Research Establishment Environmental Assessment Method）、美国 LEED（Leadership in Energy and Environmental Design）、日本的 CASBEE 等，它们的架构和运作，成为各国建立新型绿色建筑评估体系的重要参考。其他一些国家开发的具有鲜明特色的评价体系，也具有一定的借鉴价值。

2.1 英国的 BREEAM

BREEAM 是英国早起建筑研究组织（BRE）和相关的私人部门研究者制定的绿色建筑指导，其目的是为了减少建筑对环境的影响。经过多年的理论研究和实践经验 BREEAM 已经成为世界上最成功的建筑环境评估体系之一。BREEAM 是一个相对比较开放、透明而简单的评价体系，采用的是“简单评价”，其特点是简单直接、容易理解，但是都表示了相关评估条款本身的重要性。后来评价体系中提出了“明确权重”，其特点是将评分系统和权重系统分开，使得系统更加严谨。BREEAM 据此给予“合格、良好、优良、优异”4 个级别的评定，最后则由 BRE 授予被评估建筑正式的“评定资格”。评价条目包括室内和室外环境、CO_2的排放、消耗和渗漏问题、场地的生态价值、空气和水污染等若干条项目。分别根据建筑的性能、设计、管理等这方面对建筑进行评价得到相应的分数。

2.2 美国的 LEED

LEED（Leadership in Energy&Environmental Design BuildinRating System）是美国能源与环境设计先导绿色建筑评估体系的简称，是目前在世界各国的各类建筑环保评估、绿色建筑评估以及建筑可持续性评估标准中被认为是最完善、最有影响力的评估标准。LEED 是自愿采用的评估体系标准，主要目的是规范一个完整、准确的绿色建筑概念，防止建筑的滥绿色化，推动建筑的绿色集成技术发展，为建造绿色建筑提供一套可实施的技术路线 LEED 是性能性标准，主要强调建筑在整体、综合性能方面达到“绿化”要求。LEED 评估体系及其技术框架由五大方面及若干指标构成，主要从可持续建筑场址、水资源利用、建筑节能与大气、资源与材料、室内空气质量等方面对建筑进行综合考察，评判其对环境的影响并根据各方面指标综合打分，通过评估的建筑，按分数高低分为白金、金、银、铜 4 个认证级别，以反映建筑的绿色水平。美国 LEED 的优点在于：采用第三方认证机制，增加了该体系的信誉度和权威性；评定标准专业化且评定范围已扩展形成完善的链条；体系设计简洁，便于理解、把握和实施评估；已成为世界各国建立绿色建筑及可持续性评估标准及评价体系的范本。

2.3 日本的 CASBEE 体系

为了能够针对不同建筑类型和建筑生命周期不同阶段的特征进行准确的评价，CASBEE 体系由一系列的评价工具构成。CASBEE 的权重系数是由企业、政府、学术团体组成各专业委员会，通过对提高建筑物环境质量、降低外部环境负荷的重要性反复比较，并经案例试评后确认。CASBEE 和 LEED、BREEAM 等评价体系一样，主要通过专家调查法获得权重。目前，CASBEE 的评价工具设 4 级权重。CASBEE 需要评价“Q（Quality）：建筑的环境品质和性能”和“L（Loadings）：建筑的外部环境负荷”两大指标，分别表示“对假想封闭空间内部建筑使用者生活舒适性的改善”和“对假想封闭空间外部公共区域的负面环境影响”。“建筑物的环境品质和性能”（Q）包括 Q1 室内环境、Q2 服务性能、Q3 室外环境等评价指标。“建筑的外部环境负荷”（L）包括 L1 能源、L2 资源与材料、L3 建筑用地外环境等评价指标。每个指标又包含若干子指标。Q 和 L 的各子项共约 80 个，从环境、能源、水资源、材料与资源、室内环境质量等各个方面概括了影响建筑物环境效率的所有因素。

3 国家绿色建筑评价标准的情况

我国绿色建筑评估体系发展较晚，迄今为止，已相继出台了《中国生态住宅技术评估手册》、《中国绿色奥运建筑评估体系》、《绿色建筑评价标准》（GB/T 50378—2006）、《绿色建筑评价技术细则》、《绿色施工导则》、《绿色建筑评价标识实施细则（试行修订）》、《绿色建筑评价技术细则补充说明（规划设计部分)》、《绿色建筑评价技术细则补充说明(运行使用部分)》、《绿色建筑评价标识管理办法》等标准。我国在2001年9月出版了《中国生态住宅技术评估手册》。这一评估手册参考了LEED体系，吸收我国《国家康居示范工程建设技术要点》及《商品住宅性能评定方法和指标体系》的相关内容，其目标是指导生态住宅规划、设计与建设，保护自然资源，创造健康、舒适的居住环境，提高我国住宅建设水平，带动相关产业发展。内容包括住区环境规划设计、能源与环境、室内环境质量及住区水环境、材料和资源等5个方面。

2006年6月1日开始实施的《绿色建筑评价标准》是我国绿色建筑评价的第一部推荐性国家标准。该标准突出反映了我国国情的“四节”与环保要求。其评价指标体系包括节地与室外环境、节能与能源利用、节水与水资源利用、节材与材料资源利用、室内环境质量、运营管理(住宅建筑)、全生命周期综合性能(公共建筑)6大指标。

2007年8月，《绿色建筑评价技术细则(试行)》和《绿色建筑评价标识管理办法》出台，启动了绿色建筑评价标识工作。绿色建筑评价标识，是指依据《绿色建筑评价标准》和《绿色建筑评价技术细则(试行)》，按照《绿色建筑评价标识管理办法(试行)》，确认绿色建筑等级并进行信息性标识的评价活动。与LEED不同的是，中国绿色标识的起步晚，其推广主要由政府主导，而传播也是自上而下的。

4 天津市绿色建筑评价标准的情况

为充分发挥和调动全国各地发展绿色建筑的积极性，住建部鼓励地方省市主管部门自主开展辖区范围内的绿色建筑标识评价工作。在这种形势背景下天津市组织编写了《天津市绿色建筑评价标准》和《天津市绿色建筑评价技术细则》用以指导天津市绿色建筑评价工作的实施。值得说明的是，根据住建部的批复，自2012年1月1日起，凡天津市行政区域内申报国家绿色建筑评价标识的项目，包括三星级项目，均应执行《天津市绿色建筑评价标准》。这就突出了天津市绿色建筑评价标准的重要性，也带来了更广泛的学习需求。作为天津市的绿色建筑专业评价机构，希望通过对《天津市绿色建筑评价标准》的解读，帮助了解其主要内容特点。同时也提出了实施过程中发现的一些问题，供大家参考讨论。

《天津市绿色建筑评价标准》在6类指标分类上与《绿色建筑评价标准》一致，但采用了定量的评分分级体系。每个条文按控制深度和全面性进行分项打分并引入各类指标权重，能够区分条文难度并进行有效实施引导。对于一般项和优选项，天津市绿色建筑评价标准采用了指标项数和得分的双重控制方式，只有项数和得分同时满足要求方可达标。但稍加分析就会发现，一般项每类指标要求的项数相同，而这个项数只能根据要求最低的指标类别来确定，因此得分仍是一般项等级划分的主要依据。给出指标最低项数的要求，是为了保证各类指标之间的基本平衡，避免出现某类指标完全被忽视的情况。与国标在等级划分中规定不同的指标项数相比，天津市地方标准一定程度上允许各类指标得分的相互补充，既有平衡的原则性，又增加了评价的灵活性。

天津市地方评价标准为鼓励创新，增加了加分项评价内容，从创新点、综合效益和推广价值3方面进行得分评价。天津市绿色建筑评价标准采用了区分权重的条文评分体系，鼓励项目创新。与国标的措施性条文评价相比，提高了对条文内容评价的可操作性和全面性要求，更加科学合理。

5 某海洋博物馆对于绿色建筑标准的适用性

该博物馆是中国首座国家级博物馆，占地面积 15 万平方米，建筑面积 8 万平方米。该博物馆是我国首座国家级、综合性、公益性的海洋博物馆，建成后将展示海洋自然历史和人文历史，成为集收藏保护、展示教育、科学研究、交流传播、旅游观光等功能于一体的国家级爱国主义教育基地、海洋科技交流平台和标志性文化设施。该项目的建设在我国海洋事业发展史上具有里程碑意义，将结束我国没有一座与海洋大国地位相匹配的综合性海洋博物馆的历史，对于保护海洋文物，提高全民族海洋意识，建设海洋强国有重要意义。据悉，各项前期准备工作已全面展开。

该博物馆于 2010 年 4 月选址天津，2012 年 11 月通过国家立项审批，建成后将展示海洋自然历史和人文历史，成为集收藏保护、展示教育、科学研究、交流传播、旅游观光等功能于一体的海洋科技交流平台和标志性文化设施。

该博物馆拟采用“馆园结合”的方式，将博物馆教育、科研功能与海洋公园娱乐性、服务性相结合，建成“有人来的博物馆，有趣味的博物馆”。

5.1 评价结果存在较强的主观性

首先，现有绿色建筑评价体系权重系数的确定大都采用特尔菲法。特尔菲法是请一批有经验的专家对如何确定各目标权重发表意见，然后用统计平均方法估算出各目标的权重值。评价体系权重系数的准确度，主要取决于专家的阅历经验以及知识的广度和深度，这就要求参加评价的专家具有较高的学术水平和丰富的实践经验。因此，一般情况下，这种方法有时会很难保证评价结果的客观性和准确性。另外，除了特尔菲法外，层次分析法和模糊综合评价法也逐渐应用到绿色建筑评价体系中来。但这两种方法的信息来源是来自专家咨询，以致在评价结果中仍然存在主观因素的影响。

其次，在利用现有的绿色建筑评价体系对建筑进行评价的时候，主要采取的是主观打分的方法，即工作人员根据建筑负责方提供的建筑设计参数和详情，结合绿色建筑实际的运行状况等，参照评价指标对绿色建筑进行打分。在评价实施的过程中，必然会存在评价者的主观影响，使绿色建筑的评价结果缺乏可靠性。由此可见，目前绿色建筑评价体系的权重系数的确定及评价过程均含有人为的主观性，这就直接影响了评价结果的客观性和准确度。因此，寻找一种能应用于绿色建筑评价，且使整个评价体系受主观因素的影响最低的评价方法，是一项值得研究的内容。

5.2 重视技术的应用，忽视实际运行效果

虽然大多数评价体系都不同程度地从全生命周期角度提出了有关的评价指标和内容，但各个评价体系基本都只是从建筑的设计施工技术措施和管理办法方面设立了评价指标，也就是说只考虑技术的应用，很少从实际建筑的运行效果上进行评价。这导致在建筑领域过多地关注能体现建筑节能和环保的新技术，而忽视了这些技术在实际应用中的运行效果。如某些建筑的空调系统安装了水泵变频装置，但实际运行并没有启用，使得先进的技术并没有发挥其应有的职能。由此可见，以后要更加注重将技术措施和运行效果结合，才能使绿色建筑评价体系更加完善。

天津市绿色办公建筑技术策略及增量成本分析①

黄雅贤　尹 波　闫静静　付 旺
（中国建筑科学研究院天津分院，天津　300384）

【摘　要】本文通过对2009—2013年天津市已经取得标识的10个绿色办公建筑的技术体系以及增量成本分析研究，总结出适宜天津应用的绿色办公建筑技术策略，以期对天津地区乃至寒冷地区绿色办公建筑发展提供一定的实践经验和技术支撑。

【关键词】天津　绿色办公建筑　增量成本

1　引　言

我国公共建筑数量较多规模大，能耗问题非常突出，资料表明，我国公共建筑总建筑面积月79亿平方米[1]，总电耗3 800亿kW·h，总能耗1.41亿tce，平均单位面积耗电量48.6 kW·h/（m^2·a），单位面积能耗18.1 kgce/m^2。

天津市作为北方经济金融中心，对外交流蓬勃发展，尤其是滨海新区的开发开放，对办公建筑的需求快速增长。据消防部分统计，目前天津建成高层住宅建筑600余栋，在建高层办公建筑400余栋，近年来开发建设的办公建筑已接近30年来建设总量的2/3，建设量之大、建设速度之快，在全国也是遥遥领先。同时办公建筑能耗高也是一大显著特点，目前天津市居住建筑设计已经达到四步节能标注，即节能率75%，建筑能耗为20～30 kW·h/（m^2·a），而办公建筑依据《公共建筑节能设计标准》设计节能率为50%，建筑能耗约为居住建筑的仅10倍，由此可见办公建筑节能潜力较大。

本文以天津市绿色办公建筑作为研究对象，结合地域特点、资源特征以及办公建筑的使用特点，总结具有绿色办公建筑技术策略，为天津市绿色办公建筑的建造提供技术支撑。

2　天津市绿色办公建筑发展现状

近年来，随着我国绿色建筑行业的快速发展，绿色建筑标识项目逐年增加，星级品质逐步提高，截至2013年12月31日[2]，全国共评出1 446项绿色建筑评价标识项目，总建筑面积达到16 270.7万m^2。

① 本论文受国家“十二五”科技支撑计划课题“天津生态城绿色建筑评价关键技术研究与示范（编号：2013BAJ09B02）”和国家“十二五”科技支撑计划课题“绿色建筑标准体系与不同气候区不同类型建筑重点标准规范研究（编号：2012BAJ10B01）”支持。

2013 年各建筑类型中办公建筑 307 项，占标识总数的 44%，其中办公类建筑近占一半。2008—2013 年，天津取得绿色建筑标识的项目共 84 项，而其中办公建筑近 40 个，见图 1。2013 年天津市获得标识的项目共计 47 个，办公建筑项目 31 个之多。

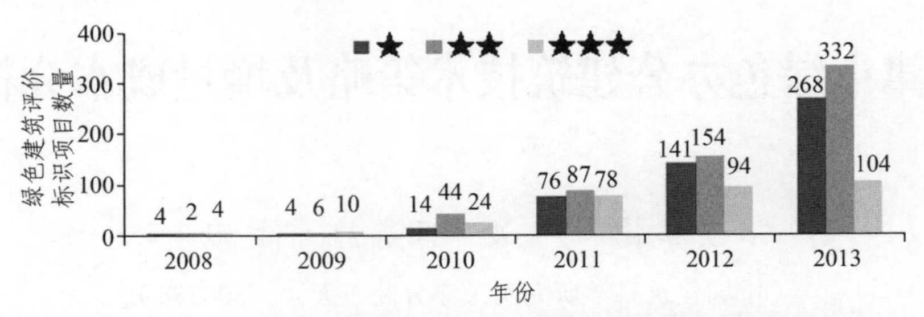

图 1　2008—2013 年绿色建筑评价标识项目数量逐年发展状况

3　天津市绿色办公建筑技术策略

3.1　天津市气候资源特点

天津位于寒冷地区，夏季酷热，室外最高温度可达 40 °C 左右；冬季寒冷，室外最低温度可低至 – 11 °C，见图 2。因此在天津进行建筑设计时要兼顾夏季隔热和冬季防寒的需要。天津地区属于太阳能资源较丰富的三类地区，全年日照时数为 2 500 ~ 2 900 小时，单位面积接受的太阳辐射总量为 5 016 ~ 5 852 MJ/m^2，相当于 170 ~ 200 kg 标准煤燃烧产生的热量，见图 3。因此天津适宜利用太阳能光热技术。天津地区年平均降雨量为 544.3 mm，属资源型和水质性缺水地区，且降雨量不均，主要集中在 6 ~ 8 月，见图 4。天津地区鼓励建筑采用市政再生水，而且全市市政再生水配套管网已基本覆盖，为建筑利用再生水提供了便利条件。

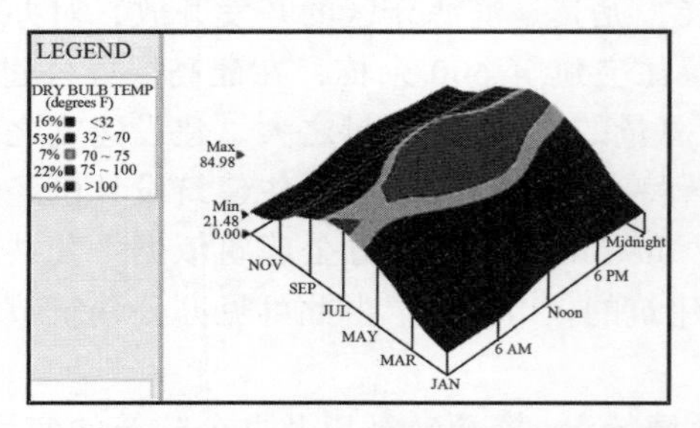

图 2　天津气候温度分布

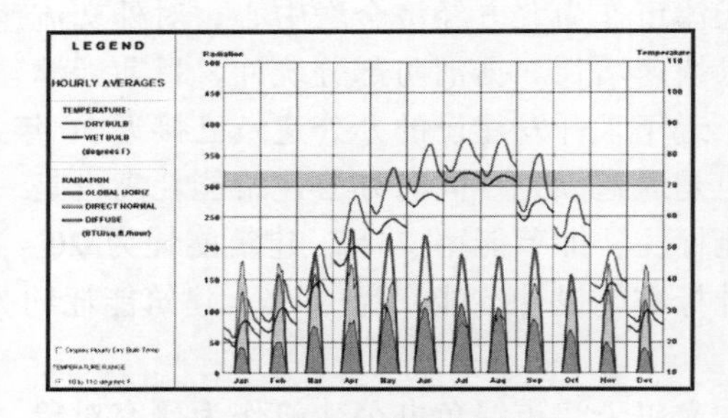

图 3　天津太阳辐射强度

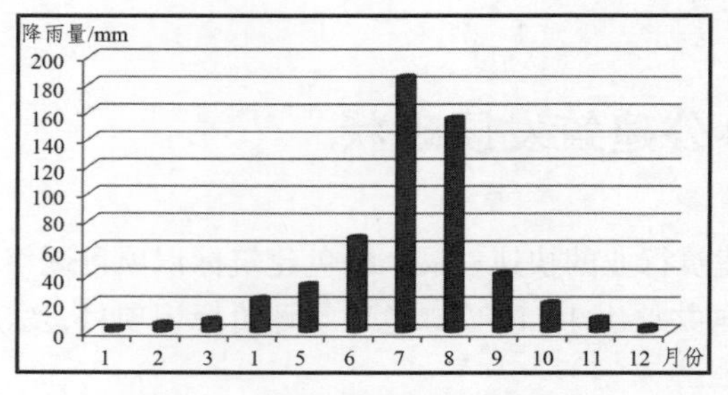

图 4　天津逐月降雨量分布

绿色办公建筑因其高舒适度，在改善办公条件、提高工作效率方面有积极作用，同时对树立健康的企业形象也有帮助。在建筑的前期决策、规划设计和建造阶段，绿色建筑应充分考虑建筑物与周围环境的协调，体现绿色平衡理念，通过合理的选址规划、科学整体设计，集成自然通风、自然采光、低能耗围护结构、可再生能源利用、绿色建材和智能控制等技术，将人们对建筑的舒适健康需求和节约能源、环境保护进行一体化考虑，充分展示人文与建筑、环境、技术的和谐统一。

3.2 节地与室外环境

根据对 10 个已经获得标识的绿色办公建筑的统计分析，节地部分常用的绿色生态技术主要有：土壤氡含量检测、乡土植物、地下空间利用、屋顶绿化、垂直绿化以及废弃场地等，见图 5。

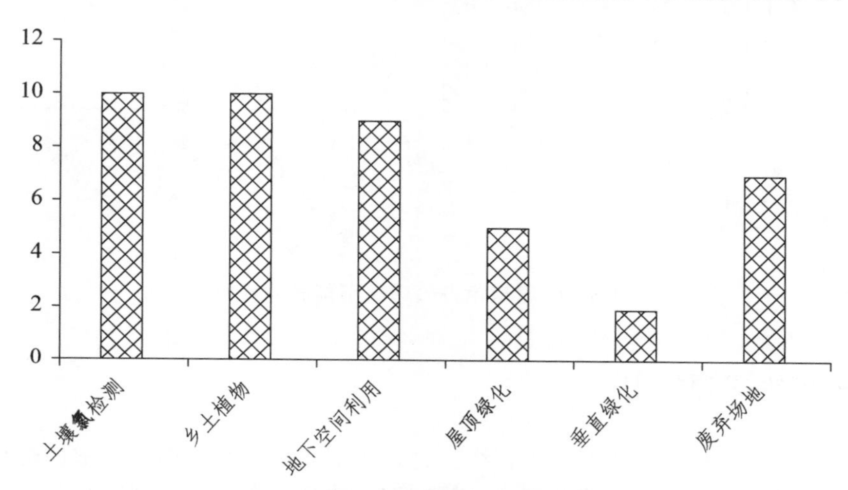

图 5 天津绿色办公建筑节地技术统计

土壤氡含量检测作为评价场地选址安全性的重要指标，属于必备技术。而乡土植物的利用有益于创造绿色、舒适的景观环境，降低维护成本。在景观环境营造方面屋顶绿化、垂直绿化技术的应用也屡见不鲜，虽然天津地区夏季干旱炎热、冬季寒冷干燥，对屋顶绿化及垂直绿化的养护提出了更高的要求，但通过合理选择屋顶绿化、垂直绿化物种及形式、加强养护能够满足植物生长需求，打造花园式办公环境。天津市市域存在大量废弃工厂、仓库和大量不可建设用地（由于各种原因未能使用或尚不能使用的土地，如裸岩、石砾地、陡坡地、塌陷地、盐碱地、沙荒地、沼泽地等）。建筑选址应首先考虑这类场地的合理再利用。如中新天津生态城地区原为盐碱地，经过改土排盐处理后，使得土壤酸碱度满足植物生长环境要求。

对于办公建筑而言，地下空间利用是较为普遍的节约土地措施，将办公建筑的一些公共设施建在底下，比如说停车场、休闲娱乐场所等，既实现了土地的多重利用，又提高了土地的使用效率。当然，在利用地下空间的时候，结合考虑水文地质条件、出入口与地上建筑的联系，解决通风、防火、水渗漏节能等问题[3]。

3.3 节能与能源利用

单一的节能技术目前已不能满足日益提高的节能减排需求，整体的解决方案呼声渐高，既可以避免资源、人力的浪费，又可以取得较好的节能效果。

整体的节能解决方案，主要技术途径为：空调通风、智能照明、能源监控围护结构系统以及外墙体保温层、再生能源利用等。统计的 10 个项目中，高效冷热源利用、节能设备以及能耗分项计量均属于必备技术，在通过建筑被动设计的基础上，从提高设备性能的角度来降低建筑能耗，同时通过可再生能源的利用进行补充进一步优化能源结构，见图 6。

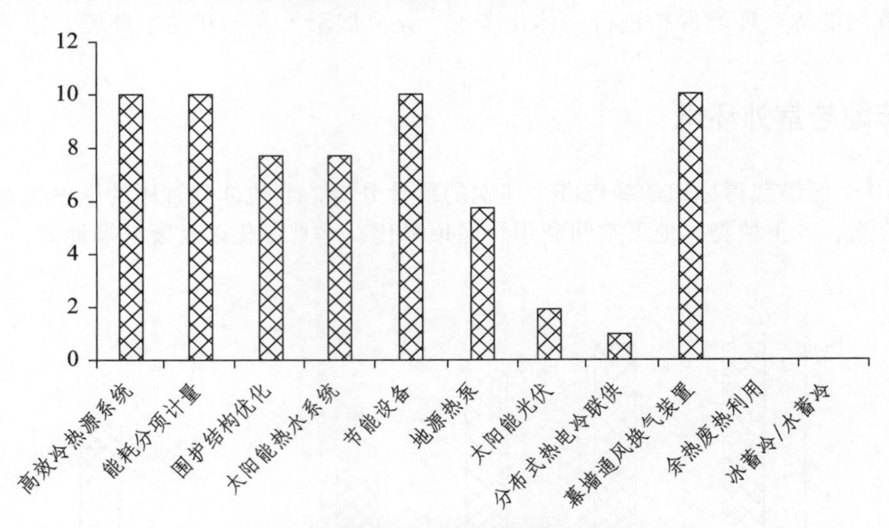

图 6 天津绿色办公建筑节能技术统计

3.4 节水与水资源利用

根据市政条件，充分利用市政再生水管线，合理规划非传统水源用途，增加雨水入渗量，采用绿化灌溉技术、选用节水器具，系统合理分区等措施，达到水资源充分利用与节水的目的。天津属于资源型缺水地区，年降雨量 544.3 mm，年蒸发量 1100 mm，而且降雨季节性较明显，不适宜进行雨水收集回用，可通过增加入渗的措施合理规划场地内雨水径流，如采用透水铺装、设置下凹式绿地、雨水花园以及采用渗透管、渗井等设施增加雨水渗透量，削减洪峰，减轻对市政雨水管网的压力，见图 7。绿化灌溉方面由于天津地区规划有市政再生水，考虑人体健康，不宜采用喷灌的灌溉方式。

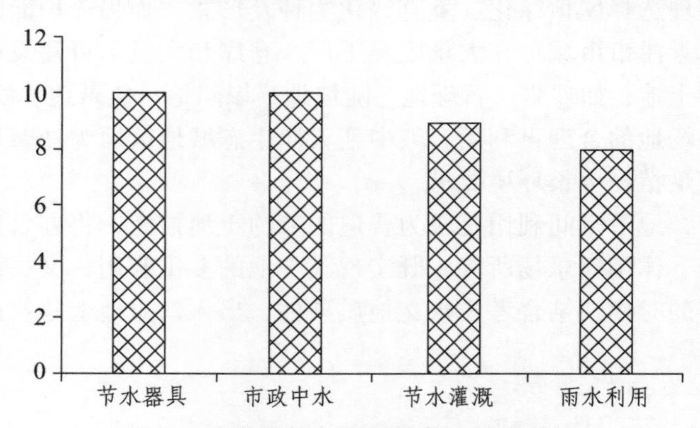

图 7 天津绿色办公建筑节水技术统计

3.5 节材与材料资源利用

灵活隔断是绿色办公建筑较常用的一项技术，通过轻质隔断创造多变的室内利用空间，同时避免室内空间变换而造成的二次装修浪费，见图 8。尽可能选用低辐射、低污染的绿色建筑材料，可再生建筑材料支撑的家具，避免办公环境综合征和建筑材料的浪费。建筑材料优先选用本地材料和可再循环材料，同时采取措施将废旧材料对环境的影响减至最小。如主体结构采用高强度钢筋、高性能混凝土以及耐久性优良的建材等。

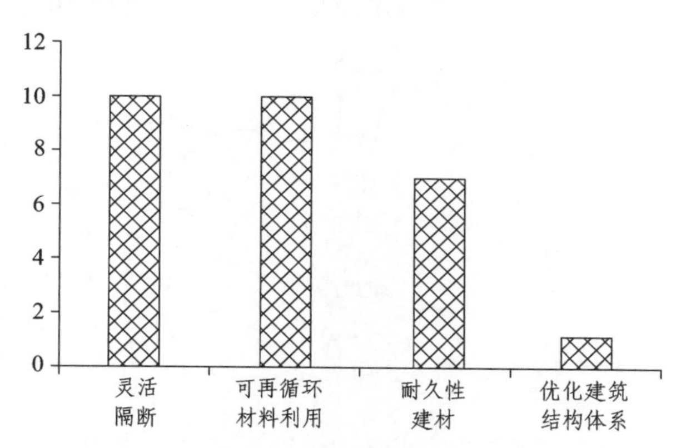

图 8　天津绿色办公建筑节材技术统计

3.6　室内环境质量

室内环境质量的提升应将各种适合寒冷地区的建筑做法与结构设备等有机结合，从建筑的全寿命周期出发，倡导一种绿色的工作和生活模式，以最节约的资源，最少的污染创造现代健康舒适的办公环境，营造高效、快乐、人性化的工作氛围。注重提升声环境品质，对门窗楼板、地面、天花、室内隔墙采用构造措施做隔音降噪处理。通过设置空气质量监控系统来改善室内空气质量，提升员工健康指数。结合建筑结构形式、功能布局特点设置采光天窗、采光井改善室内光环境，见图 9。

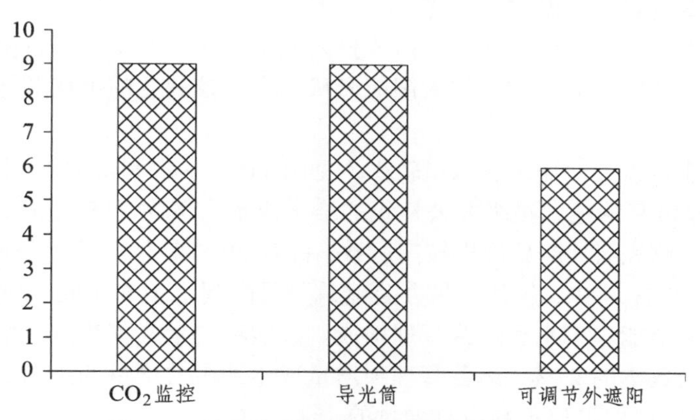

图 9　天津绿色办公建筑室内环境技术统计

3.7　运营管理

绿色建筑规划设计目标的实现，需要通过合理的环境目标定位和智能化系统控制，采用科学合理的模式，保证建筑设备系统的安全和清洁运行，并降低系统能耗，提高建筑整体的运行效率。而绿色办公建筑本身定位较高端、现代化，智能化系统的设置也是必不可少的，这也是建筑高效运行的保障之一。

4　绿色办公建筑增量成本

根据对天津 10 个绿色办公项目增量成本的统计，可以将绿色建筑技术划分为四类：负增量成本技术、零增量成本技术、低增量成本技术和高增量成本技术[3]，见图 10。

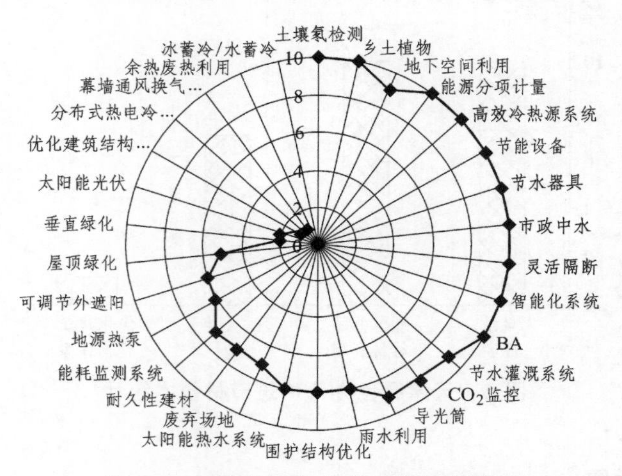

图 10　天津市绿色办公建筑技术体系

负增量成本技术：此类技术包括使用本地建材、种植本地植物、优化建筑结构等。

零增量成本技术：如公共交通接入、自然采光、自然通风、噪声控制等。此外，随着相关行业标准要求的提高及市政配套措施的改善，一些常规技术如用能分项计量、市政中水、节水器具、用水分项计量、室内温度控制装置及预拌混凝土、商品砂浆等也成了零增量成本技术。

低增量成本技术：包括围护结构保温隔热、太阳能热水技术、节能灯具、节水灌溉、透水地面、风环境模拟优化、分室设置自动温控装置等。

高增量成本技术：由于投资回收期长、需要投入成本较多，在实际项目中应用较少，但一些示范展示的项目还是进行了较多的尝试，如太阳能光伏、带自控装置的可调节外遮阳、屋顶绿化、垂直绿化等。

天津市绿色办公建筑以三星居多，二星较少（见图 11），本次调研的 10 个项目中三星级项目达 7 个之多，2009 年天津市某绿色二星级办公建筑的增量成本大概为 275 元/m^2，成本高昂的主要原因由于当时的技术体系不够完善，产品价格较高所致；针对 2012 年某二星办公建筑进行调研，其增量成本下降到 122 元/m^2 左右，2013 年某二星办公建筑更是降到了 106 元/m^2。天津市绿色二星级办公建筑的增量成本主要由节能、节水和运营管理构成。节能项增量成本约占总增量成本的 61%，节水项增量成本约占总增量成本的 21%，运营管理项增量成本约占总增量的 15%，节地项增量成本约占总增量的 2%，室内环境项增量成本约占总增量的 1%。

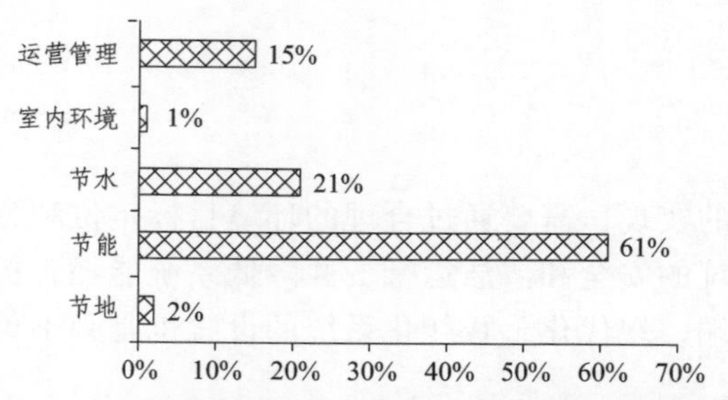

图 11　天津市绿色二星级公共建筑增量成本构成

绿色三星级办公建筑级对节能、运营管理和室内环境方面更为重视。通过对 2010—2013 年绿色三星级公共建筑的增量成本进行统计分析，其平均增量为 246 元/m^2。并且随着绿色建筑的不断发展，增量成本总体呈现下降趋势，见图 12。

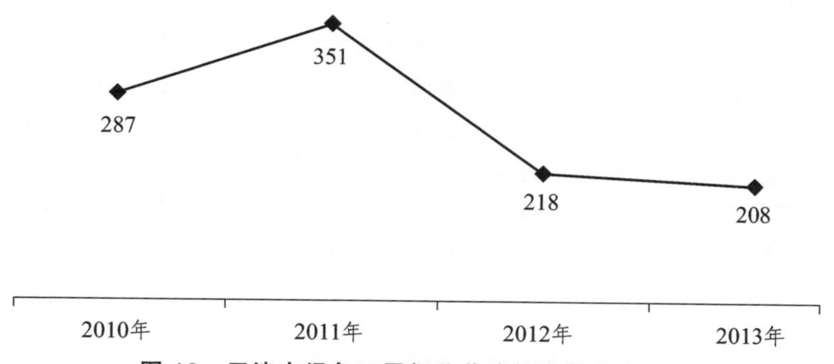

图 12 天津市绿色三星级公共建筑增量成本趋势

另外，对项目增量成本的具体分析可以得到天津市绿色三星级办公建筑增量成本构成。由图 13 可知，绿色三星级办公建筑增量成本主要由节能、运营管理和室内环境构成。节能项增量成本约占总增量成本的 52%，运营管理项增量成本约占总增量成本的 22%，室内环境项增量成本约占总增量的 14%，节水项增量成本约占总增量的 8%，节地项增量成本约占总增量的 4%。

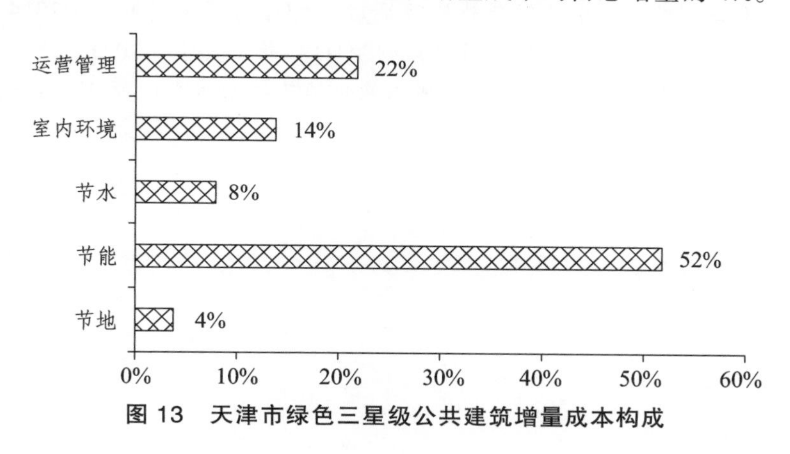

图 13 天津市绿色三星级公共建筑增量成本构成

天津市的绿色建筑增量成本主要集中于节能部分。一是因为天津地处寒冷地区，注重加强围护结构保温；二是可再生能源的规模化应用带来成本增量提高。节水和水资源利用的增量成本，通常是由非传统水源利用、节水器具和高效灌溉方式带来的。

另外，绿色办公建筑的主要增量还集中于室内环境和运营管理上，绿色建筑的根本是为人类提供健康、舒适、低耗、无害的使用空间，大部分绿色办公建筑在室内环境改善方面投入较大，同时随着国家“节能减排”工作的不断推进，绿色办公建筑对于运营管理方面也愈发重视，如设置建筑设备管理系统、建筑能耗监测系统等来提高建筑整体的节能运行效果，由此带来较多的增量成本。

5 结 论

天津市绿色建筑实践应用方面目前处于全国先进水平，2014 年 6 月 23 日天津市建交委颁布了

《天津市绿色建筑行动方案》，以促进天津市绿色建筑的发展。方案中指出，2014 年开始，凡政府投资建筑和 2 万平方米以上大型公共建筑应当执行绿色建筑标准。“十二五”期间，建设绿色建筑 3 600 万平方米，其中建设 10 个建筑面积超过 100 万平方米的规模化绿色建筑项目。到 2014 年年底绿色建筑开工面积占当年新开工建筑面积的 20%，到 2015 年年底达到 30%。

而绿色办公建筑也是天津市绿色公共建筑中的主力军，研究绿色办公建筑技术体系以及增量成本有益于为今后的项目提供更多的技术支持和实践经验，同时也让我们看到目前该领域存在的一些问题。绿色办公建筑是企业形象的集中体现也是企业对外展示的示范窗口，但由此造成盲目堆砌绿色生态技术，不重视技术实效等问题，随着绿色建筑的普及和全面推广，大家不再局限于追求高星级、高技术，而是越来越着眼于技术应用的实效性以及实际运行的效果。这也是今后绿色建筑发展的趋势及方向。如何加强绿色建筑技术的落实和执行，保证运行效果和节能效益将会是今后绿色建筑研究的方向。

参考文献

[1] 张欣苗. 天津地区办公建筑窗墙比和自然采光对建筑能耗影响的研究[D]. 天津大学，2011.

[2] 中国城市科学研究会. 中国绿色建筑效果后评估与调研研究报告，2014.

[3] 杨玫. 河南地区办公建筑绿色设计策略研究[D]. 郑州大学，2011.

[4] 杨彩霞，等. 天津生态城宜居住宅低成本绿色建筑技术体系研究[J]. 建设科技，2012（20）.

三星级法院绿色建筑技术体系与效益分析

周灵敏 周海珠
（中国建筑科学研究院天津分院，天津 300384）

【摘 要】 法院绿色建筑的发展和推广迫在眉睫，需引起高度重视，提出一整套适宜强、可复制推广的法院绿色建筑技术体系则显得尤为重要。本文以某三星级法院绿色建筑为例，对法院绿色建筑技术体系和效益进行分析，为法院绿色建筑的发展及推广提供参考和借鉴。期望今日有关“法院绿色建筑”的许多内涵，在未来将成为法院建筑正常的、自然的、基本的属性。

【关键词】 法院绿色建筑 绿色建筑技术体系 效益、增量成本分析

1 引 言

几年来，绿色建筑评价标识数量一致保持强韧的增长姿态，截至 2013 年 3 月 21 日，全国共评出 851 项绿色评价标识项目。据统计，2012 年公共建筑项目为 188 项，见图 1。从星级上看，一二三星级项目占 36%、32%和 32%；从建筑类型上看，办公、酒店、场馆、宾馆、学校、医院等建筑以及改建项目各占 45%、19%、12%、8%、%、2%、3%。在这些不同类型的公共建筑里面唯独没有一个是法院建筑。

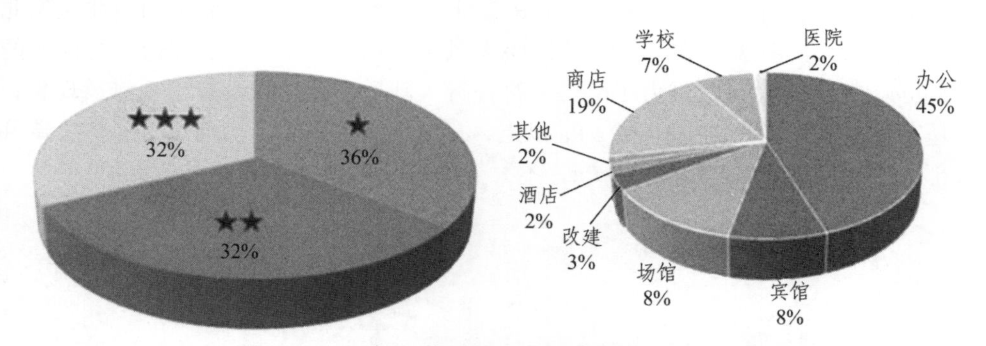

图 1 2012 年公共建筑绿色评价标识项目统计

随着现代国内外法律体系的趋同化、现代化和国际化的脚步的不断加快，法院建筑大面积建设的步伐已日趋加快，目前我国已有中小法院建筑 3 000 余所。

在大力提倡绿色建筑的今天，住宅、办公、酒店、医院、厂房、校园等各类型绿色建筑已越来越普及，星级法院绿色建筑在全国范围内则凤毛麟角，因此法院绿色建筑的发展和推广则迫在眉睫，需要引起高度重视，提出一整套适宜强、可复制推广的法院绿色建筑技术体系则显得尤为重要。

鉴于此，本文以某三星级法院绿色建筑为例，对法院绿色建筑技术体系和效益进行分析，为法院绿色建筑的发展及推广提供参考和借鉴。期望今日有关“法院绿色建筑”的许多内涵，在未来将成为法院建筑正常的、自然的、基本的属性。

本法院位于山西大同市，为中级人民法院审判法庭及附属用房工程，总规划用地 68 680.36 m^2，总建筑面积 41 974.22 m^2（地上建筑面积 32 998 m^2），包含 A 座审判配套楼（11F）、B 座审判业务楼（4F）、C 座审判业务楼（3F）及 D 座审判技术楼（4F），A、B、C、D 座由连廊连接。项目于 2013 年 12 月获得国家绿色建筑三星级设计标识，项目效果图见图 2。

图 2 法院效果图

2 绿色建筑技术措施与效益分析

2.1 被动式绿色建筑设计策略——秩序与生态

（1）在建筑中融入司法理念。在建筑规划设计方面，本法院一方面通过合理的总平面布置，秩序井然的流线组织，明确的功能分区，达到满足法院建筑的特定要求的目的，诠释法制的精髓——秩序，突出法院的庄重严肃、秩序井然，同时又兼顾室外风环境的舒适性及室内自然通风与采光优良性等生态元素。另一方面通过特定建筑设计元素及符号的利用从外部形象的塑造和外部环境气氛的渲染上，塑造出法院鲜明建筑风格及形象。

（2）于环境中彰显生态。大同地处中温带大陆性半干旱季风气候区，山西大同全年多北风；其中夏季主导风向为北风；过渡季多北风和西北风偏北；冬季多偏北风、北风和西北风偏北。经室外风环境进行模拟分析（见图 3），在各个季节 10%大风及平均风速条件下，周边人行区域的风速最大 3.375 m/s < 5 m/s，风速放大系数最大 1.6 < 2，符合行人舒适要求，且没有出现滞风现象；夏季、过渡季平均风速条件下的前后压差基本在 2 Pa 以上，有利于室内采用自然通风；冬季主导风向 10%大风条件下大部分区域的前后压差为 2 ~ 5 Pa，不大于 5 Pa，利于冬季的防风节能。

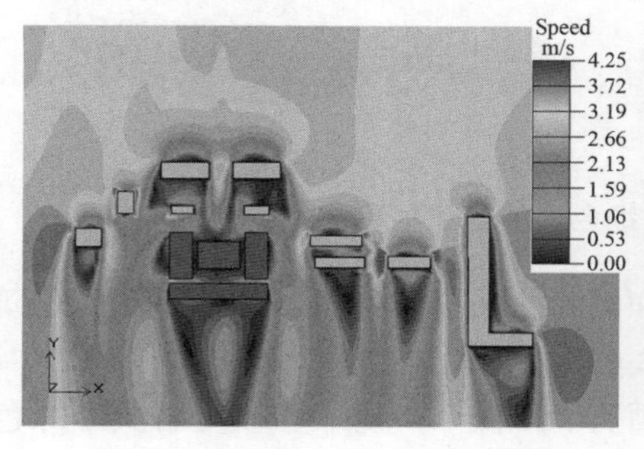

夏季、过渡季、冬季/10%大风

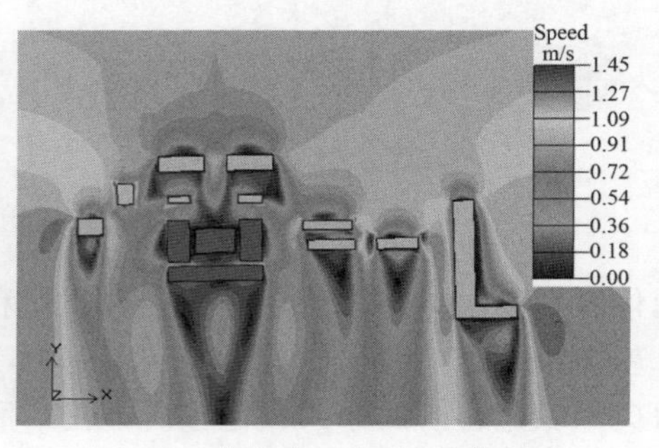

夏季、过渡季、冬季/平均风速

图 3 1.5 m 高度处风速云图

在自然通风设计中充分利用热压和风压通风。本法院形体规整，两侧均有通风口开启且均匀布置，外窗可开启面积比例 38.68%，幕墙可开启比例 21.08%，便于利用建筑室外风对建筑的前后的压差产生的动力带动室内空气流的流动，实现自然通风。经室内自然通风模拟分析（见图 4），项目在夏季主导风向 N 平均风速条件下，主要室内空间均能形成一定的通风，大多数区域穿堂风效果明显，所有区域的换气次数均能满足大于 2 次/时的要求。

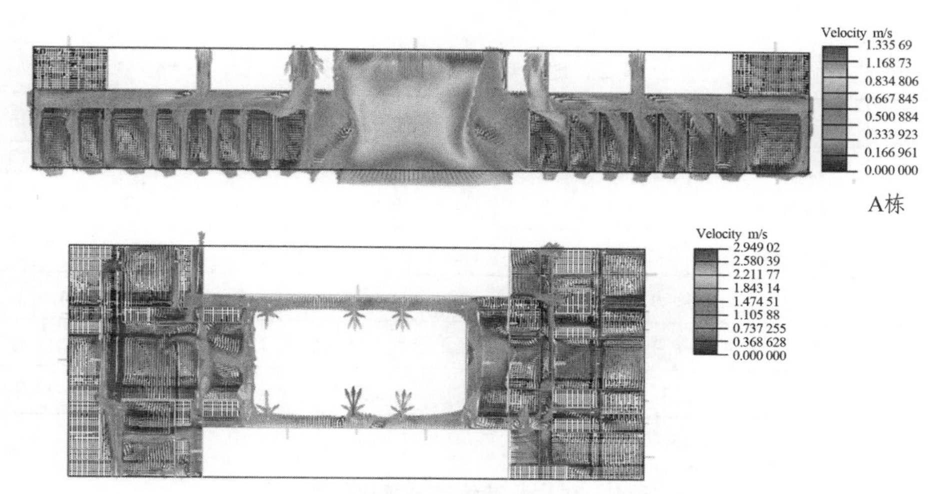

图 4 四层 1.5 m 高度风速矢量图

2.2 主动式绿色建筑技术设计策略

2.2.1 节能设计

本法院从建筑规划设计入手，综合分析地区气候特征，充分利用气候条件并防御不利气候因素，优先采用自然通风、自然采光等被动节能技术，在对围护结构、空调、照明系统进行主动节能设计的基础上，合理利用地热能，达到节约能源的目的。

（1）围护结构保温。

山西大同属于严寒地区，做好建筑隔热保温设计，改善围护结构热工性能，是实现节能目标的重要环节。本法院执行山西省工程建设建筑节能系列标准《公共建筑节能设计标准》（DBJ04-241-2006），进行建筑围护结构专项节能设计，严格控制外墙、外窗、屋面等围护结构各部分传热系数（见表 1）。

表 1 建筑热工参数表

部位	构 造	传热系数 /[W/（$m^2 \cdot K$）]	
		设计值	标准值
外墙	250 厚加气混凝土砌块（局部 250 厚钢筋混凝土） 采用 50 厚超细玻璃棉板保温	0.43	0.50
屋面	120 厚钢筋混凝土采用 70 mm 挤塑聚苯板保温	0.44	0.45
外窗	PA 断桥铝合金 LOW-E 中空玻璃窗 6 + 12 氩气 + 6 型	2.0	2.6

（2）可再生能源利用——地源热泵系统。

本法院充分利用可再生能源，采用复合式地埋管式地源热泵系统，冬季作为空调热源，夏季提供空调、新风冷量。系统配置 2 台克莱门特热泵机组（单台机组的制冷量为 1 348.6 kW，制热量为 1 267.2 kW）。由地热热泵系统提供的制冷、热量分别为建筑冷热负荷的 100%和 71.50%。

经经济性分析（见下表 2、3），地源热泵系统比传统的市政热力 + 冷水机组系统，每年节省运行费用 59.7 万元，其静态投资回收期约 2.85 年。

表 2　地源热泵系运行费用分析

运行耗电量分析	冬季		夏季		全年	
	热泵耗电/（kW·h）	循环泵耗电/（kW·h）	热泵耗电/（kW·h）	循环泵耗电/（kW·h）	耗电/（kW·h）	用电折合费用/万元
	407 559.5	218 700	193 979.8	99 900	920 139.3	64.41
市政热力耗电量分析					347 235.14	10.42
总运行费用分析	冬季运行费用/万元		夏季运行费用/万元		全年运行费用/万元	
	52.53		22.3		74.83	

注：热力计量收费标准按照 0.3 元/kW·h 计算。

表 3　对比基准传统系统运行费用

市政热力 + 冷水机组	名称	制冷系统投资	市政热力接入费	供暖系统建设费	合计/万元
	初投资费用/万元	495	165	165	815
	运行费用/万元	冬季运行费用	夏季运行费用		173.68
		144.5	29.18		

表 4　地源热泵系统经济性分析

地源热泵系统	初投资/万元	年运行费用总计/万元	初投资多投入费用/万元	年运行节省费用/万元	回收期
	985	74.83	170	59.7	2.85 年

（3）绿色照明。

公共建筑照明系统能耗占建筑总能耗比例为 22%～28%。本法院通过采用节能灯具和照明控制方式的合理应用，实现降低法院照明能耗的目的。

本法院照明功率密度值按照现行国家标准《建筑照明设计标准》（GB 50034）规定的目标值设计。采用高效节能光源、节能型荧光灯，配电子式节能镇流器加电容补偿，补偿后功率因数不低于 0.9。一般公共场所及办公采用手动分散控制；办公走道、楼梯及大开间公共场所灯具设集中控制系统，并设置夜间工作模式；大厅、走道采用分路控制，由建筑设备监控室控制；大、中、小法庭依据使用时间采用 BUS 系统对房间进行智能照明控制。

（4）空调系统设计。

在计算空调负荷时充分考虑开庭率因素。中级人民法院法院的使用率一般为 0.5～0.7，本法院空调负荷系数取 0.7。C 座楼的大法庭面积大且高度较大，空调系统采用一次风的全空气系统，并设有新排风转轮式热回收系统，过渡季节全新风运行或 70%可调新风比运行。其他 A、B、D 座楼的业务用房、中小法庭、配套用房、休息室和多功能厅会议室采用风机盘管 + 新风机组的系统；中、小法庭和大房间会议室为定时使用，新风机组采用双速风机，其他层新风均采用定风量系统。

（5）排风热回收系统。

对空调系统的排风进行热回收，既可以降低空调运行负荷，节约运行费用；又可在节能的同时加大室内的新风比，提高室内空气品质。本法院设计主楼标准层、C 座大法庭采用转轮全热式能量回收机组，热回收效率≥65%。经热回收经济性分析，全年节约的电量为 21.07 万 kW · h，按照大同市商业建筑的电价为 0.76 元/（kW · h）计算，全年节省空调系统运行费用为 16.01 万元，静态投资回收期约 6 年。

（6）空气质量监控系统。

本法院设室内 CO_2 浓度监控系统，在首层刑事中法庭/民事中法庭、三层大法庭、九层审委会会议室等人员密度较大的空间设置 CO_2 监控探头，CO_2 浓度由 BAS 系统通过 DDC 控制器或者通信方式进行智能监控，当二氧化碳浓度监测值超标时实时报警，并能够监测进、排风设备的工作状态，与室内空气质量监控系统关联，实现自动通风调节，即达到节能目的又保证了良好的室内空气品质。

采取上述节能措施，采用 equest 软件进行能耗模拟分析，本法院的全年能耗为参照建筑全年能耗的 79.05%，节能率为 60.96%，节能效果显著（模拟结果见图 5）。

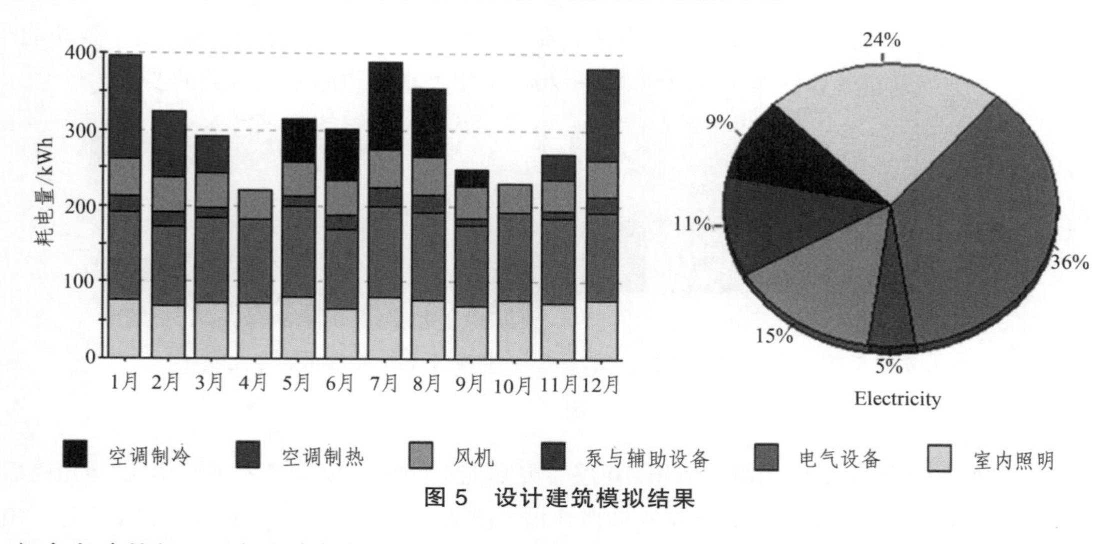

图 5　设计建筑模拟结果

与参考建筑相比，本法院每年节省电量 194.27 万 kW · h，发 1 kW · h 的电量需要 350 g 标准煤，则项目每年节约标煤 679.96 t。每吨煤产生 2.66 t 二氧化碳计算，则每年可减少二氧化碳排放量 1 808.69 t。

2.2.2　节水设计

本法院优先利用非传统水源，并注重节水措施的应用，如节水器具、节水灌溉。对不同用途、不同性质的水进行计量，以实现节约用水的目的。

（1）非传统水源利用：充分利用山西大同市具有市政中水条件，利用中水用于室内冲厕、室外的绿化灌溉和道路浇洒。经计算，中水年使用量 11 654.26 m^3，非传统水源率 46.84%，按照山西大同非居民用水价格标准为 4.9 元/m^3，中水 1.1 元/m^3 计算，本法院每年可节约用水成本约 4.43 万元。

（2）节水灌溉：对室外绿化采用滴灌，在高效节水的同时，即有效减少土壤水分的无效蒸发又不产生地面径流，且易掌握精确的施水深度。

（3）雨水入渗：山西大同市年均降水量约 384 mm，属于资源型和水质性缺水地区，本法院在室外停车场铺设镂空大于 40%的植草砖，以增强地面透水能力，增加场地雨水与地下水涵养，经计算，室外透水地面面积比 44.16%，雨水不外排比例 30.58%。

（4）节水器具：卫生洁具均为符合《节水型生活用水器具》（CJ164）标准的节水型产品，节水率均大于 8%。如感应式自动水龙头手盆（节水率 47.5%）、感应式节水小便器（节水率 16.67%）等。

2.2.3 节材设计

充分利用钢材、铜、木材、铝合金型材、玻璃、石膏制品等可循环材料，可再循环材料使用重量占所用建筑材料总重量的 10.36%。采用高强度钢，钢筋混凝土结构中的受力钢筋使用 HRB400 级（或以上）钢筋占受力钢筋总量的比例为 91.57%。此外，本法院采用土建与装修一体化设计施工，避免装修施工阶段对已有建筑构件的打凿、穿孔，既保证了结构的安全性又减少了建筑垃圾的产生，符合建筑节材设计要求。

2.2.4 室内采光设计

采用 Ecotect 建模结合 Radiance 计算的方式，本法院整体评价区域约有 80.59%的主要功能空间采光系数达到《建筑采光设计标准》（GB 50033—2001）相关功能空间采光系数的要求。

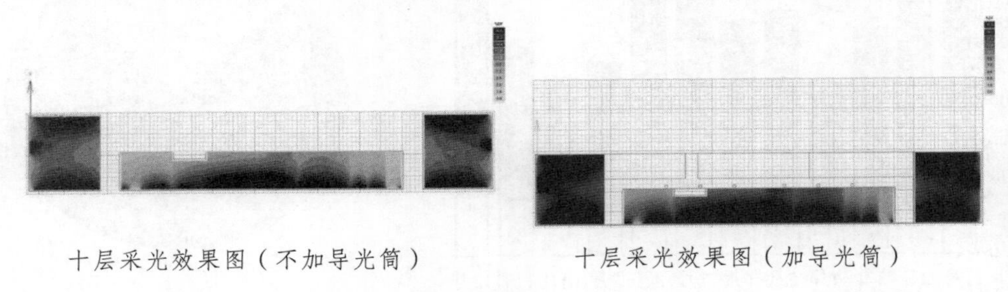

十层采光效果图（不加导光筒）　　十层采光效果图（加导光筒）

图 6

设计 A 座顶层设置 6 个导光筒，依据 10 层主要功能空间采光模拟（图 6），增设导光筒后 10 层训练场、休息区等主要功能空间的采光效果得到很大改善；其采光系数全部在 1.8%以上，10 层的平均采光系数提升了 2.6%，有效地改善了室内自然采光效果。

2.2.5 运营管理

法院是特殊的公共建筑，它既有一般办公建筑的共性，又有法院审判法庭、羁押室、新闻发布厅等特殊用房的个性需求，因此本法院智能化设计即满足法院业务管理及审判管理的需求，又能够实现审判工作的数字化和审判过程的图像化、专业化、安全化，充分体现司法公正、司法为民。系统设有综合布线系统、安全技术防范系统、有线电视系统、羁押区呼叫对讲系统、法庭音视频系统、会议及扩声系统、手机信号放大系统和建筑设备监控系统等，使得本法院具备完善、科学化和现代化的管理手段和严格的保安防范措施。

此外，本法院合理安装了水、电、冷热分项计量装置，对建筑内各耗能环节如冷热源、输配系统、照明和电力、办公设备和用水能耗等实现独立分项计量，以达到节能的目的。

3 增量成本分析

表 5 本法院绿色建筑技术增量成本统计

技术措施	单价		对比基准	单价		应用量	增量/万元
土壤氡检测	3	万元	不采用	0	万元	—	3
地源热泵系统	400	元/m^2	锅炉和冷水机组	350	元/m^2	1 套	209.87
外墙保温系统	100	元/m^2	按照标准设计	75	元/m^2	22 786.81 m^2	56.97
屋面保温系统	30	元/m^2	按照标准设计	18	元/m^2	6 032.25 m^2	7.24
PA 断桥铝合金中空玻璃（LOW-E 6+12 氩气+6）	145	元/m^2	普通玻璃（5 mm）	35	元/m^2	15 609.07 m^2	171.70
室内 CO_2 监控	6 000	元/监控点	不采用	0	元/监控点	30 个	18
植草砖铺装	50	元/ m^2	普通混凝土地面	20	元/ m^2	984.96 m^2	2.95
垂直绿化（攀爬类植物）	10	元/ m^2	不采用	0	元/ m^2	580 m^2	0.58
导光筒	10 000	元/套	不采用	0	元/套	6 套	6.00
滴灌	10	元/m^2	不采用	0	元/m^2	14 075.26 m^2	14.08
全热式能量回收机组	8	元/（m^3·h）新风	不采用	0	元/（m^3·h）新风	3 台	87.20
建筑设备自动监控系统	120	万元/套	不采用	0	万元/套	1 套	120.00
绿色照明与照明智能控制	60	元/m^2	现行值设计	55	元/m^2	41 974.22 m^2	20.99
智能化系统	80	万元/套	不采用	0	万元/套	1 套	80.00
分项计量	19	元/m^2	一般按面积计量	9.6	元/m^2	41 974.22 m^2	39.46
合计技术增量							838.03

经统计（表 5），本项目总增量成本为 838.03 万元，单位面积增量成本 199.65 元/ m^2。根据中国城市科学研究会对 2012 年评审的 148 个项目进行绿色建筑增量成本统计，居住项目一星级、二星级、三星级绿色建筑的增量成本分别为 23.9 元/m^2、70.9 元/m^2、131.8 元/m^2，公建项目一星级、二星级、三星级绿色建筑的增量成本分别为 29.9 元/m^2、87.3 元/m^2、216.4 元/m^2。本法院增量成本为 199.65 元/m^2，低于三星级公共建筑统计的数据 216.4 元/m^2（见图 7）。可见，作为国家绿色建筑三星级法院建筑，项目的绿色建筑增量成本较低，所采用的绿色生态技术经济合理且具有适宜性，适合进行大范围推广和实施。

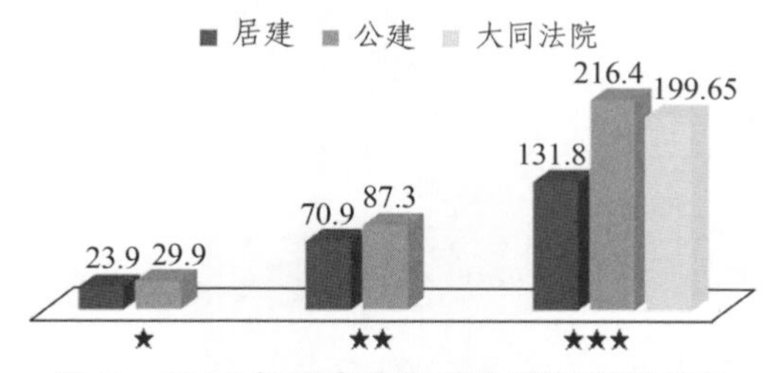

图 7 2012 年评审项目单位面积增量情况

4 结 论

本文结合山西大同法院绿色建筑技术措施，分析了法院绿色所采用的技术措施、效益及技术增量情况，得出打造法院绿色建筑可以从以下方面开展：

（1）结合法院所处地理位置和气候区，因地制宜，充分利用可再生能源和非传统水源。本法院的技术亮点在于利用地热能和中水系统，节能、节水。

（2）照明系统约占法院建筑24%的能耗，应积极采用节能灯具和智能照明控制系统。在满足使用功能的前提下，降低照明能耗，做到低碳节能。

（3）在法院建筑功能设计中提高高科技含量。用电用水分项计量和数据监测系统、建筑设备监控系统、安全技术防范系统等建筑智能化系统设计，在为法院建筑具备完善、科学化和现代化的管理手段和严格的保安防范措施奠定基础的同时，更是法院后期运营中节能的保障。

综上所述，项目以绿色建筑理念为立足点，从节地、节能、节水、节材、室内环境质量、运营管理等六方面考虑绿色建筑技术的实施，兼顾法院建筑特色及常规绿色生态技术的应用，以较低的绿色建筑增量成本（199.65 元/ m^2），实现了国家三星级法院绿色建筑的目标。为今后的法院绿色建筑提供了一个较为系统的技术体系和实施途径，对我国法院绿色建筑的推广，有一定的参考和借鉴作用。

参考文献

[1] 朱锦晖. 关于中级人民法院建筑设计方案的探讨. 建筑设计，2009，(32).
[2] 人民法院法庭建设标准. 北京：人民法院出版社，2002.
[3] 法院设计. 建筑设计资料集（2版）. 北京：中国建筑工业出版社，1994.
[4] 杨瑞. 我国中小型法院建筑设计研究. 西安：西安科技大学，2004.

以朗诗未来树项目为例对绿色住宅建筑开发实践研究

于昌勇

（朗诗集团上海朗诗规划建筑设计有限公司
上海市国康路100号11楼）

【摘　要】在绿色理念的指导下进行住宅建筑地块的开发，从自然、人文等因素出发对开发地块进行分析研究，最终给出较适合绿色住宅建筑地块开发方向的具体建议。本文介绍的“朗诗未来树”项目，采用被动式设计为主，主动为辅的技术策略，满足绿色建筑及舒适人居的要求。项目充分挖掘地块自身优势、扬长避短，进而探索出适合该地块绿色建筑开发的方向，形成“三赢”（为用户创造价值，为开发企业创造利润，对社会创造友好环境）的绿色开发模式。

【关键词】绿色理念　被动式设计　绿色开发

1　引　言

为有效应对我国资源问题、能源问题和环境问题，低碳城市、生态城市已成为未来城市建设的新趋势。绿色住宅建筑开发通过科学的整体设计，集成绿色配置、自然通风、自然采光、低能耗围护结构、新能源利用、绿色建材和智能控制等高新环保技术，充分挖掘地块自身优势、扬长避短。它不仅可以满足人们的生理和心理需求，而且实现能源和资源的消耗最为经济合理，对环境的影响最小，最终形成“三赢”（为用户创造价值，为开发企业创造利润，对社会创造友好环境）的绿色开发模式。

2　项目概况

“朗诗未来树”项目地块位于上海市浦东新区祝桥镇，该镇在新区东部的中心位置，东临上海浦东国际机场，西连规划中的迪斯尼乐园，北靠外高桥保税区，南接洋山深水港。

不同于其他传统住宅建筑的项目，“朗诗未来树”主要面对首次置业的年轻群体，采用能源和资源消耗被动式设计为主、主动为辅的绿色建筑技术策略，满足绿色建筑及舒适人居的要求。项目的方案设计从满足目标用户需求角度出发，以绿色理念为基础，从小区规划到建筑进行整体化设计，选型与模拟手段相结合，为年轻用户营造从外到内的宜人、舒适的生活空间，体现了绿色住宅建筑产品差异化特色。

3 项目前期阶段

3.1 项目调研

项目地块东至用地边界、南至唐家行港绿带控制线、西至南祝公路绿带控制线、北至规划路，地块面积约 74 597 m²。地块西侧有现存的绿化带，北侧有河道，内部自然环境良好。

3.2 地块物理环境分析

本项目周边区域环境如图 1 所示。

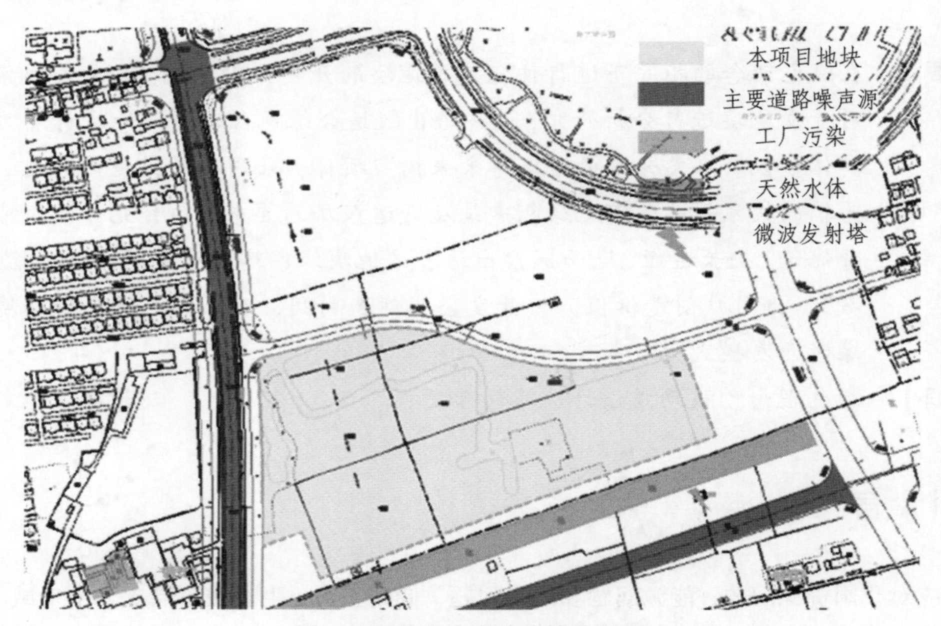

图 1 项目周边区域环境分析图

3.2.1 有利条件

项目现有场地生态环境良好，周边均无高层建筑，北侧仍为空地。西面有 10 m 宽公共绿化带，北部约 200 m 处有约 50 000 m² 的景观湖泊。紧贴地块南侧有一条天然水系，根据现场观测，水体情况良好，没有明显气味，水质较为清澈，没有受到污染的迹象。开发地块有利条件分析图如图 2 所示。

3.2.2 不利条件

道路噪声：地块西侧南祝公路为区级干线公路，车流量较大；南侧现有高速，车流量更大，且集装箱运输车辆较多，现场可感受到噪声。道路南侧约 80 m 处有一规划道路，车流量也会较大。

电磁辐射：地块东南角有一微波发射塔，同时地块东南角拟建一座 35 kV 变电站，其运行时也会对地块内部造成一定程度的电磁辐射影响。开发地块不利条件分析图如图 3 所示。

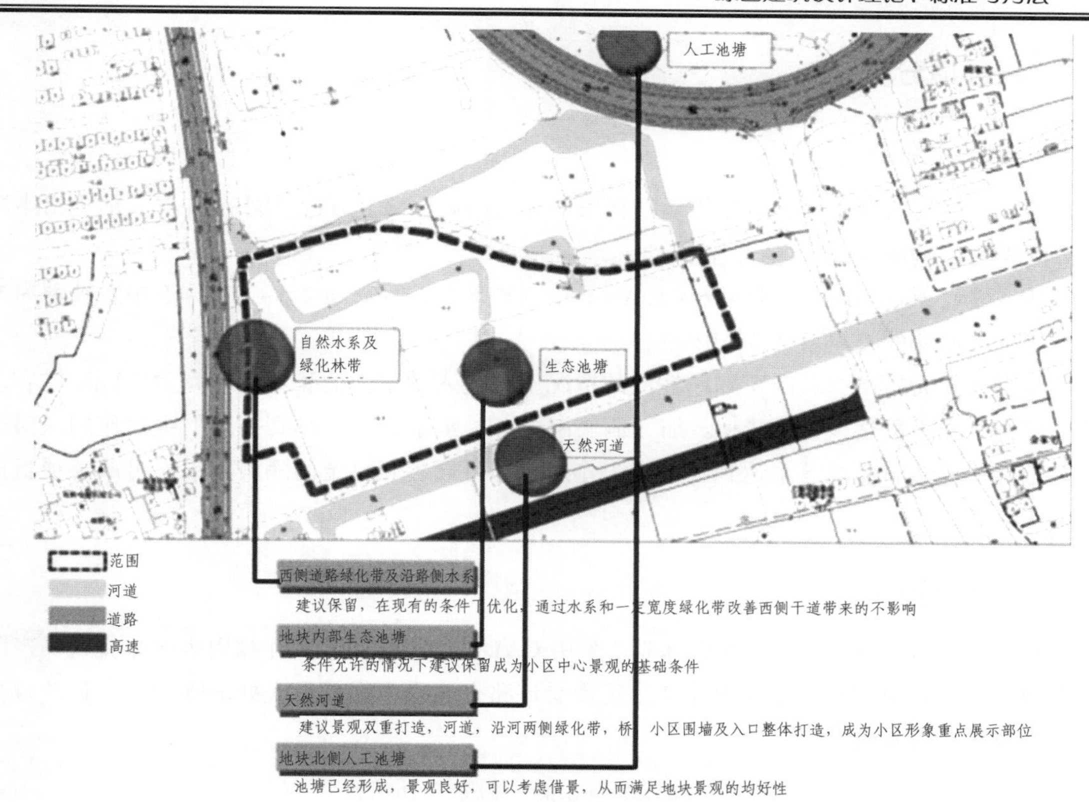

图 2　开发地块有利条件分析图

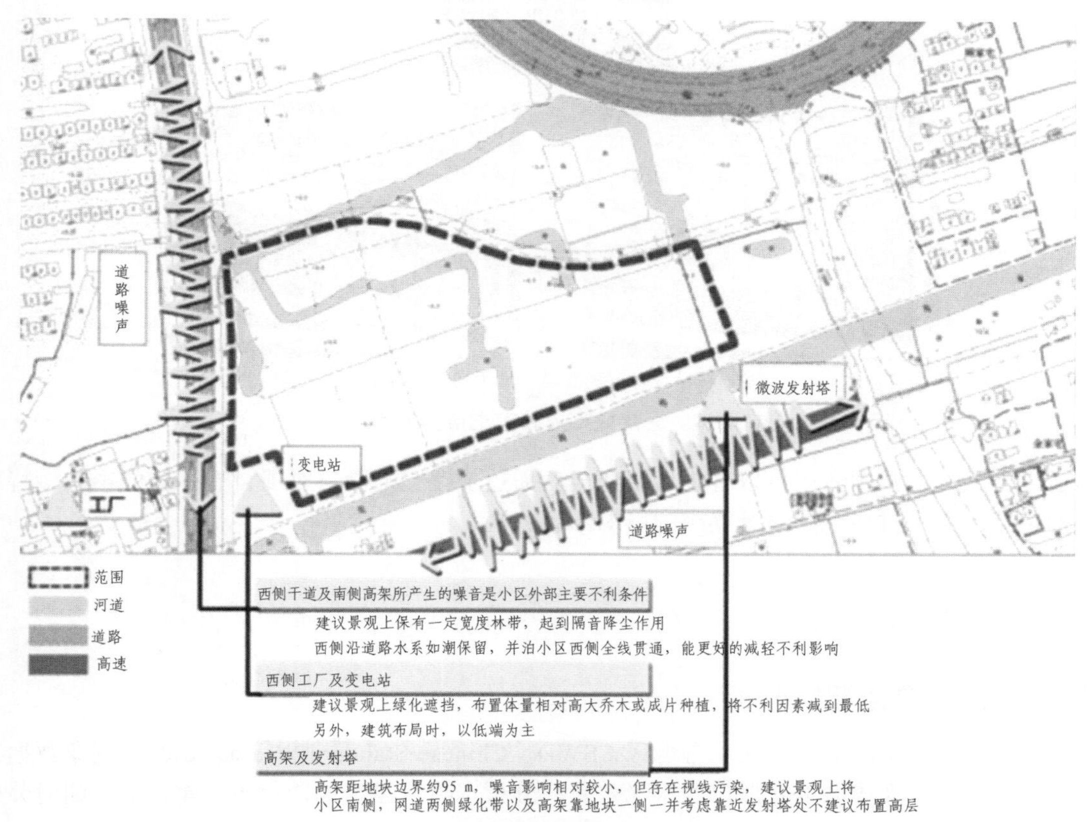

图 3　开发地块不利因素影响

3.3 声环境分析

3.3.1 现状判断

通过对本项目周边勘测，该项目的最不利噪声源为南侧公路。通过查阅资料[1-2]，估算出本项目南侧边界的噪声影响在 60 dB（A）左右。

借鉴住宅建设项目的经验，采用 6 + 12A + 6 中空玻璃窗，近似考虑 5 + 13A + 5 中空玻璃窗的隔声性能，双层玻璃窗的隔声量在 33 dB 左右。

在考虑室外交通噪声以及门窗隔声性能的情况下，进入到室内的噪声值估算为 30 dB 左右，可以满足室内背景噪声舒适度的要求[3]。加之地块南侧有一水系，可以起到一定的吸声作用。对于南侧还可以考虑种植部分低矮灌木达到吸声吸尘作用，即可以起到一定的隔声效果。可改善项目地块周边的声环境。

3.3.2 模拟预测

根据对项目周边预测车流量和预测车速，采用 CADNA/A 软件预测计算周边道路交通噪声源强和水平声场分布，并预测开发地块内住宅建筑物受道路交通噪声影响最大处的噪声值，运营昼夜道路交通噪声预测如图 4 所示。

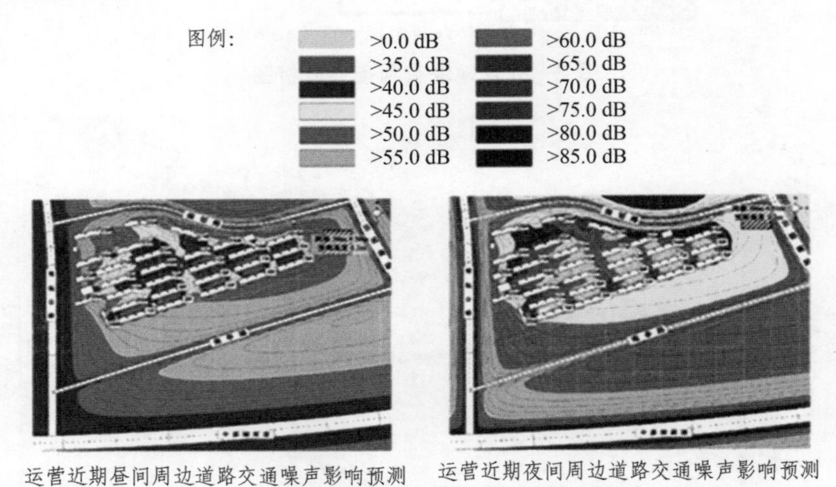

图 4 运营昼夜道路交通噪声预测

通过以上预测，从图 4 中可以看出项目建成后周边道路交通噪声对项目有一定的影响，特别是朝向四周道路的第一排住宅建筑受噪声的影响不容忽视。

3.4 光环境分析

3.4.1 建筑最佳朝向分析

采用 Auto Desk Ecotect，依托上海地区 CSWD（Chinese Standard Weather Data）气象数据，综合考虑夏季防辐射、冬季获取日照以及采光效果，分析本项目建筑最佳朝向。建筑最佳朝向分析如图 5 所示。

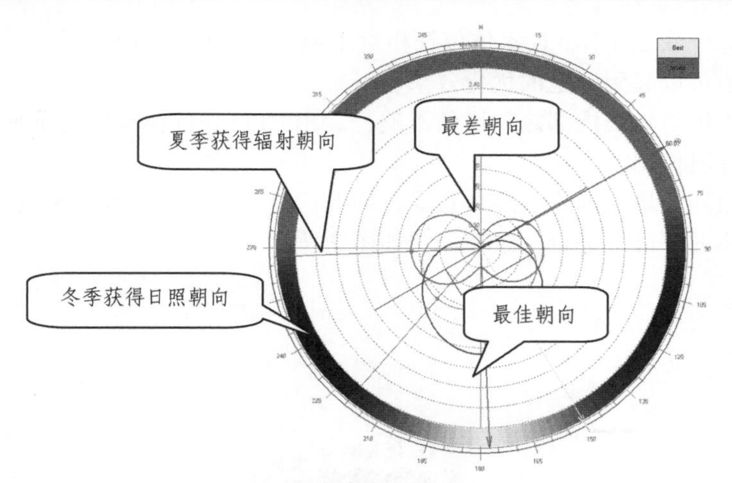

图 5 建筑最佳朝向分析

图 5 中：蓝色曲线表示在冬季最冷三个月内，太阳日射得热最多的那个方向，在该曲线的建筑朝向范围内，冬季建筑能获得更多的日照，从而减少采暖能耗；而红色曲线则表示在夏季最热三个月内，太阳入射得热最多的那个方向，在该曲线的建筑朝向范围内，夏季建筑会得到更多的太阳辐射，从而增加空调能耗。

因此综合比较这两种情况，考虑得出最佳的建筑朝向，为南偏东 30°。

3.4.2 周边建筑遮挡

根据现场勘查，本项目目前周边均无高层建筑，不会对地块内建筑日照产生遮挡或影响。

地块南侧有一自然水系，西北侧远处海天湖公园则有一较大面积的人工水系。出于景观设计考虑，应尽量在南侧排布层高较低的建筑，在北侧排布层数较高的建筑，既不会造成日照遮挡，也能便于引入水体景观。

3.4.3 日影分析

日影分析如图 6 所示。

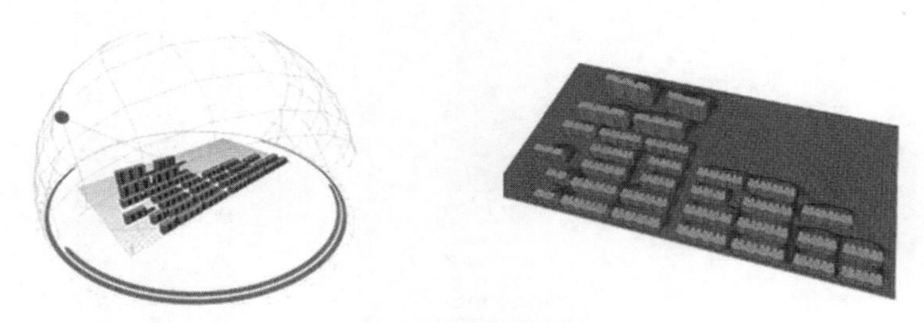

图 6 日影分析

根据建筑最佳朝向分析以及地块自身的道路规划，最终建筑的朝向确定为南偏东 21°，靠近最佳朝向，同时经过日影和辐射分析确定建筑较佳的排布方案，兼顾楼间辐射遮挡和日照时间的保证。

3.5 热环境分析

项目周边建筑密度较小，现有场地情况为自然湿地，场地条件较好，热岛效应较小。

由于地块南侧有一景观水体，且水体位置相对于地块位于夏季到风向上风向，在主导风吹拂下，对地块内部的热环境可以起到一定的优化效果。

为了量化分析水体对地块内部热环境的影响，运用 CFD 软件模拟在夏季平均风向吹拂情况下，水体对地块内部的降温作用。

由于目前尚未得知地块内的建筑规划布局，因此假定一个建筑布局方案进行模拟。该方案建立在撑满地块内容积率的基础上进行建筑布局，如图 7 所示。

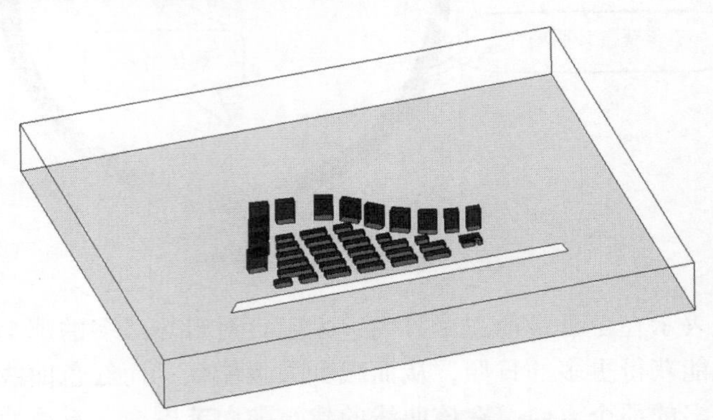

图 7　模拟采用模型效果图

表 1　热环境模拟边界条件设置

边界条件	参数设定	备　注
环境温度	35 °C	夏季室外计算温度
水体温度	27 °C	参照上海地表水温
建筑用地辐射	223.4 W/m²	平均表面辐射
风　向	南偏东 67.5°	夏季平均风向、风速
风　速	3.4 m/s	

表 1 为模拟的边界条件和参数设置，模拟结果见图 8。

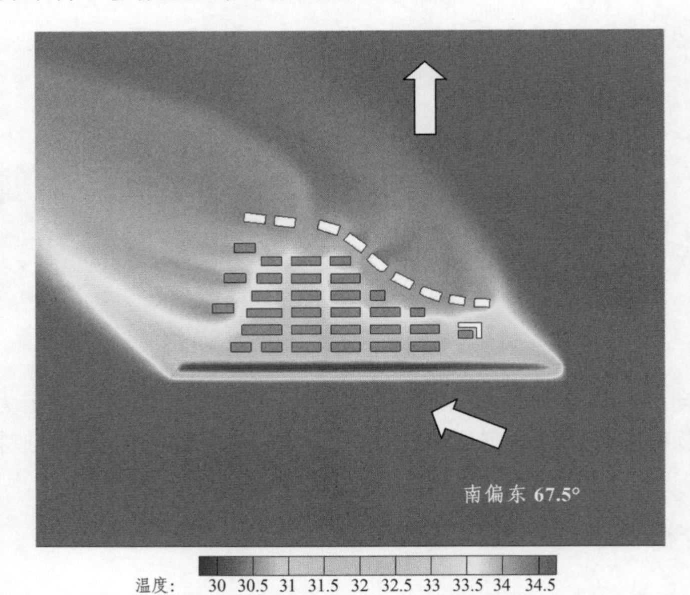

图 8　距离 2 m 高度温度场分布（夏季平均风速）

图 8 为夏季平均风速情况下，距离地面 2 m 的温度场分布云图。通过该结果可以发现：在主导风向的吹拂下，由于水体表面温度明显低于环境温度，在下风向可以使环境温度降低 2 °C ~ 3 °C。

但是由于主导风向从地块南侧吹入，由于南侧建筑排布较密，无法有效将水面凉爽的气流送入小区内部，导致北侧和西侧高层建筑周边的降温效果较差。

图 9 是夏季平均风速情况下，距离地面 2 m 的速度矢量分布图，可以看出由于建筑主立面和主导风向接触面积较大，可以在夏季对室内达到较好的通风效果，但是同时也大大减少了风通过建筑时的速度，可以看到小区内部风速有明显地减少，这也是导致南侧凉爽空气引入较少的原因。

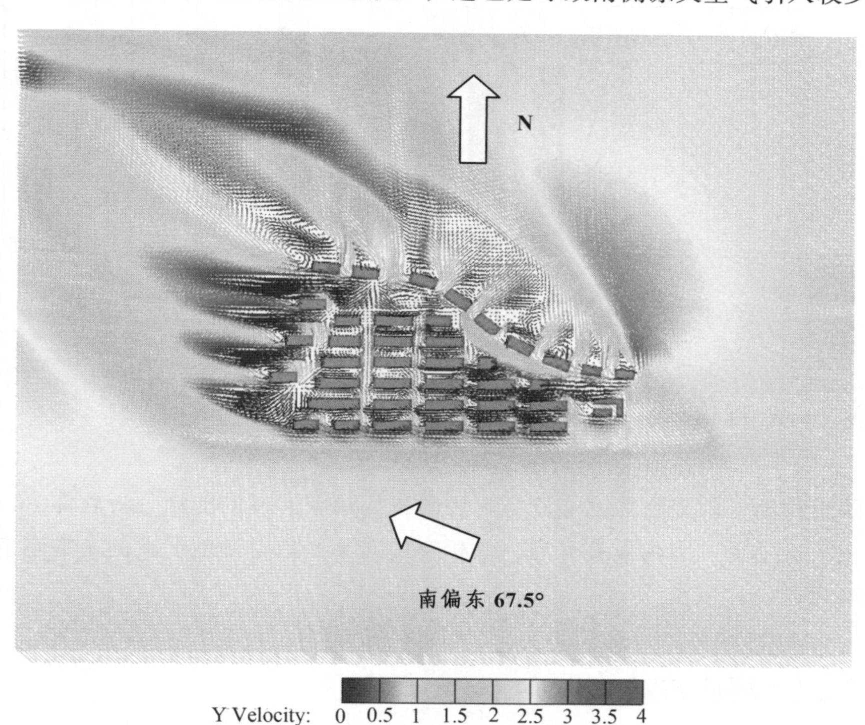

图 9 距离 2 m 高度速度场分布（夏季平均风速）

因此如果能在南侧边界合理布局建筑，在两栋较近的建筑间形成“隧道效应”，加速凉爽空气的通过，并引入地块内部，可以良好改善小区内部的微气候环境。

同时，地块内原有部分自然水系，如果能利用这些水体，与室外水体相同，可以营造一个更好的小区水体环境。景观设计也可以结合“亲水”的主题，综合考虑热、风和视觉进行设计。

4 方案细化设计

图 10 是针对上海地区的气候条件，使用 Ecotect 软件进行分析，得出的在没有主动空调采暖的情况下，依靠强化室内自然通风，所能引起室内舒适度的变化趋势。评判依据是在自然通风情况下，室内的温湿度情况是否复合美国 ASHRAE 标准中的有效温度指标。

按照该有效温度指标，可以判断引入自然通风前后，对改善室内舒适度提升的比例。可以说如果户型排布有利于自然通风，可以显著地提升室内舒适度，带来更好的室内环境品质。

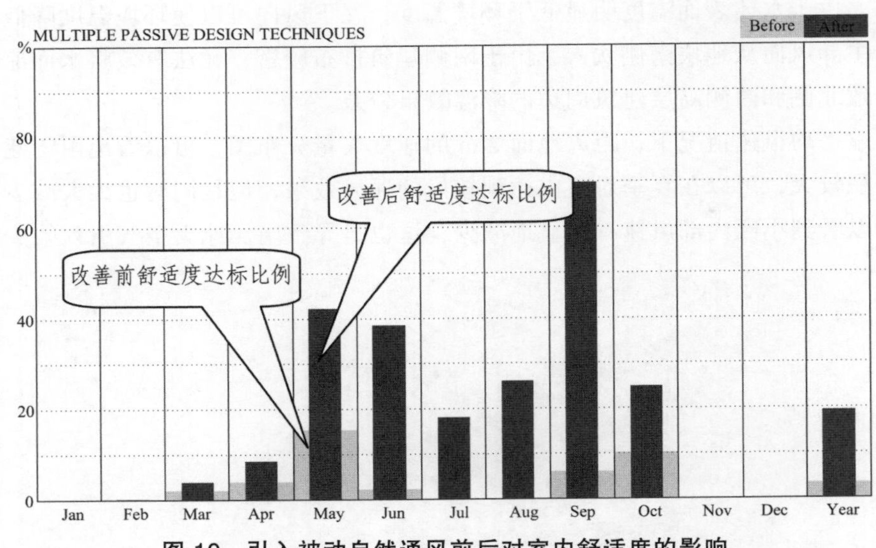

图 10　引入被动自然通风前后对室内舒适度的影响

5　温度解决方案

结合由美国劳伦斯·伯克利国家实验室等科研机构最新开发的能耗分析软件 Energy plus、围护结构性能、室内人员活动、室内设备开启，分析室内在不开启空调情况下的基准温度条件，为被动式建筑采暖制冷提供设计依据。

5.1　空气品质解决方案

本项目采用负压式新风系统解决户内新风问题。根据温度解决方案的分析，房间整体由于保温较好，在冬季能够维持一定的温度，因此需要判定负压式新风在冬季开启时对房间内的温度影响，同时明确负压式新风能够达到的换气效果以及是否会对房间内的人员产生吹风感。本项目主要通过模拟分析来决定空气品质的解决方案。

5.1.1　换气次数

为确定在不同季节下使用负压式新风系统下，室内的气流分布，本项目以冬、夏 2 种工况进行模拟。冬季工况不考虑开启空调，仅开启负压式新风系统。夏季工况同时考虑开启空调和负压式新风系统。

根据对 85 户型换气次数的模拟结果，在户门全开时房间整体的换气次数能够达到 0.76 次/h，户门全关时，通过门缝漏风也能达到 0.68 次/h 的换气效果。

5.1.2　房间温度

在负压式新风系统影响下，房间的温降 1 °C ~ 3 °C，房间温度分布如图 11 所示。

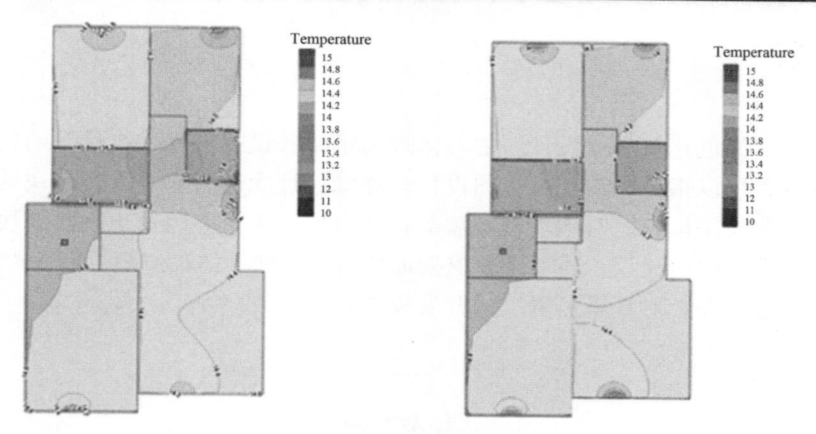

距离地 1.5 m 温度分布（人行区） 距离地 2.1 m 温度分布（负压式新风口高度）

图 11 房间温度分布图

5.1.3 房间风速

模拟结果房间风速分布图如图 12 所示。从图中可知，由于室内温度较高，空气热浮升效果较为明显，结合负压式新风系统，使得房间内风速提高，但整体提升 0.01 ~ 0.03 m/s，对房间空气流动不会有太大影响，仍不会造成明显的吹风感。

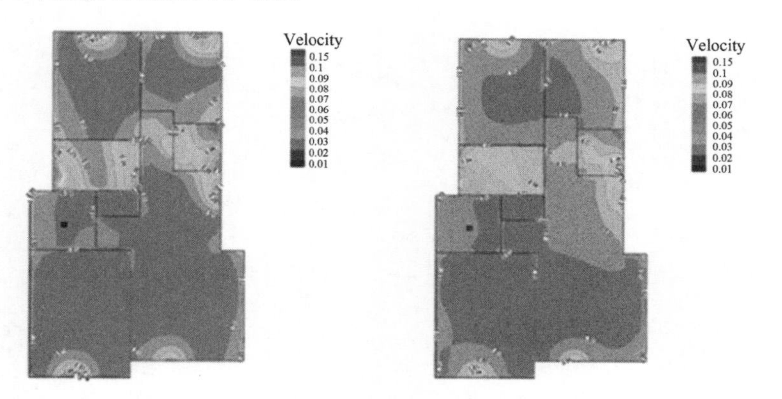

距离地 1.5 m 速度分布（人行区）距离地 2.1 m 速度分布（负压式新风口高度）

图 12 房间风速分布图

6 可调节外遮阳方案

本项目外遮阳方案有三：

方案一为外遮阳金属卷帘；方案二为外遮阳织物卷帘；方案三为中空玻璃内置百叶遮阳。

通过对比以上三种方案，得到以下结论：

（1）织物遮阳引起的成本最小，但对结构影响较大，且会对建筑立面产生较大变动。

（2）金属卷帘和中空玻璃内置百叶遮阳的成本相近，但是金属卷帘会引起较大的结构变动。

（3）中空玻璃内置百叶遮阳引起的总变化最小，对项目的影响也最小，且根据需求只需要在南向主卧外窗外安装该装置即可满足可调节外遮阳要求，因此推荐选择该方案。

7 结 语

本项目采用了“绿色建筑集成设计”的总体规划策略和设计流程，在设计的初期即介入绿色建筑思路及分析内容，用以指导扩初及施工图设计。在绿色理念的指导下进行地块的开发，从上海、南汇以及祝桥镇三个尺度出发，对地块进行理解；从自然、人文等因素出发对地块进行分析，最终给出最适合地块开发方向的建议。通过充分挖掘地块自身优势、扬长避短，形成“三赢”（为客户创造价值、为企业创造利润、对环境负责）的开发模式。

参考文献

[1] GB 3096—2008 声环境质量标准[S].
[2] 柳孝图. 建筑物理[M]. 北京：中国建筑工业出版社，2000.
[3] GB 50118—2010 民用建筑隔声设计规范[S].

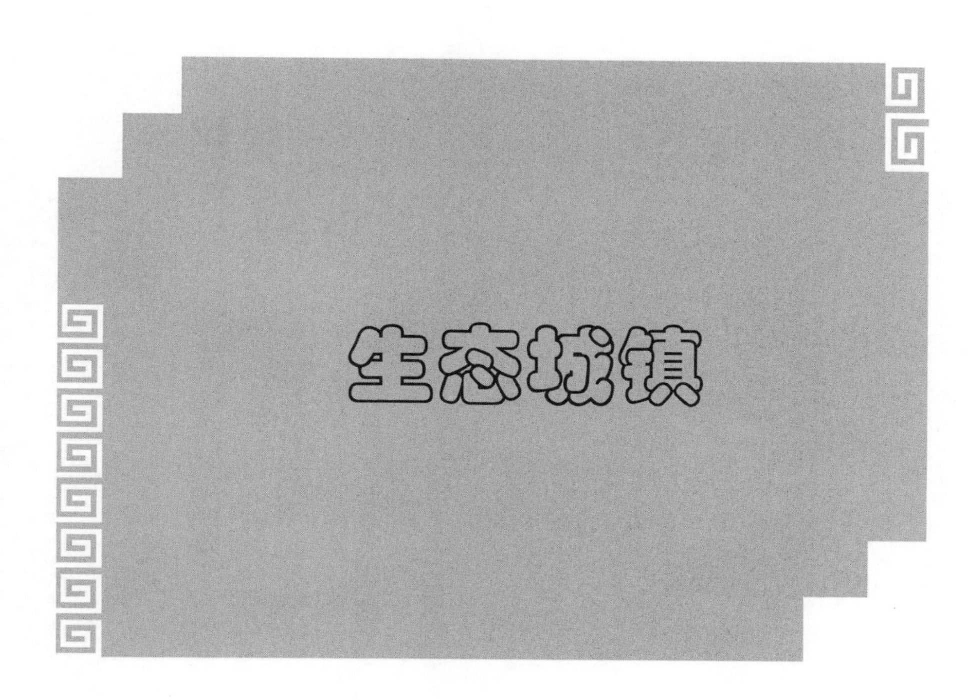
生态城镇

浅议生态文明建设背景下的采石废弃地景观重建
——以晋城市玉屏山为例

龙芳婷
（华中科技大学建筑与城市规划学院）

【摘　要】 随着中共十八大提出生态文明建设的要求，采石废弃地的景观重建越来越受到全社会的关注。一方面生态文明是生态城镇建设的考量指标；另一方面生态城镇建设是生态文明建设的重要实践载体。本文在生态文明建设的指导下，以景观生态学的相关理论作为基础，对晋城市玉屏山进行实证研究；同时，借鉴国内外改造经验，从生态修复和景观改造两个方面入手：针对采石场山体的地形、地貌修复，整体景观的植被修复，结合自然条件的水环境修复；选取两个特征明显的采石废弃地作为典型个案，提出了工业遗址博物馆和民俗文化公园两个改造可能性，实现生态文明建设的目标，对生态城镇建设具有一定的现实指导意义。

【关键词】 生态文明　采石废弃地　景观重建　生态修复

在我国城市化过程中，采石场为人类提供了所需的石材资源，采石工业虽然在某种程度上满足了城镇建设发展的需要，但也给局部地区带来了植被破坏、土壤流失、景观破坏等生态环境问题。时过境迁，在采石场面临着向废弃地转变之时，昔日无私奉献导致伤痕累累的它又该何去何从？十七大首次提出生态文明建设，而十八大报告将生态文明建设与经济建设、政治建设、文化建设、社会建设一起，列入“五位一体”总体布局[1]，体现了我党对生态文明建设更加重视。从“尊重自然、顺应自然、保护自然”的原则，到“绿色发展、低碳发展、循环发展”的路径，再到建设一个“更优美的环境”的美丽中国的愿景，十八大所理解和规划的生态文明，把生态文明建设放在突出地位，为城市废弃地的生态和景观迎来了前所未有的机遇。

1　采石场采石废弃地景观重建在国内外的实践

1.1　国外的案例

西方国家对废弃采石场的生态修复与景观重建活动早在 19 世纪后期便已出现。1867 年，人们将一座被废弃掉的石灰石采石场改造成为一个特色景观，成为造园史上的经典案例，即巴黎比特·绍蒙（Buttes Chaumont）公园[2]（见图 1）。法国景观设计大师伯纳德·拉索斯（Bernard Lassus）在 1992 年，主持设计的喀桑（Crazannes）采石场高速路段景观，对场地有着其独到的理解：利用废弃采石场独有的场感和材料，结合场地塑造出了穿越岩石的高速公路景观带，带给人们非同寻常的景观感受。这是一件完全由场地的发掘延伸出来景观作品，将场地设计发挥到了极致，充分体现了拉索斯提出了“最小干扰”的设计原则[3]。

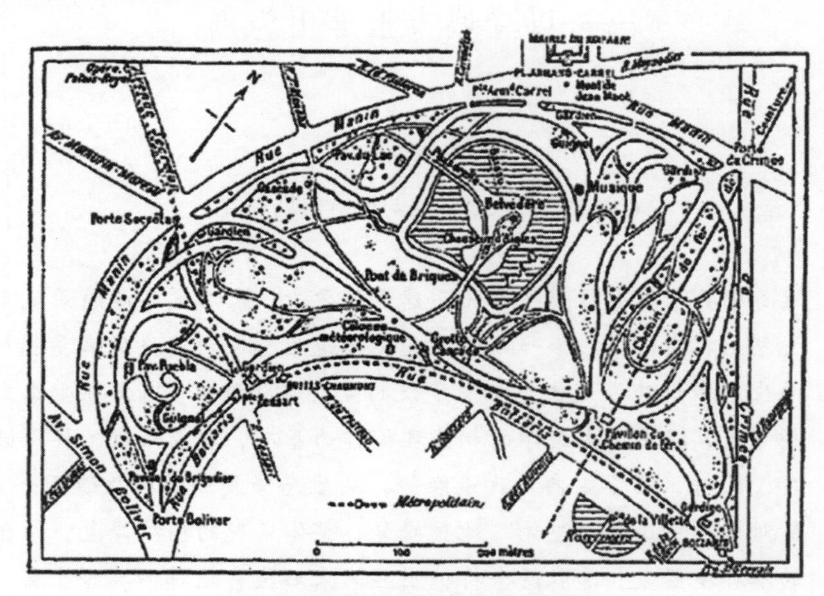

图 1　比特·绍蒙公园总平面图

1.2　国内的案例

我国对废弃地的重视程度与日俱增，虽然起步晚，但其中不乏成功的案例。例如，乐清市东山公园在景观要素表达上，以地方文化和采石文化为基础，通过对场地地貌的保护和设置主题雕塑反映开山采石过程和绍兴水乡特色，保留和传承场地历史文脉[4]；北京门头沟废弃矿山采用了包括生态自然生态修复——“封禁法”、人工生态修复——“补种法”和自然加人工生态修复——“封禁 + 补种法”等生态修复技术[5]；上海辰山植物园则是利用对石坑中受到污染的湖水和裸露的坑壁进行生态恢复，沿坑壁施工建设五星级酒店，利用高差营造瀑布和湖底景观因地制宜地采用新的建筑形式，使原有的废弃地得以重新开发建设，为采石废弃地改造提供新的思路[6]。

1.3　案例分析总结

通过对巴黎比特·绍蒙（Buttes Chaumont）公园、喀桑（Crazannes）采石场高速路段景观、乐清市东山公园、北京门头沟废弃矿山公园、上海辰山植物园等采石废弃地更新改造案例的剖析可以看出，结合各自的地形特点与场地条件，可以在坚持废弃地改造一般原则的基础上，尝试多种不同的改造模式和手法，从而达到诠释场地独有的生态和美学价值的目的。

但此类案例大多仅对单个采石废弃地进行景观规划设计，而玉屏山具有一系列呈线形分布的采石废弃地。因此以上案例为玉屏山采石废弃地的景观规划设计提供了思路，也带来了挑战。

2 玉屏山地区采石废弃地景观重建

2.1 背景解读

晋城位于山西省东南部，是山西省能源重化工基地的重要组成部分。晋城矿业开发历史悠久，石灰岩是晋城潜在优势矿产。20 世纪八九十年代，随着当地经济的发展，玉晋山附近兴建采石场数十家，该地区的采石场和煤矿曾创造了巨大的经济利益，但是也带来了严重的环境问题。玉屏山地区位于晋城城郊，古称五门山，为六座独立山体排列于城西组成，自古以来就是晋城西郊的名胜景观。在传统文化方面，晋城玉屏山周边乡村多有祭祀伊侯的风俗，形成了尊师重道为代表的伊尹文化。

近些年来，随着晋城市环城绿带建设的启动，晋城市开始关注玉屏山地区的转型并且做出规划，玉屏山公园带作为晋城市绿地系统中的“两带”之一，与白马寺山生态区、丹河及东部山体生态区、城南桑坪生态区等一起构筑围绕晋城的环城绿带，实现晋城的生态安全格局与永续发展。玉屏山采石场经过历史的沧桑演变，矿区在精神和物质上都留下了许多有历史文化价值的遗迹、文化及特色景观。

因此，对采石废弃地景观重建便是在文化和政策的双重背景下，具有促进生态文明建设，改善环城高速两侧的环境和晋城市的生态环境的重要意义。

2.2 目前存在的问题

近十年来，对矿产资源的过度依赖、过度开采，给玉屏山矿区的带来了严重的冲击，主要包括：

（1）生态环境破坏严重。

玉屏山生态区的废弃采石场位置集中于交通便利的 4 处山口，分别为东西掩口采石区、五门口采石区、核桃洼采石区和峪口采石区。矿区内有大小采石场 29 处，主要集中在交通便利的四个口，开采面积约 95.38 万平方米（见图 2）。由于无序开采，造成山体千疮百孔，地表土壤裸露严重，植被稀少，山坡上堆积大量废弃的石块，加重了山坡的负担。同时，经过雨水的冲刷，失去植被保护的土壤进一步被雨水侵蚀，形成大型沙坑，地表沉陷，地下水污染，打破了矿区及其周边的生态平衡。

（2）景观支离破碎。因开山采石而留下的废弃石宕口，大多未经意识的雕琢，景观构成要素凌乱而琐碎。将废弃的采石场进行景观构建，消除自然山体的“疤痕”，充分挖掘其景观价值的潜能，既弥补了生态自然毁坏的遗憾又解决了景观资源匮乏与不足的现状。

2.3 生态文明指导下的采石废弃地景观重建思路

与常规的建设用地相比，采石场由人工开采而成，这也造就了其特殊的地貌形态。

晋城市采石废弃地景观重建的目的在于建立一个具有生态修复示范作用，集生态修复展示、地质科学普及、乡村民俗体验、运动休闲功能于一体的城市近郊型山地生态带。

本文重点研究玉晋山采石废弃地的景观重建，主要从生态修复和景观改造两个方面入手，针对具体功能需求，对采石废弃地地上建筑、构筑物和坑口迹地等进行功能置换和景观改造。

图 2　采石废弃地现状分布

3　采石废弃地景观重建研究

3.1　采石废弃地生态修复措施

本规划对场地的生态修复主要通过两个层次进行设计，旨在结合场地特征，通过点面结合的方式有针对性地进行生态修复：点——四口矿区生态修复与利用；面——玉屏山和伊侯山之间的区域整体生态的优化。

重点解决问题有：针对采石场山体的地形、地貌修复；整体景观的植被修复；结合自然条件的水环境修复。

3.1.1　地形、地貌修复

根据各类石场状况，特别是开采后的地质结构与外貌特征，一般开采后的石场由以下四部分组成：由剥离表土与开采或加工产生的废石堆积而成的废石堆放场、采石后余留边坡、石料挖走留下的平台或者坑口迹地、石壁。

根据废弃采石场的地貌特点和治理施工的难易程度，将其分为废弃采石壁（主坡壁）和坑口迹地两个区。其中主坡壁的复绿是采石场复绿工作的重点和难点。解决了对主坡壁的复绿，就基本上解决了采石场的复绿问题。根据采石坡壁的坡度缓急又可分为<40°、40° ~ 70°、70°以上等不同的等级，并采用不同的处理方法（见表 1）。

表 1　废弃采石场治理与再利用措施

序号	类型名称	坡度	劣势	优势	治理措施
1	废石堆放场	<40°	通常是散砂石结构，边坡非常疏松，雨季泥水泛滥，坡面水土流失严重，并通常拌有坍塌现象	坡度通常较缓，施工难度不大，植物易扎根，因而较易进行植被恢复	适当培土，采用乔灌结合的生态林或发展经济林、发展种植业（转为耕地）、生态农业（发展经济果林、花卉、苗圃等）
2	斜坡	40° ~ 70°	通常是坚硬的碎石和石块结构，但上层往往是土壤层	很多余留边坡还存留有开采期间使用的人行小道，因而方便采取一定的工程措施	进行培土，采用地被植物复绿
3	台地		往往是最为坚硬的石头，几乎没有松散基质	进行覆土处理后，改造的余地较大	客土法，即异地运进土壤，覆盖在平台或坑坑的表面，以形成 10 cm ~ 20 cm 的土层
4	矿坑				对远离城镇的采石场坑可以先进行垃圾卫生填埋，再复绿；对坑大、坑深的采石场采取加固护岸，进行蓄水，同时可发展养殖业
5	崖壁	>70°	坡度大，复绿难度高	坡面光滑，无任何基质	采用爬山虎、苔藓等藤蔓、地被植物复绿及采用锚固三维土工网复合植被技术等

3.1.2　植物景观生态修复

植物景观生态修复以本土植物为主，通过因地制宜的景观营造手段，形成“春花灿烂、夏荫盎然、秋果累累、冬枝颤颤”四季迥然不同的景观特色和丰富的植物群落。村落周边以种植既有经济价值又有景观作用的植物为主，如桃、梨、杏等，结合地形地貌形成近看成带，远看成林的大地景观。玉屏山沿线，根据生态修复的状况和地貌特点种植彩叶林木，植物宜选用红枫，黄栌等本土植物，营造丰富的自然景观。

植物群落的构建以基调树种、骨干树种及一般树种组成（见表 2）。

表 2　植物群落的构建

植物选择		
基调树种		油松、刺槐、侧柏
骨干树种		雪松、法桐、国槐、桧柏、白皮松、银杏、毛白杨、枫杨、椴树、刺槐、白蜡、杜仲、楸树、千头椿、元宝枫、紫薇、棣棠
一般树种	乔木类	雪松、桧柏、龙柏、白皮松、油松、水杉、白杆、毛白杨、山杨、酸枣、梧桐、柽柳、柿树、白蜡、女贞、楸树、黄栌、枫
	灌木类	砂地柏、矮紫杉、叶子花、牡丹、小叶黄杨、金银木、迎春、连翘、锦带花、红王子锦带、夹竹桃、荆条、天目琼花、糯米条、凤尾兰
	果树	柿树、枣、山楂、梨、苹果
	攀援植物	五叶地锦、紫藤、金银花
	地被植物	白三叶、麦冬、细叶结缕草、崂峪苔草、狗牙根、马尼拉草

3.1.3 地表水系生态修复

利用GIS空间分析技术进行生态区内高程、坡度和坡向分析，叠加生成拟恢复地表水系（见图3）。利用冲沟将山体产生的大量雨水径流，通过生态涵养、雨水收集，针对玉屏山西侧山脚冲沟进行蓄水防渗漏处理，汇水面集中区进行适当干预，形成人工湿地公园，不仅可以缓解下游居住地水涝压力，同时可以有效利用雨水资源，改善周边生态环境品质，以达到地表水系生态修复。

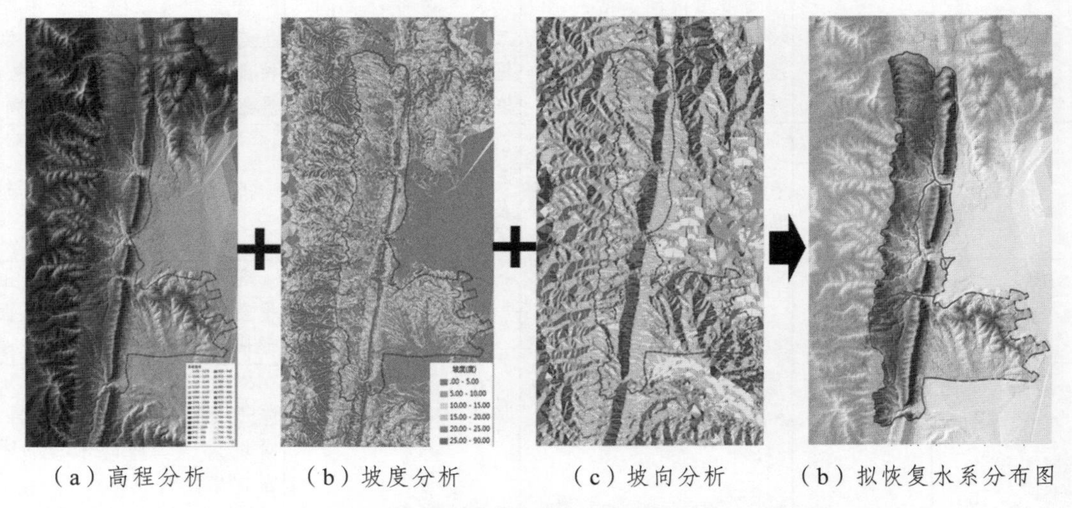

（a）高程分析　（b）坡度分析　（c）坡向分析　（b）拟恢复水系分布图

图3　GIS分析叠加生成的拟恢复水系分布图

3.2 采石废弃地景观改造措施

针对玉屏山生态区内独特的场地条件，对具有采石工业历史记录作用的矿山遗产进行改造性开发利用。这些物质和非物质文化具有极高的市场、历史、社会、建筑和科技、审美价值。结合玉屏山所在区位优势，资源优势及其传统文化特点，提出了以下两个改造方面：遗产保护型改造——工业遗址博物馆；文化旅游型改造——民俗文化公园。

3.2.1 工业遗址博物馆

核桃洼口采石区面积共 $12.7\ hm^2$，采石面相对较小采石面横向跨度大，且保留了少较的工业遗产，开采面将玉屏山山体结构较为完整地展示出来。介于目前的情况，笔者认为，可利用现状条件，建设地质展览馆，通过室内模拟和露天实景相配合的手段进行地学科普教育，同时也为晋城市提供一处展览、会议基地（见图4）。

在改造方案中，坚持保护和改造并重的原则，根据采石废弃地的客观条件，如保留构筑物，采石面坡度和朝向的不同，将设计范围分为保护区和改造区。方案中对废弃采石场的生产区最大程度上的做到保留或进行合理改造，真实地再现矿石的生产流程和技术特点，使其能在具备能作为工业遗址的室外展览部分的功能的同时，具有一定的景观效应；对旧建筑进行改造成为工业文化展览馆，对工业生产过程进行室内模拟；充分利用齐整并能显露出玉屏山的地质特点的采石面，在科普教育的同时，进行探奇路线的设置（见图5）。

在游览路径上的设置，根据不同人群的不同需求，分为游客参观流线和专家参观流线。游客参观流线是通过采石场图片、影像资料了解玉屏山石矿开采坎坷而又辉煌的历史，还可以通过遗迹参观和现场模拟贴进矿石开采第一线，体验工业生产的流程和矿工的工作生活。专家参观流线刚在此基础上，还包括有珍贵史料的阅读和展品的人研究（见图 6）。

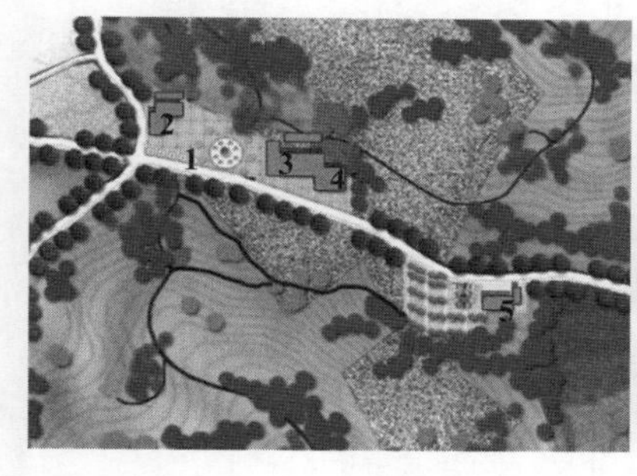

图 4 工业遗址博物馆平面图

1—大门；2—影像室；3—博物馆；4—珍品馆；5—服务用房

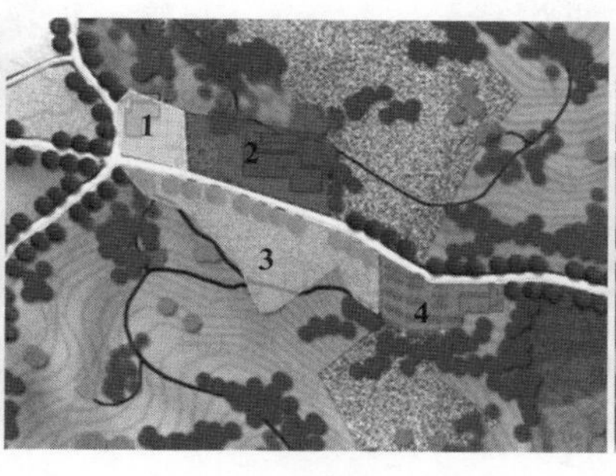

图 5 工业遗址博物馆功能分区图

1—办公区；2—0 室内展览区；3—室外展览区；4—服务区

图 6 工业遗址博物馆流线分析图

专家参观流线●●●游客参观流线

工业遗址博物馆旨在保护和改造工业遗址，使其重获生机。以科学的技术手段，最大限度地向游人展示矿石开采流程，安排满足科教、展示和体验功能的游览路径。

3.2.2 民俗文化公园

玉屏山临近伊侯山，周边村庄皆有祭祀伊侯的风俗习惯。相传商相伊尹出生于此，又有一说因伊尹随汤王祈雨时至此而得名。伊尹是中国奴隶社会唯一的一个奴隶出身的"圣人宰相"，在商的身份除了在政权为相之外，还有"第一帝师"、"汤药创始人"之称；同时精通烹饪，被奉为中国的"厨圣"、"烹调之圣"。他还有个重要的身份是巫师，因此也经通乐理。

民俗文化公园是以伊尹文化为主题，给游人带来娱乐性和体验性的模拟景观为目的的主题公园，这不仅能够提升地区的旅游形象和文化品位，而且能促进民俗文化的宣传和交流，具有一定的社会经济效益。五门口采石区是正位于玉屏山中部山口是城乡联系的最主要通道，是晋城城西入口的必经之地，另外，由于采石裸露区域大且开采面正位于南北纵贯一条高架交通轨道线的对景区域，影响着外来游客对晋城城市的第一印象。本文选择以此采石区为例，探讨采石废弃地改造成民俗文化公园在功能和景观上的可能性。

五门口采石区面积共 27.4 hm^2，该区域西边为梯田，东边为山体，选做的区域内有两个大的山体，两边高，中间低。面临道路的一侧为采掘面植被覆盖率低，临近路边有大面积的石料堆积场，现已经过整平处理，为公园建设提供了可行性。

民俗文化公园根据伊侯文化开辟了国学区、养生区、古乐区和美食区四个片区，让游人在此能够重温国学、经学传统文化经典，体验学习养生保健项目，演奏欣赏古乐，并且能够享受当地农家美食。民俗文化园的景观总体上追求传统、古朴，宁静安详的氛围，但在不同的功能区，景观所营造的氛围也各具差异（见图 7）。

在改造方面中，充分利用路口平整的石料堆积场，进行商业化改造，打造以养生、国学为主题的俱乐部；利用矸石山的开采的作业面这一标志性的景观，打造古乐演奏舞台；在生态修复完成的区域，建设以农家乐为主题的美食区（见图 8）。

图 7 民俗文化公园主要建筑及景观分布图

1—大门；2—俱乐部；3—伊侯崖；
4—农家乐；5—古乐舞台

图 8 民俗文化公园功能分区图

1—养生区；2—国学区；3—古乐区；
4—美食区；5—生态恢复区

4 结 语

通过对晋城市玉屏山采石场公园带的景观重建的研究以及前人的研究成果，笔者认为：首先，我国的采石场的生态恢复和景观构建应以生态文明建设为指导，运用景观生态设计原理进行规划设计；其次，采石场生态修复与景观构建应结合采石废弃地的具体情况，在新条件下对废弃场地以及周边环境进行重新设计，充分了解场地的历史与文化，尊重场地现有的纹理与痕迹；最后，废弃采石场的大部分区域需要进行长期的生态恢复，由于生态恢复技术的不同，其复绿的时间长短不一，因此在设计的过程中应充分协调好设计施工与长期恢复的过程，保证场地的景观恢复与重建在空间与时间上的连续性。

参考文献

[1] 胡锦涛. 坚定不移沿着中国特色社会主义道路前进，为全面建成小康社会而奋斗[R]. 胡锦涛在中国共产党第十八次全国代表大会上的报告，2012.

[2] 陈晨. 采石废弃地的景观更新设计研究[D]. 福建农林大学，2012.

[3] 苏坤坪. 浅谈绿地的场地设计、雨水利用与景观——结合厦门石塘立交桥绿地的景观设计[J]. 建筑与文化，2008（7）：111-115.

[4] 郭宏峰，李瑛. 废弃采石场的生态恢复和景观重建——以浙江省乐清市东山公园为例[J]. 华中建筑，2008，3：148-151.

[5] 孙明迪. 门头沟废弃矿山生态治理理论与技术研究[D]. 北京林业大学，2006.

[6] 克利斯朵夫·瓦伦丁，丁一巨. 上海辰山植物园规划设计[J]. 中国园林，2010，1：4-10.

“规划之都”——美国波特兰

李煜茜 石克辉
（北京交通大学建筑与艺术学院，北京市海淀区上园村3号）

【摘 要】 在美国，波特兰被认为是西海岸一座规划的比较好的、宜居的、可持续发展的城市。它的这种城市规划和发展模式为当下能源危机与环境危机情况下城市发展提供了一个典范。

【关键词】 波特兰 规划 生态城市

在我们这个星球上，有略微超过一半的人口居住在城市中。据估计，这一比例在2025年将上升到60%。同时，我们面临着大规模的能源危机和环境危机，全球变暖、海洋生态环境恶化以及生物多样性的破坏，仅仅这些就严重威胁着我们的未来。那么，如何才能促进人类居民建设繁荣、提供高品质生活的城市，同时又能充分关注我们的生活方式对自然生态系统的负面影响呢？

答案当然是复杂的。然而，这一努力的一个关键就是小心建设我们的城市。中国的城市发展速度是空间的，但是，如果我们的城市建设不以健康的，有序的方式稳步进行，其结果也将影响到中国居民，甚至会对世界造成影响。

虽然美国的波特兰市并非解决了这一世界性的难题，但是，波特兰的宜居发展在如何减轻对资源和生态系统的压力方面的确有着积极地意义。波特兰以“杰出的规划之都”而闻名，对很多规划师而言，这一地区是区域规划、成长管理以及众多规划政策创新的典范。

1 “规划之都”波特兰

在美国，波特兰被认为是西海岸一座规划的比较好的、宜居的、可持续发展的城市。它的都市区人口是212.67万人（2006年）。它的气候温和，自然景观优美，吸引了很多人来此居住，在1999—2000年间人口增加40.25万，增长幅度高达26.5%。

波特兰的城市及区域规划是闻名遐迩的，被誉为“杰出的规划之都”。特别是它的区域规划、增长管理、规划政策、社区规划等经验逐渐被传播。

2 波特兰不同层次的城市规划

2.1 总体规划的基本情况

波特兰现行城市总体规划编制于1980年，主要内容体系包括大都市地区的协调、城市发展、社区发展、住房规划、经济发展、交通规划、能源规划、环境保护、公众参与、规划回顾与管理、公共设施、城市设计等 12 个方面。

具体总体规划内容框架为：

（1）大都会协调发展规划：协调大都会区的发展，划定城市增长边界（UGB）。

（2）城市发展政策：提供 27 个城市发展有关的政策，包括紧凑发展、混合使用等。

（3）邻里规划：包括邻里的多样性，参与和策划。

（4）住房规划：包括房屋供应，安全和质量，负担能力。

（5）经济发展规划：重点强化经济的多样化以及总体发展水平的提升。

（6）交通规划：规定了九项交通的主要政策目标以及 236 项具体行动。

（7）能源规划：开创城市的前瞻性政策，包括能源效率的提高、能源与土地使用等。

（8）环境保护规划：包括空气和水环境质量和土地资源的等问题。

（9）公民参与：设置公众参与的有关程序和方式，为特定的规划项目提供公众的途径。

（10）规划的审查和管理：讨论规划的审查以及修改程序。

（11）公共设施规划：包含公共道路、卫生设施、雨水设施、固体废物处理、给排水规划、公园和娱乐休闲体系、公共安全（消防，公共安全、警察）和教育设施等。

（12）城市设计：通过不同的方式，提升波特兰城市宜居性。包括城市特质、历史遗存、步行空间、城市邻里等。

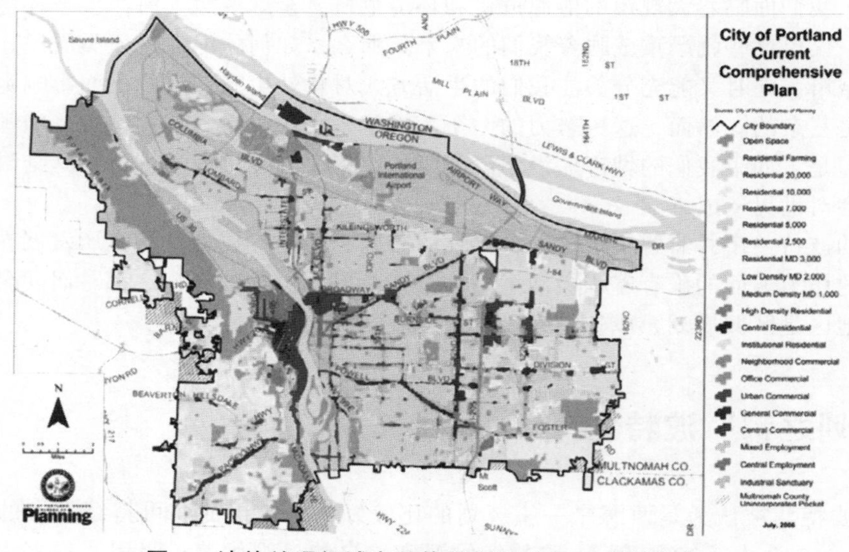

图 1　波特兰现行城市总体规划图（1980 年编制）

2.2　专项规划

2.2.1　交通规划

（1）《交通规划准则》。

多年来，波特兰一直在探索运用土地使用规划技术减少居民交通出行对小汽车的依赖，也经常被其他地方当成是成功的典范。这些众多技术包括精明增长、新城市主义、步行邻里以及公交导向开发的方法。俄勒冈《交通规划准则》（即《TPR》）是支撑波特兰解决交通问题的主要政策工具。

"最痛苦的不是去解决政治上不可行的事情，而是去解决那些根本就不可能解决的问题"。这就是波特兰区域政府的交通模型师对于要制定一个达到《TPR》最初版本所确定的关键目标的规划时的感受。《TPR》的这一目标是：未来的20年，人均车辆行驶里程减少10%，未来30年减少20%。

波特兰都市区区域政府委员会在2000年采用了修订后的《区域交通规划》。以《2040成长概念》为基础，《区域交通规划》正如州首席土地使用规划师所说的，是“在结合土地使用和交通规划方面的一个重大成就，它几乎在所有的方面都应当成为其他都市区效仿的典范”。

（2）生态交通系统——城市和区域的交通行为。

波特兰作为生态城市，它的生态交通系统也是建立在生态城市基础上的，这是一种能有效地利用土地资源，以最小化的环境污染物排放量，满足城市经济和社会发展需求的高效的交通发展模式，这种交通模式综合考虑并保证其本身发展及城市系统发展可持续要求达到城市交通内部与城市环境之间的动态协调。

波特兰的这种生态交通系统被大家所认可并效仿，尤其是其通过公共交通与慢行交通系统的规划，有效地减少了居民交通出行时对小汽车的依赖。

图2　区域交通系统规划图

① 自行车。

波特兰被认为是全美在鼓励自行车出行方面作的最好的大城市之一，并在2001年被提名为“北美最佳自行车出行城市”。在1996年采用现行《自行车总体规划》的时候，自行车到的长度为111英里，这些自行车道有道路以外的小径，有道路上专门的自行车道，也有自行车林荫道。到2001年，波特兰的自行车道达到了228英里，同时波特兰也修订了法规对要求新开发提供更多更好的自行车停车设施，将自行车发展为波特兰人民生活不可缺少的部分。

② 步行。

与鼓励自行车出行相呼应的是波特兰市于1998年采用了《步行总体规划》以提升步行水平。波特兰市已经制定了16个步行区域，在这些区域内，步行是居民的首选的出行方式。这些区域以混合土地利用、合适的密度以及高效的公交服务为特征。2000年人口普查显示，与大部分类似规模的都市区相比，波特兰都市区内，有更多的工作者靠步行方式出行，比例达到了5.24%。

2.2.2　绿色空间规划——公园系统

波特兰的公园系统发展可以分为独立的三个阶段，即“创造：游乐园和城市美化”、“休闲：攀爬架”以及“避难所：开放空间和绿色空间”。在这三个时期内，波特兰公园体系始终贯彻一个主题，那就是：个体公民们对公园系统创立和维护的领导，以及支撑这一领导实现的、延续了 150 年的志愿主义、公共参与和坚忍不拔的传统。

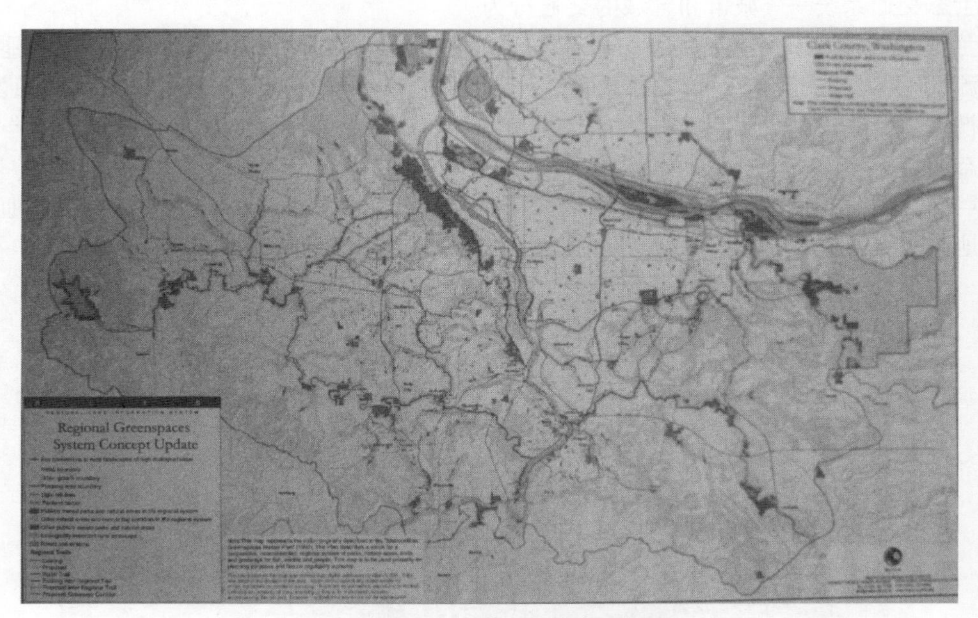

图 3　都市区绿色空间系统规划图

（1）创造：游乐园和城市美化（1843—1910 年）。

波特兰的奠基者们非常热爱这个绿水青山、温和湿润的家园。自 1840 年中期，一位农场主就开始倡导将公园作为社会改革、体力恢复、文化净化、智慧提升和精神振奋的工具，自此之后，新公园的理念便产生了。

波特兰公园的三个最伟大的倡导者分别是艾略特、霍金斯和刘易斯。他们在 19 世纪末时，游说州立法要求建立公园委员会，这一议案在 1900 年得到通过。

在俄勒冈人仔细考量公园场地时，美国的规划师、建筑师和设计者们，特别是以奥姆斯特德家族及其合作者为首，通力合作来推动城市美化的制度化。“美观实用”是他们的口号。

1903 年，奥姆斯特德在波特兰博览会设计时，重点分析了波特兰的地形，公园现状、未来公园土地的地产开发前景和公园的人员配置。在这一过程中，他进行了大量的记录和照片的拍摄。在之后的报告中，战略性和预见性是整个报告的核心部分，他希望波特兰人可以看得更远。事实是，奥姆斯特德的规划是综合性的，在土地征购、好公园和公园体系的品质、公园大道和林荫大道、公园管制和行政等方面提出了建议。

（2）休闲：攀爬架（1910—1965 年）。

在这一时期，奥姆斯特德的报告起初被冷落了，其后，出现了一个叫作米歇的人，他秉承着奥姆斯特德的联系居民与自然的规划原则，带着逐渐增加的对更多的游艺场地和锻炼项目的兴趣，提出了平衡波特兰市民多样性娱乐的需求的任务。

在米歇开始实现根植于城市美化运动的目标的两年之前，波特兰就和其他城市一起投入到鼓励休闲运动的游戏场活动中。1906 年，孩子们在北部公园街区参加波特兰第一个游戏场的落成典礼，秋千、爬绳、单杠、双杠、跳马杠、大滑梯，这些设施给孩子们提供了尽情喧闹的条件。之后，波特兰公园也结合了运动场、球场、游艺场等项目和设施以支持有组织的运动和游戏活动。

（3）避难所：开放空间和绿色空间（1965 年至今）。

波特兰是在“河边的空地”这一开敞空间上被构思出来的。公共空间的传统和继承随之而起。Daniel Lownsdale 最初转让的街区、Terwilliger Park 公园以及其他土地捐赠保存了波特兰的开放空间。而这一点正是奥姆斯特德和其他早期的公园规划师所强烈要求正在成长的城市需要提供的。虽然波特兰在过去 20 年中一直将填充式发展 和提升密度作为双重目标，但波特兰一直持续供给着“呼吸空间”，而并非要成为一个拥挤的城市。艾略特、霍金斯以及他们的同事，规划师奥姆斯特德，奥姆斯特德规划的执行者米歇，所有这些人都一直期盼如此。

图 4 Ira C.Keller 水景广场

图 5 先锋广场（被誉为波特兰的“起居室”）

“开放空间”的范围很广。塔基包括在城市核心位置的小广场，也包括在城市边缘不属于公寓的大型绿色空间，如湿地、溪谷、牧场、森林以及其他附近的“野”地。在波特兰市中心的地图上，可以看到一个带状的南北向的开放空间。它沿着第九街的南公园街区和北公园街区、第四街的广场街区以及滨水公园，形成了一条打破城市西部建筑格网布局的带状绿色空间。河东岸大面积的商业和零售业街区虽然没有这样的空间，但却点缀着 Holladay 公园、Buckman 公园、Col.Summer 公园以及东岸游戏带。正是这样的中央商务区使波特兰成为地区和全国的城市开放空间的典范。

1920—1930 年

1940—1950 年

2000—2003 年

图 6 波特兰公园分布图

3 与众不同的波特兰

波特兰是与众不同的。这表现在很多方面，例如城市的人文情怀，市民的公共参与性等等。

3.1　人文情怀

波特兰在人文上的独特可以通过一系列大众媒体的市场调研数据和生活质量排名清晰的反映出来。波特兰人愿意花费更多的时间和金钱在户外娱乐上，而不是观看体育赛事。他们比大部分地区的人们阅读的时间长而看电视的时间短。波特兰的报纸发行量在全美城市排名第七，咖啡馆的数量位居第三。

3.2　“玫瑰之城”

波特兰的别称是“玫瑰之城”（这个名字最早出自1905年的刘易斯和克拉克远征百年纪念博览会），这是因为波特兰的气候特别适宜于种植玫瑰，市内有许多玫瑰园，比如波特兰华盛顿公园里的国际玫瑰试验园。

3.3　公众参与

在波特兰，政府机构在公共政策的讨论和公共项目中引入公共参与已经成为一种惯例。30多年来，波特兰的市民随时都期待着参与到城市的各项事务中。

3.4　生态城市

波特兰是美国第一个将节能减排作为一项法律推行的城市。除了“绿色建筑中心”，该城市还大力推行环保交通工具，轻轨、巴士和自行车是波特兰市民主要的出行工具。为了鼓励更多市民选择亲近自然的生活方式，波特兰市政府在城内开辟了近56万亩的绿地以及长为120千米、供市民散步和骑脚踏车的专用道。

4　波特兰特色街区——珍珠区的保护和复兴

4.1　珍珠区简介

珍珠区（Pearl District）位于波特兰市中心西北部，为维拉玛特河以南，波恩赛德大街以北的区域，东西两界分别是百老汇大道和405高速，大约包括120多个街区，面积约1.2平方千米。

该区有着悠久的历史，早在1869年就开始发展，到19世纪末，甚至成为繁华的工业区，被称为“西北工业三角区”。然而，随着铁路和传统制造业的没落，20世纪70年代以后的珍珠区盛况不再，整个地区陷入所谓的“内城衰退”。直到1988年的《波特兰市中心规划》和1994年的《沿河区域发展规划》出台才为珍珠区的复兴奠定基础。在这些规划的努力下，它逐渐从一个以单人间旅馆型住房为主导的工业地区，转变为一个高消费阶层的混合使用地区。

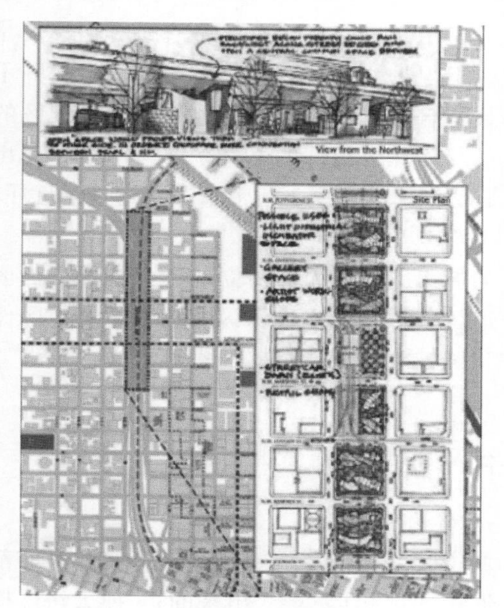

图 7　珍珠区发展概念性规划

图 8　珍珠区历史建筑调查与评价

4.2　珍珠区发展规划

2001 年《珍珠区发展规划》全面展望了该区的发展愿景，对建筑环境、社区设施、交通体系、文化与经济发展等方面进行了规划。之后，大量的改造和新建开发项目在这一地区广泛开展，一系列社区公园和开放空间也相继建成。2001 年城市快轨的开通加强了珍珠区与中心区和其他地区的联系，来珍珠区居住、创业、工作和旅游的人大量增加。珍珠区成为高档餐饮、画廊、高级公寓、艺术创意企业云集的区域，成为波特兰乃至全美的明星城区。2008 年，波特兰市议会通过了《珍珠区北区规划》，进一步推动珍珠区的发展。

珍珠区发生的更新成为波特兰市打造宜居城市的重要基础，也大大缓解了波特兰城市增长边界（UGB）对城市发展带来的空间压力，在复兴内城的同时，很好地保护了城市外围的农业用地和自然景观。在 20 世纪 90 年代初至今的 20 年间，珍珠区成功实现了由萧条破败的

废弃工业区向集约型、高密度的现代城市中心区的转变，保持了鲜明的地域特色，形成了高度的经济活力，成为全美乃至世界范围内历史街区保护和城市更新的典范。

图 9　珍珠区室外景观

4.3　启　示

从珍珠区的保护与更新中，我们可以得到许多启示。如在对待历史街区保护问题时，应秉承审

慎的态度，特别是对待保存较好的历史街区时，更要慎之又慎，不能操之过急。有时哪怕仅仅是草率的拆除或新建一栋建筑，都可能破坏整个区域的风貌。但保护并不意味着排斥开发，保护并不是一草一木都不能动，而是应该在开发中不断评估，选择最适合的方案来进行。此外，历史地区的开发应注意与城市肌理的结合，注意与周边区域的沟通。如与珍珠区类似的北京 798 艺术区，就出现了没有打通其与城市街区的联系，在影响其对周边区域带动作用的同时，还带来了交通、建筑环境、城市风貌与周边区域的衔接等问题。

在我国一些城市建设的思维方式中，历史街区保护与城市更新是矛盾对立的，保护历史街区就会影响城市更新；而进行城市更新的时候，往往对历史地区一拆了之。珍珠区成功的历史街区保护和城市更新，对我国城市化进程中面临的历史地区保护和旧城改造有着重要的借鉴意义。

5 波特兰城市整体发展对中国的启示

波特兰在城市规划的许多方面都值得中国的很多的城市学习和借鉴。中国的许多城市目前都是在以“摊大饼”的方式蔓延，当然，世界上的城市起初都是一步一步“摊”出来的，“摊大饼”模式本身是城市生长的一种经济、合理的结构演变模式，但如果对城市边界的控制不当，城市规模与城市边界不相适应，城市蔓延就会带来很多弊端。完全套用波特兰的土地规划模式显然不可行，因为中国和美国是两种所有制的国家，但是波特兰对于城市蔓延的重视和理智的态度值得我们学习。

对于交通堵塞，中国大部分城市都选择盲目地加宽道路，这样很可能会重蹈洛杉矶的覆辙。中国本来就是自行车大国，加之国民生活水平与美国还有很大的差距，私家车的普遍程度还比较低，中国现在需要有一套完善深入的交通体系来规范交通的发展方向。

目前的中国，在规划实施过程中，公众参与程度还是处于初级的程度。这主要是由于公众参与城市规划缺乏法律支持和实践机制。为此制定相关条令显得极为必要。

总之，中国和美国是两个体制差别很大的国家，所以在学习波特兰的时候，必须要找到适合我们自己发展的方法，切忌盲目复制。

参考文献

[1] 康妮·小泽. 生态城市前沿——美国波特兰成长的挑战和经验[M]. 寇永霞，朱力，译. 南京：东南大学出版社，2010.

[2] 张润朋. 波特兰城市总体规划实施评估及其借鉴.

[3] 清华大学建筑学院. 城市规划资料集（第八分册）：城市历史保护与城市更新[M]. 北京：中国建筑工业出版社，2008.

[4] 贾培义，李春娇. 美国波特兰珍珠区的保护与复兴[M]. 北京规划建设，2013.

论生态城镇建设中绿化营造的部分问题

李 晓

（江苏大学 艺术学院，江苏镇江 212013）

【摘 要】 文章辩证地分析了当前生态城镇建设及环境绿化营造的相关问题，通过对生态城镇特征及建设理念的基础性讨论，着重对环境绿化在生态城镇建设中的价值进行了探索性分析，并提出了环境绿化营造要注意尊重节约型和地域性这两个基本原则。同时，文章也强调了环境绿化在生态城镇建设中应合理化布局的客观要求。

【关键词】 生态城镇 建设 绿化营造

生态城镇的建设是人类文明进步的标志，也是我国实现小康社会的必然趋势。而环境绿化的本质就是生态建设，城镇环境绿化作为城镇整体形象的重要组成因素，在改善城镇生态环境、还原城镇生态系统能力、提高城镇环境整体质量、促进我国城镇社会可持续发展等方面都起着重要的作用。因此，尊重可持续发展，利用节约型绿化的设计理念进行城镇整体的环境经营，以期实现生态城镇长远的环境绿化建设目标。

1 生态城镇的特征及建设理念提出

生态城镇是指运用生态学与生态经济学原理，遵循可持续发展战略，通过城镇生态系统结构调整与功能整合，城镇生态文化建设与生态产业的发展，实现城镇社会经济的稳定发展与城镇生态环境的有效保护。综合起来讲，生态城镇是指社会和谐、经济高效、生态良性循环的人类乡村居住生活形式，是自然、城镇与人融合为一个有机整体所形成的互惠共生结构体系。

生态城镇具有以下几个主要特征：

其一，和谐性。具体反映在人与自然的关系、自然与人共生、人回归自然、自然融于人的社会活动等方面，这里的核心是关系的和谐，即“和实生物”。

其二，整体性。生态城镇的建设追求并不只是环境的美化和经济的繁荣，同时要兼顾社会、经济和生态环境三者的整体效能，既要注重经济发展与生态环境的协调，也要注重城镇人居品质的提升，并寻求区域性一体化协调发展的机制。

其三，可持续循环发展。循环发展的关键是尊重自然，能够使废弃物循环再生，各生产生活行为的过程能够相互共生得以协调，既能满足当今发展需要，又不给后人带来危害和影响，保证发展的健康性、持续性、循环性、经济性等特点。

“建设生态文明，基本形成节约能源资源和保护生态环境的产业结构、增长方式、消费模式”，是以胡锦涛同志为总书记的党中央在新世纪新阶段提出的一个重大战略思想。什么是生态文明，为什么要建设生态文明，如何建设生态文明？胡锦涛主席在发给“21 世纪论坛”的贺信中明确强调：要树立和落实以人为本、全面协调可持续发展的科学发展观，就是要坚持走生产发展、生活富裕、生态良好的文明发展道路，建设资源节约型、环境友好型社会，实现经济发展与人口、资源、环境相协调，促进人与自然和谐相处，保证一代接一代地永续发展。这既是对新城镇生态性、可持续发展的文明建设提出了更高要求，也是当前我们建设生态城镇的重要指导思想。

生态城镇的建设是我国经济发展和社会文明进步的体现，也是我国新城镇发展的必然方向。它不仅涉及城镇物质环境的生态建设、生态恢复，还涉及价值观念、生活方式等方面。需要运用生态学与生态经济学原理，遵循可持续发展战略，通过城镇生态系统结构调整与功能整合，城镇生态文化建设与生态产业的发展，实现城镇社会经济的稳定发展与城镇生态环境的和谐进步。因此创建新型的清洁、优美、安静、循环的生态城镇，实现良性可持续发展，建设高效低能耗的生态产业，满足人们的需求和愿望，营造和谐的生态文化和人文景观，完全实现自然、农业和人居环境的有机结合。真正做到城镇与自然同构、同感、同鸣，正所谓天人合一、道法自然。

2 绿化营造在生态城镇建设中的价值

环境绿化营造作为生态城镇的建设的重要组成部分，在改善城镇整体环境、提升乡村综合形象、提高居民生活品质、促进城镇社会全面发展等方面具有积极的价值意义。具体体现在：① 环境绿化增添自然景色，美化城镇环境，还可以引导组织活动性空间，为民众提供丰富的文化、休息、活动的场所。科学证明，良好的绿色生态环境有益于人的生理和心理健康，能使人精神舒适，促进血液循环和新陈代谢，增强人的免疫力。② 环境绿化在保护和净化人居环境生态效果方面的作用是显著的，绿化植被具有减弱噪声、调剂小气候、涵养水源、保持水土等多重功能。③ 环境绿化的科学合理营造有利于居民培养社会公德、陶冶情操、增加审美情趣，追求健康向上、文明和谐的生活方式。

加强和改善城镇生态绿化环境是新城镇建设的需要，环境也是生产力。通过规划生态城镇的环境绿地，可以将城市规划的指导思想引入乡村，以生态学理论为指导，从整个城镇生态环境的角度，完善城镇生态绿地系统规划，从而充分发挥环境绿化的环境效益。同时，也可以有效防止侵占自然植被，破坏绿地的情况的发生，是城镇环境绿化可持续发展的重要保障。另外，要倡导城镇绿化环境健康发展的模式，以节地、节水、节财、无公害、无污染为主要手段，以生态环保、改善人居环境为主要目标，开展新型生态城镇的建设方法。

3 绿化营造要注意节约和地域的特点

推广节约型城镇生态环境绿化系统，就是要在节约资源和降低能源方面发挥积极作用。其表现特征为：其一，合理使用土地资源，提高城镇土地资源利用率，使有限的土地资源最大限度地发挥绿地的生态功能和环境效益。其二，增加可利用的自然绿化水源总量，减少人为的水资源的消耗，在环境绿地营造中，可以通过雨水再利用等措施减少自然水资源的消耗，同时尽量使天然水系系统连接，使水资源得到最大限度的重复利用。其三，需要制定夜间照明方面的设计规范，以减少对能源的消耗，同时提倡并鼓励利用自然能源，如风能、太阳能等这些取之不尽用之不竭的新能源。

生态城镇环境绿化营造要以地域性植被为基础，保护地域性特征明显的植物种类群落，构建具有地方特色的城镇生态绿化系统。保护地域性树种及区域性稳定植物群落的组成，有节制地引种，积极培养易于栽培和管理的植物新品种，形成色彩丰富、多种多样的自然植物景观。同时，强化城镇绿地系统的连续性、整体性发展的大绿化结构布局，分布合理、形式多样、因地制宜，植物资源合理配置，形成稳定的植物群落，发挥绿地生态功能的最大效益。这里应当指出的是，我们反对过渡人为及人造植物景观，应合理有效考虑长期植物的综合效能，尽量使植物群落自然化和适宜化，由点及面地扩大整体性植被格局。

总之，发展城镇生态环境绿化，应当遵循生态学原理，恪守以人为本的城镇发展基本宗旨，千方百计的适宜于自然，并充分展示植物的多样性与自然效果。在建设生态城镇环境绿化的具体过程中，不忘把握节约型需要和地域性特征的原则，建立人与自然共存共生的良性循环生态空间，按照生态可持续的发展模式建设新型生态城镇人居环境。

4 绿化营造在生态城镇建设中应科学合理发展

进行城镇生态环境绿化建设,就要在环境绿化建设过程中注重考虑布局的科学合理性与可行性。村镇的道路衔接处及村镇入口节点是人为干预绿化的关键，良好的绿化景观环境可以提高村镇整体形象和视觉感受，在建设实施过程中应当注重结合地域文化和民间风情进行综合考虑。在村镇内部道路的交换转折部位，由于这些地块具有分散化、袖珍化、立体化、不规则等特点，可以通过植物小品进行合理设置。在村镇外部空间环境中，应当结合自然环境风貌及地方性植被等综合因素，以保护自然为主导，以少量的人为性作用为干预，形成原始自然又相对有序合理的绿化植被形象。另外，在一些新开发的村镇中，作为城镇环境人居空间的处女地，基础建设及绿化建设应当严格按照国家建设用地标准和绿化规范，通过专业设计构造出科学的绿地生态系统，做到绿化与建设同步进行，营造一个布局合理、生态健全、环境优美、质量升级的绿色生态新城镇。

部分小城镇生态绿化环境建设的优势在于远离了城市的喧嚣，自然环境条件得天独厚，土地利用经营相对宽松，大面积绿化植被的实现相对比较容易，这在我国城市人口密集和建筑密集的背景下，是具有城市所不具备的优越性的。城镇生态建设的规模应根据当地经济发展能力适度前行，经济环境好的地区应当逐步发展自然生态植物园、自然生态森林公园、自然生态种植园和自然植物保护区等，这种建设不应当一哄而上，也不应当在破坏自然的基础上刻意营造人造绿地景观，而应当在保护自然的前提下适度改善自然环境及人文空间，营造出自然生态的新形象。这种建设活动是对自然的合理保护与科学开发，建设之后的生态环境也是自然环境的有机整体，并且能够融入优质的菜田和自然的山川河流。因此，营造城镇生态绿化环境系统应当确立科学整体观念，使城镇的自然环境与绿化生态环境联系成为一个整体性框架，这是我国新城镇社会物质文明和精神文明建设进步的必然要求，也是我国实现全民共富与人类和谐的时代要求。

5 结　语

最后，我想用中国老子的不朽思想作为城镇生态建设中绿化营造问题的总结：自然是一种观念、主义、态度和价值，也是一种状态和效果。人原本就是自然的产物，也是自然的一部分，人类无权

（也最终无力）按照自己的意愿随意的处置自然。“道”是老子学说的基石，自然主义是其灵魂。“人法地，地法天，天法道，道法自然”。因此，自然之道，是建筑学的最高法则，也是我们面对城镇生态发展各种问题的最高境界。

参考文献

[1] 霍尔姆斯·罗尔斯顿. 环境伦理学——大自然的价值以及人对大自然的义务[M]. 北京：中国社会科学出版社，1999.

[2] 车生泉. 城市绿地景观结构分析与生态规划[M]. 南京：东南大学出版社，2005.

[3] 杨士宏. 城市生态环境学[M]. 北京：科学出版社，2005.

[4] 吴家骅. 环境史纲[M]. 北京：中国建筑工业出版社，1999.

[5] 纳什. 大自然的权力[M]. 青岛：青岛出版社，1999.

东北地区村镇民居建筑的生态文化研究与思考①

姜 雪 程 文

（哈尔滨工业大学，哈尔滨市西大直街66号122室 150006）

【摘 要】 城镇化快速发展使近几年东北地区的村镇建设也相应加快了脚步，在村镇发展的同时对于原有民居的建筑文化、生态文化的保护也应予以重视。东北地区村镇由于其特有的地域文化背景及气候特点，决定了其传统民居空间在设计上具有的明显的寒地特征。在其特有气候与自然环境的影响下，逐步形成了具有地域适应性的聚落与民居。通过现场调研、问卷统计、实测和理论分析，从邻里空间、民居院落空间、民居建筑形式三方面阐述东北地区村镇传统民居建筑的生态智慧。通过对建筑文化与生态文化的地域适应性的研究，为城镇化建设中的民居建筑的发展提出相应建议。

【关键词】 寒地村镇 建筑文化 建筑地域性

1 引 言

我国东北地区由于冬季降雪、寒风和日照时间短的地域气候特点，村镇民居建筑具有明显的地域适应性。村镇民居建筑的建设，除了尽力创造有别于城市的生态居住环境外，还应从严寒地区的自然环境特点、社会经济发展特点、人文特点等方面出发，体现寒地特色。因此，因地制宜地创造具有地域特征的寒地村镇民居应是寒地村镇规划设计的重点之一。在适应地域环境中的逐步民居环境的演变中，也形成了东北寒地村镇民居的建筑生态智慧。

2 东北地区村镇民居特点及影响因素

2.1 特点概述

东北地区居民的形式与平原地势相适应，山地普遍地势开阔，总体上坡度较缓，山地河网较平原密集，村镇多呈现山水相伴的特点。传统民居基本为一层，且大多数为双向坡屋顶，以利于排水及防止冬季屋顶积雪。东北地区的民居特点总体看来与民族特征有一定联系，本次研究的案例主要

①“十二五”国家科技支撑计划资助项目：严寒地区绿色村镇体系构建及其关键技术研究（2013BAJ12B01-01）。

以汉族民居为主，四合院以正房及其左右厢房和大门为中心，民居的大门一般建成一栋建筑物或连在围墙上形成四合院的形式。经济发展较落后的区域，多数民居是由一栋主建筑物和农业生产有关的仓库等构成，结构比较简单。在推进城乡一体化之前，东北地区的民居发展比较缓慢，多为建筑材料、房屋规模的改善，主体建筑形式并未出现较大的改动。民居基本沿用传统的火炕、灶台，少部分民居有地窖。

2.2　民居特点形成的影响因素

（1）自然因素。

东北地区属北温带大陆季风气候，四季分明。冬季多西北风，寒冷干燥；夏季盛行东南风，高温多雨。夏季气温高，降水多且光照时间长，其中辽宁省是东北地区光照最多、热量最富、降水最多的省份。日照和降水为农作物生长提供适宜的条件。为防止降水降雪的影响，屋顶的坡度设计较大，部分风较大的地区硬山式屋顶不足以遮挡强风，采用平顶式的屋顶更能增加对强风的抵抗。东北地区的民居是根据本区的地形、地势等自然环境和当地取材的方便条件建造的。

（2）经济因素。

农业自古至今是古代东北地区占主导地位的经济形态，迄今有六七千年的历史。其次渔猎和畜牧经济分布也比较广泛，在民居形态中也有所体现。东北地区的社会经济与冷湿的自然环境相适应。东北大部分地区的水热条件可以满足作物一年一熟的需要，平原地区的居民以农业为主，由于冬季漫长而寒冷，大部分地区冬季不能耕种，因此农民有冬闲基肥的习惯，在院落内也设有小的仓储空间。可见，不同的经济方式也影响到居民的饮食、居住等文化。

（3）社会文化因素。

东北地区的各民族有不同的文化特色，这些不同的文化特色形成不同的居住形式。水稻农耕民族朝鲜族居民多有牛舍，汉族居民有苞米楼或相应场地。住宅规模及作为生活空间的正房及储藏设施等的布局都与住宅居住者的经济水平和活动方式有密切关系。室内空间的布局及构成也有着较大的差异，例如满族的万字炕，汉族的一字炕、二字炕。

3　东北民居案例分析

3.1　郝官屯村庄情况概述

郝官屯镇位于辽宁省沈阳市北部、康平县东南、辽河西岸，康平县、法库县、昌图县三县的交界地带。温带大陆性季风气候，具有冬季严寒少雪，春季干旱少雨，夏季温热多雨，雨量集中以及年温差较大等气候特征，镇区处在邻近河套较为平缓的丘陵坡地上。康平县郝官屯镇钱家屯村位于沈阳市城区北侧，村庄由三个自然屯（钱家屯、小来虎屯、高家窝堡）组成，其中钱家屯现有村民1 721 人，582 户。随机调研其中的 75 户居民住宅并进行相应分析。

3.2　郝官屯院落空间分析

郝官屯的院落多数院落是由前院、后院、主体建筑三部分构成。院落空间基本包括居住房屋、仓房、菜园、牲畜圈、厕所、前院开敞空间六个部分组成。建筑院落的形成与居民的生活习惯密切相关，比如有的人家在院子里搭建灶台、晾晒衣物、修建凉棚在院内做活等。

前院与后院的院落大小基本相同。院落入口与居住建筑的主入口基本呈对位关系院落整体布局讲究左右对称，且以长方形为主，偶尔因地势需要呈梯形。牲畜圈的布置一般与居住建筑相隔一小段距离，倚靠院墙设置，在前院的左右两侧。后院多为菜园、厕所、柴棚以及杂物。虽然多数菜地在主体建筑的北侧，但由于主体建筑多为一层建筑，菜地并未受到过多遮挡，这样既保证了由前院进入主体建筑的便捷性，也保证了种植作物有充足的采光。平面图见图 1。

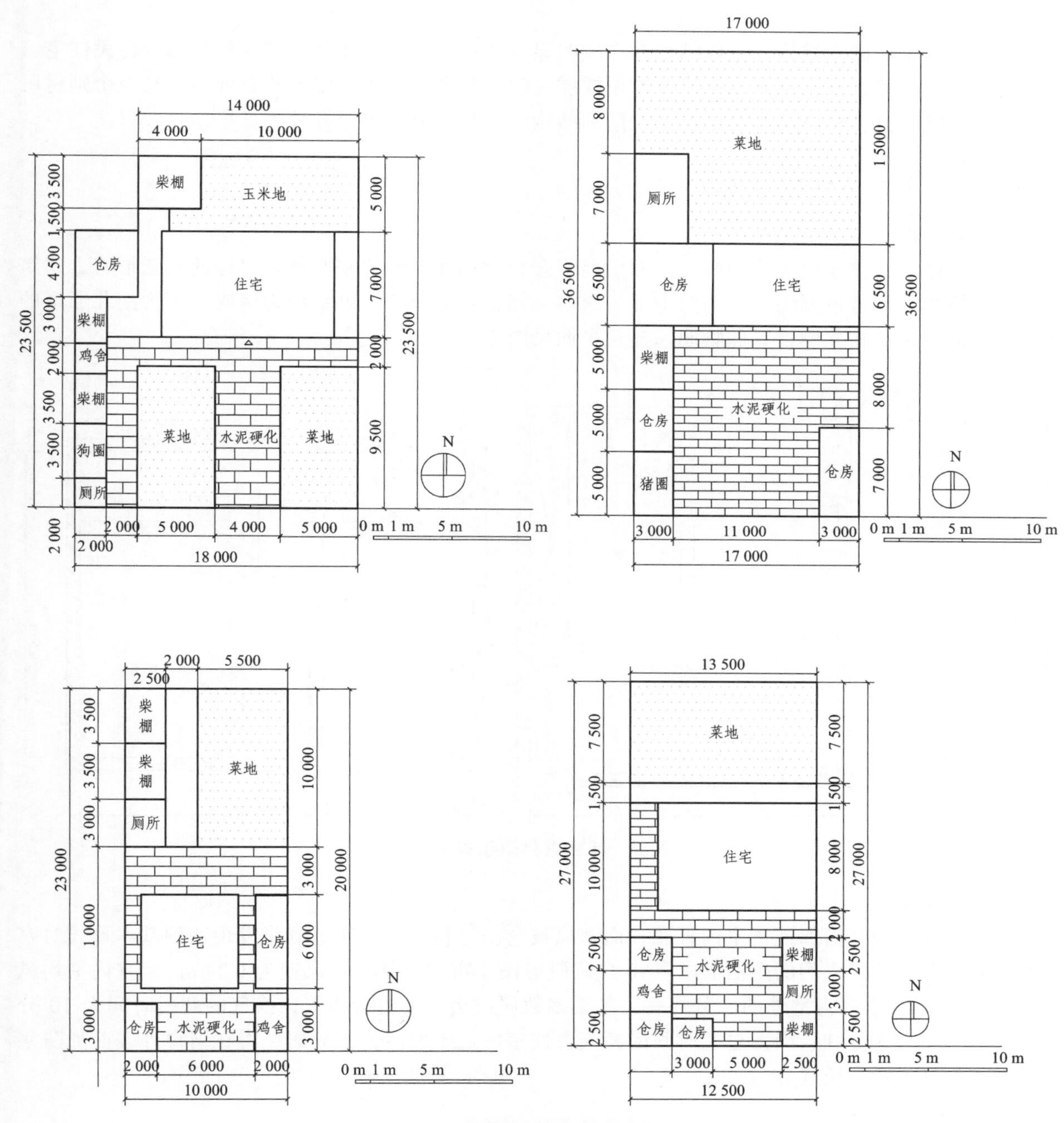

图 1 郝官屯典型院落平面

3.3 郝官屯建筑形式现状分析

3.3.1 建筑分类

全村房屋建筑以民用住宅（包括附属房）和公建为主，多建于1980—1990年，有些村民住宅庭院内建的畜禽养殖建筑等。按其成新、结构和外饰等划分为三类：

（1）砖混或框架结构，主体结构完整，建筑外观装饰完整。包括村委会和部分新建的村民住宅。

（2）砖混或砖木结构，主体结构比较完整，建筑外观有破损。包括卫生所、食杂店和大部分村民住宅。

（3）一般采用砖木结构，主体结构存在较明显或严重的破坏，外观陈旧。包括部分村民住宅。全村村民住户庭院大都采用砖砌围墙及配设铁质大门，其余少有用木栅或砖石堆砌，甚至个别村民住户没有庭院围设，村庄内庭院围墙与大门的结构、外观、形式等差异较大。

3.3.2 主体居住建筑现状

（1）基本形式。

郝官屯建筑主体建筑坐北朝南，东西山墙多余仓房相连。形式基本都是对称的布置形式，建筑形式比较简单，但特色鲜明。中间为中厅、厨房、储物功能混合，卧室均为南向，多为南北通透的布局，有部分民居在北侧设置储物间。建筑平面见图2。

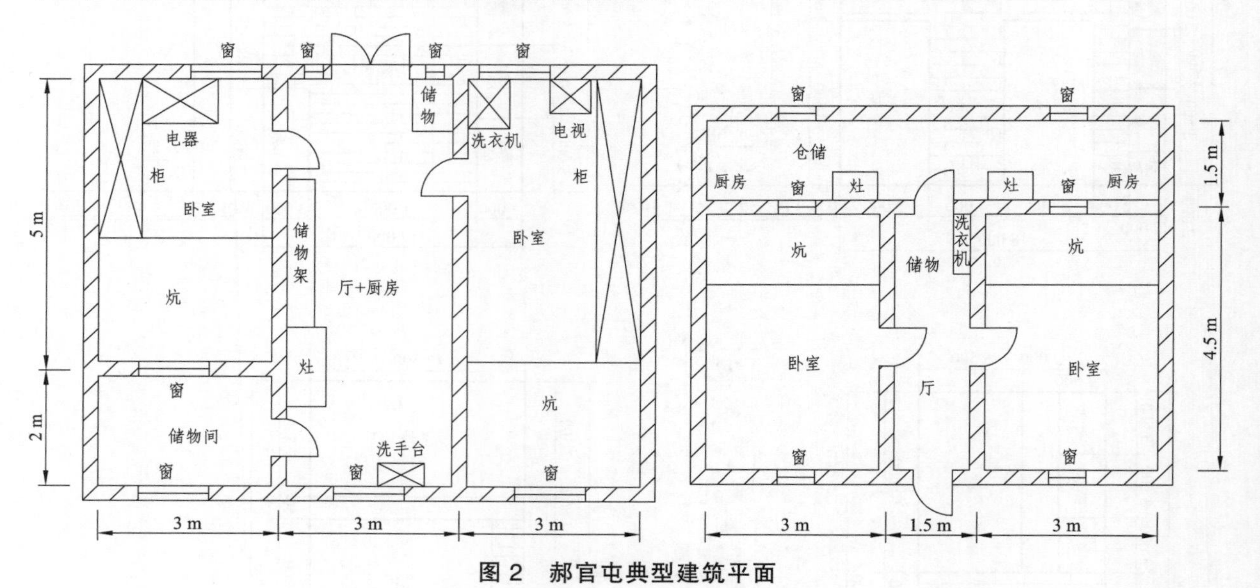

图2 郝官屯典型建筑平面

（2）冬季防风。

冬季主卧室的开窗保证了室内日照，而寒风被仓房遮挡，通过实地测量发现这种基本形式对寒风抵御能力能够满足人们的生活需求。90户调研居民建筑的室外平均风速为0.37 m/s，室内平均风速为0.027 m/s，近似为室外的十分之一。冬季多数居民会每天进行换气，换气的开门时间为10分钟、开窗时间为5分钟，因为过长时间的换气会使室内过于寒冷，部分居民将在窗户外表面加防寒设施因此不进行开窗换气。

（3）室温控制。

调研时间11月份，上午9点到下午4点，室外平均温度7.8 °C，室内平均温度16.7 °C，室外平均湿度为 44.6 度，室内平均湿度为 46.1 度。全村现无集中供暖设施，大多数的建筑都基本采用原煤火炉或“土暖气”等解决冬季取暖，燃气基本采用原煤为主，冬季因兼用采暖而使用原煤、柴草等，而所得数据说明冬季主体房屋的温度还是比较适宜的。屋顶保温多采用吊顶内保温，外墙有保温层。

冬季的东北地区，火炕在村镇民居中的作用十分明显，人们多喜欢在有热炕的房间聚集。仓房无采暖温度相对较低，也适宜储存过冬食物。东北乡村饮食以大锅炖的形式为主，这种体现东北特色的饮食方式也融入建筑形式中，居民利用火灶做饭的余热，使其成为民居冬季重要热源，尤其是夜晚效果更为明显。

（4）自然采光。

主体建筑的外窗类型基本为单层木窗、双层木窗或单层单玻铝合金窗，南向窗墙比为 41%～60%，北向窗墙比为 20%～40%。由于村落建筑基本为一层建筑，部分民居有玉米楼但对主体建筑也不造成光线遮挡，多数主体建筑可以在冬夏季均保证自然采光。

4 东北地区村镇民居的生态智慧

4.1 村落特征与地理环境

多数东北地区村落分布在向阳坡，向阳坡有利于接受太阳光，这无疑是当地居民获取热量的有效方法之一。东北地区冬季多西北风，夏季多西南风，过渡季节则西南风与西北风交替出现。风对村落分布的影响主要体现在两个方面：第一，冬季的偏北风带来强烈的冷空气，风吹过房屋，影响室内温度；第二，风经过房屋时，如果风能过大，会对房屋产生破坏作用。根据相关研究，坡顶和坡上部风速最大，所以一般不宜在此建筑房屋，在实际的村庄建设中，村民根据祖辈相传的经验与自身的生活阅历，建设情况也多是如此。

4.2 邻里空间

村镇中的村落一般规模较小，居民的生活圈也相对有限，这也使其形成了独特的邻里空间。邻里内的公共用地如小百货、办事处等都已成为村民相互接触的邻里空间，由于同一村落的居民相互比较熟悉，自家庭院与大门口都有可能成为公共交往的空间。但由于冬季严寒，人们出行受阻，邻里交往的空间往往也局限在户内南向的火炕以及室外的南向庭院[2]。

4.3 院落空间

东北村镇传统院落多数共有元素有房、墙、门、田，这四项元素是其院落类型产生的基础，通过数量、外形、平面等诸多因素的限定，可产生丰富多样的院落类型，见图 3。多数的村镇的院落为单座独院式，是尽量满足生活需求的基本居住、防御功能，其他院落类型诸如二合院、三合院、四合院都是在单座独院式基础上衍化而来的[1]。

（a）由墙围城院落 （b）由房屋围城院落（c）由房屋和墙围城院落

图 3 院落围合方式图

现今东北一些较落后的村子仍沿用“土坯草房篱笆寨”的形制，主要是由于就地取材、建造方便、冬暖夏凉，实用性较强，使最普通的农民都能保证有居住条件的住所。从土坯草顶的单座独院式、青砖瓦顶的独座独院式、红砖瓦顶的单座独院式与混凝土金属屋面的单座独院式，东北农村很多村落都存在多种并存的状态，见图 4、图 5。

图 4 典型院落

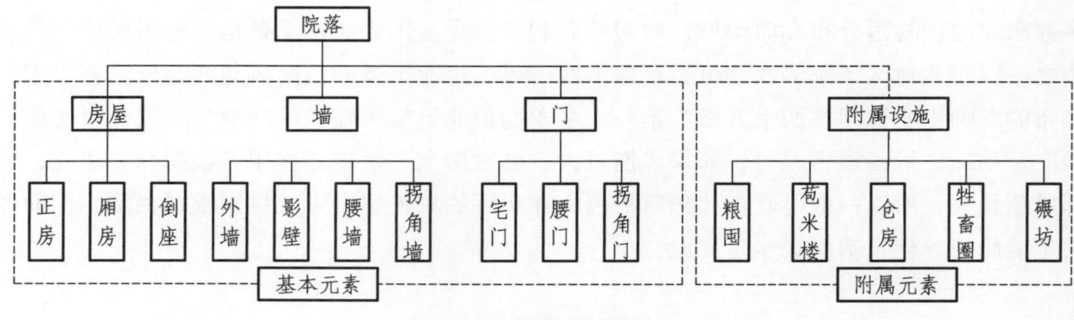

图 5 院落组成图

4.4 建筑形式

一明两暗的三开间居住模式融入了东北地域特色。具体形制为：由于采暖的需要，明间锅台，对屋设火炕；由于卧室起居功能复合，储物与厨房功能复合，居住面积有限，主要以卧室为主导地位；由于采光需要，房屋进深变窄。这种格局在结构和功能上具有最简性，是东北地区院落类型衍变的基础形制，也是生命力最强，长期延续至今的东北典型的居住模式[1]。

大部分的草房、瓦房屋顶为“∧”，瓦屋顶一般采用小青瓦或红瓦仰面铺砌，瓦面纵横整齐。由于气候寒冷，冬季落雪较厚，因此不能采用合瓦拢，以免雪融化积水侵蚀灰泥致使屋瓦脱落。屋瓦采用仰砌，屋顶两个规整的坡面以利雨水流通。

如今的农村的窗户形式受城市发展影响逐步失去特色，多为双层木框窗，北面窗户很少，但基本与南面对应，主要是为了夏季开窗保证“过堂风”，冬季又能保证免受强劲的北风之害。冬季外环境严寒，而室内又有火炕取暖，因此室内外温差较差，为达到保温效果，一般住户会在窗户外面糊上窗户纸或塑料布，盖住窗棂构件防止窗户被风刮开，也防止室内温度高使冰霜融化，水流进窗纸与窗棂结合处致使窗棂腐烂寿命缩短。

墙体一般采用土坯砖或红砖建筑。房屋的排列以中间的堂屋或走廊为中心，左右对称。东西屋基本呈对称设置。堂屋或中间的厨房设有南北炕烧火用的灶炕，灶炕上面有锅，做厨房使用，体现了功能的复合。炕所相邻的墙基本都是结合家具、梳妆台等，这样避免了物品受潮。

5 结 语

当前，大力发展建设村镇最现实的目的还是为了发展经济，但在知识经济时代，没有文化支撑的经济必然不能持久。通过对东北地区村镇的实地调研，发现民居建筑中有很多针对严寒环境进行的设计元素，但由于村镇建设的步伐加快，乡村的民居建筑正在逐步出现了“千村一面”的现象，一些民族特色正在逐渐消失。镇民居建筑的价值很大程度上体现在文化和社会两方面，尤其是在展示某种独特的生活方式的方面，是一种活的、具有生命的文化遗产，对它们的保护必须建立在保持它们的原有功能和活力的基础上[3]。而保护传统民居建筑所依存的传统人文和自然环境，也是保护工作的重要内容。

参考文献

[1] 张凤婕，万家强. 东北地区汉族传统民居院落原型研究. 华中建筑，2010（10）：144-147.
[2] 袁青，冷红，陈滨志. 寒地村镇住区空间环境规划的几点思考. 低温建筑技术，2003（4）：22-23.
[3] 刘铮，李莉娟，赵晓娜，等. 河套平原传统聚落与民居中的生态智慧. 绿色建筑技术与设计，2010（5）：56-59.

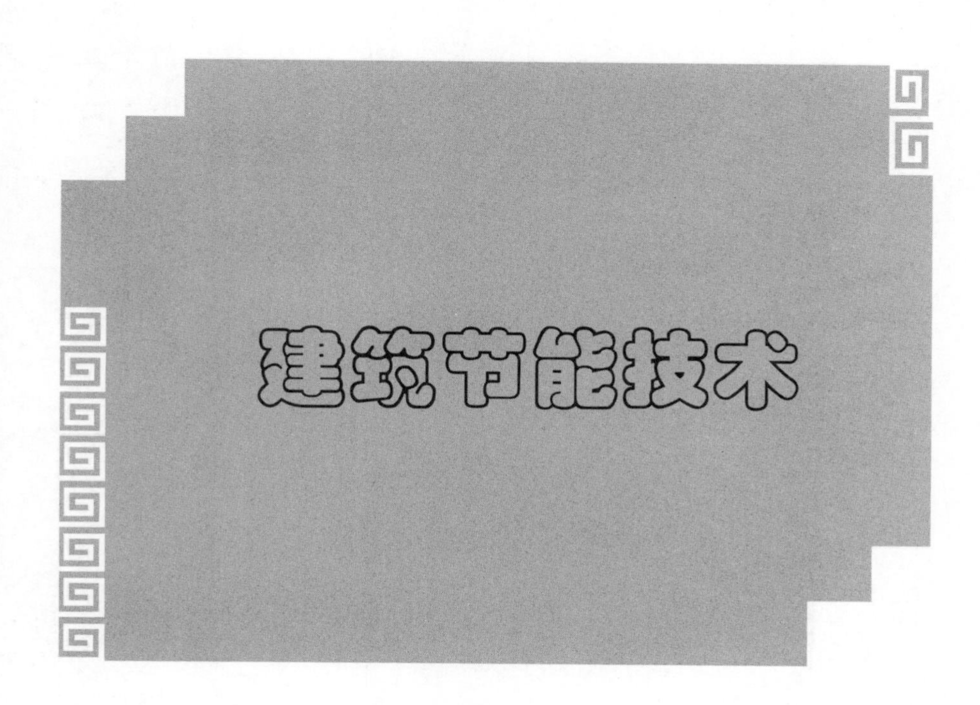
建筑节能技术

东北严寒地区农村住宅乡土节能策略研究[①]

甄 蒙 孙 澄 邢 凯
（哈尔滨工业大学建筑学院）

【摘 要】 采用调查问卷与实地测试结合的方法针对东北严寒地区农村住宅室内热环境进行研究，对比了砖混、塔头、土坯三种农宅的保温能力，归纳总结了窗户保温和烟囱节能改造的乡土措施，为严寒地区农村住宅设计中乡土节能策略的传承与改进提供参考。

【关键词】 东北严寒地区 农村住宅 乡土节能策略

1 引 言

东北严寒地区冬季漫长而寒冷，农村住宅平均采暖期为176天。在这种漫长的极寒气候条件下，农村居民在长期生活中积累了许多经济实用、环境友好的乡土节能措施，并且广为沿用。但是由于受经济条件、技术水平和节能知识的限制，农村住宅在建造过程中仍然存在着很多不足。随着经济的发展和农村居民对居住环境质量要求的提高，这些不足在很大程度上制约了农村住宅的热舒适水平。因此，总结其乡土节能策略，并加以改进，对降低东北严寒地区农宅的采暖能耗，提高其热舒适水平，改善农村居民生活环境具有重要的意义。

我国许多学者对农村住宅节能进行了大量的研究，但尚缺乏专门针对农村居民代代相传的乡土节能智慧进行系统的研究和总结，而这些乡土节能策略在农村住宅建设中发挥着重要的作用，且简便、经济、易于推广使用。基于此，本文对严寒地区农村住宅不同类型的建造方式和在窗户、烟囱等体现出的乡土节能智慧进行了总结提炼与实验验证。

2 调研概况

课题组对黑龙江省五大连池风景区邻泉村、龙泉村、清泉村、黑龙江省王岗镇向东村、辽宁省丹东市新康村等10个自然村、144户居民进行了问卷调查和实际能耗测试，涵盖农村居民基本情况、住宅构造、住宅物理环境、主观热舒适等方面。

---

① 国家科技支撑计划课题资助项目（编号：2013BAJ12B04）。

2.1 住宅概况

调研的农宅包括砖混、土坯和塔头（指用河边带大量草根的黑泥作为砌块建造的房屋）三种类型，窗户采用木窗和塑钢窗，且全部为双层窗。建筑朝向为南北向，全部采用双坡屋顶以减少积雪荷载，屋顶材料为铁皮、砖瓦、彩钢和茅草等。

2.2 居民基本情况

在课题组调查的144户居民中，2口及以下户数占比例最高，为36%，2口之家多为留守老人。4口之家占比例最少，为11%（表1）。

表1 家庭成员情况

家庭常住人口数	2口及以下	3口之家	4口之家	5口及以上
户数	52	36	16	40
所占比例	36%	25%	11%	28%

在调研的144户居民中，男性92人，女性52人，所占比例分别为63.9%和36.1%。调查对象的年龄分布均在30岁以上，其中60岁以上人员比例最高，为30.6%，50岁以上人员比例共计58.4%，占调查人员比例的一半以上，这是由于老人在家时间较长，因此在调研对象中，老人的比例较高（见图1）。

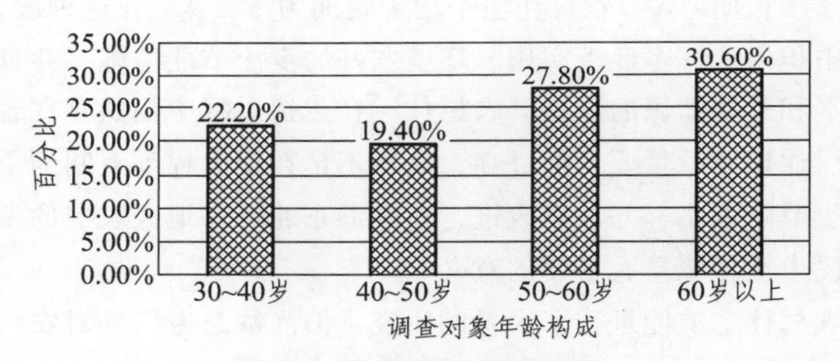

图1 调查对象年龄构成

调研对象的教育程度初中文化人数最多，占比例58.3%，高中及以上学历仅占13.9%。这说明调研的农村居民教育程度普遍偏低，初中以下文化程度占86.1%，教育程度与经济收入、节能意识、主观热舒适的相关性很高（见图2）。

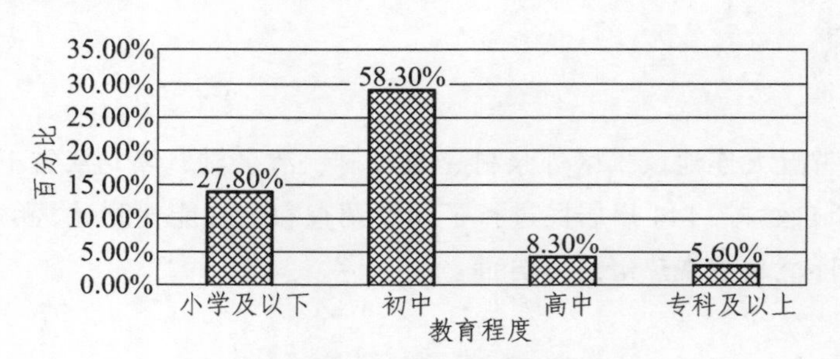

图2 调差对象教育程度分布

在采暖季，居民主要以燃烧煤炭、生物质能（玉米秸秆、黄豆秸秆、木柴）等获取热量，煤炭以均价 1 000 元/t 计算，61.1%的家庭采暖季能源消费主要集中在 1 000 ~ 2 000 元，这部分居民为普通家庭，其能源消费为寒地农村居民的常规模式。能源消费在 1000 元以下的占 30.6%，主要为 2 口之家的留守老人，由于受经济条件的约束，只好以降低生活质量为代价。8.3%的家庭能源消费在 2 000 元以上，这部分家庭有一定的经济能力，对热舒适的要求较高（见图 3）。

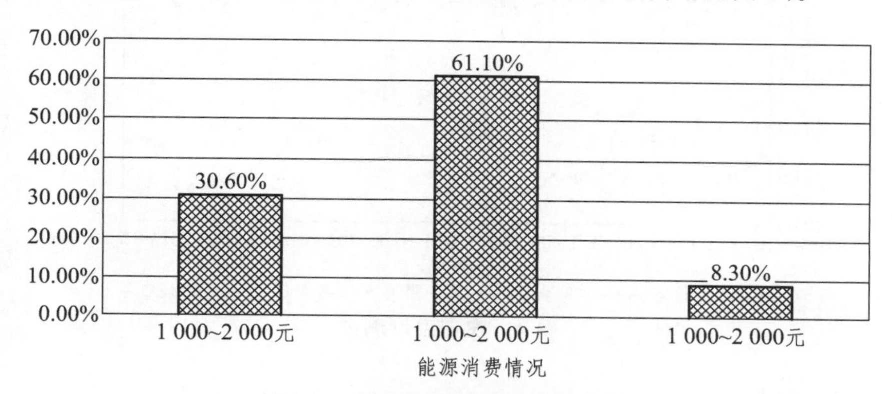

图 3 采暖季家庭能源消费情况

3 热环境现场测试

3.1 测试方法

课题组采用 BES-01、BES-02 型温湿度采集记录器、热流计和 FLUKE TIR110 型红外热成像仪对农村住宅的室内热湿环境及构造缺陷进行了测试。为对比不同材料、不同建造年代、不同窗户类型等农宅的节能保温情况，课题组采用温湿度采集记录器分别对砖混、土坯、塔头农宅进行了 96 h 的不间断测试，数据每 10 min 自动记录一次。温湿度采集记录器悬挂在室内卧室的对角线中心点，距地高度 1.4 m，室外悬挂在通风且无太阳直射处。

3.2 测试结果

3.2.1 温度测试

《农村居住建筑节能设计标准》（GB/T 50824—2013）规定严寒地区农村居住建筑的卧室、起居室等主要功能房间，冬季室内计算温度应取 14 °C[1]。从图 4 可以看出砖混住宅的室内温度基本满足规范要求，塔头住宅只有中午时间满足规范要求，而土坯住宅室内温度一直在 14 °C 以下。

观察图 4 可以发现砖混住宅室内温度波动幅度为 13.7 °C，土坯住宅室内温度波动幅度为 16.62 °C，塔头住宅室内温度波动幅度为 20.37 °C。并且从室内温度的下降速率来看，塔头住宅下降最快，砖混住宅最为平稳，这说明砖混住宅热稳定性优于土坯住宅和塔头住宅。

分析图 4 可以看出，砖混住宅和土坯住宅在白天峰值温度时均能保持温度在一定范围内波动，而塔头住宅达到最高温度后迅速衰减，这说明塔头住宅蓄热能力较差。产生这种现象的原因是塔头住宅围护结构中的草根在实际使用过程中会逐渐老化、被昆虫啃噬，形成了无数的非封闭空隙，加大了冷风渗透，减弱了墙体的蓄热能力（见图 4）。

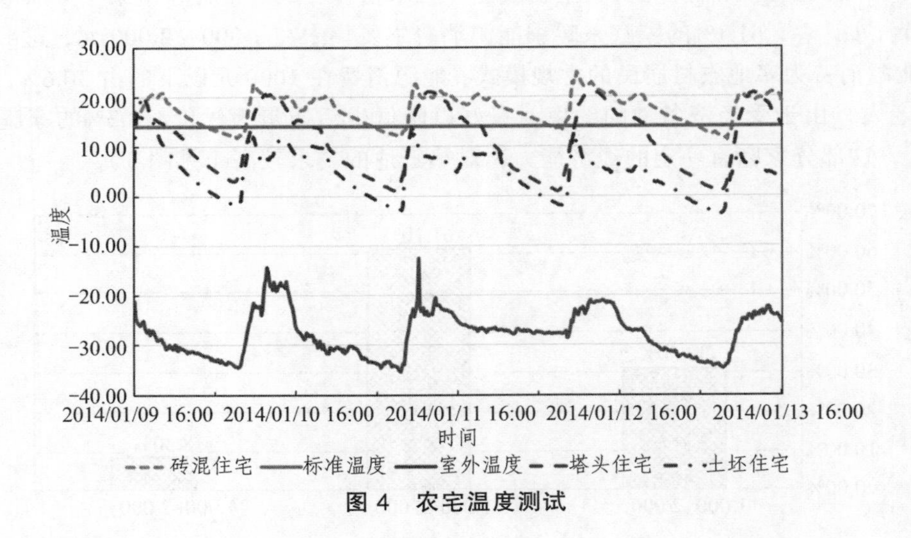

图 4 农宅温度测试

3.2.2 湿度测试

《室内空气质量标准》（GB/T 18883—2002）规定冬季采暖房间室内标准相对湿度范围为 30%～60%[2]。从测试结果可以看出，室外湿度最大值为 80.77%，最小值为 20.70%，平均值为 61.43%；土坯住宅卧室相对湿度最大值为 90.55%，最小值为 29.67%，平均值为 40.35%；砖混住宅卧室相对湿度最大值为 53.74%，最小值为 22.23%，平均值为 35.94%；塔头住宅卧室相对湿度最大值为 59.55%，最小值为 17.19%，平均值为 32.28%。观察图 5 发现，三种农宅室内相对湿度水平基本在国家标准范围内波动，这说明寒地农宅室内相对湿度基本满足规范要求（见图 5）。

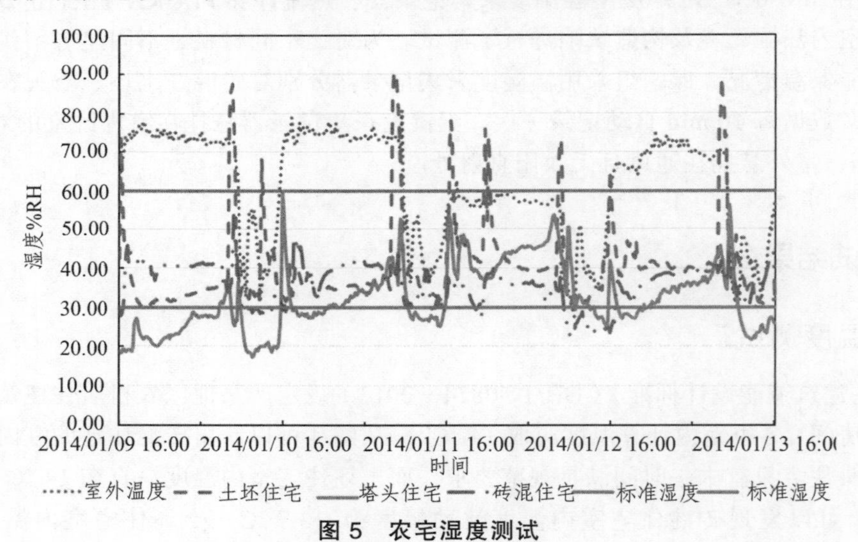

图 5 农宅湿度测试

3.2.3 窗户测试

为检验农宅窗户的保温水平，课题组对塑料布室外贴、塑料布太阳房保温方式下的住宅室内温度进行了连续 96 小时不间断测试，并以塑钢窗作对比测试。为消除室内采暖状况不同对测试结果的误差影响，全部选择住宅北侧不采暖房间进行测试（见图 6）。由图 6 可以看出，在同样的室外温度条件下，作为对比测试的塑钢窗保温性能最好，室内平均温度为 6.62 °C，最高温度为 11.08 °C，最低温度为 2.45 °C；在不采暖的情况下，采用塑料布乡土太阳房的住宅室内平均温度为 0.06 °C，最高温度为 4.42 °C，最低温度为 – 2.06 °C；采用塑料布室外贴的住宅室内平均温度为 – 6.65 °C，最高温度为 1.22 °C，最低温度为 – 14.56 °C。以室内平均温度作为评价基准，按照保温性能进行排序：塑钢窗 > 塑料布太阳房 > 塑料布室外贴。因此，在乡土节能策略中，塑料布乡土太阳房保温效果较好，但在经济条件允许的情况下，尽可能采用塑钢窗。

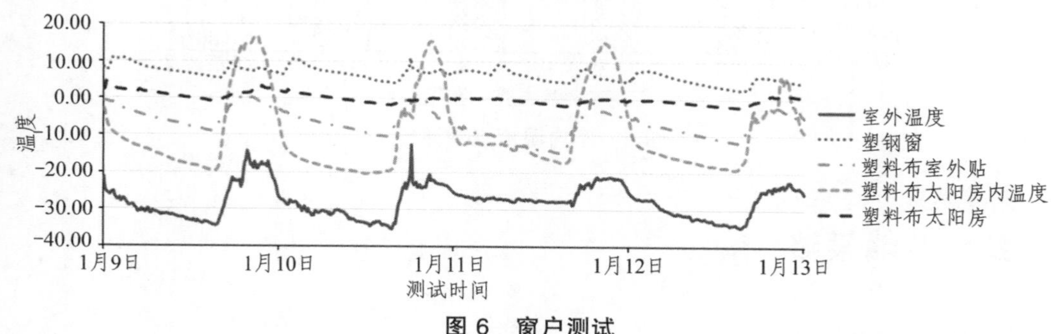

图 6　窗户测试

4　热环境主观评价

课题组对严寒地区农村住宅室内温度、湿度等热环境指标进行了访谈式问卷调查，室内温湿度主观评价划分为五个标准，分别为：很满意，满意，一般，不满意，很不满意。47%的农村居民对当前室内温度不满意，8.9%的居民为很不满意。仅有 23.5%的居民对室内温度评价在满意以上。由调查数据可以分析得出当前农村住宅室内温度水平并不乐观，20.6%的居民感觉温度一般，55.9%的居民对温度评价为“不满意”和“很不满意”，主观评价结果与客观测试结果相一致，这说明农村住宅室内热环境较差，急需改善（见图 7）。

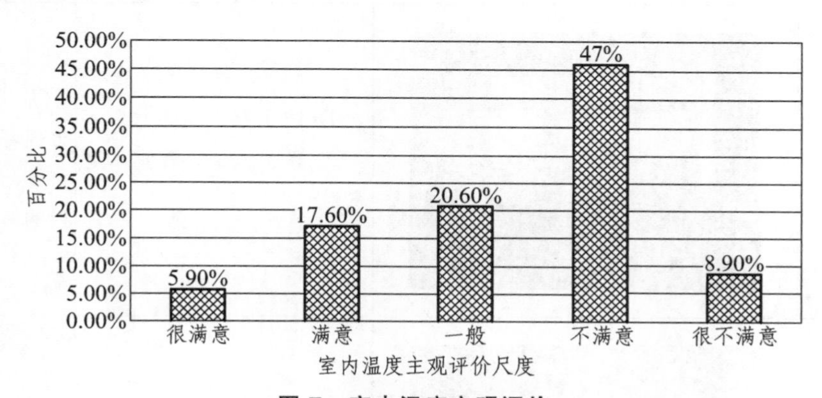

图 7　室内温度主观评价

在室内相对湿度的主观评价方面，对室内湿度表示满意的居民占 41.2%，很满意占 11.8%，表示不满意的居民占 15%。53%的居民对室内湿度评价在满意以上。对室内相对湿度的主观评价与客观测试结果一致，这说明农宅室内相对湿度水平基本达到国家标准的要求，同时也能达到农村居民的主观要求（见图 8）。

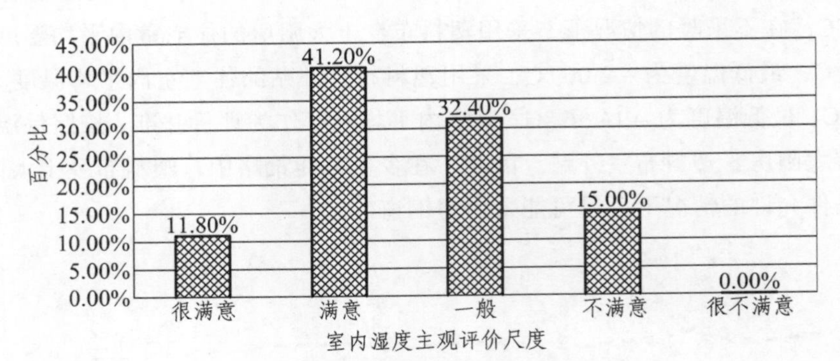

图 8　室内湿度主观评价

5　乡土节能策略

5.1.1　窗户节能

课题组在调研的过程中发现，几乎所有的严寒地区农村住宅都采用塑料布封闭窗口来达到减少冷风渗透和保温的目的。主要有以下 4 种方式：塑料布室内贴、塑料布室外贴、塑料布室内外双贴和塑料布乡土太阳房。4 种乡土保温方式各有其优缺点，除塑料布乡土太阳房外造价都非常低，在窗户上用塑料瓶或竹子撑起塑料布形成密闭的空气间层就是经济的御寒工具。这是农村居民在恶劣的气候条件下和紧张的经济条件下做出的应变选择（见表 2），课题组通过对“木窗＋塑料布”的乡土保温窗进行实测发现其综合传热系数为 1.8 W/（$m^2 \cdot K$），满足《农村居住建筑节能设计标准》（GB/T 50824—2013）的要求。

表 2　农村住宅窗户的乡土保温智慧

名称	实景照片	优点	缺点
塑料布室内贴		① 防止窗户结霜结露；② 保护木窗，防止木窗腐烂	① 塑料布容易被人为损坏；② 刮风易产生噪声，影响睡眠
塑料布室外贴		窗户的冷桥全部与外界隔断	① 塑料布容易结霜结露；② 影响天然采光；③ 室内冷凝水腐蚀木窗

续表 2

名称	实景照片	优点	缺点
塑料布室内外双贴		① 窗户的冷桥与外界完全隔断； ② 防止冷凝水侵蚀木窗	① 影响天然采光； ② 增大了塑料布使用量
塑料布乡土太阳房		① 形成冬季温室空间； ② 保温效果好	① 造价相对较高； ② 冬季搭建，夏季拆除，便利性有待提升

5.1.2 烟囱节能

烟囱是农村住宅不可或缺的一部分，它是灶台、炕等排烟的主要渠道，同时也是散热的主要渠道。烟囱的高度、直径、材料、形状等与住宅的热量损失息息相关，热压差过大的烟囱会导致热量的大量散失和浪费；而热压差过小的烟囱则不能有效的排除烟气，影响室内空气品质。在有限的经济条件下，农村居民采用如下三种乡土节能策略在一定程度上解决了这一问题（见表 3）。

表 3 烟囱节能改造的乡土智慧

名称	照片	优点	缺点
给烟囱加盖		防止热量散失，减少能耗	室外操作不方便
给烟囱加排风扇		辅助烟囱排烟，提高室内空气品质	耗费电能

续表 3

名称	照片	优点	缺点
给烟囱加插烟板		火墙、火炕分开控制，提高人为控制烟气的灵活性	插烟板处易漏烟，且影响室内美观

6 结 论

（1）经济条件决定了严寒地区农村住宅的节能方式，诸多的乡土节能措施是农村居民在有限的经济条件下做出的被动选择。实际测试数据表明“塑料布 + 木窗”的保温方式能够使窗户的综合传热系数降低到 1.8 W/（m^2·K），满足国家节能标准的要求。

（2）在窗户的保温方面，塑料布外贴、塑料布内贴、塑料布内外双贴、塑料布乡土太阳房等乡土保温措施是农村居民在经济条件的制约下，在生活中摸索总结的寒地气候应变策略，能够有效地保持室内温度，且经济、简便、易于普及。综合保温、采光、经济成本等因素对四种形式进行评价：塑料布太阳房 > 塑料布内贴 > 塑料布外贴 > 塑料布内外双贴。

（3）对烟囱进行节能改造能够保持农宅室内温度，改善室内空气品质，降低采暖能耗。通过给烟囱加盖能够减少热量的散失，保持室内温度；通过给房龄较长的农宅烟囱加排风扇，能够有效地排烟，避免室内烟气污染，提高室内空气品质；通过设置插烟板可分别控制火墙和火炕。这些乡土节能策略经济简便且有效可行，易于推广模仿。

（4）在墙体保温方面，从实测结果可以看出砖混农宅热稳定性和蓄热能力优于土坯农宅和塔头农宅，这说明现代农宅保温性能优于传统农宅；在传统农宅中，土坯农宅热稳定性和蓄热能力优于塔头农宅。

（5）节能意识决定节能行为。分析调研问卷发现农村居民的节能行为是以节省开支为出发点，以降低生活品质为代价，从而达到减少经济开支，减少煤炭消耗的目的。节能是在保证生活品质的前提下减少能源消耗，在农村地区，生活品质相对偏低，因此，农村地区的节能应该是在提高生活品质的前提下减少能源消耗。由于农村居民的受教育程度普遍偏低，初中及以下文化程度居民占 86.1%，因此，提高农村教育水平，改变农村居民节能思维模式是践行农村住宅节能工作的一项长期而较为根本的任务。

参考文献

[1] GB/T 50824—2013 农村居住建筑节能设计标准[S]. 北京：中国建筑工业出版社，2012.
[2] GB/T 18883—2002 室内空气质量标准[S]. 北京：中国标准出版社，2003.

利用度日数法分析气候变化对建筑能耗的影响
——以上海市为例

侯 政

（上海广亩景观设计有限公司）

【摘 要】 本文对上海市1971—2000年30年间的气象数据进行了统计，分析了上海市30年间不同气候条件下全年、最热月、最冷月的能耗的变化规律，利用“度日数”分析上海市气候变化对当地建筑能耗的影响，并对上海市的能耗变化趋势进行预测。

【关键词】 气候变化 建筑能耗 度日数

1 概 述

有关气候变化对采暖能耗的影响研究在国际上主要是以气候因子作为因变量，结合采暖耗能资料，对采暖能耗进行短期预测和长期预估[1]。所得到的能源需求预测结果，对采暖所涉及的电力、天然气、煤气等生产和供应部门都具有重要的参考价值。有关学者也曾做过大量工作，分析了气候变化对冬季采暖能耗以及经济结构的影响[2]，从气象科学角度构建了采暖能耗资料序列，并提出了提高能源利用率等对策性建议[3]。

建筑是气候的“过滤器”，担任着将室外的气候调节至人体所适宜的微气候的任务。气候是影响建筑能耗大小的最主要因素之一，室外气候与室内微气候差别越大，则建筑能耗越高。在全球变暖的大背景下，气候变化对采暖耗能的影响引起了越来越多的关注。众所周知，气候变暖可使采暖能源消耗减少、制冷能耗增加。那么，气温升高究竟对建筑的采暖和空调总能耗具有何样的影响呢？这些问题尚需要进行针对性的研究。需要特别说明的是，建筑能耗范畴较大，而气候变化对建筑能耗的影响主要表现在建筑采暖和空调能耗上，本文中所提及的能耗均指建筑采暖和空调能耗。

2 研究方法与思路

所谓度日，是指某一时期内大于或小于某一界限温度的日平均温度的总和。作为一种重要的温度指标，度日在生物生长发育、热量资源分析与区划、物候期和病虫害发生期预报等方面，已得到广泛应用。早在 20 世纪 50 年代初，Thom 首次采用度日法探讨了能源消耗与温度的关系。本文用度日值的大小来表征建筑能耗的变化，用度日数的变化，分析建筑能耗的变化。由度日值概念及公式可知，确定建筑的 CDD 或 HDD 值的关键是确定基础温度。我国《民用建筑热工设计规范》（GB 50019—2003）对我国住宅冬季室内的采暖温度规定为 18 °C，同时规定夏季开启空调的温度为 26 °C。故本文中 HDD 的基准温度为 18 °C，CDD 基准温度为 26 °C。

由于受到多种因素的影响，气候变化具有显著地域性的特点。本文首先利用上海市 1971—2000 年的气象数据统计分析了上海市 30 年来气温变化特征。进一步分析了所采用建筑模型在 30 年不同气候条件下全年、最热月、最冷月的度日数的变化规律，借此来分析上海市气候变化对当地建筑能耗的影响。

3 历年气象数据与建筑能耗分析

3.1 上海市近 30 年气候变化特征分析

对上海市 1971—2000 年气象数据进行统计分析，分析 30 年间上海市气候变化特征。图 1 ~ 图 3 分别给出了年平均温度、最冷月份平均温度和最热月份平均温度在时间维度上的变化曲线和线性趋势。由图 1，可知上海的温度变化趋势是整体升高，线性拟合得到变化公式为 $y = 0.075\,2x - 136.97$，相关性系数 $R = 0.82$。上海在 1971—2000 年 30 年间，上海的最低年平均温度出现在 1972 年为 15.09 °C，最高年平均温度出现在 1998 年为 17.96 °C。最高年平均温度与最低年平均温度相差 2.87 °C 之多。

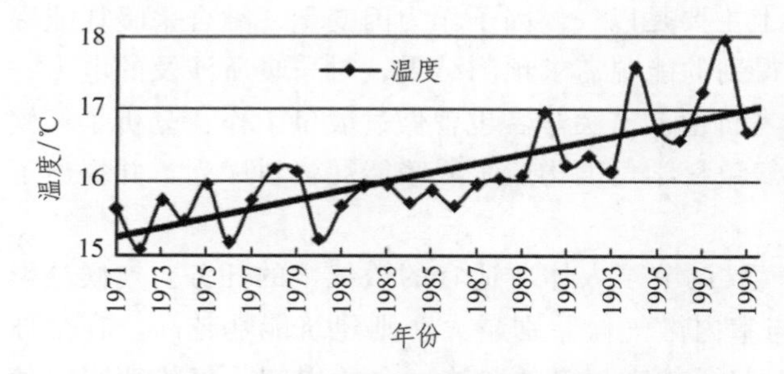

图 1 上海市历年年均温度及线性趋势

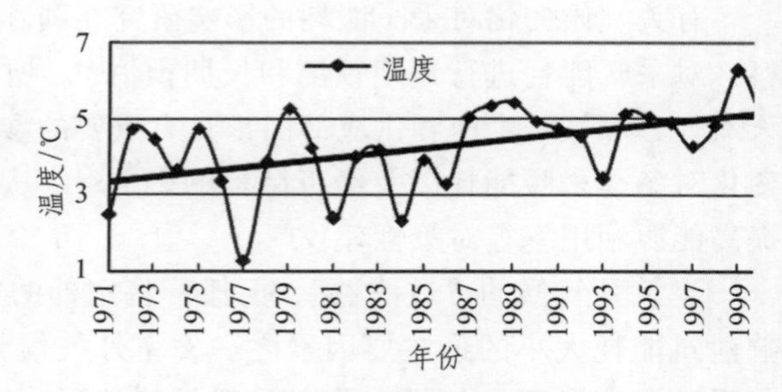

图 2 上海市 30 年最冷月温度变化趋势

同样的，对上海 30 年最冷月及最热月的年平均温度进行分析，可见图 2、图 3。由图 2 知，上海 30 年最冷月的平均温度变化的线性方程为：$y = 0.061\,6x - 118.02$；由图 3 知，上海 30 年最热月的平均温度变化的线性方程为：$y = 0.026\,8x - 25.27$。

由图 2 及图 3 的趋势线可见，上海 30 年间最冷月的平均温度与最热月的也呈波动变化，但无论最热月还是最冷月其整体趋势均呈现上升趋势。

其中最冷月的平均温度在 1977 年达到最低值 1.29 °C，最高值出现在 1999 年的 6.3 °C，其温度差为 5.01 °C。从图 2 可以看到上海在 1971—2000 年这 30 年间，最冷月月平均温度值均低于 18 °C。

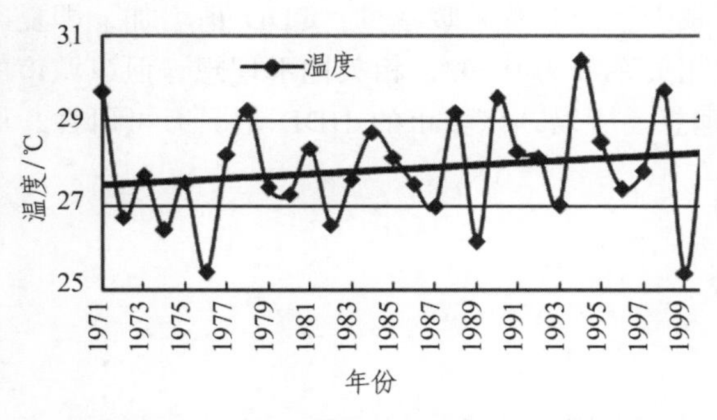

图 3 上海 30 年最热月温度变化趋势

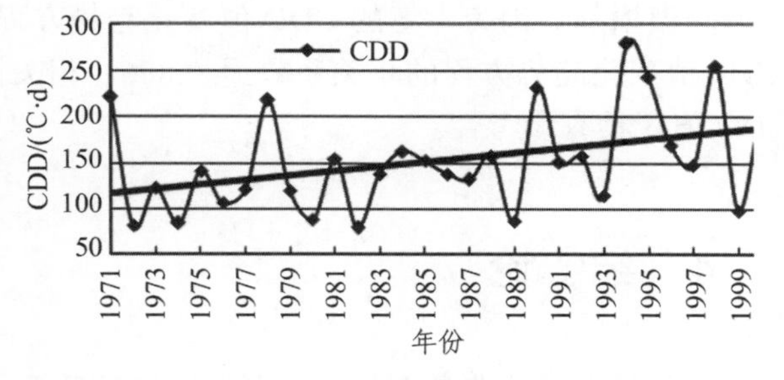

图 4 上海 30 年 CDD 值变化趋势

最热月的平均温度在 1994 年达到最高值 30.43 °C，其最低值出现在 1999 年为 25.40 °C，其温度差为 5.03 °C。由图 3 可以看到，上海在 1971—2000 年这 30 年间，最热月月平均温度值高于 26 °C 年份和低于 26 °C 的年份比例为 28 : 2，多数年份均高于 26 °C。

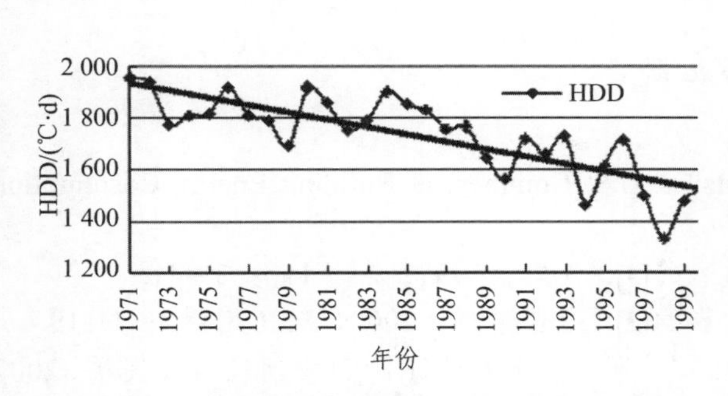

图 5 上海 30 年采暖度日数变化曲线及趋势

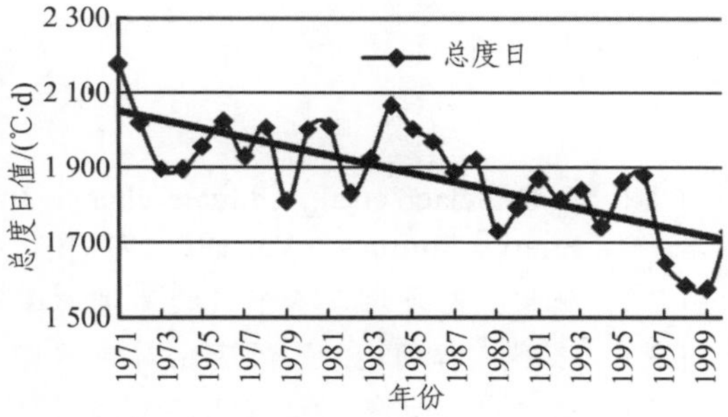

图 6 上海 30 年年总度日变化曲线及趋势

由图 1、3 及图 4 知，随着年平均温度的升高，上海夏季空调降温的能耗增加；而由图 1、2 和图 5 可知，随着年平均温度升高，上海冬季采暖能耗则减少。由图 4 可得到上海的 CDD 值变化趋势线方程：$y = 2.446\,5x - 4\,705.8$；由图 5 可得上海的 HDD 值变化趋势线方程：$y = -14.292x + 30\,105$；从图 6 可见上海的年总能耗的变化趋势是降低的。

3.2 气候变化对上海市能耗的预测

在以上叙述中，均根据 30 年的度日数的变化，给出了趋势线的拟合公式，可据此趋势线对随着气候变化对能耗的影响进行预测，见表 1。由预测结果可以看出，到 2020 年、2050 年随着全球气温的升高，上海的 HDD、CDD 值相对于 2000 年相比，变化幅度分别达到 18%和 47%。

表 1 上海度日值及其预测值

度日值	年份					
	1971	2000	2020	变化幅度	2050	变化幅度
HDD	1 954	1 528	1 242	－18%	813	－47%
CDD	221	204				

注：表中，＋代表增加；－代表减少。表中的变化幅度均是以 2000 年的数据为基准进行计算的。

由此组数据可以看出，随着年份的延长，HDD 减少，即冬季采暖减少；CDD 值增加，即夏季空调降温增加。因为上海的 CDD 值变化趋势方程的相关系数为 0.393，相关性不理想；但该城市的 HDD 值变化趋势方程的相关系数为 0.806，相关性理想。所以，该城市的 HDD 值具有可研性，而 CDD 值仅具有参考性。

4 结 论

在气候变暖的背景下，上海市平均气温呈现“震荡式”增大趋势。在 1970—2000 年间，上海市最大空调负荷和空调能耗呈现增长趋势，采暖负荷和采暖能耗呈下降趋势，采暖和空调总能耗呈减少趋势。在时间维度上，上海市建筑总能耗变化多年累积具显著效应，按照趋势线进行预测，到 2020 年，总能耗减少 18%，而到 2050 年，总能耗减少幅度将达 47%。

参考文献

[1] D B Belaer et al.. Climate change Impacts on U.S. Commercial Building Energy Costumption. Energy Sources，Vol.18，177-201，1996.
[2] 张清. 我国北方冬季持续变暖对采暖的影响[J]. 气象，1997，23（11）：39-41.
[3] 陈峪，黄朝迎. 气候变化对能源需求的影响[J]. 地理学报，2000，55（增刊）：11-19.
[4] 刘加平，杨柳，等. 建筑节能设计的基础科学问题研究报告[R]. 西安建筑科技大学，2007.
[5] 龙惟定. 上海公共建筑能耗现状及节能潜力分析. 暖通空调，1998，28（6）：13-17.
[6] 住房和城乡建设部. GB50189—2005 公共建筑节能设计标准[S]. 北京：中国建筑工业出版社，2005.

海南地区酒店建筑自然通风优化设计研究①

李以通[1] 尹 波[1] 胡家僖[2] 李晓萍[1]
（1.中国建筑科学研究院，北京 100013；
2. 海南中建研建筑设计咨询有限公司，海口 570203）

【摘 要】 自然通风效果的优劣严重影响着酒店内人员的热舒适性。本文针对海南地区某五星级酒店大堂内部的自然通风情况进行研究，利用 AIRPAK 通风模拟软件对不同大堂进深和不同架空高度条件下的自然通风效果进行数值模拟，进而对酒店建筑进行优化设计。研究结果表明，适当减小大堂进深、增加建筑架空高度都有利于增加自然通风效果。

【关键词】 酒店建筑 自然通风 大堂进深 架空高度

1 前 言

海南岛滨海酒店建筑群在整体布局上主要为沿着海岸线展开的水平集中式建筑布局，常呈现出酒店建筑与海景共同环绕在酒店庭院四周的布局形式，如 U 形、H 形、V 形建筑布局跟海景结合，形成完整的酒店庭院环境。Yi Jiang etal[1]用大涡模拟（LES）法研究了建筑以及其他障碍物对其周围风速的影响，经过模拟计算得出了空气流经障碍物前后速度和障碍物表面风压系数的变化情况。Fracastoro G V[2]对单区和两区建筑的热压驱动的单侧通风，采用 CFD 方法，在不同的室内外温差、窗户安装高度的情况下，得出了室内垂直温度分布、通风量及室内温度随时间的变化关系。深圳市建筑设计研究总院刘杨，王启文[3]在相关研究成果的基础上，综合考虑了建筑开口面积、周边地貌、热舒适区的影响，建立了自然通风潜力评估的简化模型。昆明理工大学的沈若宇[4]对华南滨海地区度假型酒店式公寓自然通风设计进行研究，通过案例分析，提出提高华南滨海地区自然通风的有效措施。

本文主要对 U 形布局的酒店建筑大堂内部的自然通风情况进行数值模拟，从大堂进深和架空高度两个方面对建筑自然通风影响进行优化设计，为类似的酒店建筑自然通风设计提供一定的理论基础和参考。

① 本论文受“十二五”国家科技支撑计划课题“热带海岛气候建筑节能重点技术与太阳能建筑应用研究及示范（编号：2011BAJ01B05）”支持和和建筑安全与环境国家重点实验室课题“热带海岛气候条件下酒店建筑自然通风的设计研究”支持。

2 数值模拟

2.1 近地风及特性

由于地表面对空气流动具有摩擦阻挡的效果，故地表面的风速随着离地高度的降低而减小。但当离地高度超过大气边界层高度时，地面摩擦力可以忽略不计，此高度被称为梯度风高度，风速值为梯度风值。

梯度风沿高度的变化规律一般用指数函数[5]表示，即

$$\frac{V_Z}{V_b}=\left(\frac{Z}{Z_b}\right)^{\alpha} \tag{1}$$

式中 Z_b，V_b——标准参考高度和标准参考高度处的平均风速，标准参考高度通常为 10 m；

Z，V_Z——任一高度和任一高度处的平均风速；

α——地面粗糙度（见表 1），本文模拟为海岛滨海建筑，α 取 0.12。

表 1 地面粗糙度类别

地面粗糙类别	描　述	Z_G	α
A	指近海海面、海岛、海岸、湖岸及沙漠地区	300	0.12
B	指田野、乡村、丛林、丘陵及房屋比较稀疏的乡镇和城市郊区	350	0.16
C	指有密集建筑群的城市市区	400	0.22
D	指有密集建筑群且房屋比较大的大城市市区	450	0.30

注：表中 Z_G 指的是梯度风高度。

2.2 物理模型

对建筑风环境模拟，其计算区域一般取整个建筑群及周围较大范围空间，考虑到 AIRPAK 软件划分网格特点，网格形式采用非结构化网格。本文的研究对象是海口市的一家五星级酒店，将酒店的所有建筑作为模拟对象，并按实际尺寸进行建模。酒店周围的建筑按其实际平面轮廓和高度简化为实体。效果图见图 1。

计算区域尺寸按照日本建筑学会（AIJ）的建议进行选取，满足阻塞比（沿风向方向的建筑群垂直面积与计算域垂直面积之比）小于 3%，且计算域的侧面边界距建筑群体的侧面外边界距离大于 5 倍的建筑群平均高度，计算域的高度达到建筑群所处地形的大气边界层高度[6]。本文设置的计算区域高度为建筑高度的 3 倍，来流方向长度为建筑群长度的 1 倍，出流方向长度为建筑群长度的 2 倍，计算区域的两侧宽度各为建筑群平均宽度的 1 倍。设置的计算域大小为 1 110 m × 110 m × 710 m，建筑群物理模型见图 2。

物理模型网格的划分采用具有良好适应性的非结构四面体网格，网格不均匀布置，所研究的大堂及周围建筑部分网格较密，远离建筑物的网格逐渐变疏。该模型网格设置单元尺寸为 6 m × 1 m × 6 m，网格单元总数 669 000 个，如图 3 所示。

图 1 酒店建筑群效果图

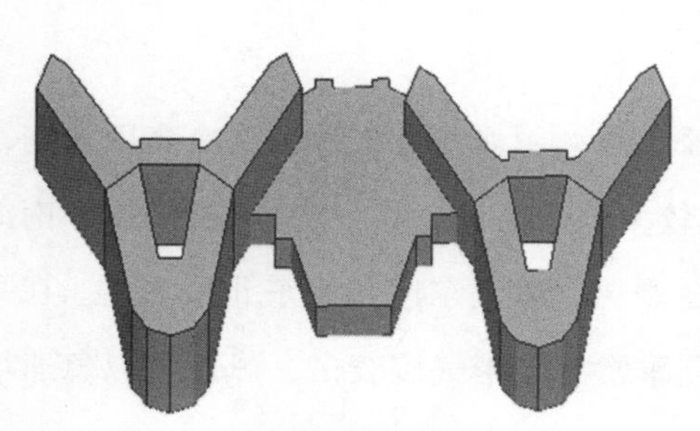

图 2 建筑群物理模型图

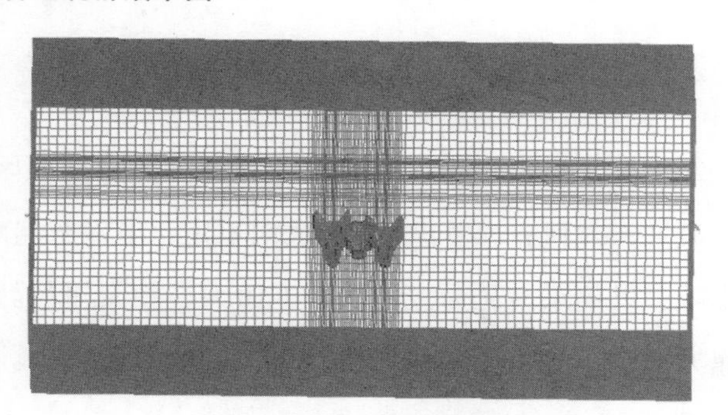

图 3 建筑群计算域网格模型

2.3 数学模型

湍流是一种复杂的非稳态不规则流动，其各种物理参量，如速度、压力、温度等均随时间和空间发生随机的变化。自然通风的流动是一种湍流流动。

控制方程是流体流动的基本守恒方程，包括连续性方程、动量守恒、能量守恒和组分守恒方程等。其通用形式为

$$\frac{\partial(\rho\phi)}{\partial \mathrm{t}}+\mathbf{div}(\rho u\phi)=\mathbf{div}(\Gamma\,\mathbf{grad}\,\phi)+S \tag{2}$$

式中 ϕ——通用变量，代表 μ、v、ω、T 等求解变量；

Γ——广义扩散系数；

S——广义源项。

各项依次为瞬态项、对流项、扩散项和源项。

湍流模型有零方程模型、一方程模型、两方程模型和多方程模型。在湍流模型中，标准 k-ε 应用最为广泛，而且具有计算量合适，有较多数据积累和精度高等优点。本文选用标准 k-ε 湍流模型进行计算，表达式如下：

k 方程：

$$\frac{\partial(\rho k)}{\partial t}+\frac{\partial(\rho k u_i)}{\partial x_i}=\frac{\partial}{\partial x_j}\left[\alpha_k\left(\mu+\frac{\mu_t}{\sigma_k}\right)\frac{\partial k}{\partial x_j}\right]+G_k-\rho\varepsilon \tag{3}$$

$$G_k = \mu_t \left(\frac{\partial \mu_i}{\partial x_j} + \frac{\partial \mu_j}{\partial x_i} \right) \frac{\partial \mu_i}{\partial x_j} \tag{4}$$

ε方程：

$$\frac{\partial(\rho\varepsilon)}{\partial t} + \frac{\partial(\rho\varepsilon u_i)}{\partial x_i} = \frac{\partial}{\partial x_j}\left[\alpha_\varepsilon \left(\mu + \frac{\mu_t}{\sigma_\varepsilon} \right) \frac{\partial \varepsilon}{\partial x_j} \right] + \frac{C_{1\varepsilon}\varepsilon}{k} G_k - \rho C_{2\varepsilon} \frac{\varepsilon^2}{k} \tag{5}$$

$$\mu_{t=\rho C_\mu} \frac{k^2}{\varepsilon} \tag{6}$$

式中　μ_t——湍流黏度，下标 t 表示湍流流动。

方程（3）与（5）中从左到右各项依次为非稳态项、对流项、扩散项、产生项、耗散项。

2.4　边界条件

本文采用海口地区的室外气候条件，海口地区因受季风影响，冬季（1 月）受冷高压控制，多偏东风和东北风；春季（4 月）风向不定，但以东偏南风较多；夏季（7 月）受副热带高压和南海低压影响，以偏东南风为主；秋季（10 月）由夏季风转为冬季风，以偏东风和偏东北风为主。在平均风速方面，以冬季及春季风速较大，夏季风速较小。但夏季常有热带气旋袭击，风速可以急速增大到 8 级以上。

模拟计算所需的其他边界条件如下：

（1）入口边界条件：选取软件自带的大气边界层宏文件，入口风速、风向按照主导风向的数据计算。

（2）出口边界条件：采用 opening 自由出流边界，出流接近完全发展。

（3）计算区域地面和上空采用 wall 边界条件，采用标准壁面函数。

（4）建筑门窗的开口界面：选取 opening 边界条件。

3　模拟结果分析

3.1　大堂进深对自然通风的影响

由图 4 可以看出，当室外风方向为东南南风，并且建筑布局形式为 U 形时，不同大堂进深的风速分布趋势基本一致，大堂内部西侧区域的风速较大，最大值为 1.3 m/s 左右；但是东侧区域由于外部开口处风速较小的原因，内部大部分区域的风速不到 0.5 m/s。虽然进出口呈交错布置方式，但是还是出现气流短路现象，这主要是因为进出口数量较多，相对位置偏差不明显所致，建议在大堂内部适当布置一些建筑构件，起到向两侧导风，并且可以适当减小室内入口处风速的作用。

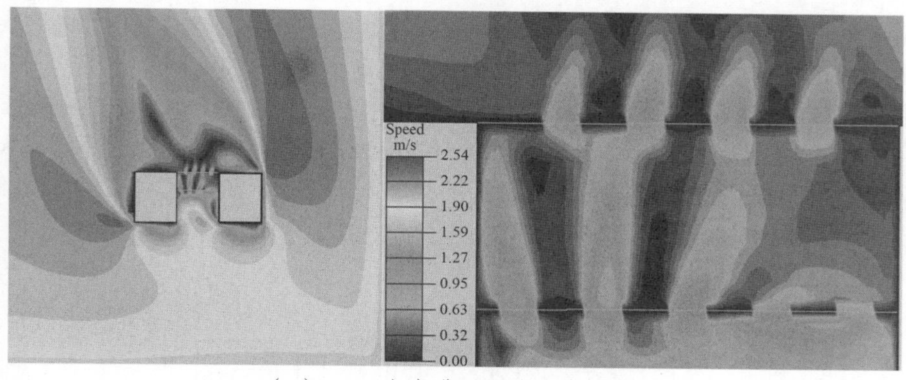

（a）35 m 大堂进深风速分布云图

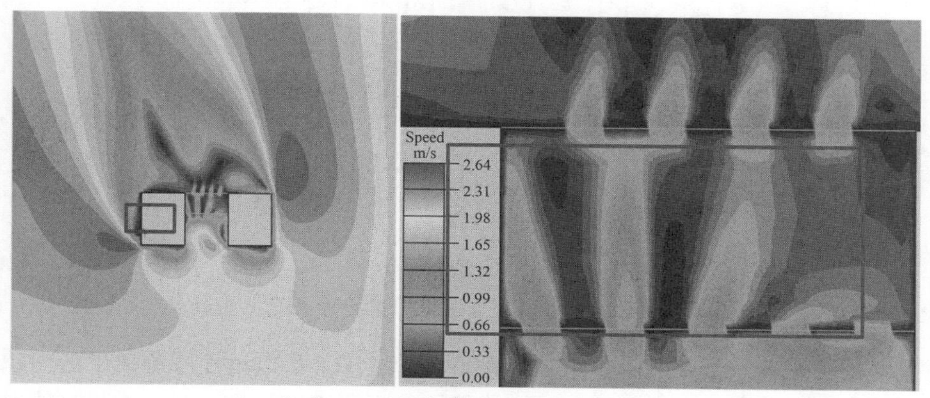

（b）40 m 大堂进深风速分布云图

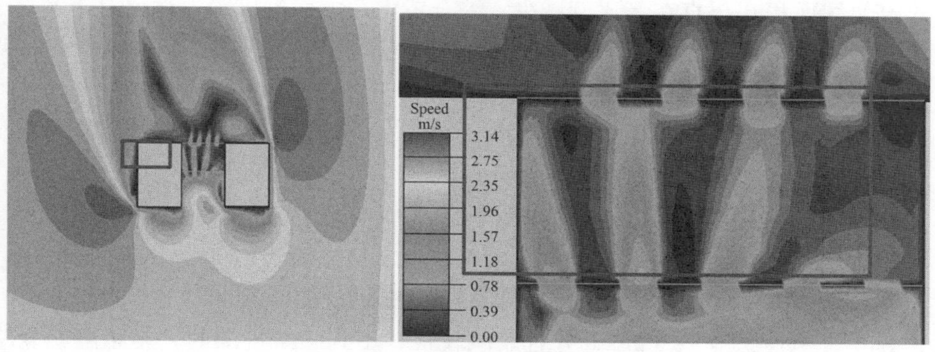

（c）45 m 大堂进深风速分布云图

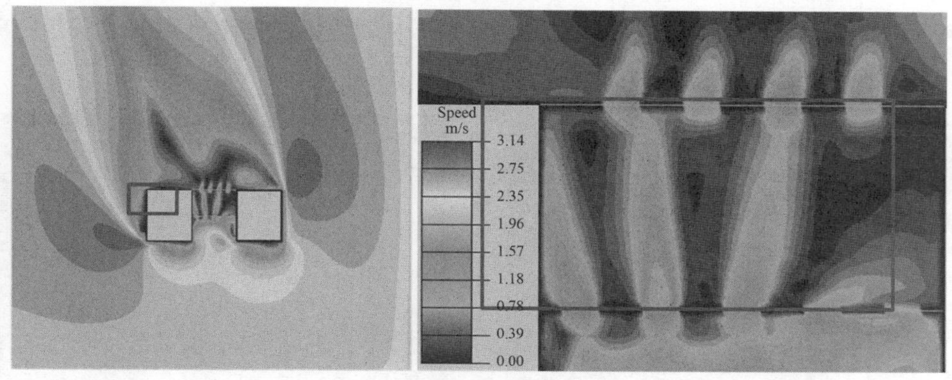

（d）50 m 大堂进深风速分布云图

图 4　东南南风不同大堂进深室内速度场云图

图 5 是对 4 种大堂进深条件下风速分布比例的统计数据。由图中可以看出，随着大堂进深的减少，大堂内部中风区和高风区（大于 0.2 m/s）的面积逐渐增大，但是当大堂进深达到 45 m 后，此面积增大不明显，对增强自然通风效果的意义不大；随着大堂进深的减少，大于 0.5 m/s 区域的面积变化不大，但是大于 1.0 m/s 区域的面积却呈现减小的趋势，造成此现象的原因是随着大堂进深的减小，进出风口之间的距离逐渐减小，室外气流直接从进风口进入，从出风口流出，气流卷吸影响面积减弱。

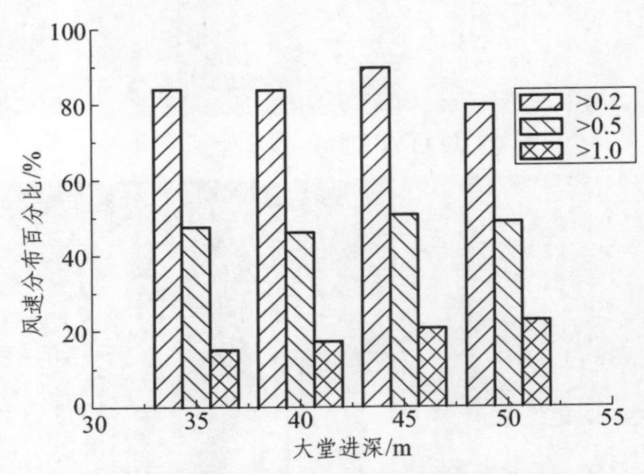

图 5 东南南风不同大堂进深风速分布面积百分比

综上所述，在夏季室外主导风向作用下，减小大堂进深都可以增加非静风区的面积，增强自然通风效果；但是当大堂进深减小到 45 m 时，非静风区面积增加趋势平缓，增强自然通风的效果已经不明显，建筑使用面积却一直在等比例减少。综合考虑两方面的因素，建议对于酒店建筑呈 U 形布局的建筑群，U 形之间的大堂进深最好设计为 45 m 左右，并且在大堂内部布置一些屏风，既可以让游客欣赏热带海岛地区的美景，又可以起到导风的作用。

3.2 架空高度对大堂自然通风的影响

由图 6 可以看出，当室外风为东南南风，并且建筑布局形式为 U 形时，不同建筑架空高度的风速分布规律基本一致，大堂内部西南侧开口区域的风速较大，最大值可以达到 2.3 m/s；但是东南侧开口区域风速较小，风速只有 1.5 m/s，并且衰减较快，不到建筑进深的一半距离就衰减到 0.4 m/s 以下。进出口呈交错布置方式，但是由于建筑进深较大，西侧三个开口出现气流短路现象，建议在大堂西南侧开口区域内部适当布置一些建筑导风构件，从而为大堂内部更多的区域营造良好的自然通风效果。

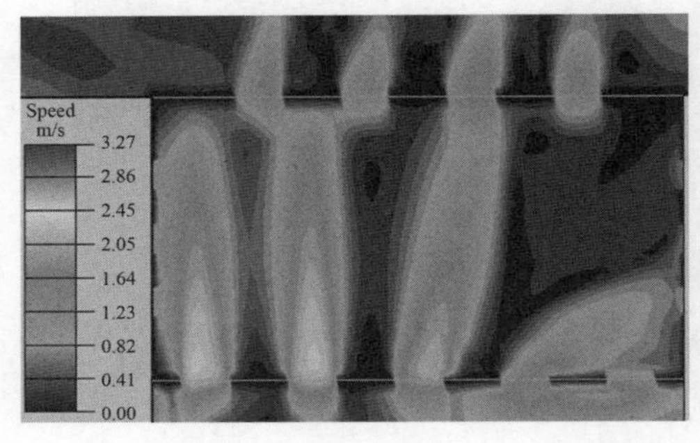

（a）1 m 架空大堂内部风速分布云图

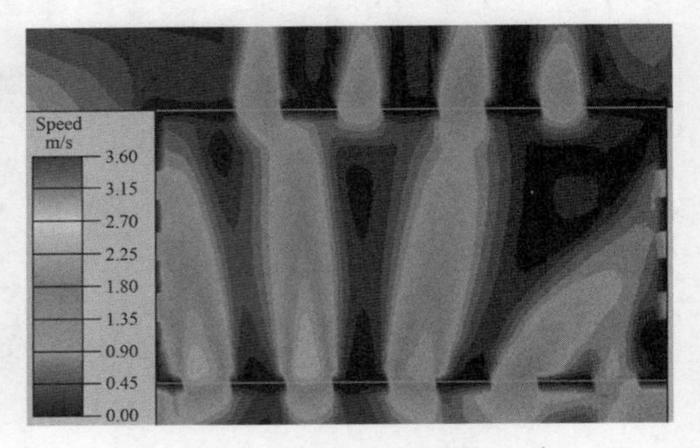

（b）2 m 架空大堂内部风速分布云图

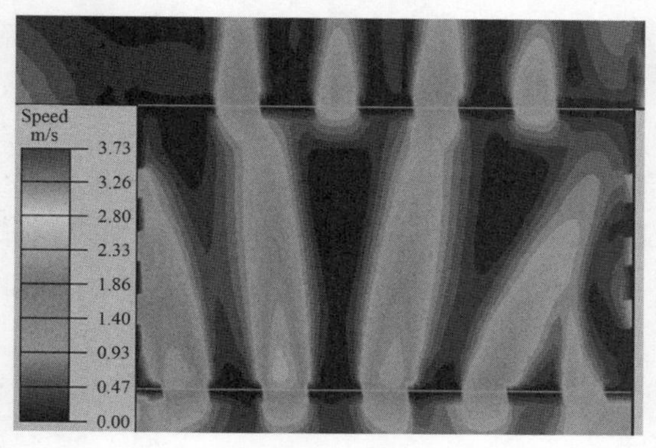

（c）3 m 架空大堂内部风速分布云图

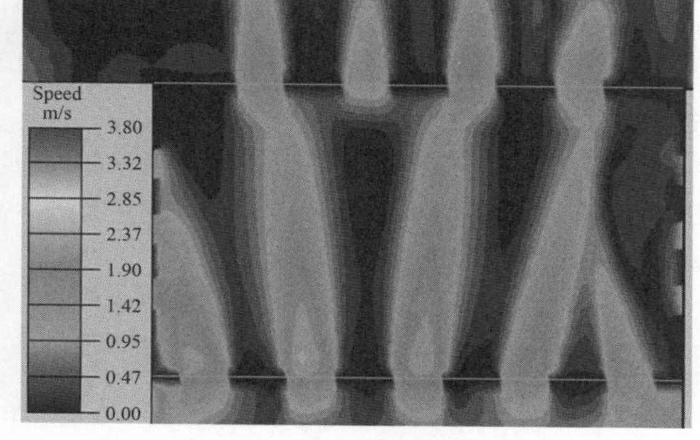

（d）4 m 架空大堂内部风速分布云图

图 6　东南南风不同大堂进深室内速度场云图

图 7 是对 4 种建筑架空高度下风速分布的统计结果，随着架空高度的增加，大堂内部非静风区的面积逐渐减小，但是趋势不明显；大于 0.5 m/s 区域的面积变化不大，但是大于 1.0 m/s 区域的面积却逐渐增大，趋势较为明显，当建筑架空高度为 4 m 时，大于 1.0 m/s 区域的面积比例可以达到 40%。造成此现象的原因是随着架空高度的增加，两侧客房底部的气流阻力减小，室外气流可以更容易从两侧建筑底部进入大堂区域。

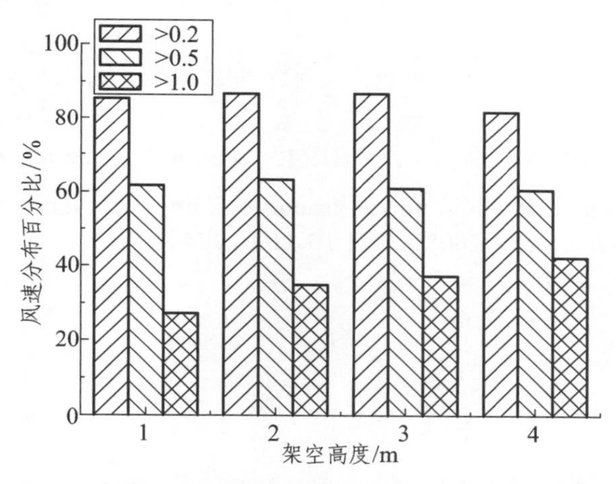

图 7　东南南风不同大堂进深风速分布面积百分比

综上所述，在夏季室外主导风向作用下，增加建筑架空都可以增加非静风区的面积，增强自然通风效果。通过对不同风速分布比例的综合分析，当架空高度为 3 m 时，非静风区的面积达到最大值，大于 1.0 m/s 的区域面积逐渐增大，继续增加建筑架空高度对增强自然通风的效果已经不明显。综合考虑各方面的因素，建议对于酒店建筑呈 U 形布局的建筑群，U 形两侧的建筑架空高度最好设计为 3 m 左右，这样既可以充分利用自然通风降低大堂内部温度，又可以充分利用地上空间。

4　结　语

本文以海口地区某五星级酒店为研究对象，分析了在海口夏季主导风向作用下不同建筑进深和不同架空高度对酒店大堂自然通风效果的影响，从而对酒店建筑进行优化设计。本研究的主要结论是：

（1）随着建筑进深的减小，非静风区的面积比例逐渐增大，当建筑进深达到 45 m 时，非静风区面积比例可以达到 90%，继续减少建筑进深对非静风区面积增加趋势平缓，增强自然通风的效果已经不明显。

（2）随着架空高度的增加，非静风区的面积比例先增大后减小，大于 1.0 m/s 的区域逐渐增大，综合考虑不同风速段的分布情况，建议建筑架空高度宜设计为 3 m，这样对于类似的建筑可以最大化的利用自然通风降温。

参考文献

[1] YI JIANG，QINGYAN CHEN. Effect of Fluentuating Wind Direction on Cross Natural Ventilation in Buildings from Large Eddy Simulation. Building and Environment，2002，37.

[2] FRACASTORO G V. Numerical simulation of lransient effect of window Opening. The First International One Day Forum on Natural and Hybrid Ventilation Hyb VemForum'99 Sydney Australia. 1999.

[3] 刘杨，王启文. 深圳地区自然通风潜力研究.第 8 届国际绿色建筑与建筑节能大会论文集.

[4] 沈若宇. 华南滨海地区度假型酒店式公寓自然通风设计研究.昆明理工大学硕士学位论文，2013.

[5] 埃米尔·布谬，罗伯特. H. 斯砍伦. 风对结构的作用——风工程导论. 上海：同济大学出版社，1992.

[6] TOMINAGA Y，MOCHIDA A，YOSHIE R，et al. AIJ guidelines for practical applications of CFD to pedestrian wind environment around buildings [J]. Journal of Wind Engineering and Industrial Aerodynamics，2008，96（10-11）：1749-1761.

海口地区建筑遮阳设施的自然通风性能研究①

张晨曦 李晓萍 尹 波 李以通

（中国建筑科学研究院，北京 100013）

【摘 要】 建筑遮阳和自然通风均为建筑节能的重要手段。海口地区地处夏热冬暖地区南区，属热带海岛性气候，良好的室外通风条件和强烈的太阳辐射要求加强建筑遮阳和自然通风的应用。本研究采用数值模拟方法，系统分析了不同遮阳设施对室内自然通风的影响。研究发现，虽然遮阳设施可有效减少太阳辐射得热，但对室内自然通过风效果有显著影响。

【关键词】 建筑遮阳 自然通风 性能分析 室内环境

1 前 言

建筑遮阳作为建筑节能的重要手段之一，可以减少建筑太阳辐射得热、降低空调使用时间，进而减少建筑用电量，降低二氧化碳排放。另外，建筑遮阳有助于提升室内的热舒适、视觉舒适性，营造低碳、健康、舒适的生活环境。海口地区地处于夏热冬暖地区南区，属热带海岛性气候，室外通风环境较好，为营造良好的室内环境，降低建筑空调能耗，设置遮阳设施尤为重要[1]。

建筑遮阳应结合地区气候特征、建筑性质、建筑朝向、遮阳设施位置、使用条件、功能要求、经济技术条件、建筑里面形式等综合因素，选用满足夏季遮阳、冬季日照、自然通风以及自然采光等要求的建筑遮阳设施[2][3]。建筑遮阳和自然通风是建筑节能的两大重要技术，建筑设计应促进两项节能技术应用相辅相成。汤民[4]研究了百叶窗的百叶倾角、间距和离墙体的距离等参数对自然通风的影响，提出百叶设计优化参数。针对遮阳构件的研究，李跃群[5]发现水平遮阳对房间通风效果影响不大，而综合遮阳具有显著的影响。

总体而言，影响建筑自然通风因素众多。目前针对不同类型的遮阳形式以及建筑类型下房间的自然通风性能进行了较为广泛的研究。但由于地区气候条件的差异，建筑使用方式的不同等，都将影响建筑遮阳设计。海口地区虽地处夏热冬暖地区南区，由于室外风量条件较好，即使在夏季，建筑通风良好的情况下室内仍可维持较好的热舒适性。然而，当地强烈的太阳辐射要求设置遮阳设施。因此，研究海口地区遮阳设施的自然通风性能将为当地的建筑设计以及遮阳设计提供建议和指导。

① 本论文受“十二五”国家科技支撑计划课题“热带海岛气候建筑节能重点技术与太阳能建筑应用研究及示范（编号：2011BAJ01B05）”支持和中国建筑科学研究院青年基金课题“热带海岛气候条件下六种遮阳产品应用研究（编号：20132001331040189）”支持。

2　研究方法

2.1　模型介绍

本文以一栋住宅建筑为对象，住宅建筑共 12 层，每层房间尺寸为长 7.6 m，宽 6.6 m，层高为 3 m。第八层房间窗体尺寸为 4.8 m × 1.5 m，开启部分尺寸为 1.5 × 1.5 m，如图 1 所示。计算流域区域如图 2 所示，入口边界距建筑物迎风面的距离应为 5*H*，建筑侧面距离计算域边界为 4*H*，总高度为 4*H*，背风面距出口边界为 10*H*，其中 *H* 为建筑物高度。计算流域的尺寸为 500 m（*L*）× 300 m（*W*）× 160 m（*H*）。

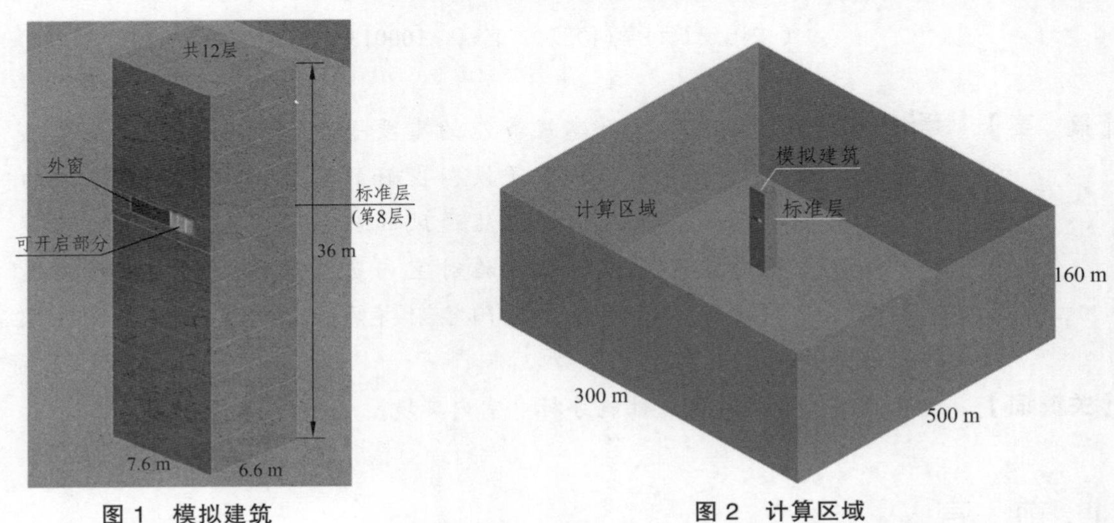

图 1　模拟建筑　　　　图 2　计算区域

研究工况如表 1 所示，分别计算在无遮阳设施、水平遮阳、垂直遮阳以及综合遮阳条件下，标准层内的自然通风效果。图 3 为各工况下标准层的遮阳设施布置图，遮阳构件厚度为 0.15 m，挑出长度为 1.5 m。按照《海南省居住建筑节能设计标准》中夏季建筑外遮阳系数的简化计算方法，三种遮阳方式的遮阳系数分别为 0.70，0.82 和 0.50。

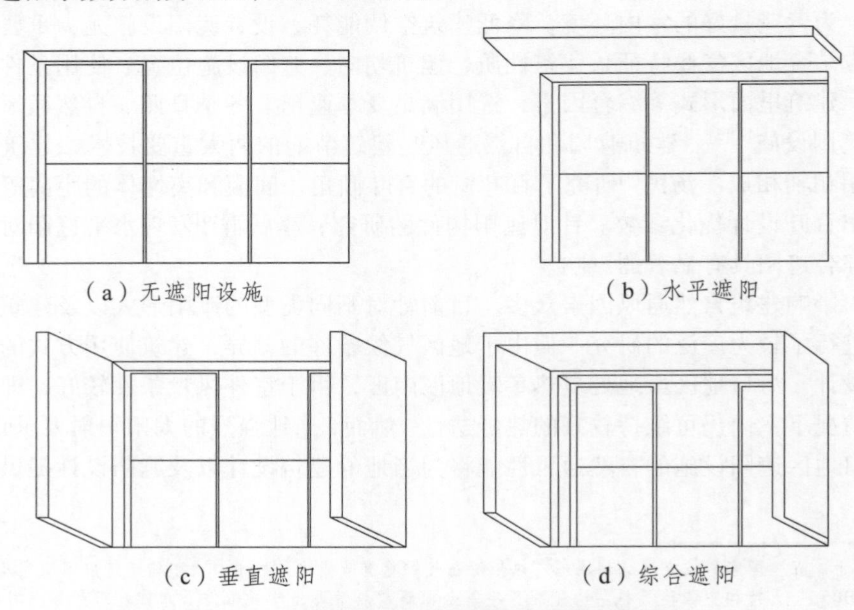

图 3　四种模拟工况下遮阳构件布置示意图

表 1 不同遮阳形式的遮阳系数

遮阳板类型	遮阳板外挑长度 A/m	遮阳板根部到窗对边距离 B/m	外挑系数 PF	遮阳系数
水平遮阳	1.5	2.2	0.68	0.70
垂直遮阳	1.5	4.8	0.31	0.82
综合遮阳				0.57

2.2 网格划分

结构化网格具有生成速度快、网格质量好、数据结构简单等优点，很容易实现区域的边界拟合，因此在物理模型的大部分区域采用结构化网格。建筑物附近由于有遮阳构件的存在并且需要加密网格，而采用非结构网格，模型网格分布如图 4 所示，网格总数约为 170 万。

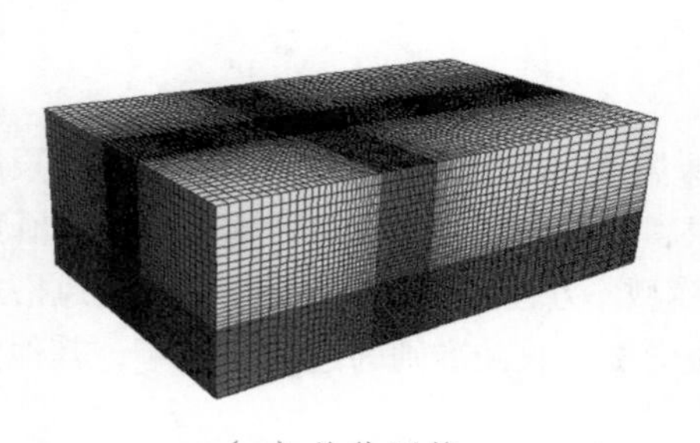

（a）总体网格

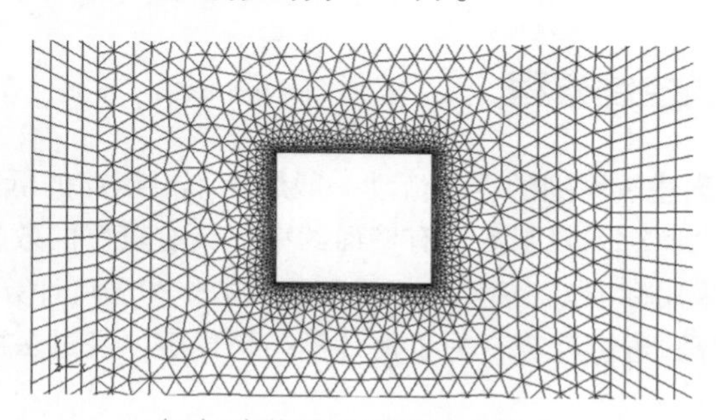

（b）建筑附近网格（俯视）

图 4 网格划分

2.3 边界条件

由于地表的摩擦的作用，接近地表的风速随着高度的减少而降低。只有离地 300～500 m 的地方，风速才不受地表的影响，可以在大气梯度的作用下自由流动。来流面风速的变化规律以指数率表示为

$$\frac{U_Z}{U_0}=\left(\frac{Z}{Z_0}\right)^{\alpha} \tag{1}$$

式中：U_Z为高度为 Z 处的水平方向风速；U_0为参考高度的 Z_0处的风速；α 为由地形粗超度所决定的幂指数；其中标准高度 Z_0取 10 m。

国家相关标准规范将地形分成 A、B、C、D 四类，其相应的值见表 2。

表 2 不同地形的α值

分类	地　形	α 值
A	近海地面、海盗、海岸、湖岸及沙漠地区	0.12
B	田野、乡村、丛林、丘陵及房屋较稀疏的中小城及大城市郊区	0.16
C	密集建筑群的城市市区	0.22
D	密集建筑群且房屋较高的城市市区	0.3

经查询海口属于 A 类地区，其中地面粗糙度指数为 0.12。历年 10 m 处平均风速为 2 ~ 3 m/s，该模拟中取 3 m/s 进行计算

入口为速度边界条件，速度分布为函数为（1）式表示，入口的湍流动能 k 和湍流耗散率 ε 值的方式给定：$k=1.5(\overline{u}\cdot I)^2, \varepsilon=0.09^{\frac{3}{4}}k^{\frac{3}{2}}/l$，其中 l 是湍流积分尺度，其计算公式如下：

$$I=\begin{cases}0.31\\0.1\left(\dfrac{z}{450}\right)^{-0.25}\end{cases} \tag{2}$$

对平均风速剖面 U_z、湍动能 k 和湍流耗散率 ε 在入流口的分布均采用 UDF 定义。

出口边界采用自由出流处理。建筑物表面及地面均为壁面边界（wall）。流域的上部与左右两侧采用对称边界（symmetry）。

2.4 控制方程

考虑到建筑周围的空气流动一般属于不可压缩的低速湍流，且气流与建筑物的接触形成限制流，而标准 k-ε 模型对于限制流（有壁面约束）具有较好的效果，并且标准 k-ε 模型计算成本低、预测较为准确。因此采用标准 k-ε 模型及标准壁面函数作为湍流计算模型。方程的离散格式采用二阶迎风格式，采用 SIMPLE 算法进行计算，为了使计算结果稳定，经过多次尝试，收敛准则为连续相 10^{-3}，其他为 10^{-5}。

3 模拟分析

3.1 气流分布

本研究中建筑正面朝向来流方向。不同遮阳条件下建筑周边以及房间内部气流流向如图 5 所示。在无遮阳设施的情况下，由于建筑外部构件较少，对室外气流影响较小，标准层窗口附件气流速度衰减较慢，室外气流可更加充分的流入室内。当在窗口附近增加遮阳设施，由于遮阳构件的影响，室外气流在窗口前方衰减较快，窗口附近气流速度明显低于无遮阳工况。

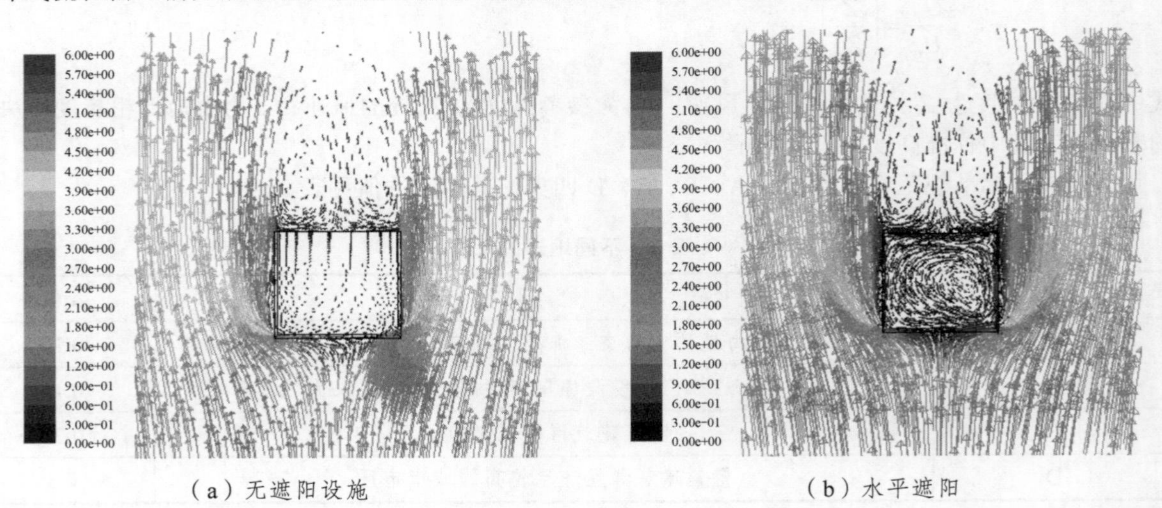

（a）无遮阳设施　　（b）水平遮阳

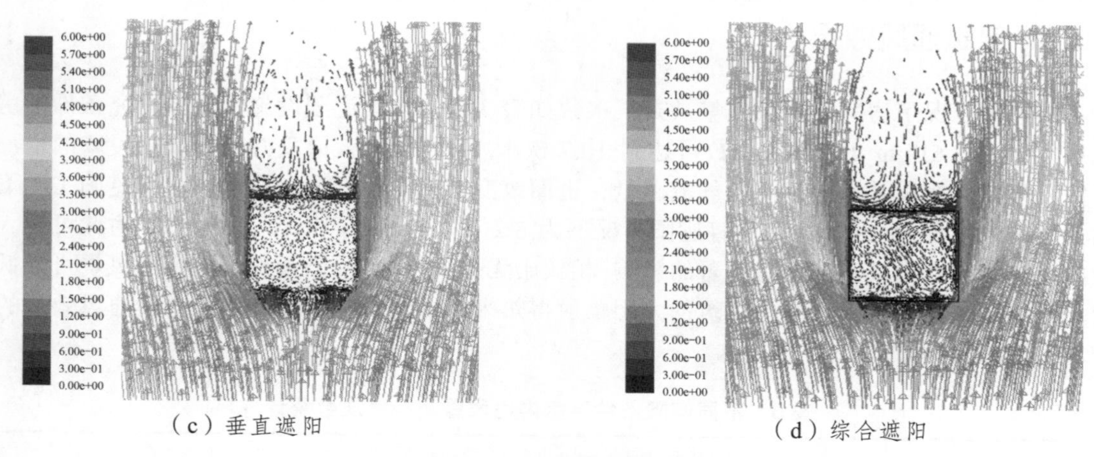

（c）垂直遮阳　　（d）综合遮阳

图 5　建筑高度 22.2 m 高度处气流分布

在室外遮阳构件的影响下，窗口附近气流的变化必将引起建筑内部流场的变化。标准层房间距地面 1.2 m 高度处气流分布如图 6 所示。显而易见，在无遮阳设施下，虽然建筑室内平均流速低于较低，但室外气流可以较为流畅地进入室内，在保证室内气流均匀性的同时，保证室内换气次数。当装设有水平遮阳设施时，水平遮阳板的限制了室外气流建筑上方的流动趋势，进而引导室外气流通过开启窗口进入室内。由于室外气流进入室内的气流角度较小，紧贴房间内表面流动，使得靠近墙体附近的气流速度较大。相比于水平遮阳，垂直遮阳和综合遮阳工况下，建筑室内流速有所降低。分析主要原因可归咎于垂直遮阳板对室外气流的影响。垂直遮阳板的存在，减少了正面进入窗口附近的气流总量，最终减少了进入室内的空气流量。

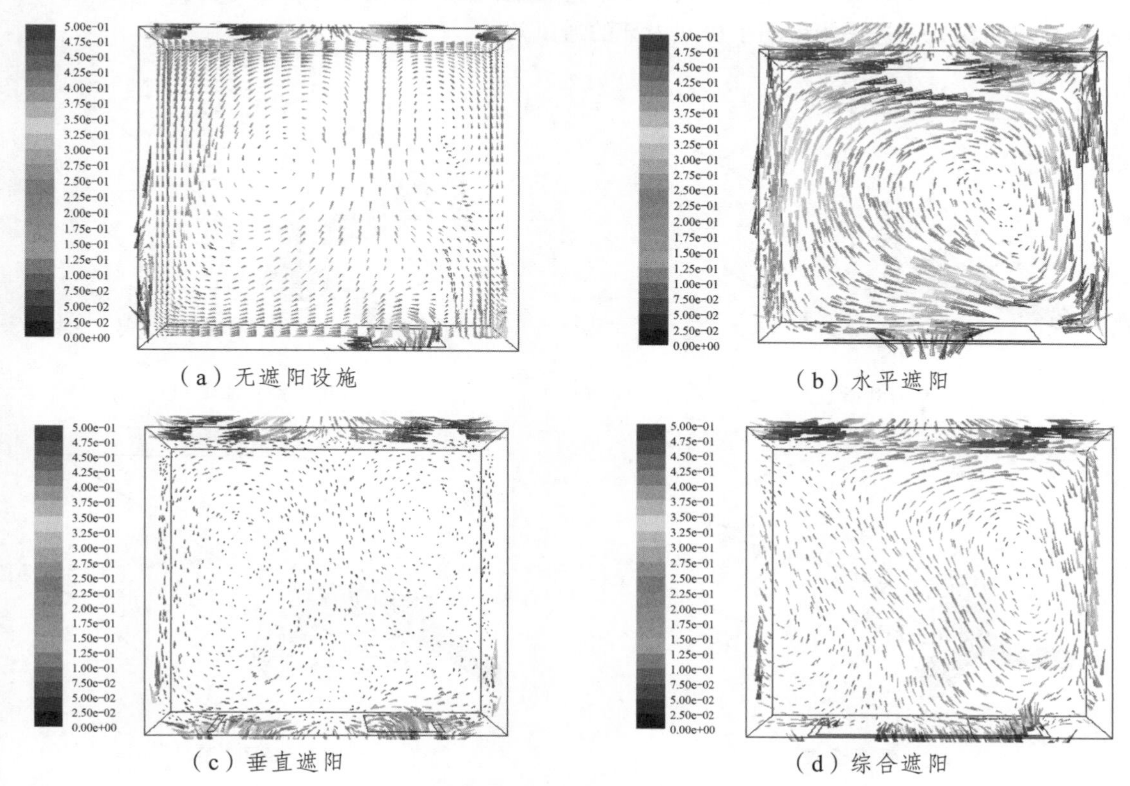

（a）无遮阳设施　　（b）水平遮阳

（c）垂直遮阳　　（d）综合遮阳

图 6　标准房间距楼板 1.2 m 高度处气流分布

3.2 自然通风效果

不同遮阳工况下房间通风换气量及换气次数如表 3 所示。无遮阳设施下，本研究条件下房间的通风换气量为 1 614 m^3/h，换气次数可达到 10.7 次/h，室内通风效果良好。而遮阳设施的增加，影响了室外气流分布以及进入室内的气流总量，进而改变了室内空气流动情况。水平遮阳工况下，房间的换气次数降低为 4.4 次/h，垂直遮阳工况下为 3.2 次/h，综合遮阳为 2.6 次/h。由此可见，外遮阳设施的布置对室内气流分布有显著的影响。相较于无遮阳工况，遮阳条件下室内通风量可降低 50%以上。虽然遮阳设施可通过减少建筑的太阳辐射得热来降低建筑空调能耗，但自然通风效果的削弱将增加空调的使用时间。

表 3　不同遮阳条件下室内通风量及换气次数统计

遮阳方式	通风量/（m^3/h）	换气次数/（次/h）
无遮阳	1614	10.7
水平遮阳	659	4.4
垂直遮阳	479	3.2
综合遮阳	388	2.6

为进一步分析室外遮阳设施对建筑自然通风的影响，本文对比了从房间开启窗口进入室内的气流流线图，见图 7。显而易见，无遮阳设施工况下，室外气流可通过开启窗口有效进入室内，而遮阳设施的增加改变了室外气流通过窗口进入室内的流动方向，进而减少了进入房间的通风量。同时，室内气流分布也发生了较大的变化。遮阳工况下进入室内的气流主要分布在靠近窗口区域，未能有效的扩展至房间深处，进一步削弱了房间内部的通风效果。

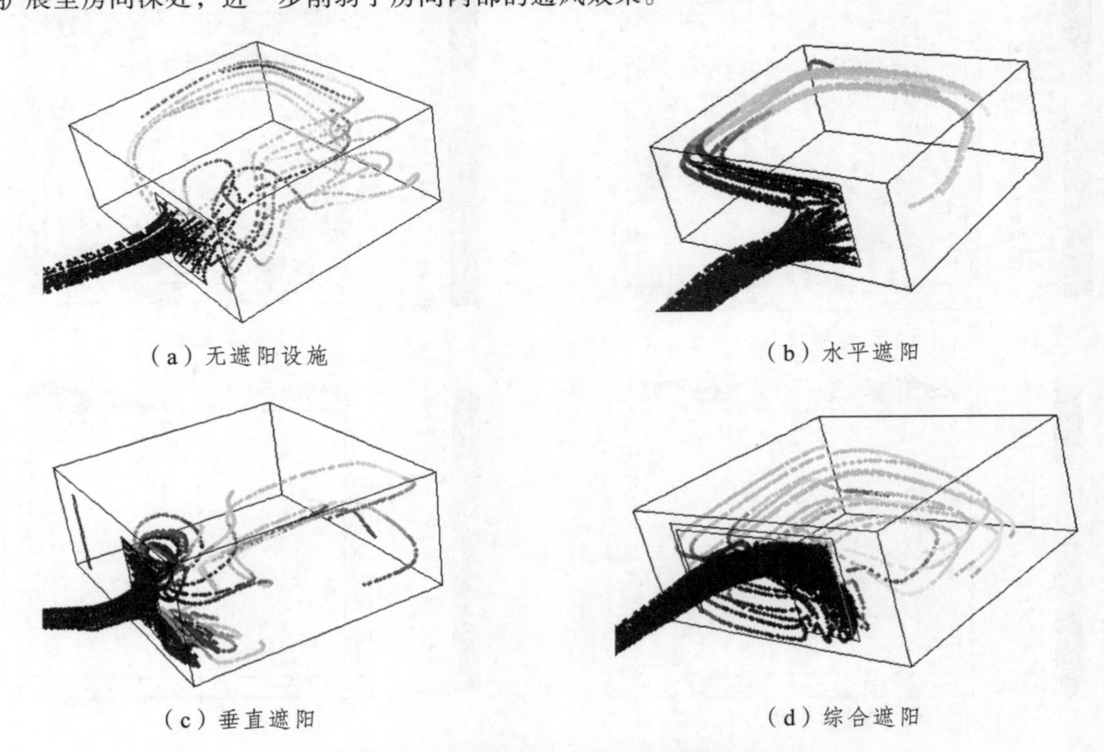

（a）无遮阳设施　（b）水平遮阳

（c）垂直遮阳　（d）综合遮阳

图 7　从开启窗口进入标准房间的气流流线图

4 结 论

本研究以一栋12层高建筑为对象,系统分析了海口风力条件下遮阳设施对建筑室内自然通风效果的影响。本研究的主要结论有:

（1）遮阳设施对房间通风影响显著。相比于无遮阳情况下，采用水平遮阳、垂直遮阳或综合遮阳，房间通风量可降低50%以上。遮阳工况下通风量由大至小的顺序分别为水平遮阳、垂直遮阳和综合遮阳。

（2）房间通风量降低的主要原因是遮阳设施的增加影响了窗口附近的气流分布，进而削弱了进入房间的气流总量,应通过优化遮阳构件的设置形式及遮阳构件与窗口的相对位置来提升通风效果。

（3）遮阳设施的增加，在降低房间通风量的同时，也影响了室内气流分布。建筑遮阳条件下，进入室内的室外气流主要分布于窗口附件区域，房间深处通风不足。建筑设计应结合房间遮阳设计确定房间的进深，保证房间整体的通风效果。

参考文献

[1] 汤国华."夏氏遮阳"与岭南建筑放热[J]. 新建筑，2005（6）：17-20.
[2] 适宜夏热冬暖地区的建筑遮阳技术研究[D]. 西安建筑科技大学，2008.
[3] 张磊，孟庆林. 广州地区屋顶遮阳构造尺寸对遮阳效果的影响[Z]. 中国江苏南京，2004.
[4] 汤民. 百叶外遮阳对自然通风影响的研究[D]. 同济大学，2007.
[5] 李跃群. 遮阳构件对室内自然通风影响的研究[D]. 华南理工大学，2010.

川西高原既有居住建筑围护结构节能改造技术探讨[①]

南艳丽　钟辉智　窦 枚
（中国建筑西南设计研究院有限公司，四川省成都市天府大道北段 866 号）

【摘　要】本文以川西高原典型居住建筑为研究对象，借助 EnergyPlus 能耗模拟软件，对既有居住建筑改造前后的耗热量指标进行对比分析。结果表明，既有居住建筑的耗热量很高，居住建筑通过节能改造可以降低 79.87%的采暖耗热量，节能潜力巨大，围护结构节能改造的静态回收期在 4.7～6.3 年，经济性较好。最终结合川西高原特殊的气候、地理及文化特征、经济状况，提出较为适宜的建筑围护结构节能改造技术方案。

【关键词】川西高原　既有居住建筑　围护结构　节能改造

1　引　言

受经济发展水平制约，川西高原既有建筑 95%以上的未执行建筑节能设计标准。未执行建筑的墙体材料主要采用 200～370 mm 混凝土砌块，包括实心混凝土砌块、加气混凝土砌块等；屋顶结构主要为钢筋混凝土结构；外窗构造以木框单层玻璃为主，气密性差；建筑整体围护结构保温性能极差。未执行节能设计标准的建筑，通过围护结构损失的热量占建筑总供暖热负荷的 60%～70%。因此，对围护结构节能改造是实施川西高原城镇供暖工程的首要任务。

本文结合川西高原特殊的气候、地理及文化特征，借助 Energy Plus 能耗模拟软件，建立典型居住建筑计算模型，提出川西高原建筑围护结构适宜性节能改造技术，并对其经济性进行分析。

2　建筑围护结构节能技术措施

在节能政策和节能标准的推动下，墙体、屋面与外窗节能技术迅速发展，涌现了多种采用不同材料、不同做法的墙体、屋面与外窗节能技术，且在大量工程中成功应用。结合川西高原特殊的气候条件及地理特征、节能设计标准要求等，提出该地区可采用的围护结构节能技术措施。

2.1　外墙外保温技术

（1）墙体外黏（锚）保温隔热板体系。

该体系是国内目前较为常见的外墙外保温技术措施，即在墙体外部粘贴保温隔热板，并加塑料

① 基金资助：国家“十二五”科技支撑计划课题《高原气候适应性节能建筑关键技术研究与示范》（2013BAJ03B04）。

胀栓锚固（俗称“薄抹灰”系统）。这种做法可适用于各种墙体面层及不同层数不同结构体系的外墙表面。保温材料可采用 EPS 板、XPS 板、PU 板和岩棉板等。

目前，为了提高防火性能又发展一种墙体外粘（锚）保温隔热板“厚抹灰”体系，即在保温隔热板外表面先抹一定厚度具有防火性能的保温隔热砂浆，再做聚合物水泥砂浆玻纤网格布。

（2）硬泡聚氨酯外墙外保温系统。

该体系是将发泡聚氨酯保温隔热材料喷涂于基层墙体上或将发泡聚氨酯浇筑于基层墙面与外模之间。硬泡聚氨酯的导热系数在 0.016 ~ 0.025 W/（m·K），保温效果优于 EPS、XPS 等其他保温材料。

（3）保温隔热装饰一体化外保温隔热体系。

以聚氨酯、聚苯板等为保温隔热材料，饰面带装饰，两者结合，由工厂预制成板材，将其安装在外墙表面。这种做法较适用于工业化施工的建筑外墙，更适宜用于既有建筑的改造

（4）干挂幕墙式节能体系。

干挂（花岗石、铝板等）幕墙体系在公共建筑中应用较为普遍，保温材料多采用燃烧性能 A 级材料——岩棉或玻璃棉，对易于吸水吸潮的棉类产品应根据不同气候条件放置防水透气膜，在严寒和寒冷地区应设置在内侧。

2.2 外墙内保温技术

（1）保温隔热板内保温做法。

将保温隔热板粘贴在墙体内表面，在板面抹粉刷石膏、玻纤网格布加强层，最后在面层做内饰面面层；或者由工厂将保温隔热板与纸面石膏板复合后固定于墙体内表面。

（2）喷涂硬泡聚氨酯内保温隔热做法。

其做法同外保温隔热，将发泡聚氨酯保温隔热材料喷涂于基层墙体上，聚氨酯保温隔热材料面层找平后，表面再做聚合物水泥砂浆玻纤网格布。亦可采用喷涂硬泡聚氨酯龙骨固定内保温新做法。

2.3 屋面节能技术

屋面节能的原理与墙体节能相同，通过改善屋面的热工性能阻止热量的传递。主要措施有保温隔热屋面（用高效保温隔热材料做外保温隔热或内保温隔热）、架空通风屋面、坡屋面、绿化屋面以及平改坡屋面等。常用的保温隔热材料包括 XPS 板，EPS 板、酚醛保温板等。

2.4 外窗节能技术

川西高原太阳能资源丰富，属被动式太阳能采暖最佳气候区，因此该地区建筑外窗的选择应以低传热系数、高透光性能为基本原则。外窗的保温节能主要分为窗框材料和玻璃两大影响因素。结合甘孜所属的气候分区以及外窗的热工性能参数，对外窗采用多腔塑钢中空玻璃（6 + 12A + 6）和断热桥铝合金中空玻璃（6 + 12A + 6）+ 保温窗帘两种形式进行对比分析。保温窗帘附加热阻值取 0.30 m^2·K/W，开启时段为 20：00—08：00[1]。结果显示，在外墙、屋面热工参数相同的条件下，外窗采用多腔塑钢中空玻璃（6 + 12A + 6）节能效果优于采用断热桥铝合金中空玻璃（6 + 12A + 6）+ 保温窗帘，单位面积耗热量指标增加 7.9%。在川西高原地区外窗可采用多腔塑钢中空玻璃（6 + 12A + 6）或断热桥铝合金普通中空玻璃（6 + 12A + 6）+ 保温窗帘，不宜采用单层玻璃窗和 Low-E 玻璃窗。

3　节能改造方案技术经济分析

3.1　建筑计算模型

以甘孜州某住宅建筑为分析对象，共两层，砖混结构，层高 2.8 m，建筑面积 337.8 m^2，建筑平面如图 1 所示，该住宅外表面积为 476.85 m^2，体积为 917.73 m^3，体形系数为 0.52。南向、北向窗墙面积比分别为 0.38、0.30。

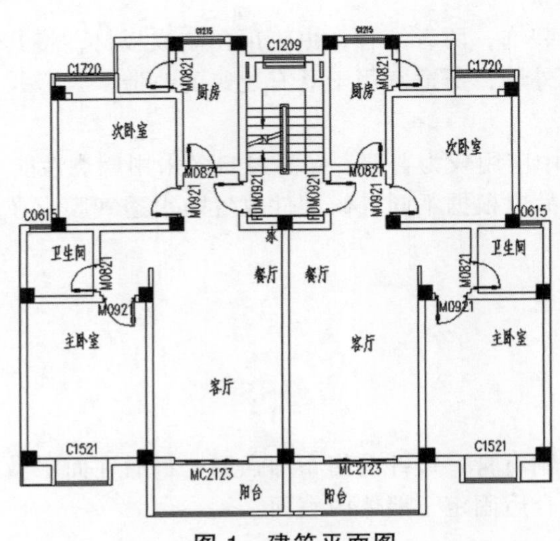

图 1　建筑平面图

图 2　建筑计算模型示意图

3.2　计算条件

改造建筑围护结构限值以《四川省居住建筑节能设计标准》（DB 51/5027—2012）为准，同时兼顾国家标准《寒冷、严寒地区居住建筑节能设计标准》（JGJ 134—2010），外墙、屋面的围护结构限值要求分别为 0.35 W/（m^2·K）、0.30 W/（m^2·K），外窗则根据窗墙面积比大小传热系数要求 1.8 ~ 2.5 W/（m^2·K）。具体热工参数如表 1 所示，计算模型见图 2。

室内温度：16 °C，夜间采暖最低温度 12 °C。

换气次数（考虑建筑门窗的冷风渗透和外门开启的冷风入侵）：1 次/h。

表 1　建筑模型计算参数[3]

建筑类型	外窗		外墙		屋顶	
	类型	传热系数 W/（m^2·K）	类型	传热系数 W/（m^2·K）	类型	传热系数 W/（m^2·K）
既有建筑	3 mm 单玻	6.26	240 mm 混凝土砌体	2.13	120 钢筋混凝土	3.80
改造建筑	多腔塑钢（6 + 12A + 6）	2.5	90 mm EPS 保温板	0.35	100 mm 挤塑聚苯板 XPS	0.30

备注：墙体材料及厚度、保温材料类型发生变化，其保温层厚度经计算做相应调整。

3.3 计算结果分析

甘孜地区居住建筑采暖期供暖负荷指标曲线如图 3 所示。既有建筑及节能改造后建建筑的单位面积采暖期耗热量以及节能改造或新建的全年耗热量减少率详见表 2。从表 2 可以看出：既有居住建筑的耗热量很高，居住建筑通过节能改造可以降低 79.87%的采暖耗热量，节能潜力巨大。

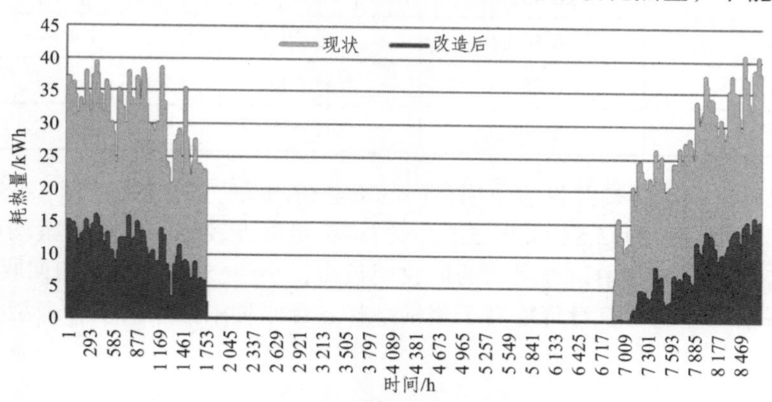

图 3 建筑采暖期供暖负荷指标

表 2 建筑全年耗热量减少率

建筑类别		既有建筑	节能改造或新建
居住建筑	耗热量/（kW/m²）	97.97	19.72
	全年耗热量减少率/%	—	79.87

3.4 经济性分析

选取几种常见节能改造方案进行经济性分析，保温厚度经计算满足标准限值要求，改造方案如下，单项保温措施的增量投资及面积见表 3，电量单价按 0.6 元/（kW · h），各改造方案节能率及投资回收期见表 4[2]。

方案一：90 mm EPS 板外墙保温 + 80 mmXPS 板 + 多腔塑料型材中空玻璃（6 + 12 空气 + 6）；

方案二：60 mm 硬泡聚氨酯外保温 + 80 mmXPS 板 + 多腔塑料型材中空玻璃（6 + 12 空气 + 6）；

方案三：80 mm 挤塑石膏复合板内保温 + 80 mmXPS 板 + 多腔塑料型材中空玻璃（6 + 12 空气 + 6）；

方案四：90 mm EPS 板外墙保温 + 80 mmXPS 板 + 断热桥铝合金中空玻璃（6 + 12 空气 + 6）+ 保温窗帘。

表 3 保温增量投资及面积[4]

部位	改造方案	成本	面积/m²
外墙	90 mm 膨胀聚苯板 EPS 薄抹灰外保温	170 元/m²	外保温：255 内保温：243
	60 mm 硬泡聚氨酯外保温	120 元/m²	
	80 mm 挤塑石膏复合板内保温	180 元/m²	
屋面	80 mm 挤塑聚苯板 XPS	100 元/m²	170
外窗	多腔塑料型材（6+12 空气+6）	450 元/m²	58
	断热桥铝合金型材（6+12 空气+6）+保温窗帘	580 元/m²	

表 4 各改造方案节能率及投资回收期

序号	改造方案	节能量/（kW·h）	节能运行费用/（万元/年）	总投资/万元	静态回收期/年
0	参照建筑	—	—	—	—
1	方案一	26 432.3	1.59	8.7	5.5
2	方案二	26 530.1	1.59	7.4	4.7
3	方案三	26 609.8	1.60	8.7	5.5
4	方案四	25 908.3	1.50	9.4	6.3

综上所述，假设室内供暖按照目前使用最广的电热炉/电油汀的方式计算，方案一 ~ 方案四围护节能改造的静态回收期分别为 5.5、4.7、5.5、6.3 年，经济性较好，四种方案均可以在该地区居住建筑围护结构改造中应用。其中，方案二的回收期最短，小于 5 年；方案四回收期最长，6.3 年，主要是因为断热桥铝合金型材自身价格高于塑钢型材，且同种中空玻璃铝合金型材热工性能较塑钢型材差。

4 结 论

川西高原既有居住建筑节能改造的静态回收期为 4.7 ~ 6.3 年，经济性较好，均可以在节能改造工程中应用。结合川西高原特殊的气候、地理及文化特征、经济状况，得出以下较为适宜的建筑围护结构节能改造技术方案：

（1）既有建筑改造应同时考虑建筑外墙装饰情况，若建筑外墙装饰情况良好的情况，如石材、金属、外饰面砖可采用内保温，采用 XPS 或 EPS 复合石膏板、水泥纤维板内保温系统等；建筑外墙装饰情况不好的情况，如涂料、水泥砌块、饰面砖等，可采用外保温，采用 EPS/XPS 薄抹灰外保温系统，喷涂硬泡聚氨酯外保温或保温外墙装饰面板。

（2）屋面保温宜采用挤塑聚苯板、酚醛板、聚氨酯等高效保温材料。

（3）外窗玻璃型材宜采用中空玻璃，窗框型材根据建筑情况确定，建议采用多腔塑钢中空玻璃窗（6 + 12A + 6）或断热桥中空玻璃窗（6 + 12A + 6）+ 夜间增设保温窗帘。

参考文献

[1] 高珍. 内置窗帘外窗热工特性研究. 西安：西安建筑大学，2012.

[2] 王厚华，吴伟伟. 居住建筑外墙外保温厚度的优化分析[J]. 重庆大学学报，2008，31（8）：937-941.

[3] 黄建恩，吕恒林，冯伟，等. 既有居住建筑围护结构节能改造热工性能优化[J]. 土木建筑与环境工程，2013，35（5）：118-124.

[4] 李建忠. 既有建筑围护结构节能改造技术及经济分析[J]. 房屋建筑，2011，（7）：121-124.

某调度大厅气流组织的优化设计

石利军　杨正武　司鹏飞

（中国建筑西南设计研究院有限公司，天府大道北段 866 号）

【摘　要】 本文以某调度大厅为对象，在设计阶段对其气流组织方案下的室内热环境进行了 CFD 优化分析，确定出最终的气流组织方案。传统空调方案中，送风口通常采用了均匀布置的方式。计算结果表明，这种设计方法虽然简单，但易造成室内局部过冷或过热，设计师宜根据室内热源分布特点，对风口的数量、布局、送风速度等设计参数做出相应改变，才能满足室内人员热舒适的要求。

【关键词】 室内热环境　风口　风速　CFD 分析

1 引　言

空调方案中气流组织设计对室内热环境影响较大，传统的设计方式往往是依靠经验选择送回风方式，对送风口的布置距离及数量多靠个人感觉而定，实际运行后极易造成室内区域温度差较大，冷热不匀、送风速度过大，送风口下部冷吹风感明显等问题。

本文利用 CFD 软件作为辅助手段，对某铁路调度所的调度大厅室内气流组织方案进行了优化设计，希望通过设计与技术的合理结合，避免方案确定的盲目性产生空调效果不可预测的问题。，

2 建筑概况及计算条件

2.1 建筑概况、初始方案

调度所位于昆明，一共有 11 层，本次的研究对象调度大厅位于屋顶层，大厅面积约 937 m^2，$L\times W\times H=43\ m\times 21.8\ m\times 5.5\ m$。室内调度设备见图 1，送风口高度确定为 4.5 m，因业主要求，送风口形式确定为双层百叶风口，由于建筑进深较大，侧送无法满足要求，故初始气流组织方案设计为上送侧回；室内风口按每两个座位布置一个，送风口尺寸 800×400 m，见图 2。回风口尺寸按≤2.0 m/s 设计，位于大厅内墙两侧，共 16 m^2。

图 1　调度大厅 CFD 模型

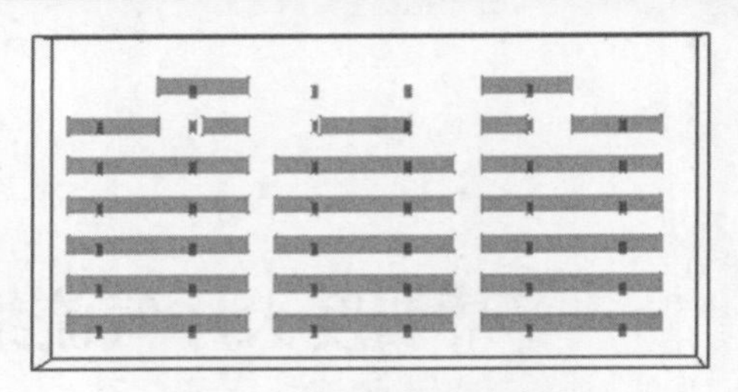

图 2　初始方案风口布置

2.2　热源计算及规范要求

利用负荷计算软件对室内冷负荷进行计算，室内总负荷 202.6 kW。设计送风温差为 10 °C，室内温度拟达到 24 °C 左右。根据软件计算的总送风量及送风口尺寸，设送风速度为 2.2 m/s。设计主要依据《民用建筑供暖通风与空气调节设计规范》(GB 50736—2012)，人员长期逗留区域舒适性空调室内设计参数应符合表 1、2 规定。

表 1　室内参数设计表（一）

类别	热舒适度等级	温度/°C	相对湿度/%	风速/（m/s）
供冷工况	Ⅰ级	24 ~ 26	40 ~ 60	≤0.25
	Ⅱ级	26 ~ 28	≤70	≤0.3

注：热舒适度等级划分按《中等热环境 PMV 和 PPD 指数的测定及热舒适条件的规定》GB/T 18049 的有关规定执行。

表 2　室内参数设计表（二）

热舒适度等级	PMV	PPD
Ⅰ级	－0.5≤PMV≤0.5	≤10%
Ⅱ级	－1≤PMV≤0.5，0.5≤PMV≤1	≤27%

3　气流组织方案的优化计算

3.1　初始方案计算结果

计算结果表明，整个调度大厅 1.0 m 高度（人员坐姿高度）处温度在 19 °C ~ 28 °C，内墙侧处于回风侧且设备较少，室温明显低于其他靠近外墙的区域。东南外墙附近温度偏高，部分区域已经超过了 26 °C。由于风口的布置较少，室内风场很不均匀，人员座位处风速过大，多数达到了 1.0 m/s 以上，极易带来冷吹风感。

图 3　1.0 m 高度温度分布

图 4　1.0 m 高度风速分布

计算结果与多数实际工程运行结果是相符的，双层百叶风口可调节范围较小，风速主要为向下直流，极易大于规范设计要求的≤0.3 m/s。

3.2 方案优化计算思路

初始方案区域温差过大，室内温度分布不均匀，且人员活动区风速过大，整个方案可以下几个方面进行优化：增加风口数量；增大送风口尺寸；改变回风口位置。按照以上思路，提出了方案一，并根据改进方案一的计算结果，进一步进行了方案二、三的优化计算。各方案变化见表 3 与图 5。

表 3 各优化方案设置

方案一	送风口按每个座位一个布置，共计 80 个，风口尺寸改为 800×600 mm，送风速度为 0.63 m/s
方案二	内墙侧风口数量减少，送风口共计 77 个，风口尺寸改为 800×600 mm，送风速度为 1.1 m/s
方案三	风口布置与改进方案二相同，改变回风口位置

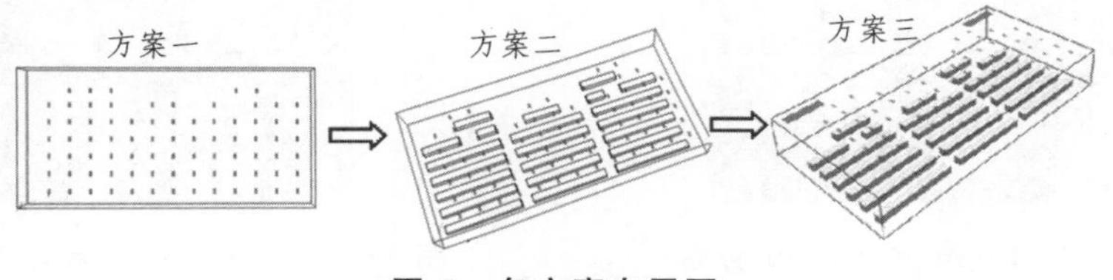

图 5 各方案布局图

3.3 优化计算结果

图 6、图 7、图 8、图 9 为各方案计算的室内人员活动高度处温度场与风速场。可以看出，方案一由于对风口数量进行了增加，且进行了均匀布置，室内温度场均匀性有了较大提高，但中间区域温度仍偏高，在 29 °C 左右。方案二中对内侧风口数量进行了进一步的减少，并适当增加了送风速度，大厅的温度场已经能够满足设计要求，调度人员座位附近温度基本维持在 24 °C ~ 25 °C，但人员活动区大部位区域风速在 0.2 ~ 0.46 m/s，部分区域风速略高于规范设计要求，故在方案三中改变了回风方式。

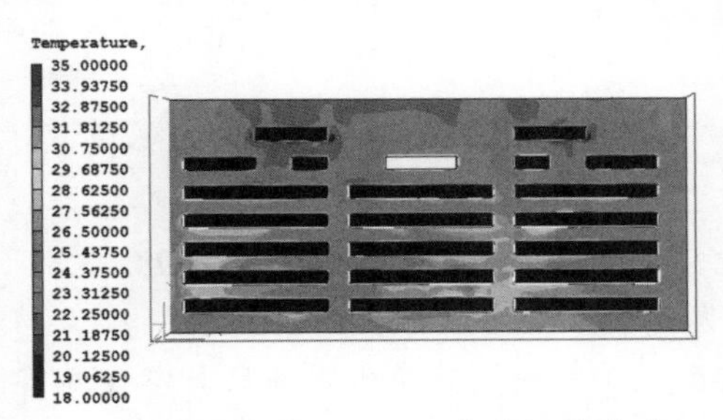

图 6 方案一 1.0 m 高度温度分布

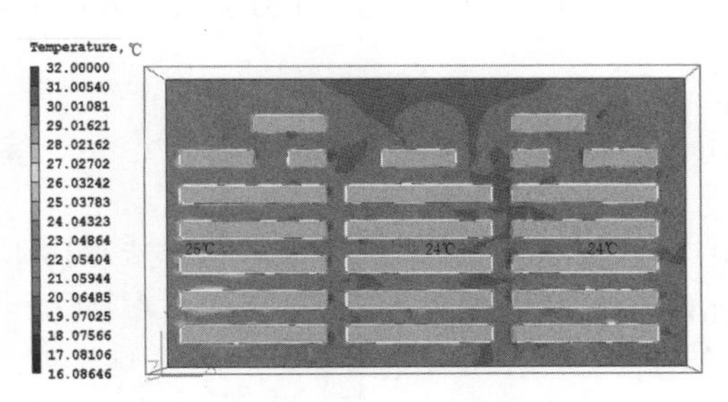

图 7 方案二 1.0 m 高度温度分布

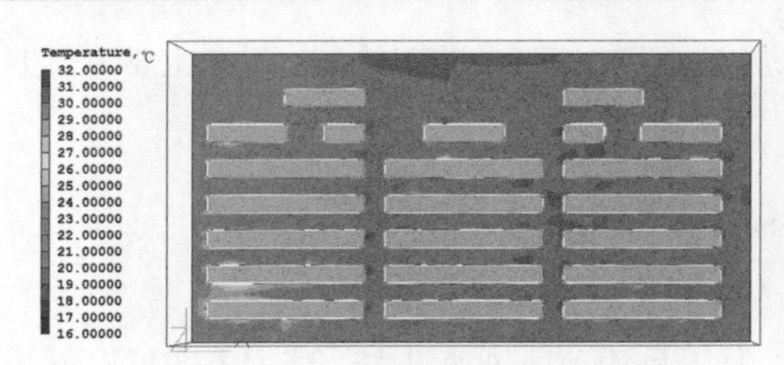

图 8　方案三 1.0 m 高度温度分布

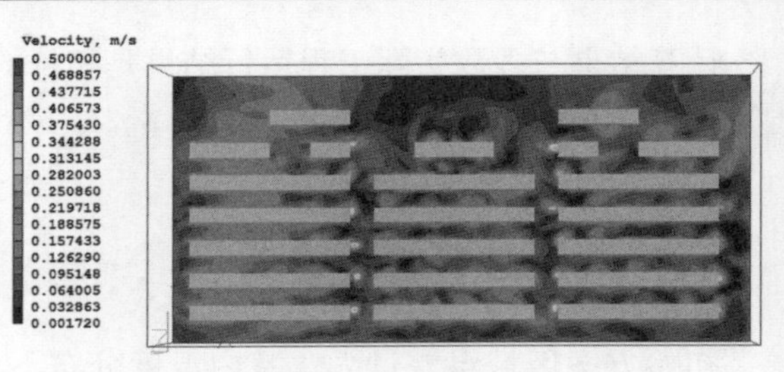

图 9　方案三 1.0 m 高度风速分布

方案三中改变回风口位置后，调度大厅的温度场分布更加均匀，较方案一与方案二均有较大的改善，室内区域温差有所减小，人员座位区域基本维持在 24 °C；过道及靠近内墙区域温度偏低，约为 22 °C。人员活动区大部位区域风速在 0.03 ~ 0.25 m/s，基本满足《民用建筑供暖通风与空气调节设计规范》(GB 50736—2012) 中关于风速的要求。

CFD 软件同时还可以协助对室内的 PMV 及 CO_2 进行计算判定。方案三中这两个指标的计算值见图 10 与图 11。主要人员主要活动区域 PMV 值在 0.2 左右，基本能够满足 $-0.5 \leqslant PMV \leqslant 0.5$ 的要求，人员附近 CO_2 浓度较大大，主要区域基本保持在 617 ppm 左右，满足室内人员卫生标准要求。可见，方案三能够满足设计要求。

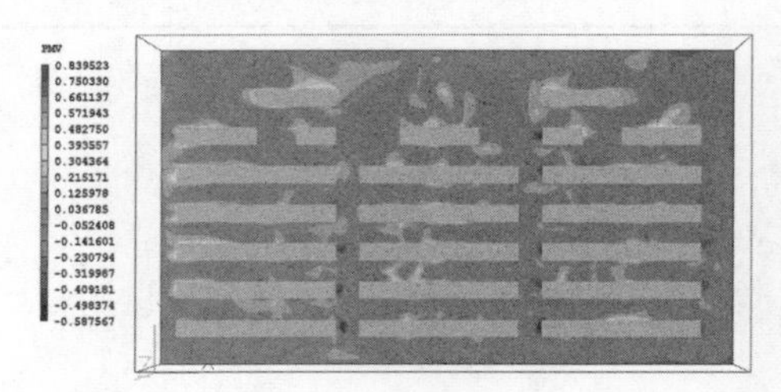

图 10　方案三 1.0 m 高度 PMV 分布

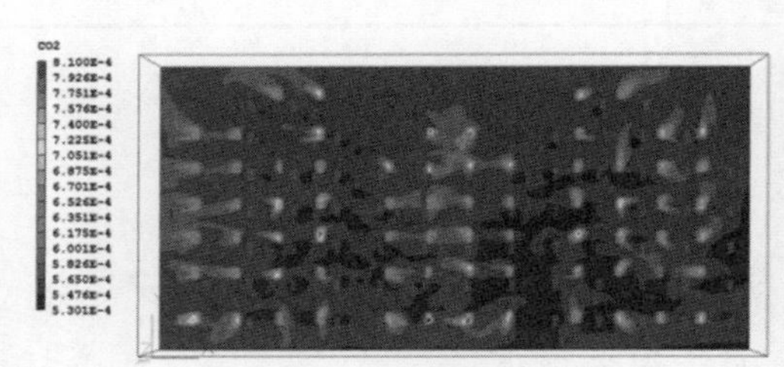

图 11　方案三 1.0 m 高度 CO_2 分布

4　结　论

(1) CFD 软件协助优化室内空调气流组织方案，可以避免设计人员进行盲目调整而产生空调效果不可预测的问题。

(2) 对室内送风口完全均匀布置的设计方式不可取，暖通设计师应根据室内热源位置、建筑布局对送风口数量及位置进行适当调整。

(3) 双层百叶对送风调节作用较小，如按规范中条缝风口顶送风速选择，则人员活动区风速往往超标，易产生冷吹风感。可通过采用散流器送风或减小送风速度来满足设计要求。

(4) 回风口布置在上部有利于减小人员活动区风速及改善室内温度场的均匀性。

参考文献

[1]　陆耀庆. 实用供热空调设计手册[M]. 2 版. 北京：中国建筑工业出版社，2008.

[2]　彦启森，赵庆珠. 建筑热过程[M]. 北京：中国建筑工业出版社，1994.

[3]　中华人民共和国住房和城乡建设部. GB 50736—2012 民用建筑供暖通风与空气调节设计规范[S]. 北京：中国建筑工业出版社，2012.

[4]　魏文宇. 游泳馆空调气流组织方式分析[J]. 暖通空调，2004，34 (9)：65-67.

深圳下垫面对热环境的影响与优化策略研究
——以深圳虚拟大学园为例

马 航[1] 段 宠[2]

（1. 哈尔滨工业大学深圳研究生院，广东深圳 518050；
2. 哈尔滨工业大学建筑设计研究院，黑龙江哈尔滨 150000）

【摘 要】 针对深圳虚拟大学园的夏季热环境问题，以园区下垫面为切入点，研究下垫面对热环境的影响作用，并总结相应优化策略。首先，通过城市能量平衡方程，分析城市下垫面各种热力学属性的改变对热环境的影响；然后通过对深圳虚拟大学园园区进行热环境的现场实测、园区室外公共空间使用情况、热舒适情况调研以及园区热环境现状的CFD数值模拟，明确园区内需要进行下垫面改造的区域；最后应用CFD数值模拟技术，以园内三种类型下垫面为变量，构建不同下垫面组合进行热环境模拟，确定不同下垫面对热环境的影响作用，并利用以上模拟实测所得到的结果，在深圳虚拟大学园内选取具体地块进行改造，分析评价改造后的模拟结果，在此基础上，提出相应的优化策略。

【关键词】 城市热环境 下垫面 深圳虚拟大学园 CFD模拟

随着城市化进程的不断加快以及城市人口的不断增长，自然环境的负荷不断增加，在人口密度较高的城市尤为严重。随着人口进一步膨胀，产生大量的人工排热以及硬质地面面积的不断增大，不可避免的引发了环境污染、城市热岛效应、资源短缺等一系列的社会生态问题。其中以城市热岛现象最为突出，不仅严重恶化了城市环境，影响了人们的生活，同时城市热岛现象使得城区夏季高温天气增多，工作效率降低，对人群健康影响很大，引起了社会各界的广泛关注。近年来，我国的城市平均气温也明显升高，伴随着气温的逐年升高，极端天气出现的频率和影响的范围也逐渐增大。城市热环境的影响因素很多，关系也极为复杂，除了受到太阳辐射、空气温度及湿度等自然因素和工业、交通等人工排热因素的影响外，还与城市内建筑群落布局以及城市下垫面状况等多种情况相关。

1 基础理论研究

1.1 热环境

热环境又称环境热特性，指的是供给生物赖以生存、繁衍的气候温度环境。热环境又可分为自然热环境和人工热环境。人工热环境根据研究尺度的不同，可以划分为城市热环境（城市热岛）、街区热环境（住区热环境、办公区热环境、校区热环境）、建筑热环境（图 1）。

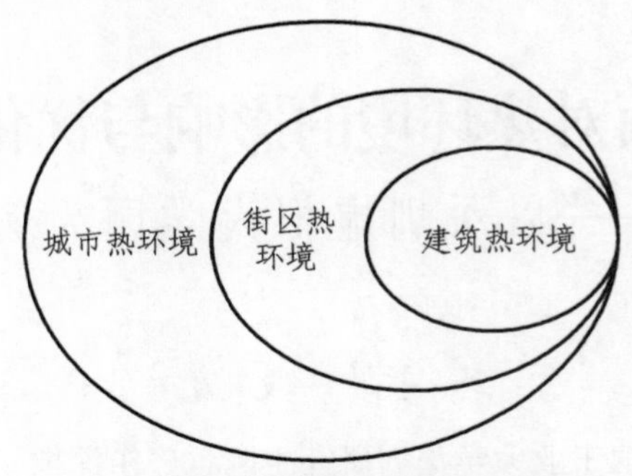

图 1　按尺度划分的城市热环境

1.2　下垫面

下垫面是指与大气层下界面直接接触的地球表面，大气层以地球的表面为其下界，称为大气层的下垫面。下垫面的性质和形状都会对大气的热度、湿度、运动状况产生明显的影响作用，下垫面在气候的形成过程中起到了重要的影响。城市下垫面是人类生存以及发展的基础。城市下垫面主要包括其范围内的水体、林地、草地、硬地面、农田和裸地等。

1.3　下垫面对热环境的影响

1987 年城市能量平衡方程建立，即“建筑物-空气-下垫面”的能量平衡方程表示：

$$Q_N + Q_F = Q_H + Q_E + \Delta Q_S + \Delta Q_A \tag{1}$$

式中　Q_N——净辐射（辐射平衡）；

Q_F——人为热（anthropogenic heat）；

Q_H——下垫面和大气之间显热运输；

Q_E——下垫面和大气之间潜热运输；

ΔQ_S——下垫面储存热量差值；

ΔQ_A——热平流量的变化。

下垫面不透水面积、下垫面几何形状、下垫面热力学性质的改变都会对热环境产生影响，下垫面还会通过影响空气流动，进而对热环境产生影响。

1.4　深圳虚拟大学园

1999 年，深圳虚拟大学园正式成立，规划总面积 22.6 公顷，一期开发面积 17.33 公顷，11 栋大楼共计建筑面积 22.1 万平方米（见图 2）。园区内主要为 4 ~ 10 层的多层建筑。本次研究的区域为深圳虚拟大学园一期，园区容积率 1.27，绿化率 31%，是低密度的办公区。

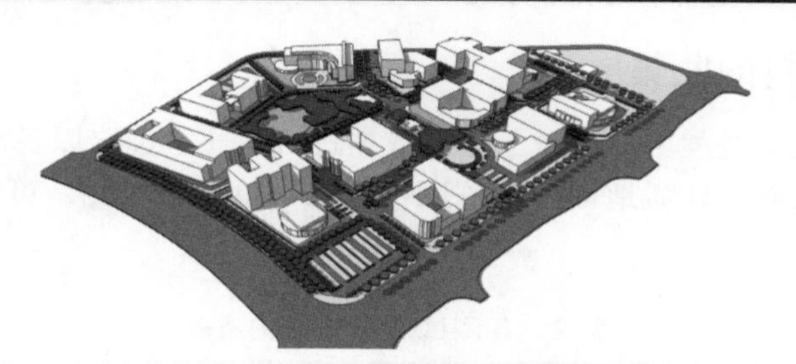

图 2 深圳虚拟大学园三维模型图

2 深圳虚拟大学园现状

2.1 园区下垫面与热环境相关性的建立

2.1.1 园区热环境数据的获取

于 2013 年 6 月 1—3 日对园区内进行了热环境数据的实测。测试的时间为 12：00—15：00。为了突出深圳虚拟大学园的下垫面问题，针对本文研究的目标选择 7 个点进行定点观测，测试点布置（见图 3）。

图 3 深圳虚拟大学园区内测试点的分布

测量数据有温度、湿度、辐射、风速等。实测时仪器的距地面高度约为 1.5 m，所测数据可视为人体尺度的热环境参数数据，测试方法为，每隔 30 分钟，在每个测试点，手动测量以及记录数据一次。测试后整理求得其平均值（见表 1）。

表 1 园区内测试点实测数据

测点编号	平均温度/°C	平均湿度/%	平均风速/（m/s）	平均辐射/Lux
A	36.44	52.14	1.2	66 423
B	36.8	50.86	1	9 140
C	36.84	50.79	1.1	69 740
D	37.02	48.47	2.5	65 436
E	37.17	50.77	1.4	64 486
F	37.06	49.13	1.2	54 589
G	37.17	50.84	1	41 469

2.1.2 下垫面资料的收集

在下垫面结构资料收集过程中，需对下垫面数据进行量化。选取以各测量点为中心，50 m 为半径的区域内。把绿地、水面、硬质地面和建筑面积分别与总面积相比，可得到各种类型下垫面的百分比（见表 2）。

表 2 各测试点下垫面构成表

测点编号	绿化率/%	硬质地面百分比/%	水面百分比/%	建筑密度/%
A	41.3	32.9	3	22.8
B	79.2	19	0	1.8
C	74.4	25.6	0	0
D	18.3	61.9	0	19.8
E	27.7	49.8	0.1	22.4
F	11.6	51.8	0	36.6
G	18.7	31.5	0	49.8

2.1.3 利用 SPSS 两者相关性的建立

在本文中研究了园区内各种下垫面类型对热环境参数的影响，通过线性回归的方法将以上四种因素作为变量，根据线性回归的要求，建立数学模型（见表 3）。

表 3 SPSS 分析变量表

变量	因子	因子	因子	因子
因变量	温度	湿度	风速	辐射
自变量	绿化率	绿化率	绿化率	绿化率
	硬质地面百分比	硬质地面百分比	硬质地面百分比	硬质地面百分比
	水面百分比	水面百分比	水面百分比	水面百分比
	建筑密度	建筑密度	建筑密度	建筑密度

运用上述数学模型，我们借助 SPSS 软件按照研究目的对实测到的温度、湿度、风速、辐射与下垫面属性的关系进行了分析（见表 4）。

表 4 热环境各要素与下垫面各因子一元线性回归结果

名称	绿化率	硬质地面百分比	水面百分比	建筑密度
温度 R	0.523	0.462	0.819	0.459
湿度 R	0.481	0.733	0.622	0.141
风速 R	0.606	0.434	0.149	0.572
辐射 R	0.372	0.534	0.282	0.091

结论：测试点热环境参数与测试点周围下垫面因子有很大的相关性，随不同下垫面因子的改变

而变化。且绿化率、水面面积与热环境参数的相关性很大，说明改变下垫面性质，特别是改变下垫面绿地率，水面面积百分比，将对区域热环境产生较大的影响。

2.2 园区使用情况现状分析

问卷调查的时间为 2013 年 6 月 26 日到 28 日，每天 12 点到 15 点，包括室外公共空间使用情况及其热舒适状况调查两个部分。

2.2.1 园区内人群密度分布

对园区内室外活动人群所采取观察方法，记录各个区域活动人群对空间的使用方式，不同活动空间的人群分布情况和使用情况，进而得到深圳虚拟大学园内人群较为密集的区域。人们在园区室外空间中的行为活动一般可以分为点状活动、线状活动和面状活动等三种活动类型。在调研期间内，记录深圳虚拟大学园园区内各个区域的人流量情况以及人群的活动特点，为了方便计算和统计，把深圳虚拟大学园分为 7 个区域（见图 4）。

图 4 园区测试分区图

观察法的结果及分析，统计后求得平均数，经过观察统计得到的数据（见表 5）。

表 5 园区观察法统计结果

地点	点状活动	线状活动	面状活动	统计
区域 a	0.87	1.5	0	2.37
区域 b	1.21	1.73	0	2.94
区域 c	1.47	0.67	0	2.14
区域 d	0.93	4.73	0	5.66
区域 e	0.27	3.2	0	3.47
区域 f	2.67	0.53	0	3.2
区域 g	2.2	1.07	0	3.27

2.2.2　问卷主要内容及分析

问卷分成以下几个方面：

（1）园区设施使用情况评价。就深圳虚拟大学园内室外活动场地的使用频率、使用时间以及需要改造会加建的室外活动场地，做了大量调查。

（2）热感觉主观评价调查。主要包括对室外空气温度、室外相对湿度以及室外空间热舒适性的主观评价。

（3）受访者背景调查。包括受访者年龄、性别、在园区活动的位置等。

调研期间共发放问卷 100 份，未完成 2 份，无效问卷 5 份，有效问卷 93 份。对其中 93 份有效问卷结果统计分析如下：

（1）园区设施使用情况评价。

根据调查结果显示（见图 5），园区内使用率最高的区域为中心绿地，其次是园区内的步行空间，再次为园区内的休息区域园区，这三个区域的使用率达到近 70%。园区室外公共空间内进行的主要活动（见图 6），其中休息、聊天、交通、散步四项占总数的 86%，都是点状或线状活动，与前文观察法得到的结果一致，而篮球等室外活动，面状活动仅占总数的 12%。

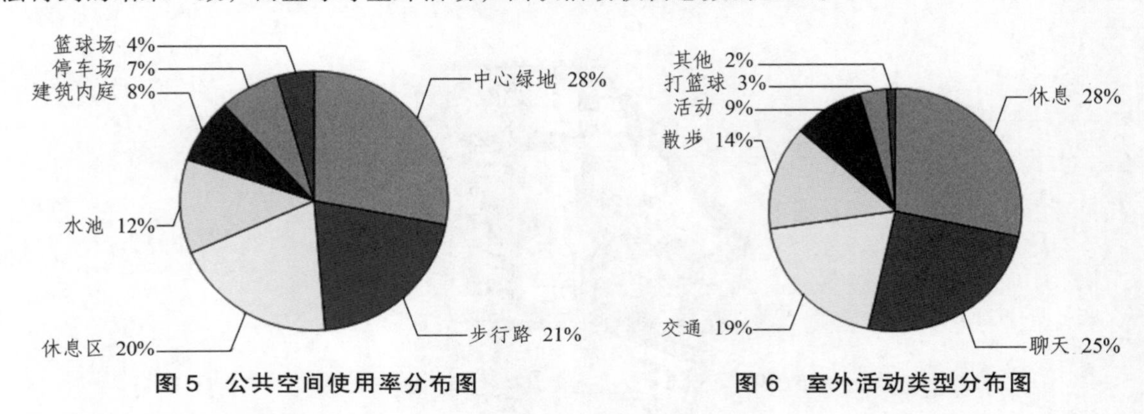

图 5　公共空间使用率分布图　　**图 6　室外活动类型分布图**

（2）热感觉主观评价调查。

根据问卷的调查结果显示，52%的使用者认为深圳虚拟大学园的室外热环境为稍不舒适，35%的使用者认为园区的热环境为不舒适，8%的使用者认为园区热环境很不舒适，仅 5%的使用者对园区热环境表示满意（见图 7）。而对引起热环境不舒适的 4 个参数进行投票，90%的使用者认为园区内的太阳辐射与温度为主要原因（见图 8）。

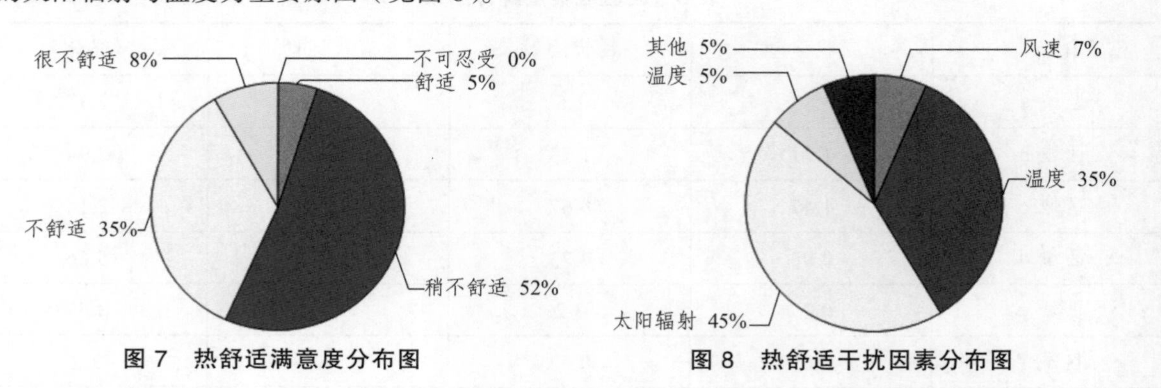

图 7　热舒适满意度分布图　　**图 8　热舒适干扰因素分布图**

根据观察法和问卷法调研的结果，即园区内人群密度的分布及园区内使用频率的分布结果，把 7 个区域的使用情况作综合评价，并对他们进行使用频率排名，$F>C>B=E>G>A>D$。

2.3 园区热环境现状模拟

本研究的方法采用计算流体动力学（CFD）分析方法，本次分析采用流体分析软件 PHOENICS 软件对深圳虚拟大学园热环境分析。

2.3.1 园区热环境现状模拟结果分析

从图 9 可以看出，2#楼的东侧、与 3#、8#楼之间、9#楼的东侧及西侧以及 11#楼的西侧等这几个区域出现了高温。这主要是因为这些区域为园区入口广场以及停车场位置，高区域硬质地面面积大，环境中绿化面积较小，建筑物和地面接收太阳辐射时间长。低温区域主要出现在建筑物附近及中庭，这主要是因为这些地方由于建筑物的遮挡形成了阴影区域，接受的太阳辐射较少。园区内的两处中心绿地的温度也较低，这主要是因为较多的树木形成了大面积的阴影区域，而且通风顺畅，因此温度较低。

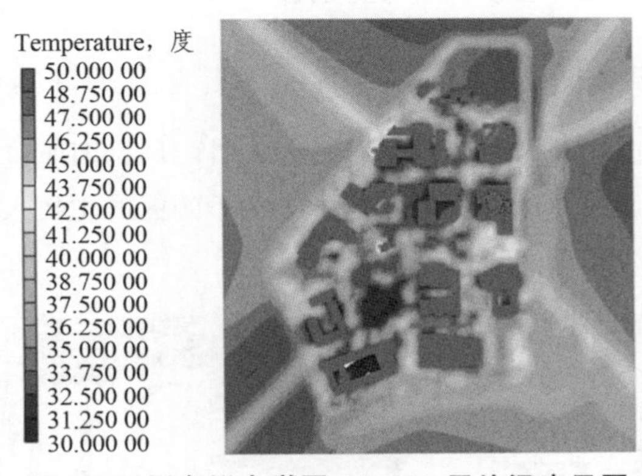

图 9 深圳虚拟大学园 14：00 平均温度云图

从图 10 可以看出，园区内没有形成很好的通风廊道，以致园区内中体风速偏低。6#楼的建筑走向与园区内的主要风向相同，所以建筑周边的风速较大且平稳。10#楼的建筑走向与区内的主要风向成 90°角，阻碍了气流的穿过，形成了静风区。在两块中心绿地的东侧也形成了较为明显的静风区，这主要是因为中心绿地内树木较为密集，对气流形成了一定程度的遮挡。园区内通风较好的区域有 6#楼附近和 3、8#楼中间的入口广场区域，两处都较为空旷下垫面以草地、硬质地面为主。

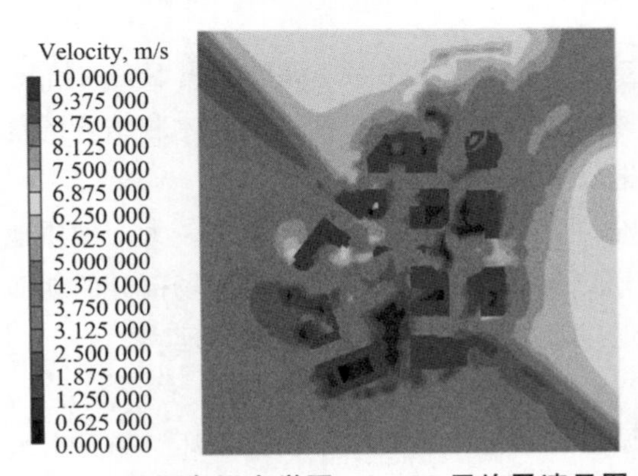

图 10 深圳虚拟大学园 14：00 平均风速云图

综上所述，将园区内各区域温度情况现状与园区内各区域风速情况现状综合考虑，得到园区内热环境较差，需要进行热环境改造的区域为 B 区域、C 区域、E 区域、G 区域。

2.4 园区研究对象的选择

根据以上研究，得到园内使用频率较高且热环境状况较差的三个区域，深圳虚拟大学园内即需进行室外热环境改造的区域，为园区内的 B 区域、C 区域和 E 区域。园区 B 区域内硬质铺地面积较大，因此可以视为以硬质地面为主的区域的代表；在园区 C 区域内绿化植被面积较大，因此可以视为以绿地为主的区域的代表；在园区 E 区域内有大面积水体，因此可以视为以水体为主的区域的代表。

3 园区下垫面优化方案的比较

3.1 园区以硬质为主区域的热环境优化

3.1.1 区域热环境现状

该区域位于园区的东侧，区域内主要设置有园区入口广场、两座建筑物以及一个小型篮球场地（见图 11），因此，该区域内硬质地面面积较大。由于位于园区的主要入口处，所以该区域内人流量较大，交通情况复杂，表现为停车空间较为紧张。

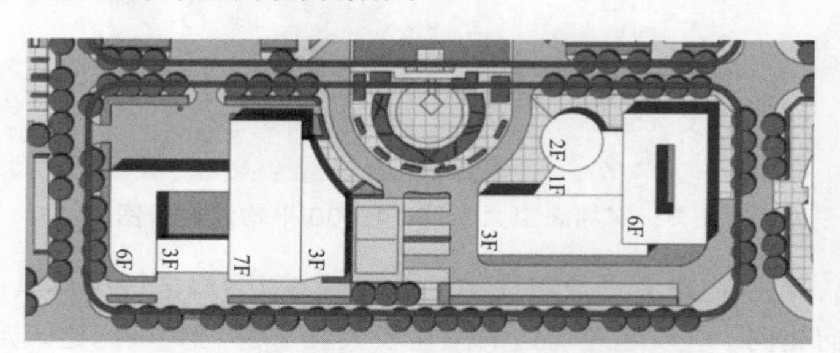

图 11 园区内以硬质为主区域现状平面图

3.1.2 区域的改造方案

（1）绿化方面的改造。

该区域入口广场处较为空旷，因此建议在保持绿环面积不变的情况下，增加遮阴型树木的种植，把草地、灌木等单一性绿地改造为树木与草地、树木与灌木相结合的复杂型绿地。

（2）硬质地面方面的改造。

该区域所在位置较为特殊，交通量、人流量、停车量较大，硬质地面面积较大。因此保留道路部分的沥青地面，和人行部分的硬质铺地，着重改造停车场部分的地面，建议把停车区域原有的水泥地面改在为透水型硬质铺地以及与绿地相结合的硬质铺地。

（3）水体方面的改造。

该区域内入口广场处曾设置有水池，后期由于设备损坏，暴露出水池底部的硬质铺地，又由于周围没有设置遮阴物体，因此热环境较差，建议重新翻修水池，改造为蓄水型水池。

经过以上三种类型下垫面的改造后，该区域的平面图见图 12，将改造后的园区模型导入 phoenics 进行模拟，比较改造前后的热环境状况。

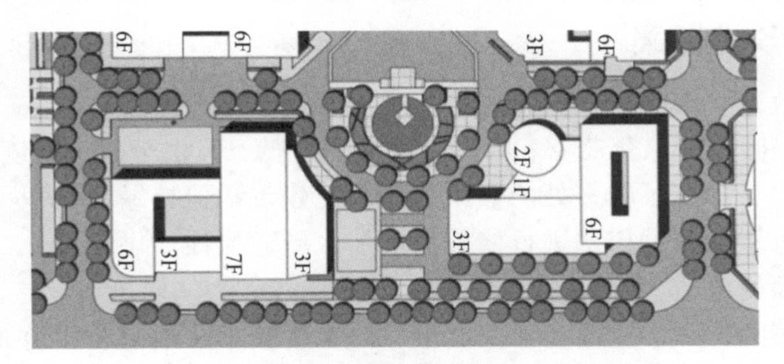

图 12　园区内以硬质为主区域改造后平面图

3.1.3　区域改造后热环境

在本次模拟试验中的测温点为近地面 1.5 m 处，经过模拟，得到园区现状热环境情况如下（见图 13、见图 14）：

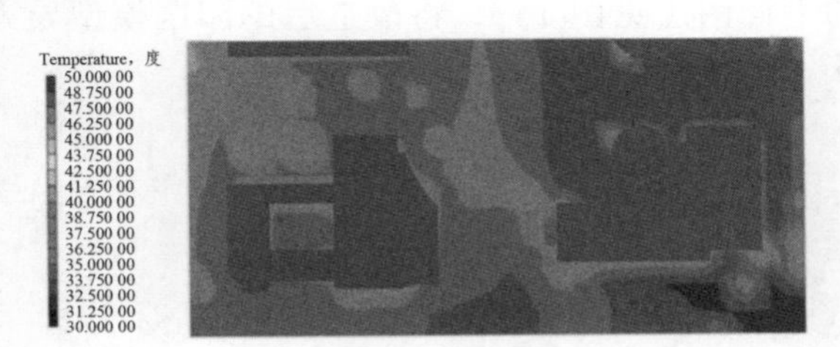

图 13　该区域改造后平均温度云图

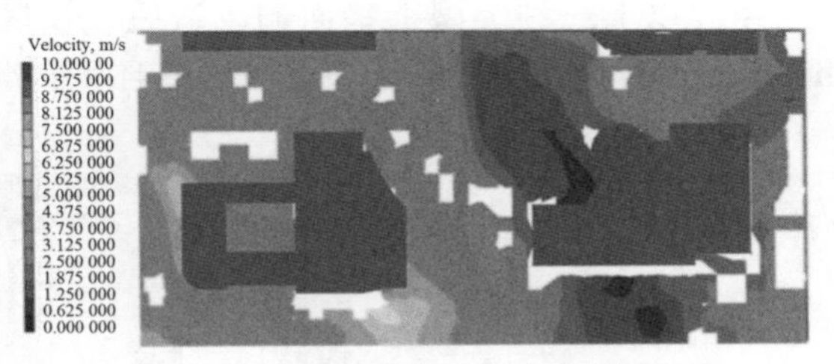

图 14　该区域改造后平均风速云图

该区域的平均温度整体下降，区域最高温度为 38.75 °C。温度下降的最为明显的为该区域中部的入口广场，仅有部分地区达到 36.25 °C，其余部分温度都在 35 °C 以下。这主要是因为，在该区域新增设的树木，形成了大面积的阴影区域，阻挡了大部分的天阳辐射，减缓了下垫面的增温。同时该区域内设置的水池，也起到了增湿、降温的作用。

该区域的风速有微弱的降低，最高风速在 5.0 m/s 左右，这主要是因为在该区域的空旷地区种植了树木，对气流形成了一定的阻碍和导向作用，使得两建筑中部的风口处风速有所下降。

3.2　园区以绿化为主区域的热环境优化

3.2.1　区域热环境现状

该区域紧邻入口广场，设置有园区入口绿地、两座建筑物以及中部有一个小型的设备管理用房（见图 15），园区内绿化面积比较大。该区域内有较多人在此休息乘凉，是深圳虚拟大学园内重要的休息交流空间。

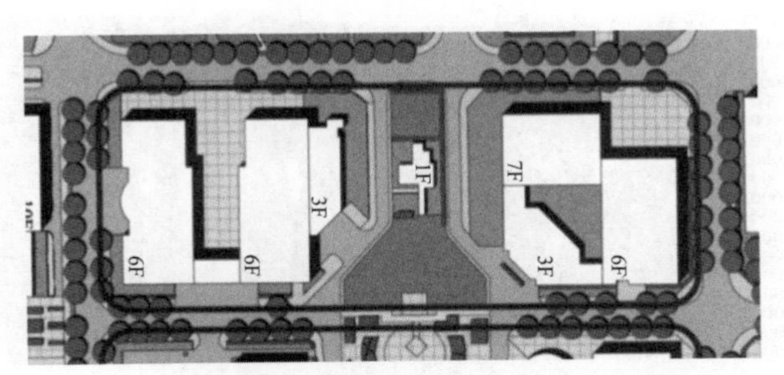

图 15　园区内以绿化为主区域现状平面图

3.2.2 区域的改造方案

（1）绿化方面的改造。

该区域入口绿地，区域内绿化茂密，因此平均温度较低，但由于建筑密度较高，树木较为茂密，园区内的通风状况较差，形成了较多处的静风区。因此建议在保持绿环面积不变的情况下，减少部分遮阴型树木，或对过于茂密的树木进行修剪，增加区域通风性。

（2）硬质地面方面的改造。

该区域所在位置较为特殊，交通量、人流量、停车量较小，因此硬质地面面积也较少。因此保留道路部分的沥青地面，和人行部分的硬质铺地，着重改造停车场部分的地面，建议把停车区域原有的水泥地面改在为透水型硬质铺地以及与绿地相结合的硬质铺地。

（3）水体方面的改造。

该区域内紧邻入口广场处曾设置有水池流水入楼，后期由于原有设备损坏，目前已经闲置，建议重新翻修水池，改造为蓄水型水池。

经过以上三种类型下垫面的改造后，该区域的平面图（见图 16），将改造后的园区模型导入 phoenics 进行模拟，比较改造前后的热环境状况。

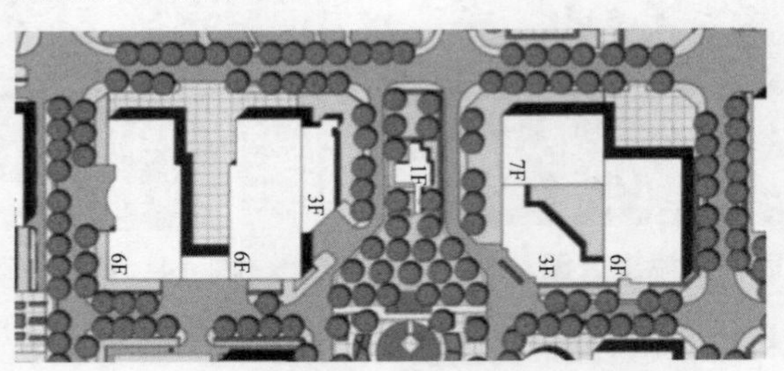

图 16　园区内以绿化为主区域改造后平面图

3.2.3 区域改造后热环境

在本次模拟试验中的测温点为近地面 1.5 m 处，经过模拟，得到园区现状热环境情况（见图 17、图 18）：

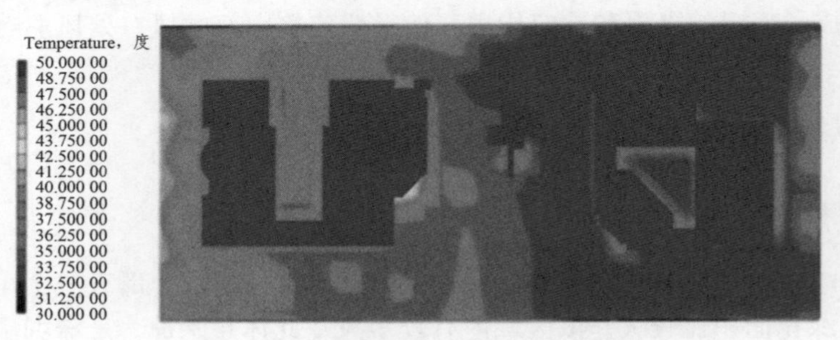

图 17　该区域改造后平均温度云图

图 18　该区域改造后平均风速云图

从图 17 可以看出，该区域的平均温度整体下降，区域最高温度为 38.75 °C。温度下降的最为明显的为该区域入口绿地左侧，从原来的 40.2 °C 降低到了改造后的 36.25 °C 左右，最高处温度下降了 4 °C 左右。

从图 18 可以看出，该区域的风速有明显的提升，最高风速在 5.0 m/s 左右，特别是该区域中部的入口绿地处，由于对该区域内的树木进行了一定的删减，树木对气流的阻碍作用得到了一定的控制，使得该区域的风速有了大幅度的提高，从原来的静风区提升到了现在的 2.5 m/s 左右。

3.3 园区以水体为主区域的热环境优化

3.3.1 区域热环境现状

该区域西侧隔邻科技南一路，与深圳大学、澳海门村相望。东侧紧邻深圳虚拟大学园中心绿地，该区域内主要设置有两座建筑物以及在两建筑物中间的停车场地、一个小型水池（见图 19），且在该区域内有大面积水体。

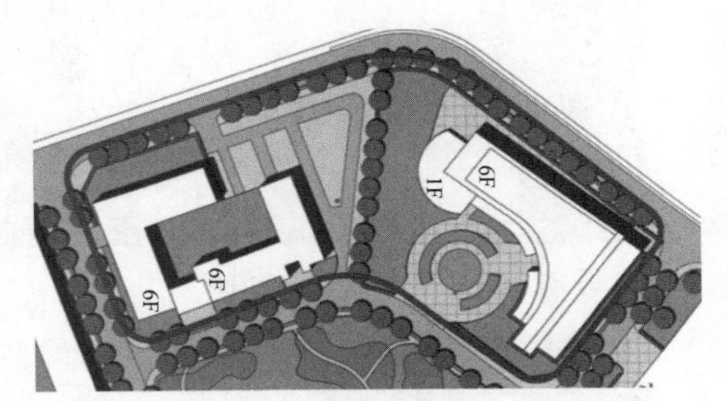

图 19 园区内以水体为主区域现状平面图

3.3.2 区域的改造方案

（1）绿化方面的改造。

该区域停车场处较为空旷，因此建议在保持绿环面积不变的情况下，增加遮荫型树木的种植，把草地、灌木等单一性绿地改造为树木与草地、树木与灌木相结合的复杂型绿地。

（2）硬质地面方面的改造。

该区域所在位置较为特殊，交通量、人流量、停车量较大，因此硬质地面面积较大。因此保留道路部分的沥青地面和人行部分的硬质铺地，着重改造停车场部分的地面，建议把停车区域原有的水泥地面改在为透水型硬质铺地以及与绿地相结合的硬质铺地。

（3）水体方面的改造。

园区内 E 区域内达实智能大厦前设有水池，目前设施基本完好，但面积较小，而达实智能大厦前空间较为宽敞，建议将水池面积扩大，以便可以进一步的加强对热环境的影响。

经过以上三种类型下垫面的改造后，该区域的平面图见图 20，将改造后的园区模型导入 phoenics 进行模拟，比较改造前后的热环境状况。

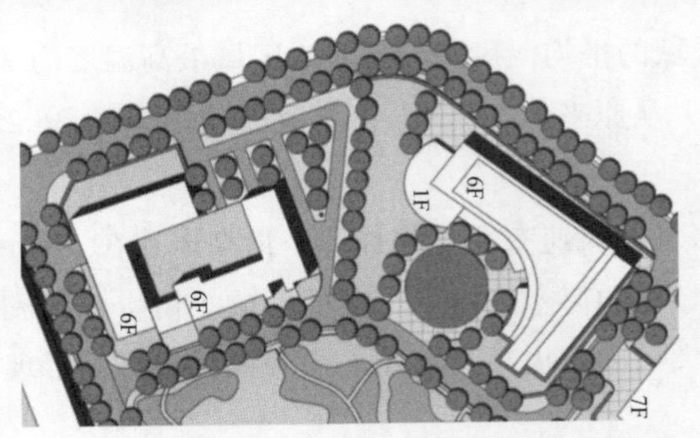

图 20 园区内以水体为主区域改造后平面图

3.3.3 区域改造后热环境

在本次模拟试验中的测温点为近地面 1.5 m 处，经过模拟，得到园区现状热环境情况（见图 21、图 22）。

图 21 该区域改造后平均温度云图

图 22 该区域改造后平均风速云图

从图 21 可以看出，该区域的平均温度整体下降，区域最高温度为 38.75 °C。温度下降的最为明显的为该区域内两建筑北侧的停车场处，改造前最高温度已达到 42.5 °C，改造后温度 36.25 °C 左右。

从图 22 可以看出，在达实智能大厦四周，风速出现了微弱的降低，最高风速达到了 5 m/s，这主要是因为在该区域增设了树木等阻碍气流的因素，增大了地面摩擦力，使得风速平稳下降。

4 结 论

通过实地调研、测量及计算机模拟技术，分别从绿地、硬质地面、水体等三种类型的下垫面，探讨了对区域热环境的改进策略和设计建议。

（1）对深圳虚拟大学园的下垫面及热环境进行了充分的调研和实测研究，确定了不同下垫面类型以及不同下垫面比例对区域热环境的影响。利用 CFD 模拟软件，模拟了深圳虚拟大学园热环境现状，分析了园区存在的热环境问题及确定园区需要进行热环境改造的区域。

（2）通过深圳虚拟大学园下垫面对热环境影响的研究，并对不同尺度、不同类型、不同位置的模型进行热舒适度、温度、风速的 CFD 模拟，可得出如下结论：① 当绿化布置于西南侧时，会有效改善周围热环境，且树木对热环境的改善效果优于草地和灌木，但会对空气流动形成一定的阻碍。② 透水型硬质铺地可有效改善热环境，硬质铺地分散布置较好，且尽量避免布置在建筑西南侧。③ 水面对环境有降温的作用，可以适当增大区域内水面面积，布置在西南侧时降温效果尤为明显。

（3）利用上文中总结的下垫面对热环境的优化策略，对深圳虚拟大学园内具体地块进行热环境优化改造，并用 CFD 计算机模拟改造后方案，验证以上优化策略的可行性。

参考文献

[1] 深圳市国家气候观象台. 深圳市 2012 年城市热岛监测公报[R]. 深圳市 2012 年城市热岛监测公报，2012（03）.

[2] WENG Q H，LU. Estimation of land surface temperature vegetation abundance relationship for urban heat island studies [J]. Remote Sensing of Environment，2004，89（4）：467-483.

[3] 李延明，张济和，古润泽. 北京城市绿化与热岛效应的关系研究[J]. 中国园林，2004，1：72-75.

[4] 刘树华，等. 森林下垫面陆面物理过程及局地气候效应的数值模拟试验[J]. 气象学报，2005，63（1）：1-12.

[5] 张景远，饶胜，迟妍妍，等. 城市景观格局的大气环境效应研究进展[J]. 地理科学进展，2006，21（10）：1025-1032.

[6] 张新春，张培红. 不同位置的水系对住宅小区热环境影响的模拟分析[J]. 建筑节能，2010（11）：53-56.

[7] 中华人民共和国住房和城乡建设部. 绿色办公建筑评价标准[S]. 中华人民共和国住房和城乡建设部，2011.

[8] 中国气象局气象信息中心气象资料室，清华大学建筑技术科学系.中国建筑热环境分析专用气象数据集[G]. 北京：中国建筑工业出版社，2005.

通过调试提高建筑能源效率

黎远光

（阿特金斯顾问（深圳）有限公司，中国深圳市深南东路 5002 地王大厦 53 楼）

【摘　要】　建筑调试是近年来迅速发展的一项能够提高建筑运行能源效率的涉及工程专业技术经验、技能和管理的工作。由于其对建筑工程交付时的性能能够带来明显有效的提升，近年来成为众多建筑工程业主、工程管理团队的新宠。本文主要介绍建筑调试的目的、工作过程、可用的技术手段以及介绍一个在实际大型商业综合体工程调试中发现的问题和解决方案。通过展示这个实际工程调试案例，证明建筑调试是一项非常有推广前景的无成本（从硬件成本的角度考虑）或低成本的建筑节能增效措施，可以为建筑业主、住户和物业管理团队带来令人惊喜的回报。

【关键词】　调试　能源效率　水泵　流量　扬程

1　调试的定义及简介

建筑调试对新建建筑工程来说是一个以质量保证为导向的过程，其目的是获得并验证建筑、机电系统和各部件设备达到业主的项目要求和设计团队的设计意图、目标和性能指标，并提供完整的文档记录[1-4]。建筑调试涉及工程规划、施工交付、实地验证和对关键系统性能的风险控制。通过在设计阶段的同业设计复核以及在施工现场的实地测量验证来确保建筑工程的交付质量。同时，建筑调试通过确保建筑部件根据高效节能的策略来正确运行，从而获得更高的能源效率、更安全环保、更舒适的室内环境和更优质的室内空气质量[5, 6]。图 1 概括了建筑调试的典型工作内容和工作流程。

2　工程案例分析

建筑调试对建筑工程来说并不是创新性的工程技术，但是这些被认为是理所当然的安装检查、性能测试的正确实施以及基于这些发现和专业分析和改善建议却能够为业主带来惊喜的收益。为了更有说服力地陈述这一观点，本文接下来的部分会分享一个实际的调试工程案例中针对冷冻水子系统的设计审核发现、实地调试发现、所实施的改进方法和产生的效益。

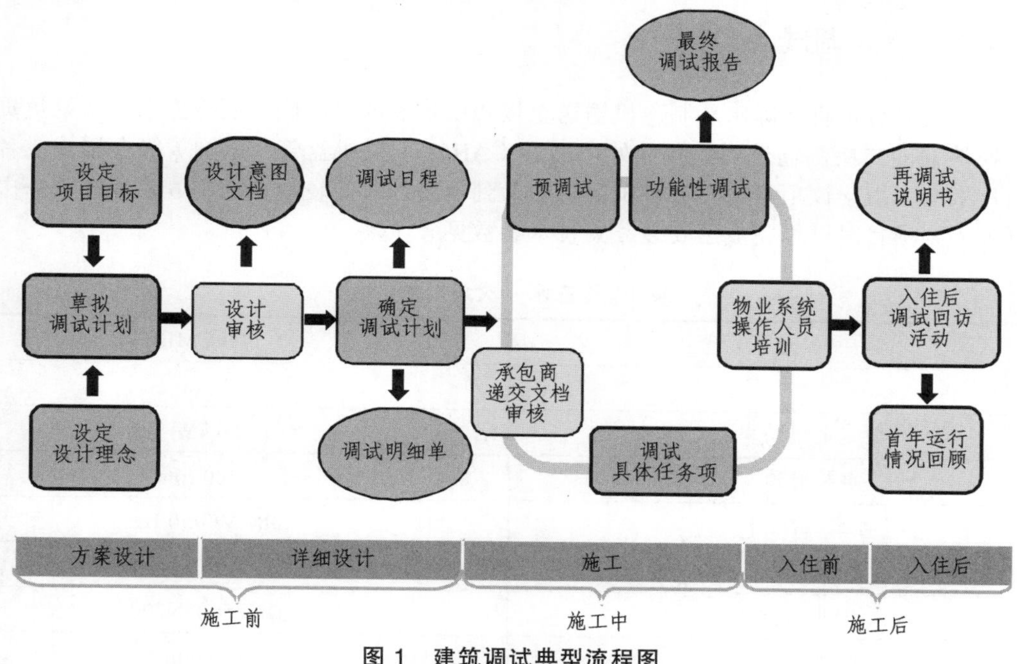

图 1 建筑调试典型流程图

2.1 项目背景

该项目是一个位于成都的地标性商业综合体，由世界顶级的建筑设计师，知名的机电顾问团队和其他知名的设计施工团队进行设计和施工。项目由 5 个塔楼和下部裙楼部分的大型高端购物商场和 4 层地下室组成。塔楼分别为高端写字楼，5 星级酒店服务式公寓和 SOHO 类型物业。

其中一个位于地下室的 20MW 中央制冷站负责供应商场和其中 3 个塔楼。制冷站包括直接生产冷冻水的高效离心式制冷主机，大容量的冷冻水储冷池，并设置有板式换热器对一次侧和二次侧的冷冻水进行分隔，并通过阀门开关切换能够实现直接供冷，水池蓄冷放冷，冷却塔过渡季节免费制冷以及各种组合的联合工作模式。图 2 是这个中央制冷站的简化示意流程图。

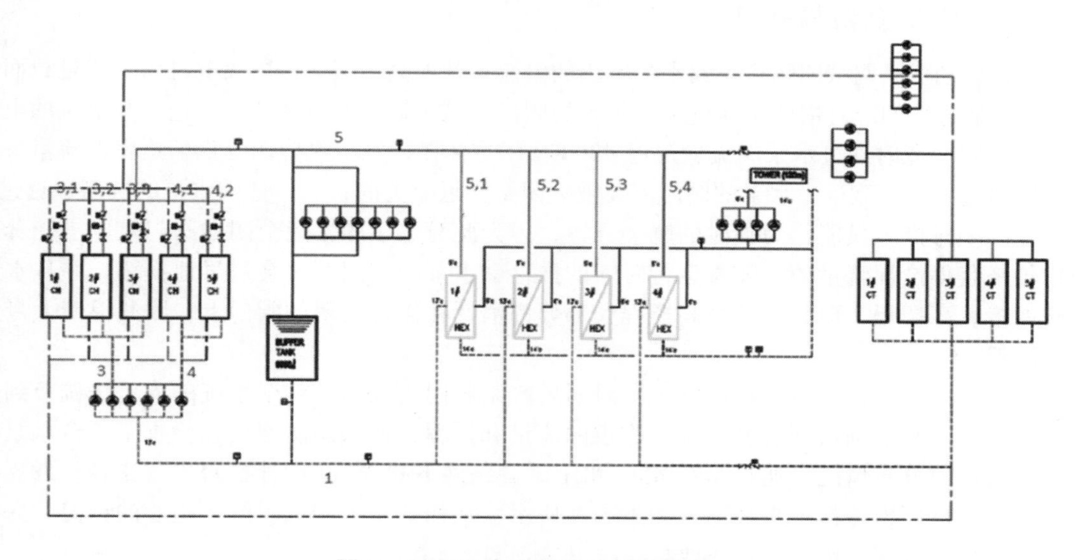

图 2 20MW 中央制冷站系统流程

2.2 冷冻水泵调试

冷冻水一次泵负责将冷冻水从制冷机输送至板式换热器的一次侧，而冷冻水二次泵负责将冷冻水从板式换热器的二次侧输送到如空气处理机组（AHU）、风机盘管（FCU）等在裙楼或者塔楼中的空调用户末端。由于该项目第三方调试团队进入到项目的时间较晚，其中6台冷冻水一次泵在调试团队刚加入到项目时已经完成了安装，其技术参数见表1。

表1 冷冻水一次泵技术参数

流　量	500 CMH
扬　程	33 m
额定电机功率	56 kW
电机转速	1 480 rpm
电压/相/频率	380 V/3/50 Hz
满负荷电流	103 A
入口/出口直径	DN250/DN200
叶轮直径	380 mm

2.2.1 设计图纸复核的发现

作为进入项目后的第一项任务，调试团队对项目暖通空调专业的各专业施工图纸、各系统和设备如制冷机、水泵、冷却塔、AHU、风机、阀门等的技术规格参数进行了同业设计复核。

针对冷冻水子系统，在经过对系统中中逐个阻力环节的水力计算校核后，发现冷冻水系统一次侧环路的总需求压降为159 kPa。经过与所安装的冷冻水一次泵进行比较，调试团队发现已经安装的冷冻水一次侧水泵的选型远超实际需要。

有鉴于此，调试团队在项目的调试工作计划中安排了针对冷冻水一次泵的实际运行工况和性能测试和校核的工作，从而向业主汇报调整优化或者需要进行重新设计的解决方案。

2.2.2 实地测量与验证

在水泵启动后，调试团队意识到水泵电机的电流比预期高出很多，导致电机因电流过载而频繁停机的现象。临时性的应对措施是通过关小水泵的阀门以减少通过水泵的流量，把水泵电机的电流控制在100 A左右，此时通过水泵的流量接近430 CMH这一制冷主机供应商提供的蒸发器流量参数。但是为了达到这一设计流量，水泵的阀门需要被关闭至接近全关的状态，证明水泵的选型远远过大了。

这样的应对措施只能作为临时的解决方案，因为此时水泵的接近全闭的阀门是以承受着巨大压力为代价来获得设计流量的，随着运行时间的推移，水泵的阀门必然会过早地损坏。并且水泵的运作依然保持着高扬程，而其实这个高扬程大部分都消耗在接近关闭的阀门上，因此浪费大量无必要的水泵能耗。

如此运行的结果，必将是在运行一段时间后水泵阀门失效而让整个系统陷入无法调节到正常工作流量的状态。为了确认满足制冷主机需求的流量和扬程，调试团队测量和检查了6台水泵和1台制冷主机的压力分布情况。通过与在430CMH流量条件下的37 m设计扬程进行比较，发现全部水泵的进口和出口压力差都一直过高，如下表2所示。从而证实了调试团队所担心的情况，并需要对冷冻水子系统通过调整措施进行整改。

表 2 制冷主机和水泵的进出口压力测量值

仪 器	进口压力/MPa	出口压力/MPa	出口进口压力差/(MPa/m)
制冷主机-02	0.34	0.31	−0.03/−3
水泵-01	0.19	0.57	0.38/38
水泵-02	0.19	0.61	0.42/42
水泵-03	0.21	0.61	0.40/40
水泵-04	0.20	0.64	0.44/44
水泵-04a	0.19	0.63	0.44/44
水泵-04b	0.21	0.61	0.40/40

2.2.3 解决方案和经济性分析

在与业主、施工承包商进行了多次关于技术可行性、工程交付进度影响以及改进工程方案的成本概算的探讨后，以及多轮与项目的原来机电设计顾问的技术性辩论后，业主批准了下述由调试团队提出的改进方案：

（1）对选型过大的冷冻水一次泵叶轮进行切割。

（2）为水泵电机加入修正电容以提高功率因数。

如图 3 所示，通过这样的改进措施，能够永久性地修复冷冻水泵选型过大的设计缺陷问题并在接下来的长期运行中持续节约 43%的水泵能耗，并有效防止水泵损坏的风险和由于物业管理操作人员对水阀的操作不当而重新引发水泵电机电流过载停机的现象。

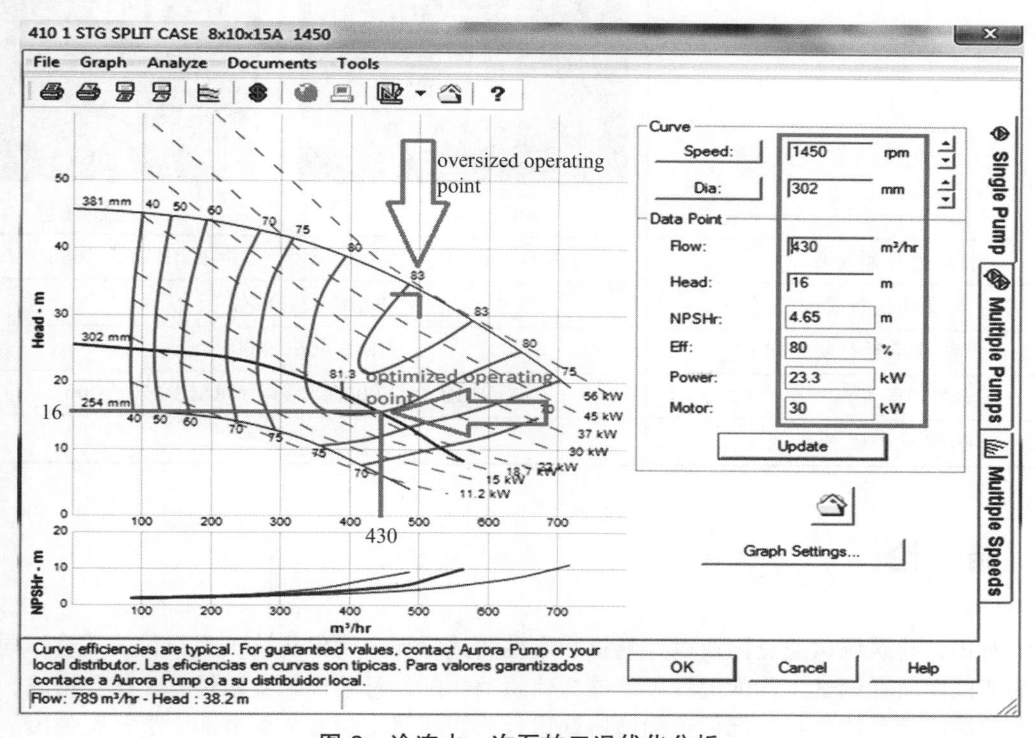

图 3 冷冻水一次泵的工况优化分析

冷冻水一次泵改进前后的数据对比见表 3。

表 3 水泵改进前后的数据比较一览

项　目	改进前	改进后
叶轮直径	380 mm	302 mm
流量（阀门全开）	695 CMH	452 CMH
水泵扬程	33.4 m	16 m
电机电流	105 A	65 A
水泵功率（单台）	54.6 kW	28.8 kW
运行时间	6 000 小时/年	6 000 小时/年
实地测量	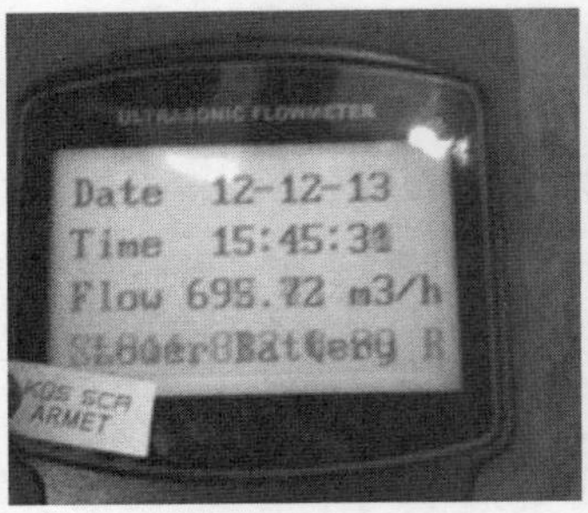 流量实测值	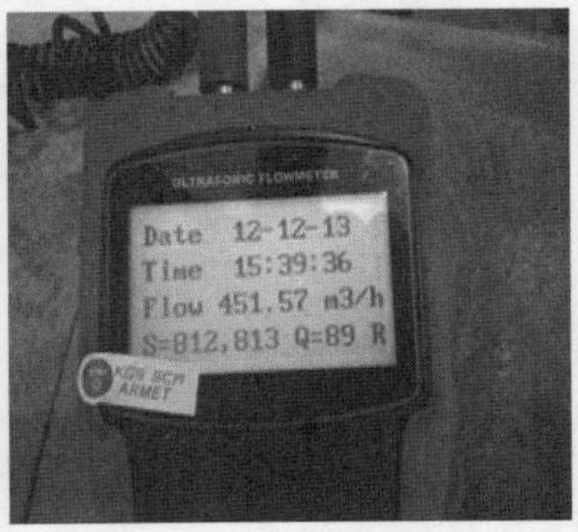 流量实测值
	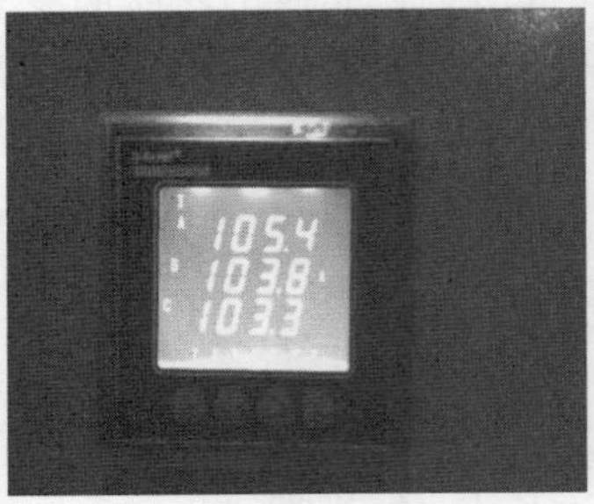 电流实测值	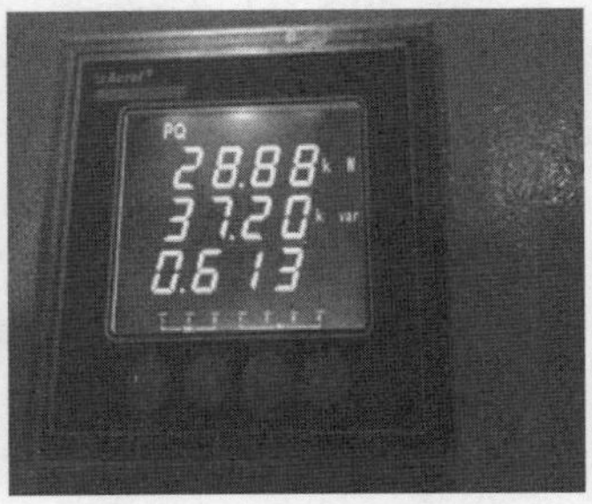 电流实测值
水泵运行能耗费用	RMB 196，560/年/台	RMB 103，680/年/台
每台水泵年运行费用节约	RMB 92，880/年/台	
5 台水泵的年运行费用节约	RMB 466，400/年/台	
改进工程实施成本	RMB 30，000/台，共计 RMB 150，000	
简单投资回报期	0.32 年	

3 结　论

综上所述，建筑调试通过同业设计复核和实地测试验证来确保建筑工程交付的质量。同时，富有经验的调试团队在调试工作的过程中能够为建筑的实际运行建议和实施进一步优化措施，并通过切实有效的措施使各建筑系统部件正确地协调运行，为项目交付带来更节能、更环保健康、更高的住户舒适性和进一步保障和提高室内空气质量。建筑调试在我国的早期发展的动力来自于一些绿色建筑第三方认证体系的建筑工程流程管理要求，如美国绿色建筑委员会（USGBC）的能源与环境设计领先（LEED）认证。在实际工程项目的执行实施过程中被证实是非常有推广前景的工程实践，可以成为为建筑工程业主、住户和运行管理团队带来具有惊喜性回报的无投入（从硬件成本的角度考虑）或低投入的节能措施。

参考文献

[1] NATASA DJURIC，VOJISLAV NOVAKOVIC. Review of possibilities and necessities for building lifetime commissioning. Renewable and Sustainable Energy Reviews 13（2009）: 486-492.

[2] PIETTE MA，KINNEY SK，HAVES P. Analysis of an information monitoring and diagnostic system to improve building operation. Energy Build 2001，33：783-91.

[3] IANG J，DU R. Model-based fault detection and diagnosis of HVAC ystems using Support Vector Machine method. Int J Refrig 2007：1-11.

[4] CHEIN J，BUSHBY ST，CASTRO NS，et al. A rule-based fault detection method for air hndling units. Energy Build 2006，38：1485-92.

[5] OSHIDA H，IWAMI T，YUZAWA H，et al. Typical faults of air-conditioning systems and fault detection by ARX model and extended Kalman Filter. ASHRAE Trans 1996，102（Part 1）.

[6] VISIER JC，Commissioning for improved energy performance，Results of IEA ECBCS Annex 40，IEA Annex 40，2004.

[7] MITEL A，LEVI Y ZHAO，et al. Energy saving in agricultural buildings through fan motor control by variable frequency drives. Energy and Buildings 40（2008）：953-960.

[8] HARISH R，SUBHRAMANYAN E E，MADHAVAN R，et al. Theoretical model for evaluation of variable frequency drive for cooling water pumps in sea water based once through condenser cooling water systems. Applied Thermal Engineering 30（2010）：2051-2057.

杜邦防水透气膜在当代 MOMA 项目中的应用

杨 帆 商玉波

（当代节能置业股份有限公司）

【摘 要】 本文通过对当代 MOMA 项目建筑中防水透气膜的应用分析，阐述了杜邦防水透气膜的特性以及与其他材料组合后体现出来的性能，得出了如下结论：

（1）由于杜邦防水透气膜具有易燃性，建议与不燃材料做浸润处理后，与其他材料复合一体使用，在外墙应至少达到 B1 级难燃的标准。

（2）杜邦膜可以分别与混凝土、砖、木质、岩棉结合使用，可更好的发挥防水透气膜的透气性能。

（3）杜邦防潮透气膜分别与模塑聚苯板和挤塑聚苯板结合使用时，与模塑聚苯板结合的使用能更好地发挥防水透气膜的特性的透气性。

【关键词】 防水透气膜 混凝土 模塑聚苯板 挤塑聚苯板

1 杜邦防水透气膜在当代 MOMA 项目中的应用

当代 MOMA 项目简介：当代 MOMA 项目总建筑面积 22 万平方米，其中住宅为 13.5 万平方米，配套商业面积 8.5 万平方米，由 8 幢高层高端住宅建筑组成。在建筑艺术方面实现了世界的唯一，更加充分的发掘城市空间的价值，将城市空间从平面、竖向的联系进一步发展为立体的城市空间。当代 MOMA 项目也是当代置业科技主题地产的延续与发展，实现高舒适度、微能耗的基础上，将大规模使用可再生的绿色能源。从可持续的观点出发，当代 MOMA 项目适当的高密度（强度）开发利用土地与大规模使用可再生的绿色能源是大城市发展的方向，是真正“节能省地型”的项目。

当代 MOMA 项目运用了天棚辐射采暖制冷与全置换新风系统、外保温系统、外窗系统、外遮阳系统、地源热泵系统等十大节能系统。其中，被动节能外围护系统在节能建筑中起到了非常重要的作用。提升产品性能、延长了建筑的使用年限，其中在干挂式外墙体系中我们采用了杜邦防水透气膜产品及其技术。

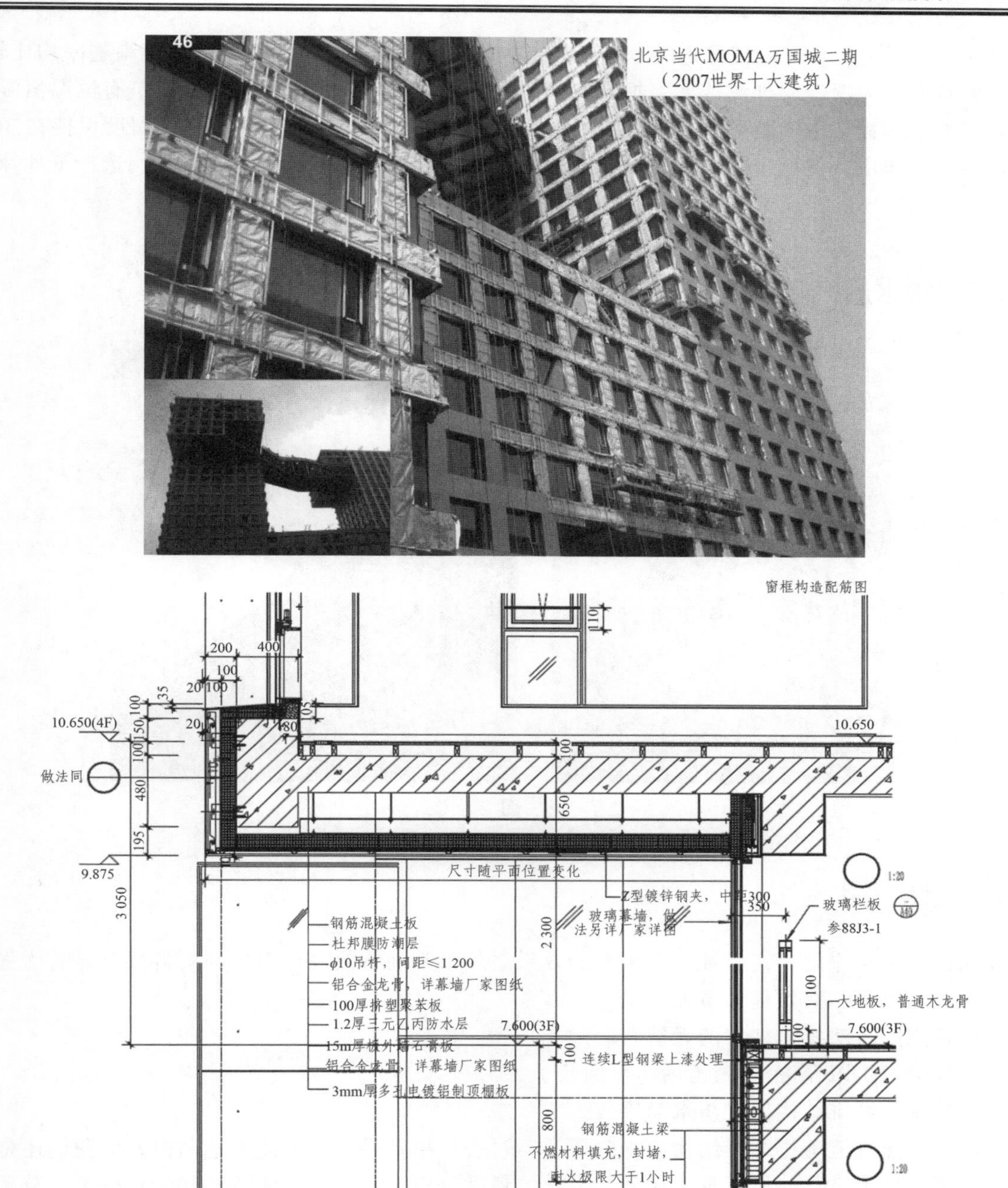

图 1

1.1 建筑构造

防水透气膜是铺在建筑围护结构保温层之外的一层薄膜，适用于外墙及坡屋面。通过对围护结构的包覆，加强建筑的气密性、水密性，同时又令围护结构及室内潮气得以排出，从而达到节能，提高建筑耐久性，保证室内空汽质量的作用。

防水透气膜的功能对于湿气而言相当于只出不进，因为外界湿度变化大，在高温湿气遇到低温建筑表面时会结露，如夏季“桑拿天”的时候，80 °C 的湿气遇到了 30 °C 的建筑表面室温度后会形成结露，在重力作用下露水会顺着建筑向下流，从而可以抵挡来自外界的高温高湿气体进入室内；

在冬季时，混凝土本身有湿气渗透率，由于混凝土、苯板、透气膜三种材料的湿气渗透率均比较低，可以有效减慢室内湿气向外渗透率，抑制和削弱了室内湿气向外溢出。我们的建筑有恒温恒湿的要求，混凝土 + 苯板 + 透气膜形成了具有保湿的功能的维护体系，这对于冬季室内湿度保持在 30%起到了很重要的作用，保证室内的舒适度。综合考虑各类材料的性能价格差异，我们选择了杜邦防水透气膜。

1.2 防水透气膜选型：杜邦特卫强 3583M 防水透气膜（反射型）

图 2

1.3 性 能

表面镀有金属涂层，在保证防水透气的效果之外，其独特的高反射低辐射特性可显著增强建筑维护结构的隔热性，有效提升节能效果。

（1）特点闪蒸法技术加工的无纺布。

（2）100% HDPE 高密度聚乙烯（可回收）。

（3）独特的纤维结构使之防水而透气。

为什么水蒸气能透过纤维结构而水分子透不过去？尽管供应商不能表达明白，但我们还是应该从产品性能原理上进行分析了解。从分子力学的角度分析，水蒸发变成游离状的水分子，分子直径是 4×10^{-10} m；游离水分子可以非常轻松的出入杜邦膜的两侧；液态水分子由于范德华力的作用形成了一个个分子长链，水分子一旦液化可团聚形成的最大独立液态液滴会以 0.02 mm^3 的液态液滴形态出现。杜邦防潮透气膜呈网状的纤维结构会使得水颗粒的表面张力产生作用，使水颗粒呈颗粒状浮在纤维面层表面。（水的表面张力比水重 8 倍多的东西，比如保险刀片和针等能够平放在水面上而不会沉入水下；荷叶表面的水珠等。）

（4）轻盈坚韧，柔软平滑。

（5）耐磨，抗老化。

（6）极佳不透明度。

（7）不含黏合剂，低掉屑。

（8）防火性能较弱。

图 3

在当代 MOMA 项目防潮透气膜的使用过程中，总体表现出来的综合性能是良好的。达到了设计效果，既没有产生强烈水汽的聚集，也没有发生室内常规的墙面发霉、霉斑等的建筑质量通病，施工质量良好且质量状况受控，施工过程比较平稳。

在施工过程中我们没有注意到杜邦防潮透气膜材料本身的可燃烧性能。在当代 MOMA T3 屋顶防水工程施工过程中，由于 SBS 防水卷材采用热熔法施工工艺，汽油喷灯引燃了顶层包覆在女儿墙部位的防水透气膜，汽油喷灯外焰温度至少可以达到 800 °C，外焰前端局部温度甚至可以达到 1 200 °C 及以上。由于防水透气膜为可燃物，聚乙烯燃点为 420 °C ~450 °C，聚苯乙烯也就是挤塑板苯板燃点为 450 °C ~500 °C（受高压制作过程中聚苯板预发颗粒形成时的密度、体积、构造结构影响）；铝的燃点 550 °C，熔点 660 °C，由于铝材表面致密的三氧化二铝保护膜，使它跟空气隔绝。所以在空气状态下，铝材很难参与燃烧。汽油喷灯的外焰温度 800 °C ~ 1 200 °C 高温，引燃防水透气膜后又引燃苯板并产生大量的热能，在这种情况下铝板非常容易达到熔点而融化。铝板进入融化状态形成的液态铝滴在空气中飞溅到低燃点的聚苯板和聚乙烯膜上，引燃并加剧了燃烧的过程，火从 22 层逆向燃烧烧到 6 层从而造成施工火灾事故。

图 4

通过这次事件，我们的总结是由于杜邦防水透气膜具有易燃性，建议与不燃材料做浸润涂覆处理达到至少 B1 级难燃材料等级后，与其他难燃或不燃材料复合一体使用。

防水透气膜与哪种材料结合更能发挥其防水透气性能？

2　防水透气膜与其他建筑材料结合使用

2.1　挤塑聚苯板或膜塑聚苯板 + 混凝土

挤塑聚苯板或混凝土 + 膜与模塑聚苯板 + 混凝土 + 膜哪一个更能发挥防潮透气膜的特性呢？当代 MOMA 选择了挤塑聚苯板 + 混凝土 + 防水透气膜的做法。这种做法是否合理？

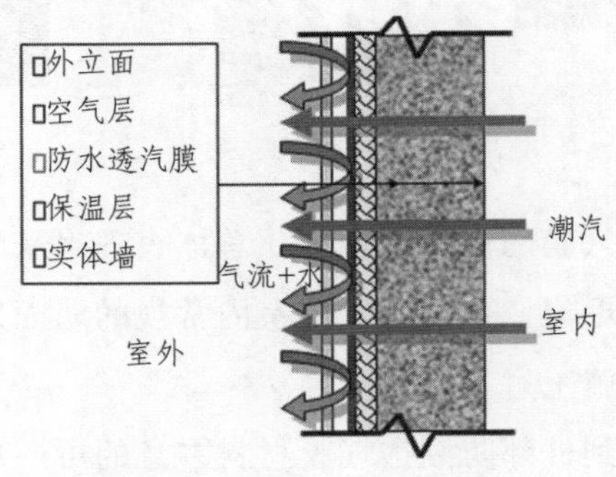

图 5　混凝土/切块结构

EPS 与 XPS 性能对比：

种类	密度	导热系数	水蒸气渗透系数	抗拉强度	尺寸稳定性	氧指数	耐候性	市场价格/m^3
EPS	18 ~ 22	≤0.041	≤4.5	≥0.10	≤3	≥30		500
XPS	30 ~ 45	≤0.030	≤3.0	≥0.15	≤2	≥30	耐候性好	1 200

XPS 板的隔汽性能较好、吸水性低，常规的外保温体系是若干保温板拼接且和结构墙之间有一定空腔的立体构造，所以 XPS 板高抗蒸汽渗透性的优异性能用于外墙外保温，就变成其致命缺点。当代采用大模内置的施工工艺，在做混凝土浇筑的时候先把苯板贴到模板的内测，成型以后混凝土与苯板成为一体的构造，混凝土与苯板之间没有后粘法形成的空腔。混凝土是一种水硬性材料，终凝过程中混凝土中会形成肉眼看不到但显微镜下可见的大大小小的空腔，水汽在混凝土空腔之间游离，并由高浓度向低浓度扩散，从混凝土内游离出来结露后无法回到混凝土内，即在混凝土与苯板之间形成积水，达到一定积水量及外界变化温度的情况下，形成冻融循环。在冬季混凝土施工状态下，气温很低还没有供暖，湿气就变成水，白天温度高形成水气产生鼓胀，夜晚温度低水汽凝结形成冰又产生鼓胀。而板材不透气，它阻碍了墙体中的潮气渗透，使潮气大量聚集在墙体与 XPS 保温层之间。在冻融应力的作用下，会导致挤塑聚苯板与混凝土表面最终脱开从而极易造成保温层变形和粘贴层的脱落，直接影响外墙外保温系统的使用寿命以及外墙外保温系统的安全性。大模内置工艺从长远看，其材料选型及工艺构造是存在需要改进的空间的。而后粘法施工的 EPS 板相对较好的施工构造材料性能，能隔绝雨水，又能使墙体中的潮气透过并有效释放，解决了建筑物的透气性问题。

通过长期的使用及以上挤塑聚苯板与模塑聚苯板透气性的分析，得出防潮透气膜与模塑聚苯板 + 混凝土结合使用能更好地发挥其透气性。

2.2 挤塑聚苯板、膜塑聚苯板+砌体

砌体相对于混凝土透气性能更好抗渗性能更差，推理得出模塑聚苯板+砌体+防潮透气膜结合使用，在发挥其透气性能的角度上要优于塑聚苯板+混凝土+防潮透气膜结合。

2.3 木质结构+玻璃丝棉+膜

木质构件+石膏板体系是开放式构造相对于砌体、混凝土透气性更好。同理，推理出得出在发挥防水透气膜的透气性方面，木构件+岩玻璃丝棉+防潮透气膜>模塑聚苯板+砌体+防潮透气膜>塑聚苯板+混凝土+防潮透气膜。

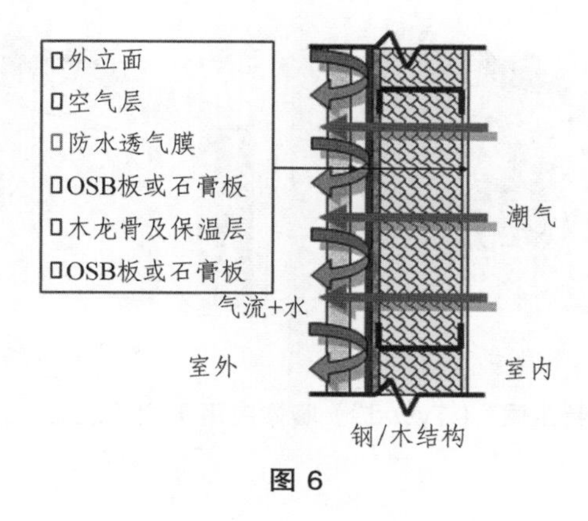

图 6

3 关于防水透气膜北美相关规范

防水透气膜作为一种节能环保材料，在国外已经大量的投入使用，并在世界很多国家的建筑规范中提及，例如：

国际住宅建筑规范

美国供热制冷空调工程师学会《简明能源规范》(2005)

加拿大国家建筑规范(1995)

美国联邦标准

马萨诸塞州节能规范(2001)

威斯康星州能源规范(2003)

明尼苏达州能源规范(2006)

伊利诺伊州能源规范(2006)

4 应用部位

4.1 外墙应用-实体墙

4.2 外墙应用-复合墙体

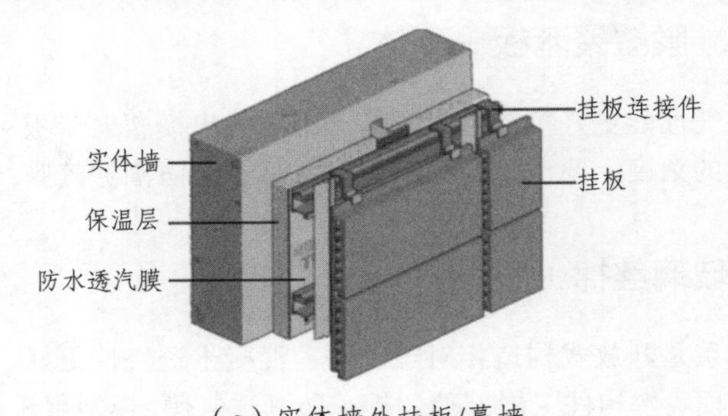

（a）实体墙外挂板/幕墙

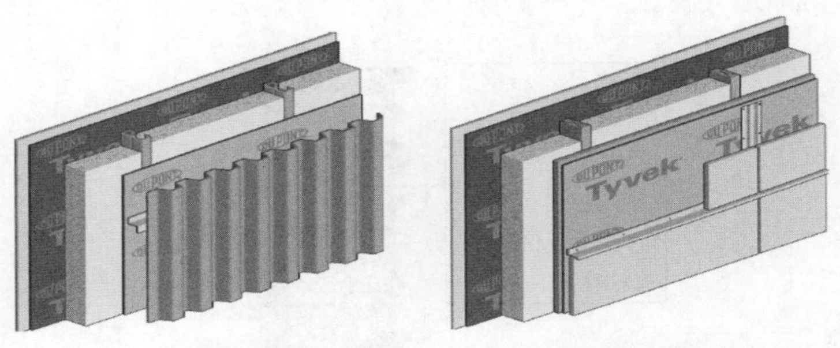

（b）轻钢龙骨复合墙体　　（c）木龙骨复合墙体

图 7　特卫强®（Tyved®）墙体应用示意（北美、欧洲）

5　防水透气膜的性能要求

（1）高防风性：空气泄漏量越低越好，因为空汽的流动（对流）会导致热量散失，增加能耗。

（2）高防水性：防水性能越高越好，阻挡外部雨雪的侵袭。

（3）良好的透水蒸气性：水蒸气透过率用 *perm* 表示，越高表明透水汽性越好。为保证围护结构干燥，建议 *perms*≥20。

（4）可靠的耐久性：① 紫外线耐久；② 冻融循环；③ 反复浸水；④ 磨损；⑤ 机械力。

6　新材料的诞生

随着市场的需求及研发力量的投入，杜邦防潮膜的依照不同的需求，推出了很多新产品。如杜邦特卫强防水透气膜 2536M（加强反射型）、杜邦特卫强防水透气膜 8327AD 隔气膜（隔气型）、杜邦特卫强 2506B 防水透气膜（加强型）、杜邦特卫强 2066B 防水透气膜（防火型），为建筑节能提供了更广阔的选择空间。

7　结　论

根据使用经验及数据分析得出以下结论：

（1）由于杜邦防水透气膜具有可燃性，建议与不燃材料做浸润涂覆处理达到至少 B1 级难燃材料等级后，与其他难燃或不燃材料复合一体使用。

（2）杜邦膜可以与混凝土、砖、木质、岩棉结合使用，可更好地发挥防水透气膜的透气性能。

（3）杜邦防潮透气膜分别与模塑聚苯板和挤塑聚苯板结合使用时，与模塑聚苯板的结合使用能更好地发挥防水透气膜的特性的透气性。

防水屋面结构自找坡做法分析

杨 帆　姚志刚

【摘　要】 屋面传统排水做法存在一定缺陷，排水效率低，同时，找坡层抗渗性差，已发生渗漏水现象，为解决该缺陷，我们设计出屋面结构自找坡的施工工艺，使屋面排水效率得以提高，提高了屋面的防水抗渗性能。

【关键词】 屋面结构自找坡　排水天沟

1　建筑屋面常规做法

目前，屋面排水设计一般为简单有组织排水，其做法为将屋面划分成若干排水区，按一定的排水坡度把屋面雨水沿一定方向有组织地流到檐沟或天沟内再通过雨水口，雨水斗落水管排泄到散水或明沟中的排水方式。

现在屋面一般采用轻质材料（如珍珠岩或泡沫混凝土）做排水找坡层，坡向水落口方向；但是建筑找坡存在一定缺点，详列如下：

（1）屋面找坡层采用轻质材料一般为珍珠岩或泡沫混凝土，耐水性较差。

（2）现有技术屋面找坡为整体找坡，尺寸大，找坡层太厚，且坡度不易控制，无组织排水造成屋面排水较慢，增加了屋面渗漏水的可能性。

（3）珍珠岩或泡沫混凝土找坡层轻度低，不是抗渗构造，不能为防水卷材提供可靠坚实的基层，水易渗入找坡层且难以排出，渗漏水隐患大，对防水不利。

2　屋面结构自找坡、天沟排水做法

为解决上述问题，我们重新对屋面排水进行设计，在混凝土屋面结构做自找坡处理，同时设置天沟，天沟做法详图如下：

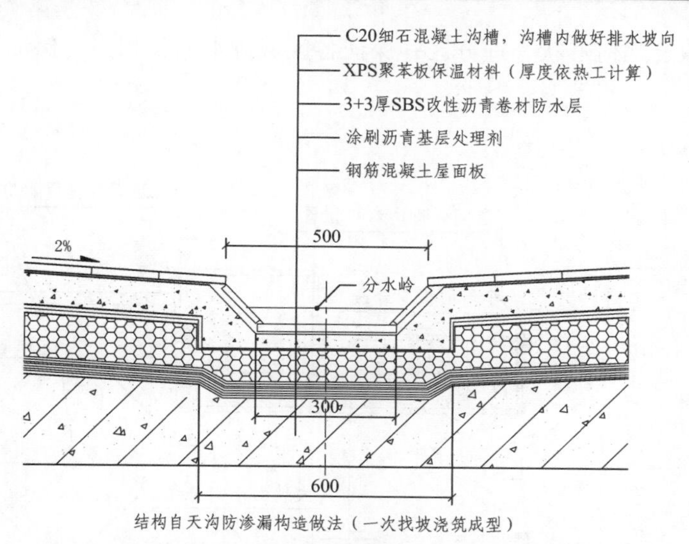

图 1　结构自天沟防渗漏构造做法（一次找坡浇筑成型）

天沟布置图（例图）：

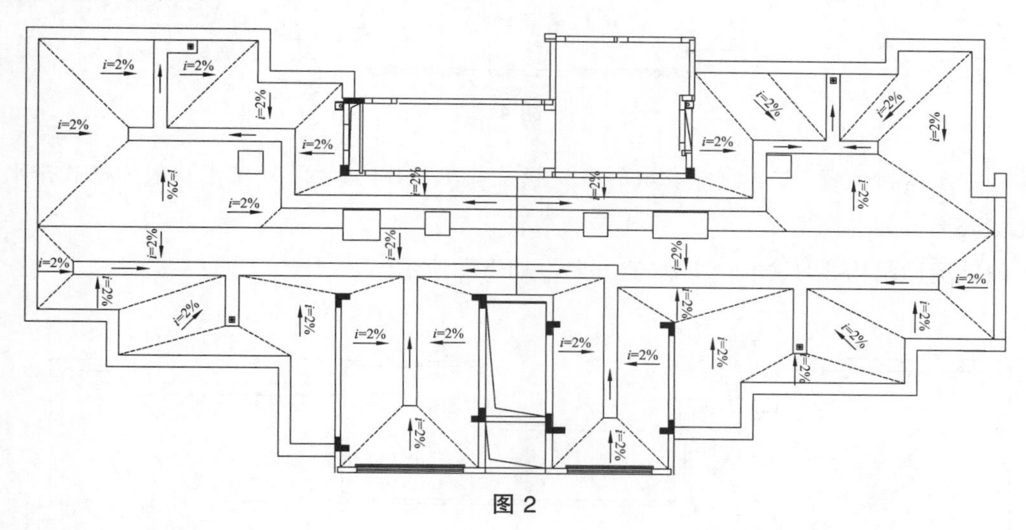

图 2

防水屋面天沟做法施工工序为：

（1）计算屋面的总平面面积，包括屋顶机房、楼梯间等的屋面面积，如下图所示：

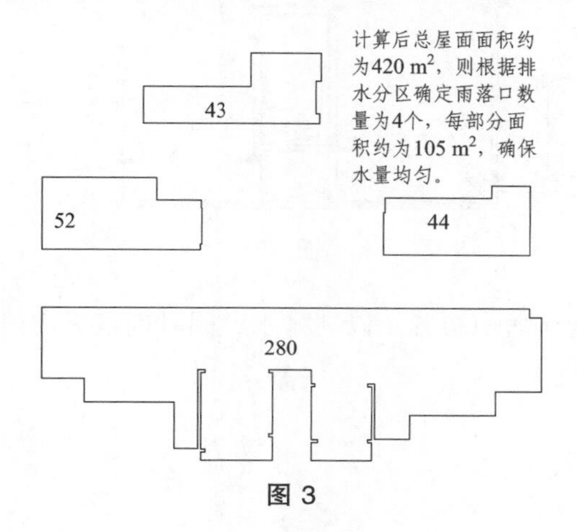

图 3

（2）根据屋面面积及几何形状合理分区，保证各区域排水面积相当，保证屋面的排水顺畅，如下图所示。

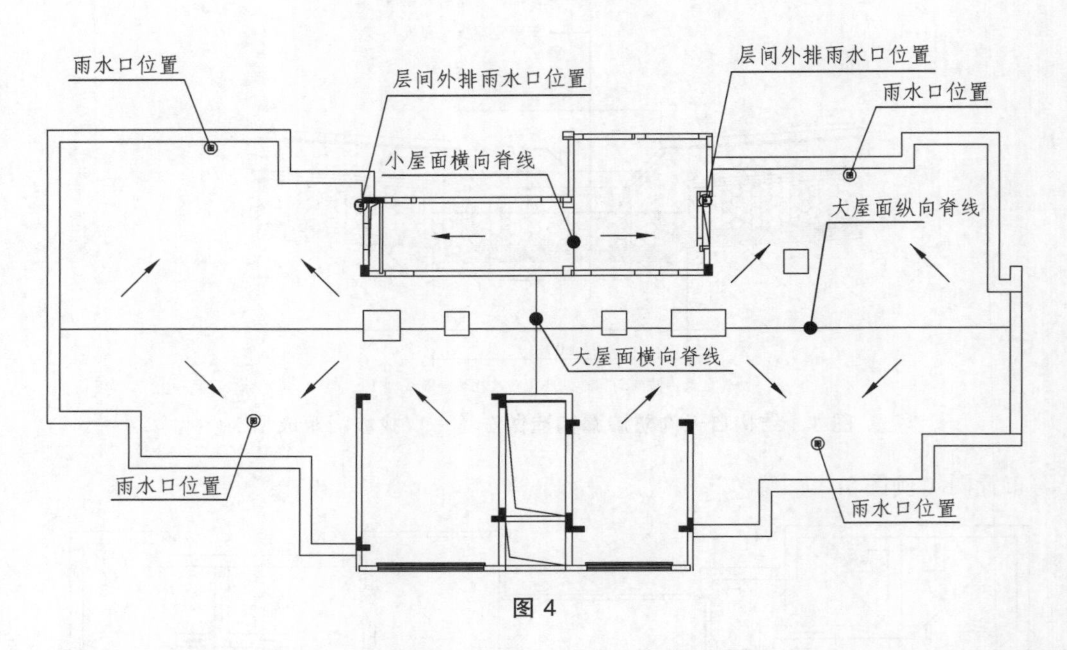

图 4

（3）确定水落口位置。① 内排水水落口一般设置在管井内；② 外排水一般为横式排水口，设置在女儿墙底部，如上图所示。

（4）确定屋面结构找坡方向，即水流方向，如下图所示。

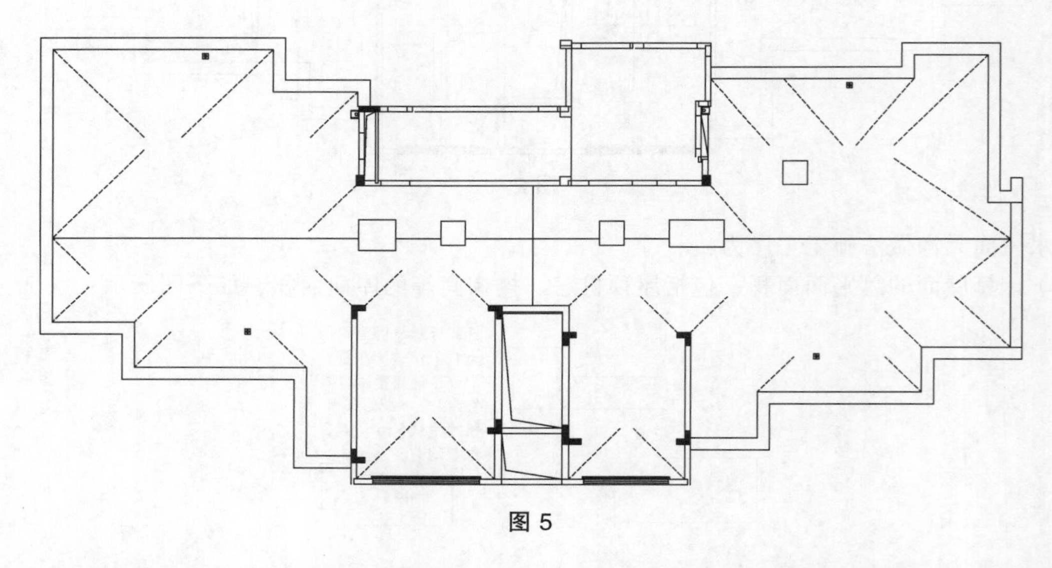

图 5

（5）确定沟槽位置，天沟应居中布置，以利排水；同时确定天沟内的排水坡度，从远端向水落口处找 1%的坡，如下图：

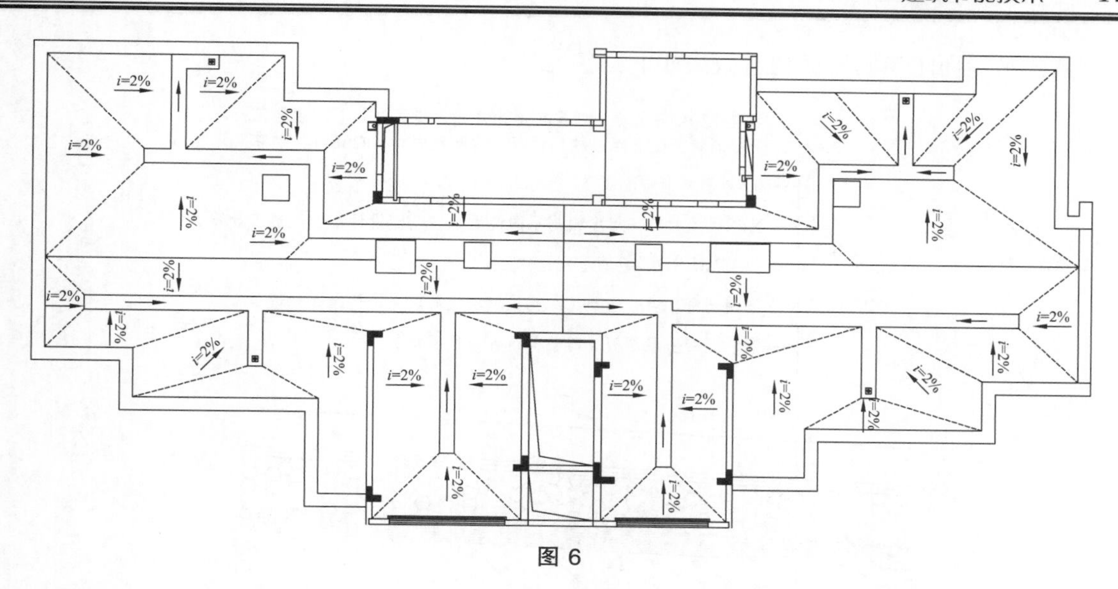

图 6

（6）屋面天沟及找坡控制点标高计算，取水落口位置为零点，同时天沟两侧找坡层高度为 30 mm，找坡高点（即女儿墙阴角部位各标高控制点高度）为：控制点与天沟间垂直距离 × 排水坡度 2%，控制点连线即为屋面找坡放线位置。

天沟成品照片（示例）：

图 7　　　　图 8

3　结构自找坡做法的可行性分析

防水屋面天沟做法与传统屋面建筑找坡构造的荷载对比如下：

上人保温层面(平屋面)

- 25厚1：4干硬性水泥砂浆，面上撒素水泥，上铺8厚地砖，铺平拍实，缝宽5~8，1：1水泥砂浆填缝
- 素水泥浆一道
- 40厚C20细石混凝土刚性防水层(内配Φ4@150双向)，@4 200设分格缝并用密封材料嵌填
- 干铺聚酯无纺布一层隔离层
- 140厚泡沫玻璃板，抗压强度大于300 kPa
- 3+3厚SBS改性沥青卷材防水层(Ⅰ型)
- 20厚1：3水泥砂浆找平
- 最薄120厚1：6干硬水泥焦渣找2%坡
- 钢筋混凝土屋面

图 9

倒置式平屋面防渗漏屋面构造做法如下：

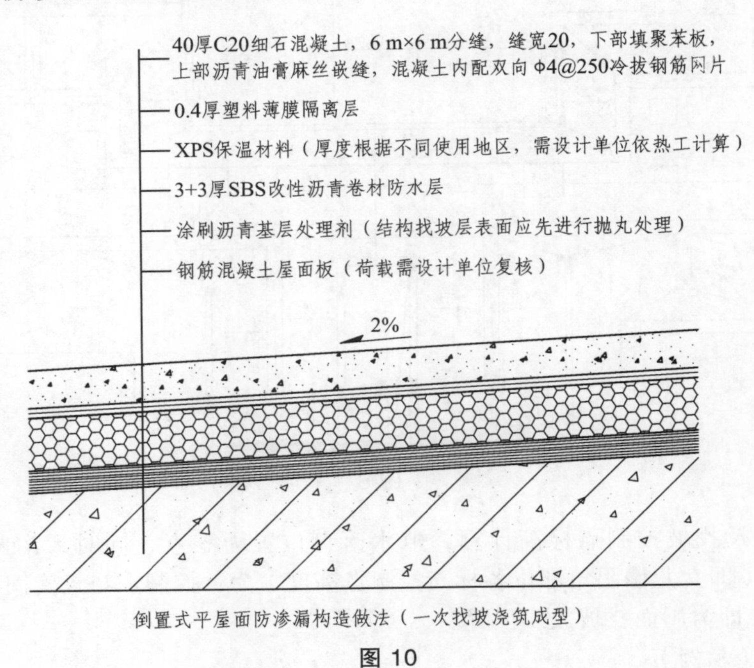

倒置式平屋面防渗漏构造做法（一次找坡浇筑成型）

图 10

传统屋面构造做法：

原水泥焦渣找坡层及水泥砂浆找平层（找坡层横向宽度平均为 4 m）

找坡、找平层、保温层原荷载为（其他构造层荷载不变）：

$$(0.12+3.5\times2\%+0.12)/2\times850+0.02\times2\,000+180\times0.14=197.2\ \text{kg/m}^2$$

防渗漏屋面、抗渗找坡层、挤塑板保温层（100 mm 厚）荷载：

$$(0.03+3.5\times2\%+0.03)/2\times2\,400+2.4=158.4\ \text{kg/m}^2$$

由此得出，上人屋面改为防渗漏构造做法，荷载减少约 38.8 kg/m^2。

4 结 论

与传统屋面建筑找坡排水做法相比，屋面自天沟做法有以下优点：

（1）屋面结构层设置天沟，屋面做有组织排水，提高了屋面排水效率，解决屋面积水问题。

（2）屋面天沟及找坡层采用混凝土结构，改善屋面结构层的抗渗性能。

（3）混凝土找坡及天沟为防水提供了一个可靠的基层，使防水层与基层结合更加理想。

（4）防水屋面找坡为天沟两侧双向找坡，降低了找坡构造的平均厚度，减轻了屋面荷载，同时做到了省工省料，节约成本。

建筑门窗发展趋势

杨 帆

【摘 要】 本文通过对能源利用率、窗户性能分析，阐述了建筑门窗未来的发展趋势。得出了结论：① 高性能隔热的塑钢门窗将要在建筑中逐步推广；② 门窗产业发展方向是模数化、标准化、产业化。

【关键词】 塑钢门窗 模数化 标准化 产业化

1 我国目前严峻的能源态势

从 1978 年至 2005 年我国的年平均 GDP 增长率高达 9.7%，2003 年到 2013 年的年平均增长率更是高达 10%，目前已成为全球最大的电子设备、服装、机械加工基地和出口国，是名副其实的“世界加工厂”。

能源消耗巨大，但效率低，世界第二大能源消耗国，消耗全球 15%的能源；并且能源利用效率低，能源综合利用效率为 32%，能源系统总效率为 9.3%，只有发达国家的 50%左右。中国的单位 GDP 能耗（即每万元 GDP 的能耗）大约是世界平均水平的 3 倍，是西方工业七大国的 5.9 倍，美国的 4.5 倍，德国、法国的 7.7 倍，日本的 11.5 倍。

能源供应的持续增长为中国经济社会发展提供了重要的支撑，也是中国能够持续保持高速发展的重要保障，因而各个行业都必须在“节能减排”中求发展。

2 我国建筑行业的能源机遇与挑战

建筑耗能已与工业耗能、交通耗能并列，成为我国能源消耗的三大“耗能大户”。建筑能耗约占全社会能耗的 30%。当前，这一数字伴随着建筑总量的不断攀升和居住舒适度的提升，还在呈急剧上扬趋势。

为了控制房地产行业的能源消耗，国家和地方政府颁布了一系列的节能规范。1986 年北京市提出了我国建筑节能的第一个地方标准，要求以 1980 年标准住宅为参照，采暖能耗降低 30%，即 30%节能标准；1996 年又提出在这一基础上再节约 30%能耗，即达到节能 50%；2004 年北京又进一步提出再节约 30%，即要求新建建筑达到 65%的节能标准，即现行的《北京居住建筑节能设计标准》。

3 建筑外围护系统的能源消耗分析

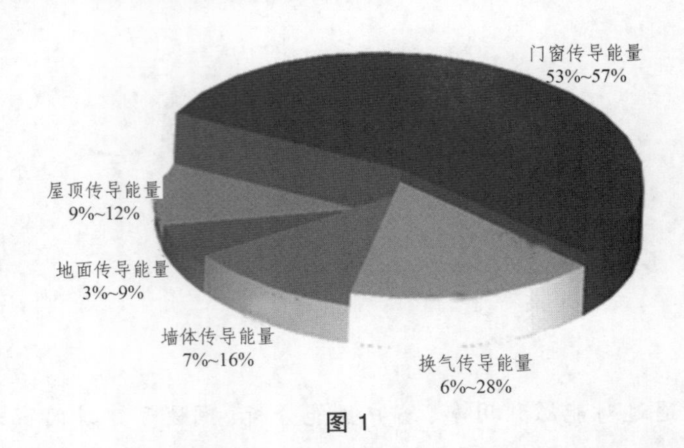

图 1

从上图可以看到，门窗传导能耗占整个建筑外围护能源消耗的一半以上，节能优选被动式节能，被动节能优先解决门窗的节能。

4 我国建筑门窗现状

每年我国基本建筑面积 20 亿 m^2，建筑门窗总产量约 5 亿 m^2，主要是铝合金门窗、塑料门窗、钢门窗及其他门窗。各种门窗所占比例如下：

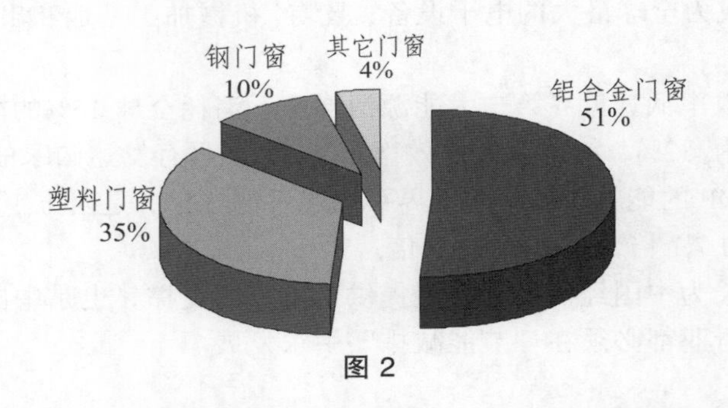

图 2

从上图可以看出，现在建筑门窗的主流产品依然是铝合金门窗和塑料门窗，其市场占有率占 86% 以上，其中铝合金门窗是现阶段主要的窗型。要解决建筑外围护结构的被动节能，主要是要提高铝合金门窗和塑料门窗的隔热性能，使之符合社会节能低碳的发展趋势。

5 铝合金门窗、塑料门窗的发展趋势

早期的建筑主要是使用铝合金推拉窗，由于其构造简单、容易加工、对五金要求极低，被广泛使用（现在的农村还在大量使用）。推拉窗虽然有很多优点，但其构造决定了推拉窗的气密性很差。为了提高气密性，开始使用平开窗，虽然气密性有很大提高，但金属铝的传热系数极高，整窗的隔热性能很差。现在大量用断桥的铝合金窗替代普通铝合金窗。随着对隔热性能要求的提高，铝合金窗型材截面变大，隔热条长度逐步加长，隔热腔体内填充隔热材料等。材料变化如下图所示：

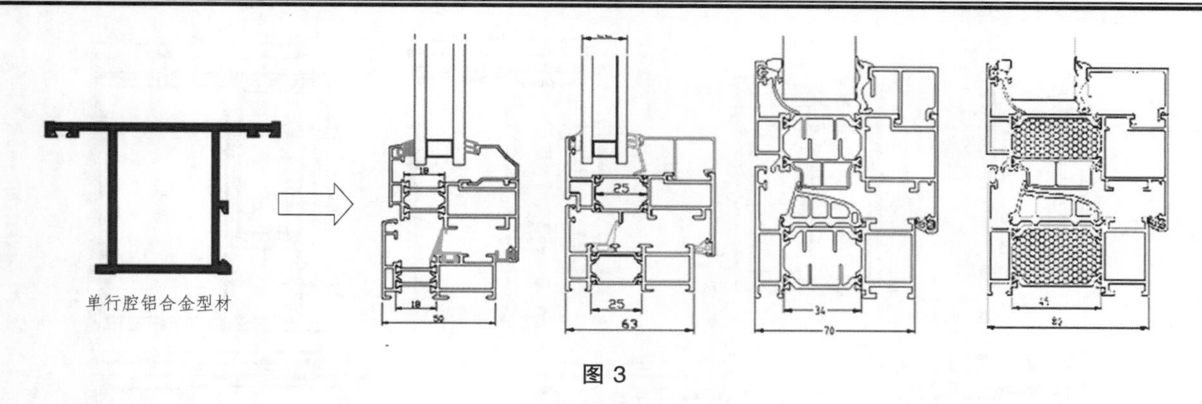

图 3

塑料门窗也是同样经历了从单腔向多腔的发展趋势，随着对隔热性能要求的提高，腔体逐步增加。材料变化如下图所示：

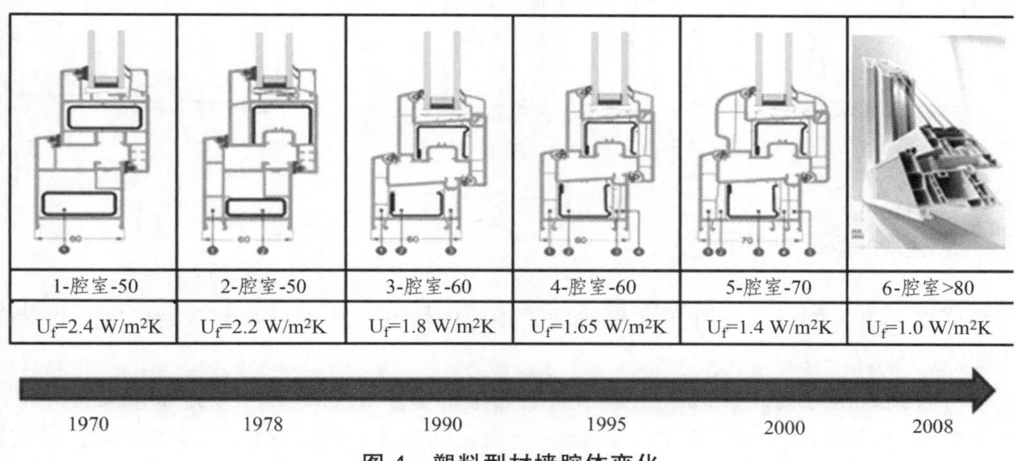

图 4　塑料型材墙腔体变化

6　铝合金门窗、塑料门窗的性能分析

从上面窗户型材的变化趋势看，两种型材都是由单腔向多腔变化，隔热性能都在提升，但塑料型材隔热性能增加较快。由于铝合金导热性强，增加腔体对隔热效果增加有限，同时加长隔热条又使整窗成本成倍增加。70 系列以上铝合金窗隔热性能增加不大，整窗成本已经达到现阶段居民收入很难接受的地步，难以大面积推广。相反 70 系列以上塑料窗户隔热性能大幅提高，成本增加缓慢，易于大面积推广使用。

7　门窗的工业化体系设计

7.1　模数的梳理和制定

如围绕着国际标准 3 制定的模数，像 600，900，目前外窗的标准模数是 900 mm × 2 100 mm、600 mm × 1 200 mm；结合各门窗洞口实际采光需求，延展模数 1 200 mm × 1 200 mm、1 500 mm × 1 800 mm、1 800 mm × 1 800 mm、1 500 mm × 2 100 mm、1 800 mm × 2 100 mm、2 100 mm × 2 400 mm。如下图所示：

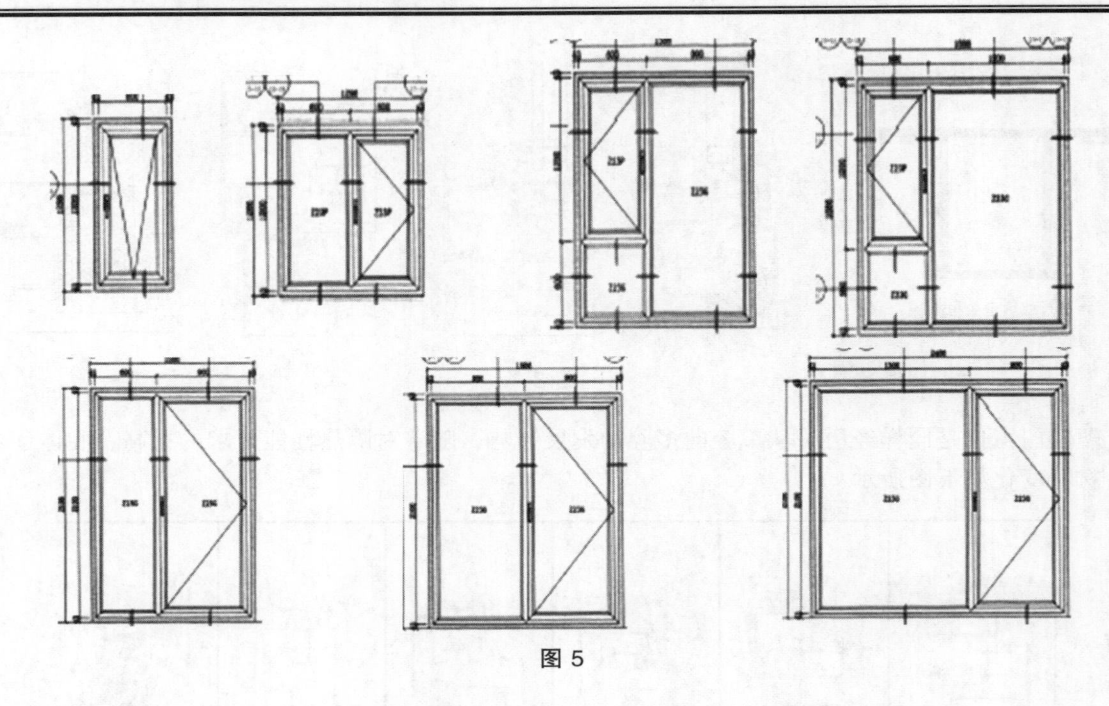

图 5

7.2　标准单元模块的研发

对门窗幕墙“可装配性”标准单元模块做了相应的研究，比如可装配式的住宅、可装配式的展厅、可装配式的幕墙，等等。

某项目可装配式售楼处，从混凝土基础到玻璃幕墙节点，全部实行可拆卸和快速拼装，从开始挖地基到全部建完只用了 16 天的时间，这是一个很大的进步。建筑整体全部实现可装配式，其中单元幕墙模块 2 100 × 2 100。为了让这个产品可复制和可推广，全部用普通工人来完成。

7.3　关键节点和门窗产品标准化

不仅实现门窗幕墙的标准化，还有一个关键点就是窗套的标准化。窗套标准化也对我们门窗标准化起到了重要的作用。

图 6　标准化整体窗套

图 7　标准化窗套大面积应用

7.4 明确副框在门窗系统中的作用

副框其实是门窗标准化的一个标志性的产品。门窗如果没有副框，标准化的难度就会呈几何级数的增加。因为我们知道，中国的施工现场是以农民工为主导的粗放型施工安装过程，副框可以有效减少洞口的不规则性，如果有了接口，就像插插头一样，是可以相对精准的安装。用钢副框给土建施工单位矫正土建施工误差的机会，钢副框以外，采用掺抗渗剂的细石混凝土或防水砂浆抹平。

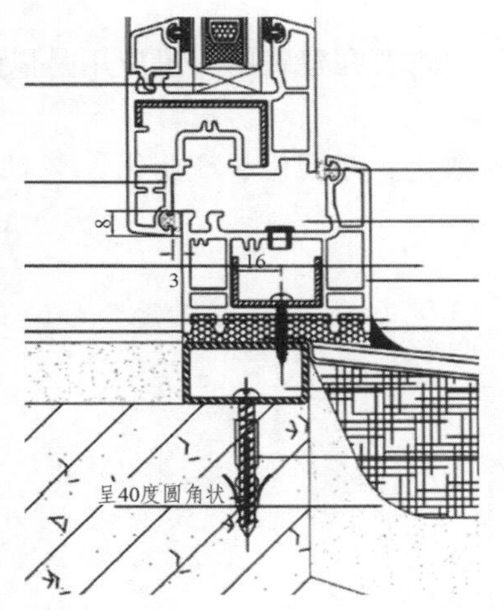

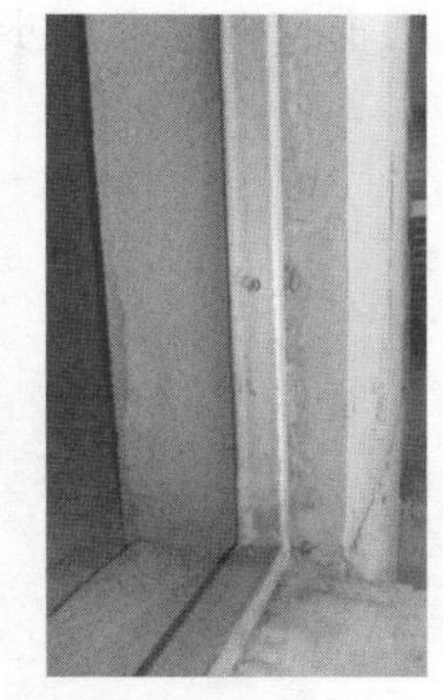

图 8 安装钢副框调整洞口

8 门窗产业工业化发展

工业化进程中，如果没有坚持实施模数化及标准化，产生的不良后果在各个行业中的案例也是比比皆是。

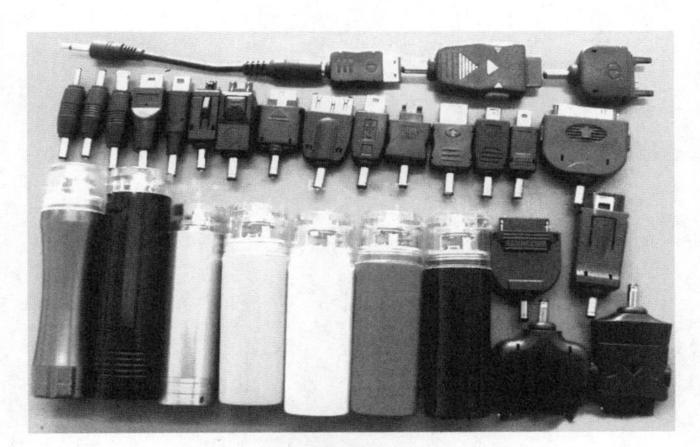

图 9 各种各样的手机充电器

现在开发商、设计院、门窗厂家随意制订门窗尺寸要求，施工现场洞口施工质量问题，导致门窗洞口尺寸千差万别，给维修及备件产生极大困难。在表面上，执行标准化似乎对企业起到的是制约与限制的作用。但门窗行业标准化一旦形成整体规模，所产生的积极作用就是巨大的。

标准的起草制定，协会可以起到非常重要的领导和牵头作用。为了整个行业的发展和明天，协会应该起到也可以起到领军的作用。所有的门窗洞口模数都应标准化统一，应让设计部门，制造部门各司其职并强制执行。很难想象没有一个统一标准可以实现产品质量的均好。

短期内，可能会有个别企业受到损失，从长远看，对整个行业的发展，必将起到促进作用。

9 结 论

根据以上的分析得出以下结论：

（1）随着社会对节能要求的提高，高性能隔热的塑钢门窗将要在建筑中大量应用是以后发展的趋势。

（2）随着社会工业化的发展，门窗行业也会逐步实现模数化、标准化、产业化。

严寒地区全玻璃幕墙建筑节能分析

卓镇伟　冼海明
（广州市卓骏节能科技有限公司，广州市海珠区福场路 5 号）

【摘　要】　玻璃幕墙建筑造型别致、外观独具魅力，是近年来被广泛使用的建筑围护结构形式。玻璃幕墙建筑采用大面积玻璃作为围护结构，热工性能和光学性能与传统围护结构不同，它在带来美观通透的艺术效果的同时，也造成了巨大的能耗问题。解决玻璃幕墙的能耗问题主要是要对围护结构和暖通空调、照明系统进行优化设计，对于严寒地区的全玻璃幕墙钢结构建筑，除了要兼顾夏季空调能耗问题还要处理好冬季围护结构特别是冷桥节点的保温问题。

【关键词】　全玻璃幕墙　钢结构　严寒地区　节能分析　冷桥保温

1　引　言

公共建筑尤其是以玻璃幕墙为主的公共建筑的能耗问题一直是建筑节能的重点问题，进入 21 世纪，大量的玻璃幕墙建筑在大城市出现，其能耗问题是建筑师和暖通工程师必须面临的问题，本文以国标标准《公共建筑节能设计标准》（GB 50189—2005）为依据，分析某地产集团位于严寒地区 A 区（哈尔滨）全玻璃幕墙售楼部的建筑能耗问题，提出解决满足标准和相对经济的解决方案。

2　项目概况

◇ 工程名称：某售楼部节能分析
◇ 建设地点：严寒地区 A 区（哈尔滨）
◇ 建设单位：某地产集团有限公司
◇ 建筑总面积：1 318.68 m^2
◇ 建筑层数：地上 2 层
◇ 建筑高度：建筑高度为 11.6 m
◇ 结构类型：钢结构
◇ 围护结构：立面和采光顶均为全玻璃，局部铝单板
◇ 建筑效果图：

图 1 某售楼部建筑效果图

3 分析标准

分析标准：

（1）《公共建筑节能设计标准》（GB 50189—2005）（严寒地区 A 区）。

（2）全年建筑采暖空调总能耗降到最低，提供更加舒适的室内空间。

（3）建设单位对立面效果的要求。

4 气候分析

本项目选取哈尔滨作为严寒地区 A 区的代表，该地区气候特征如下：

（1）冬季严寒且漫长，全年温差、日温差变化较大。

（2）日照充足。

（3）冬季西北风盛行，分频高，风压大。

（4）冬季多降雪且长期不化。

（5）夏季不长，但炎热天气集中。

5 节能分析

5.1 模型介绍

本项目采用以 DOE-2 为核心的 BECS2014 节能分析软件进行建模。由于本建筑为一玻璃体，外立面为全玻璃幕墙且有一定角度的倾斜，软件建模时立面玻璃简化为垂直于地面但高度相当于玻璃幕墙实际高度，采光顶由多片有一定高差的玻璃天窗组合而成，横梁、立柱、铝单板都进行一定程度的简化，力求节能软件可以识别又尽量接近实际建筑，使得节能分析和能耗模拟的精确度更高。节能模型图如下：

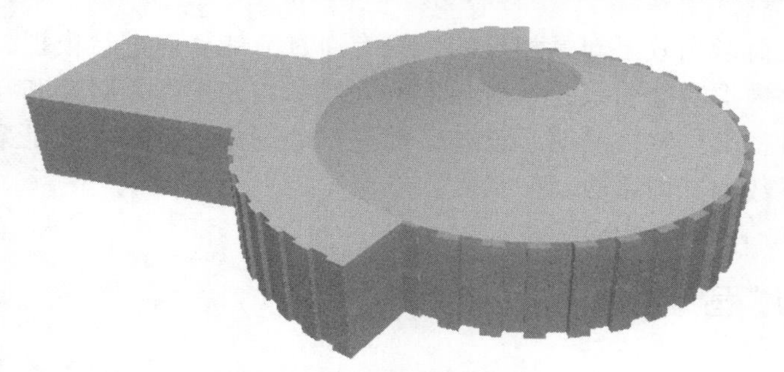

图 2　某售楼部节能模型

5.2　节能总体分析

本项目位于严寒地区 A 区，冬季严寒且持续时间长，夏季不长但炎热集中，节能分析重点考虑冬季采暖能耗兼顾夏季空调能耗。《公共建筑节能设计标准》（GB 50189—2005）对严寒地区 A 区的围护结构热工限值要求如表 1。

表 1　严寒地区 A 区的围护结构热工限值

围护结构		体形系数≤0.30， 传热系数 K/[W/（m^2·K）]
屋面		≤0.35
外墙		≤0.45
单一朝向外窗（含玻璃幕墙）	窗墙面积比≤0.2	≤3.0
	0.2<窗墙面积比≤0.3	≤2.8
	0.3<窗墙面积比≤0.4	≤2.5
	0.4<窗墙面积比≤0.5	≤2.0
	0.5<窗墙面积比≤0.7	≤1.7
屋顶透明部分		≤2.5

经节能模型分析，本项目的体形系数为 0.27，东南西北各朝向的窗墙面积比均超过 0.80，窗墙面积比远远超过规范的最大限值 0.7 的要求，所以规定性指标不满足要求（即使整窗传热系数为 1.7 也不满足规范要求），必须进行权衡计算（采暖空调耗电量模拟计算），如果设计建筑的采暖空调耗电量之和不大于参照建筑的采暖空调耗电量之和，即可以判断该建筑节能 50%以上，符合规范要求。

5.3　影响采暖空调耗电量的主要因素

采暖方面，冬季室内外温差大，降低围护结构（本建筑主要是指玻璃幕墙和采光顶）的传热系数可减少室内热量向外流失，提高玻璃的遮阳系数白天可吸收更多的太阳辐射，减少室内采暖负荷；空调制冷方面，夏季室内外温差相对冬季不大，降低围护结构（本建筑主要是指玻璃幕墙和采光顶）的传热系数同样可减少室外热量通过温差传热进入室内，但降低玻璃的遮阳系数可以更大幅度地减少太阳辐射进入室内，降低制冷负荷和中央空调主机的装机容量。

从以上分析可以看出，降低玻璃的传热系数对于采暖和空调都是有利的，但是玻璃的遮阳系数高低对于采暖和空调负荷影响效果却是相反的，只有通过节能软件进行模拟，寻求玻璃遮阳系数的最佳平衡点。节能软件模拟时会引入建筑所在地的气候参数，根据采暖期和空调期的长短、建筑的实际窗墙面积比和人员密度、室内照明、设备负荷进行动态分析，得出满足采暖和空调耗电量之和最小值时的玻璃传热系数和遮阳系数。

5.4 模拟分析过程

通过以下几种不同玻璃参数的组合对能耗影响的模拟分析：

（1）立面玻璃幕墙 $K = 1.89$ W/（$m^2 \cdot K$），采光顶 $K = 1.50$ W/（$m^2 \cdot K$），采光顶的遮阳系数与立面玻璃幕墙的遮阳系数同时变化（玻璃幕墙：中空 LOW-E 玻璃填充氩气；采光顶：三玻 LOW-E 中空氩气）。

（2）立面玻璃幕墙 $K = 1.65$ W/（$m^2 \cdot K$），采光顶 $K = 1.50$ W/（$m^2 \cdot K$），采光顶的遮阳系数 $SC = 0.25$。立面玻璃幕墙的遮阳系数不断变化（玻璃幕墙、采光顶均采用三玻 LOW-E 中空充氩气）。

（3）立面玻璃幕墙 $K = 1.89$ kW/（$m^2 \cdot K$），采光顶 $K = 1.50$ W/（$m^2 \cdot K$），采光顶的遮阳系数 $SC = 0.25$。立面玻璃幕墙的遮阳系数不断变化（玻璃幕墙：中空 LOW-E 玻璃填充氩气；采光顶：三玻 LOW-E 中空充氩气）。

（4）立面玻璃幕墙 $K = 1.89$ W/（$m^2 \cdot K$），采光顶 $K = 1.77$ W/（$m^2 \cdot K$），采光顶的遮阳系数 $SC = 0.25$。立面玻璃幕墙的遮阳系数不断变化（玻璃幕墙、采光顶均采用中空 LOW-E 玻璃填充氩气）。

（5）立面玻璃幕墙 $K = 2.2$ W/（$m^2 \cdot K$），采光顶 $K = 2.1$ W/（$m^2 \cdot K$），采光顶遮阳系数 $SC = 0.25$。立面玻璃幕墙的遮阳系数不断变化（玻璃幕墙、采光顶均采用中空 LOW-E 玻璃）。

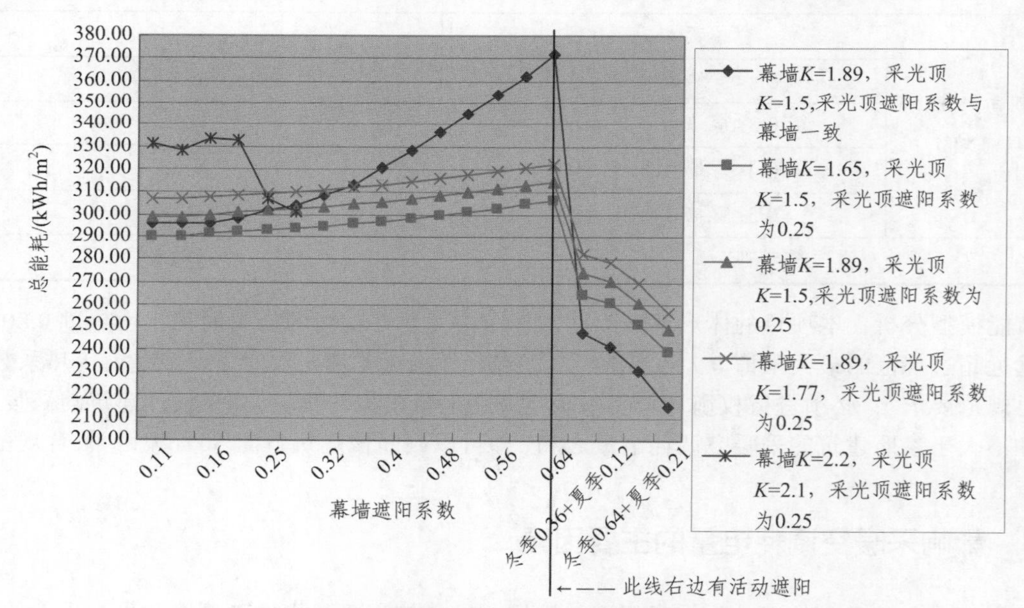

图 3 遮阳系数对能耗影响的曲线图

通过第一种模拟从蓝色能耗变化曲线可以得出：在幕墙与采光顶 K 值固定且无做活动遮阳设施时，玻璃的遮阳系数越小建筑的总能耗越低，遮阳系数小到一定程度时对能耗的减少并不明显；在幕墙与采光顶 K 值固定且有做活动外遮阳设施时，遮阳系数越高总能耗越低，说明了在严寒地区，夏天用活动外遮阳可以阻挡太阳的辐射热降低空调能耗而冬天由于玻璃的遮阳系数大，活动外遮阳收起后就可以得到更多的太阳辐射热减少采暖能耗，从而明显降低了总能耗。

从上图表蓝色能耗变化曲线中得出遮阳系数越小对能耗减少越有利，遮阳系数过小对玻璃的通透性不利且反光强度高，遮阳系数在 0.25～0.36 兼顾了玻璃的通透性和遮阳系数且该范围能耗变化不明显，该遮阳系数范围选取玻璃品种比较容易，再有屋面设置活动外遮阳难度较大，所以在采光顶遮阳系数为 0.25～0.36 中选取玻璃且不设置活动外遮阳是比较适合的选择。

在选取采光顶遮阳系数为 0.25 的情况下，模拟分析幕墙和采光顶 K 值、幕墙遮阳系数的变化对能耗的影响。从模拟结果的曲线图中可以得出：幕墙和采光顶的传热系数大小、幕墙有无设置活动外遮阳设施对总能耗的影响比较明显，当幕墙和采光顶的传热系数取值越小建筑总能耗就越低，当幕墙设置了活动外遮阳时且幕墙和采光顶 K 值不变的情况下，幕墙的遮阳系数越大，总能耗越低。

当幕墙传热系数小于 1.89、采光顶传热系数小于 1.77 玻璃均需要选择三玻才能达得到，选择三玻虽然可以降低传热系数，但是同时也大幅度增加了玻璃幕墙和刚结构的造价成本，且由上述模拟得出传热系数降低到一定程度时对总能耗影响不是很明显。为了不增加钢结构和玻璃幕墙的造价，可以考虑两玻 LOW-E 中空充氩气，充氩气大概给玻璃造价增加 20 元/m^2，但是对玻璃传热系数降低幅度明显，是比较经济的选择。

5.5 模拟分析结论

方案一[完全满足《公共建筑节能设计标准》（GB 50189—2005）]

（1）采光顶整窗参数：$K = 1.50$，$SC = 0.25$。

玻璃结构：三玻两空夹胶 LOW-E 中空玻璃充氩气（8 mm 双银 Low-E 玻璃 + 12Ar + 8 mm + 12Ar + 6 mm/1.52 mmPVB/6 mm）

玻璃参数：传热系数 $K \leqslant 0.90$，遮阳系数 $Se \leqslant 0.29$，$0.30 \leqslant$ 透光率 $Tv \leqslant 0.40$

（2）立面玻璃幕墙整窗参数：$K = 1.89$，$SC = 0.64$。

玻璃结构：LOW-E 中空玻璃充氩气（8 mm Low-E + 12Ar + 8 mm）

玻璃参数：传热系数 $K \leqslant 1.34$，遮阳系数 $Se \leqslant 0.74$，$0.50 \leqslant$ 透光率 $Tv \leqslant 0.65$

立面玻璃幕墙做活动外遮阳或者内置活动百叶。夏季外遮阳系数 $SD_{夏} = 0.33$，冬季外遮阳系数 $SD = 1.0$。

说明：

（1）以上铝合金为断热桥多腔型材[传热系数 $K_f = 5.0$ W/（m^2·K）]，窗框系数按照 0.85 考虑。

（2）活动外遮阳或者内置活动百叶，遮阳系数为可变的，夏季遮阳系数低，冬季遮阳系数高，从而既可以降低空调能耗，也可以降低采暖能耗。

（3）能耗模拟结果：

表 2

立面玻璃幕墙			采光顶		设计建筑/（kW·h/m^2）			参照建筑/（kW·h/m^2）		
K	SC	$SD_{夏}$	K	SC	空调	采暖	总能耗	空调	采暖	总能耗
1.89	0.64	0.33	1.5	0.25	57.00	191.77	248.77	69.27	183.37	252.64
能耗所占比例					22.9%	77.1%	100%	27.4%	72.6%	100%

方案二（节能经济型）

（1）采光顶整窗参数：$K = 1.77$，$SC = 0.25$。

玻璃结构：夹胶 LOW-E 中空玻璃充氩气（8 mm 双银 Low-E 玻璃 + 12Ar + 6 mm/1.52 mm PVB/6 mm）

玻璃参数：传热系数 $K \leqslant 1.20$，遮阳系数 $Se \leqslant 0.29$，$0.30 \leqslant$ 透光率 $Tv \leqslant 0.40$

（2）立面玻璃幕墙整窗参数：$K = 1.89$，$SC = 0.32$。

玻璃结构：LOW-E 中空玻璃充氩气（8 mm 双银 Low-E + 12Ar + 8 mm）

玻璃参数：传热系数 $K \leqslant 1.34$，遮阳系数 $Se \leqslant 0.38$，$0.40 \leqslant$ 透光率 $Tv \leqslant 0.55$

说明：以上铝合金为断热桥多腔型材[传热系数 $K_f = 5.0$ W/（$m^2 \cdot K$）]，窗框系数按照 0.85 考虑。

（3）能耗模拟结果：

表 3

立面玻璃幕墙			采光顶		设计建筑/（$kW \cdot h/m^2$）			参照建筑/（$kW \cdot h/m^2$）		
K	SC	SD_{X}	K	SC	空调	采暖	总能耗	空调	采暖	总能耗
1.89	0.32	1.00	1.77	0.25	70.32	240.92	311.24	30.82	221.90	252.72
能耗所占比例					22.6%	77.4%	100%	12.2%	87.8	100%

5.6 其他节能措施建议

（1）保证幕墙和采光顶的气密性，做好密封措施，气密性达到 3 级以上。

（2）做好冷桥部位的保温设施，避免热量损失和出现结露而影响钢结构安全及建筑功能使用。注意的冷桥位置，如固定玻璃的自攻螺钉、玻璃与玻璃连接处、幕墙与地面交接处、采光顶与幕墙交界处檩条、换气口。

（3）铝合金框采用多腔断热桥，隐框玻璃幕墙尽量减少金属构件外露，尽量避免冷桥出现。

（4）钢结构外梁采用保温岩棉填充或封堵。

（5）铝板幕墙内侧做厚度不小于 100 mm 的保温岩棉。

（6）经常出入的门采用门斗设计，用有框的手动平开门代替无框自动门。

6　结束语

玻璃幕墙建筑能耗相对较大，但是根据建筑所在地的气候特征，通过模拟分析优化设计，采用合理的幕墙形式、玻璃参数以及遮阳方式，完全可以把玻璃幕墙建筑的采暖空调负荷降到最低。

随着玻璃热工性能以及遮阳技术的不断提高，只要进行充分的优化设计，严格按照设计标准进行建造和运行管理，玻璃幕墙建筑的能耗还是可以控制在一个合理的水平上的。

参考文献

[1] 中华人民共和国建设部. GB 50189—2005 公共建筑节能设计标准[S]. 北京：中国建筑工业出版社，2005.

[2] 建设部工程质量安全监督与行业发展司. 全国民用建筑工程设计技术措施　节能专篇：2007　建筑分册. 北京：中国计划出版社，2007.

金属夹芯轻质绝热围护结构形式及热工性能研究[①]

窦枚 冯雅

（中国建筑西南设计研究院有限公司）

【摘 要】 近年来，轻型复合高效围护结构在各种大型建筑中得到了广泛的应用，尤其是金属夹芯轻质绝热围护结构，具有轻质高效、易于拼装维护和维护费用低等诸多优点，已越来越多地应用到实际工程中。本文针对以岩棉、矿物棉等无机保温材料为芯材的金属夹芯轻质绝热围护结构，探讨了这类轻质围护结构的典型构造形式，通过理论研究的方法分析了热工性能的特点，提出应用的适宜性和简化计算方法。

【关键词】 金属夹芯轻质绝热围护结构 建筑节能 热工性能

1 保温构造形式

金属夹芯轻质绝热构造作为围护结构必须要具有足够的主体结构强度以满足围护支撑的要求，并应具有保温隔热能力以满足室内热环境和节能的要求。此外，在影剧院、会议厅、体育馆、航站楼等建筑上应用还应具有吸声减噪的功能以满足声环境的要求。因此这类围护结构的保温构造有保温型和保温吸声复合型两类，保温材料主要有气密性（泡沫塑料类）和渗透性（矿棉类）两类。根据不同的建筑类型和使用功能要求，可以选用不同的面层和芯层材料，并由保温材料的类型选用膜材料组成复合夹芯构造。

根据《压型钢板、夹芯板屋面及墙体建筑构造》系列图集，压型钢板复合保温围护结构分为单层压型钢板和双层压型钢板两类结构。从热工角度来看，采用单层还是双层压型钢板的保温构造没有什么本质区别，采用渗透性保温材料的保温构造需要进行防潮处理。

1.1 保温型构造

1.1.1 一般构造层次

压型钢板复合保温围护结构主体部位的主要构造层次为：外层压型钢板及防水层、保温层、隔汽层、内层压型钢板。由于檩条等结构上的需要会在一些材料层之间形成空气层，图 1 为一种带有空气层的保温构造。从建筑节能的角度，空气间层的存在强化了保温隔热的效果。压型钢板复合保

① 基金资助：国家“十二五”科技支撑计划课题《高原气候适应性节能建筑关键技术研究与示范》(2013BAJ03B04)。

温构造现场施工时，需要进行分层装配。在结构骨架安装完毕后，固定底层专用压型钢板，然后铺设隔汽层及保温层。保温层上根据需要设置隔离层，最上端铺设防水卷材层，如图 2。这种情况施工较为复杂，施工周期较长，但对于某些异形建筑来说是一种较为理想的构造类型。

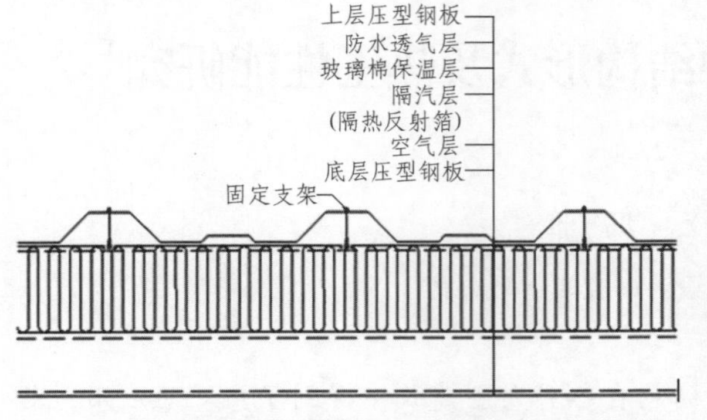

图 1　双层压型钢板复合保温（隔热）屋面构造

图 2　西安咸阳机场 T3 航站楼屋面施工现场

1.1.2　预制夹芯板构造

预制夹芯板保温构造是将保温材料固定在两侧压型钢板之间，在工厂内加工成型后直接运输到建筑施工现场进行安装。这种夹芯板用作屋面和墙体时，保温材料封装于压型钢板中不受室内和室外湿空气的影响。这类围护结构广泛应用于建筑工地中临时搭建的轻质活动板房以及一些对室内环境要求不高的单层工业厂房中。

1.2　保温吸声型构造

针对室内有音质要求的建筑，在一般的保温构造中，将底部穿孔的专用压型金属板与多孔吸声材料（矿物棉制品）相结合组成保温吸声型构造，能起到吸声降噪、吸能减震的作用。在隔声效果相同的条件下，夹层结构要比单层结构的重量减轻 2/3 到 3/4。如果在双层板中间填满多孔材料，不仅能抑制双层轻质板板面的振动，对中频噪声的隔声量也有明显提高。目前这类围护结构广泛应用于录音室、配音室、音乐厅、会议厅、体育场馆、航站楼等避免产生回声的场合。

由于多孔吸声材料具有透气性，容易进入声波也容易进入湿空气，为了避免产生冷凝，构造上将保温和吸声分开考虑，亦即内侧或内饰面层玻璃棉与穿孔金属板相结合发挥吸声作用，保温层与吸声层之间设置隔气层起到阻断水蒸气向保温层渗透的作用，满足保温和吸声的要求。图 3 为屋面和墙体的典型保温吸声构造图。

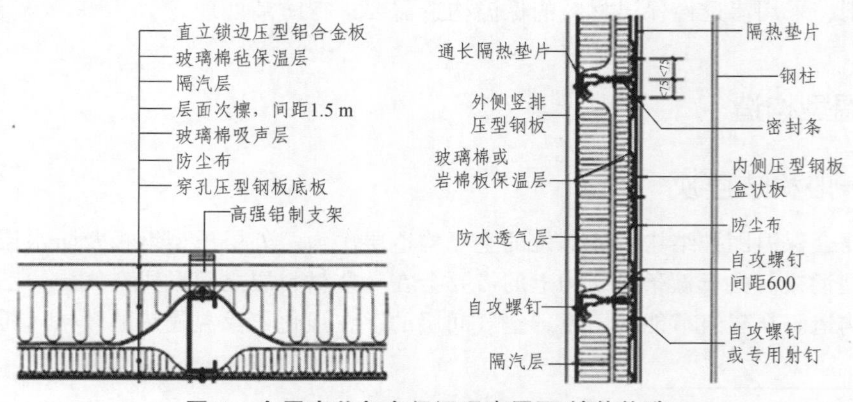

图 3　金属夹芯复合保温吸声屋面/墙体构造

2 热工特性

由于采用了特殊的材料和构造，金属夹芯轻质绝热围护结构具有自身的特点。相对于传统保温围护结构，金属夹芯轻质绝热围护结构的最大特点是质量轻（面密度小于 60 kg/m^2），导致热惰性差，但由于采用了高效保温材料，因此可以在不增大荷载的情况下获得较大热阻，从而将传热量控制在较低水平。

2.1 热工参数对比分析

以 100 mm 厚岩棉构成的夹芯板屋面为例，比较分析夹芯板屋面与一般常用屋面（100 mm 厚钢筋混凝土 + 200 mm 厚加气混凝土）的热工性能差别。表 1 为两种屋面的热工参数。可见夹芯板屋面与一般常用屋面相比较，热惰性指标太小。

表 1 两种屋面热工参数比较

屋面类型	主要材料层	R/（m^2·K/W）	K/[W/（m^2·K）]	D
夹芯板屋面	100 mm 厚岩棉	2.50	0.376	1.075
常用屋面	100 mm 厚钢筋混凝土 + 200 mm 厚加气混凝土	1.06	0.823	4.528

为了进一步认识夹芯板屋面的热惰性，本文采用中国建筑科学研究院开发的围护结构衰减延迟计算软件分析这两种屋面的衰减延迟参数。该软件收录了全国 15 个典型城市的夏季室外逐时气候参数，并在此基础上确定了自然通风条件下的室内温度。因此，在选用重庆夏季典型日气候条件后，室外逐时气温、太阳辐射以及自然通风状态的逐时室内空气温度就成为软件进行相关热工参数计算的定值条件，如图 4 所示，重庆夏季典型日自然通风室内最高温度和室外最高气温几乎重叠。

取屋面太阳辐射吸收系数为 0.6，分别在室内自然通风和空调控温两种状态，计算屋面对室外周期性热波作用的衰减倍数和延迟时间以及内表面温度变化。衰减延迟计算结果见表 2 和表 3，内表面温度见图 5 和 6。

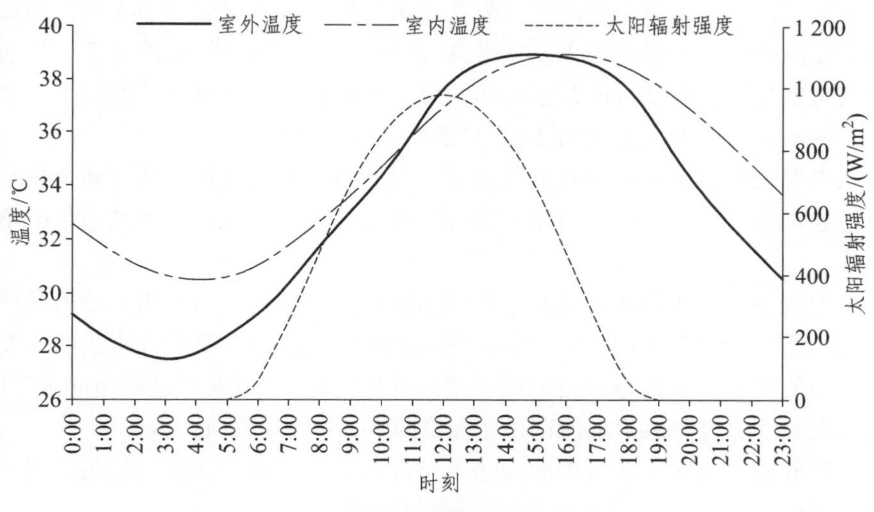

图 4 重庆夏季室外气象参数

表 2 两种屋面隔热参数比较（室内自然通风状态）

屋面类型	室外气温最大值/°C	内表面温度最大值/°C	衰减倍数	延迟时间
夹芯板屋面	38.90	39.78	4.31	3：00
常用屋面	38.90	38.55	6.60	5：30

表 3 两种屋面隔热参数比较（室内空调状态）

屋面类型	室内空气温度/°C	内表面温度最大值/°C	内表面热流最大值/（W/m^2）	衰减倍数	延迟时间
夹芯板屋面	26	27.80	15.68	23.37	1：05
常用屋面	26	28.09	18.20	39.88	11：20

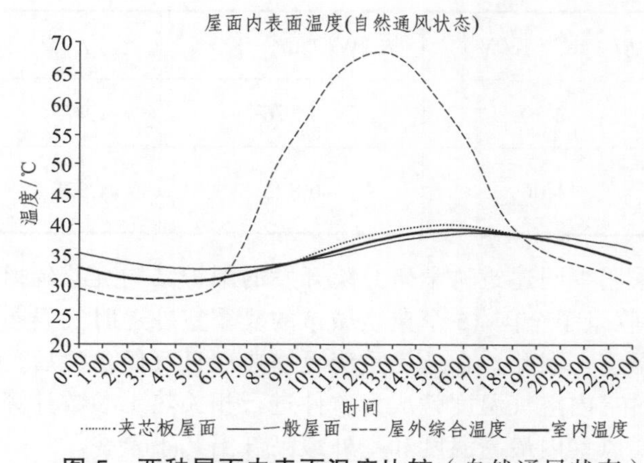

图 5 两种屋面内表面温度比较（自然通风状态）

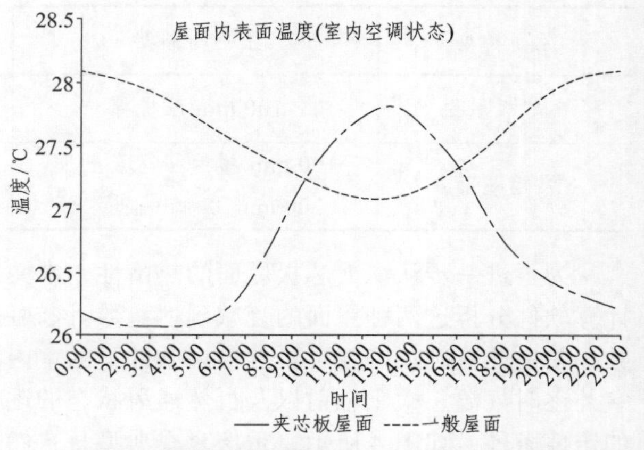

图 6 两种屋面内表面比较（室内空调状态）

通过比较图 5 和 6 可以看出如下特点：

（1）在室内自然通风条件下，夹芯板屋面的隔热效果不及常用屋面。尽管夹芯板屋面的热阻为常用屋面的 2.4 倍，但夹芯板屋面的内表面温度最大值高于室外气温的最大值，因此不满足隔热设计标准。而常用屋面的内表面温度低于室外最高气温，达到了隔热标准的要求。造成这种现象的原因是夹芯板屋面对室外综合温度波的延迟时间太短，在室内外双向温度波作用下，屋面内表面温度的最大值与室外气温最大值的时差仅为 3 h，导致热效应叠加。

（2）在室内空调状态，屋面的衰减倍数有所增大。由室内自然通风状态到室内空调状态，夹芯板屋面的衰减倍数增大了 7.5 倍，常用屋面的衰减倍数增大了 6.0 倍。衰减倍数的增加量与热阻的大小有直接关系。

（3）两种室内状态下，两种屋面的延迟时间出现相反的变化。由室内自然通风状态到室内空调状态，常用屋面的延迟时间增加了近 6 h，屋面内表面温度出现最大值的时间发生在夜间 0：00 左右，室外温度出现最高值的时间反而是常用屋面温度最低值的时间。而夹芯板屋面的延迟时间减少至 1 h 左右，屋面内表面温度出现最大值的时间从下午 3：00 提前至下午 1：05。

通过以上对比分析，说明夹芯板屋面的热工特性不适宜于被动式民用建筑，适宜于对热稳定性要求不高的空调建筑。

2.2 热惰性特点对热工设计的影响

在空调建筑上，夹芯板屋面的热惰性太小，对室外综合温度的作用反应快，会导致空调能耗高峰与室外热作用高峰同步，从而增大空调负荷。因此通常采用浅色外表面，降低室外综合温度，减少空调能耗。

当采用浅色外表面（屋面太阳辐射吸收系数为 0.2）时，计算得出夹芯板屋面对室外热作用的延迟时间会减少为 35 min，可以认为几乎没有什么延迟。因此对于金属夹芯轻质绝热围护结构，可以按照稳定传热公式计算逐时热流，即

$$q(\tau)=K[t_e(\tau)-t_i] \tag{1}$$

式中：$q(\tau)$为逐时热流强度，W/m^2；K 为围护结构传热系数，W/（m^2 · K）；$t_e(\tau)$为逐时室外综合温度，°C；t_i为室内空气温度，°C。

图 7 为采用（1）式的稳态法和采用围护结构热工计算软件的非稳态法两种方法计算结果的比较。

由图 7 可以看出，稳态方法和非稳态方法分别计算得到的逐时热流结果基本一致，因此这种简化方法可认为是合理的。这就使传热量的计算变得更加简单，并由此认为，传热系数（热阻）是这类轻质围护结构热工性能的唯一参数，直接控制传热量和内表面温度。

由于金属夹芯轻质绝热围护结构具有对室外气候影响反应快的特点，因此在进行热工设计时，可以采用最不利时间的室外气候参数按照稳定传热方法进行计算，确定隔热控制指标。

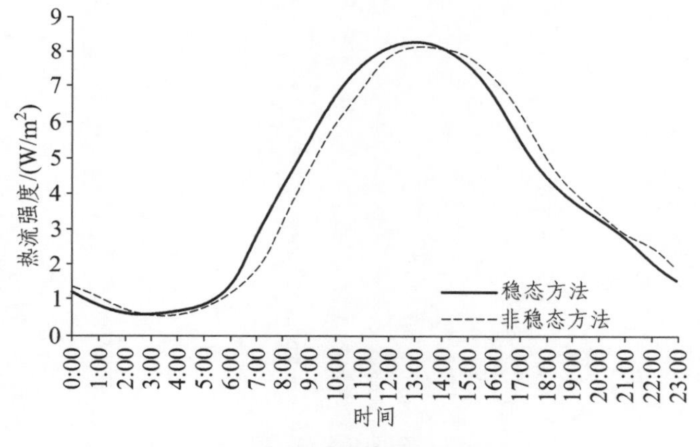

图 7 两种方法计算逐时热流比较

3 结 论

（1）本文根据建筑使用功能要求，将金属夹芯轻质绝热围护结构分为保温型和保温吸声型两类，对每一类典型构造的应用范围、构造形式进行了总结。

（2）通过对比分析金属夹芯轻质围护结构和一般重质围护结构的隔热效果，得出金属夹芯轻质绝热围护结构具有热阻较大、热惰性差的特点，适宜于对热稳定性要求不高的空调建筑，而不适宜于在被动式民用建筑上应用。此外本文还给出了在夏季空调建筑中可应用的简化传热计算公式：

$$q(\tau)=K[t_e(\tau)-t_i]$$

参考文献

[1] 吕玉恒，王庭佛. 噪声与振动控制设备及材料选用手册[M]. 北京：机械工业出版社，1999: 19-24.
[2] 查晓雄. 建筑用金属面绝热夹心组合板——保温隔热防灾性能[M]. 北京：中国建筑工业出版社，2011：2.
[3] 孙立新. 新型轻质复合围护结构的基础热工问题研究[D]. 西安：西安建筑科技大学，2009.

拉萨市某公共建筑建筑围护结构节能改造方案①

王 晓 钟辉智

（中国建筑西南设计研究院有限公司）

【摘 要】 建筑围护结构能耗是建筑使用能耗的重要组成部分，减少建筑的围护结构能耗对于建筑节能具有非同一般的意义[1]。本文以拉萨市一既有建筑为例，对其建筑外围护结构进行节能改造，并采用能耗模拟计算软件Energyplus对改造后建筑和既有建筑的耗热量进行分析对比。结果表明，通过节能改造后建筑耗热量明显降低。

【关键词】 建筑围护结构 节能改造 Energyplus 耗热量

1 引 言

近年来，拉萨市规划逐步推动供暖工程的全面实施，随着城市供暖工程逐步实施，建筑能耗将会大幅增加，拉萨市建筑能源供应问题将会更加突出。因此，为提高拉萨市建筑室内整体舒适度，改善居民生活水平，降低供暖能耗，在实施城市供暖工程建设的同时，开展对既有建筑围护结构节能改造显得非常重要。

2 建筑概况及围护结构现状

2.1 建筑概况

建筑为框架结构体系，建筑由办公室、会议室等功能房间组成，共5层，建筑面积6 500 m^2，建筑总高度25.2 m。建筑外墙饰面目前采用的是干挂方包石饰面，外墙采用的是300 mm混凝土空心砌块，内墙为200 mm混凝土空心砌块，屋面为普通的混凝土屋面，窗户采用的是塑钢单玻窗。

① 基金资助：国家“十二五”科技支撑计划课题《高原气候适应性节能建筑关键技术研究与示范》(2013BAJ03B04)。

2.2 建筑围护结构的热工计算

通过计算，建筑体型系数为 0.133。各朝向的窗墙面积比如表 1。

表 1 不同立面的窗墙面积比

朝向	南	北	西	东
窗墙面积比	0.17	0.20	0.01	0.05

根据以上现状，将各围护结构的热工性能与《公共建筑节能设计标准》(GB 50189—2005)[2]中的规定值进行比较，结果详见表 2。

表 2 围护结构的热工性能比较

外墙构造类型	拉萨既有建筑外墙平均传热系数 /[W/($m^2 \cdot K$)]	国家节能标准限值 /[W/($m^2 \cdot K$)]	满足情况
混凝土空心砌块	2.02	≤0.60	不满足
屋面构造类型	屋面平均传热系数 /[W/($m^2 \cdot K$)]	国家节能标准限值 /[W/($m^2 \cdot K$)]	满足情况
混凝土屋面	1.16	≤0.55	不满足
外窗构造类型	外窗平均传热系数 /[W/($m^2 \cdot K$)]	国家节能标准限值 /[W/($m^2 \cdot K$)]	满足情况
塑钢单玻窗	6.4	窗墙面积比小于 0.2 时限值 3.5	不满足

从以上比较可以看出，建筑各部分围护结构的热工性能均达不到《公共建筑节能设计标准》(GB 50189—2005)的要求。根据《公共建筑节能改造技术规程》(JGJ 176—2009)[3]中的要求，公共建筑的围护结构进行节能改造后，围护结构的热工性能应符合国家标准《公共建筑节能设计标准》(GB 50189)第 4.2 节的相关规定。即是说建筑以上部分都需要进行改造。

3 围护结构节能改造方案综述

在节能政策和节能标准的推动下，墙体与屋面节能技术迅速发展，涌现了多种采用不同材料、不同做法的墙体与屋面节能技术。这些技术在一些省市的大量工程中得到了成功的应用，目前西藏围护结构节能技术也是从我国内地引进，主要采用以下几种方式。

(1) 外墙保温方式：墙体外粘(锚)保温隔热板体系、墙体外抹保温隔热浆料体系、硬泡聚氨酯外保温隔热体系；保温隔热板复合粉刷石膏加强玻纤网内保温体系、保温隔热板与纸面石膏板复合内保温体系、保温隔热浆料内保温体系。

(2) 屋面保温方式：主要措施是采用高效保温隔热材料做外保温隔热或内保温隔热做法、加贴绝热反射膜的“凉帽”屋面、架空通风屋面、种植屋面等做法。

(3) 外窗的保温技术：主要有窗框材料和玻璃类型两大影响因素。

4 围护结构改造方案选择

上述提到的每种方案都各有优缺点，但考虑到西藏地区太阳能资源丰富，属被动式太阳能采暖最佳气候分区的具体气候特征，同时结合该项目的实际情况以及经济性，提出以下技术方案，如表 3 所示。

表 3 围护结构改造方案

建筑外墙	主立面改造部分拆除现有方包石石材饰面，采用保温装饰一体板（芯材为挤塑聚苯 XPS 板），厚度为 50 mm 厚；其他位置的墙面采用石膏复合挤塑聚苯 XPS 板内保温技术，厚度为 50 mm 厚
屋面	采用挤塑聚苯板高效保温材料，厚度为 70 mm 厚
外窗	外窗玻璃型材采用（6 mm + 12 mm + 6 mm）中空玻璃，窗框型材为断热桥铝合金型材，传热系数 3.2、综合遮阳系数为 0.6

5 能耗模拟计算

5.1 计算模型及软件

本模拟研究采用的是美国能源部研究开发的能耗模拟计算软件 Energyplus 进行计算。建筑模型图如图 1。

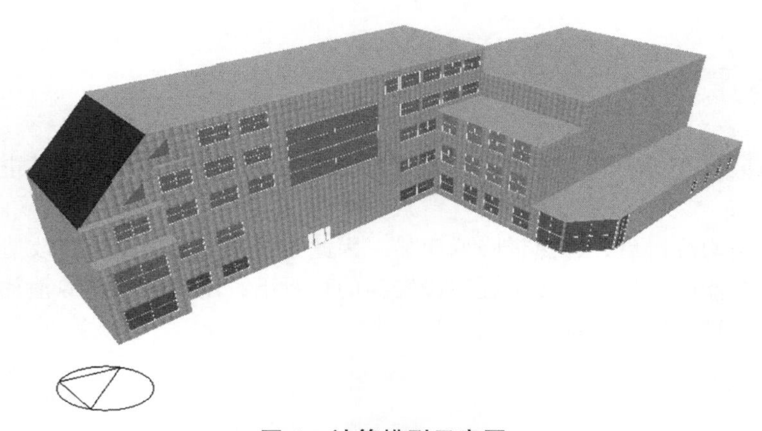

图 1 计算模型示意图

5.2 计算条件

（1）室内参数控制目标：

① 室内温度：18 °C。

② 换气次数（考虑建筑门窗的冷风渗透和外门开启的冷风入侵）：1 次/h。

（2）围护结构：

围护结构参数按第 2 节表 2 和第 3 节表 3 所示分别进行设置。

5.3　节能效果分析

使用 energyplus 进行全年负荷模拟分析，改造前后的采暖期耗热量曲线分别如图 2、图 3 所示。

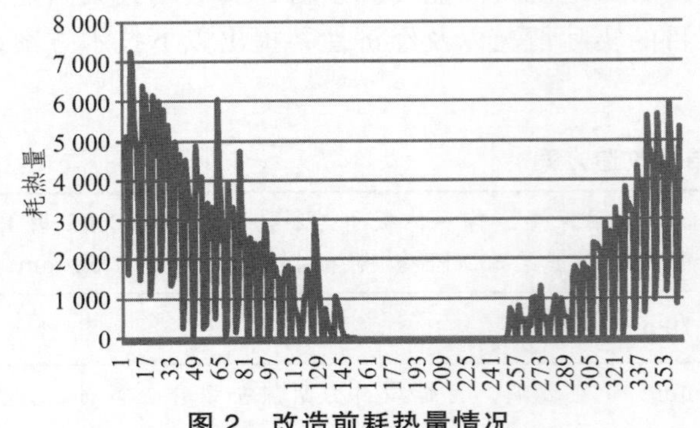

图 2　改造前耗热量情况

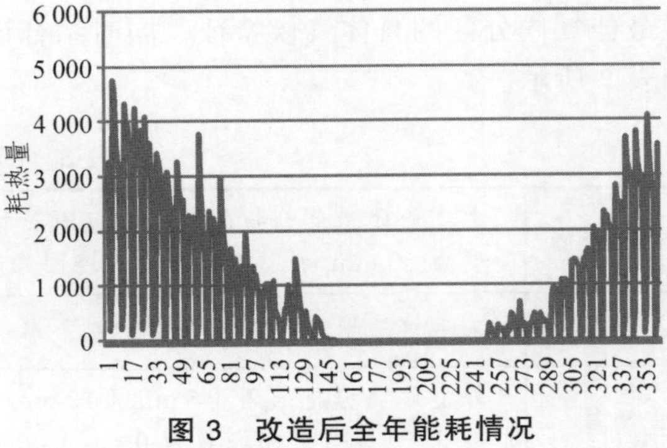

图 3　改造后全年能耗情况

建筑全年耗热量减少率如表 4 所示：

表 4　全年耗热量减少率

项　目	既有建筑	改造后建筑
耗热量/MJ	549.86	334.22
全年耗热量减少率/%		39.22

从表可以看到建筑通过维护结构节能改造后，耗热量明显降低，可以降低 39.22%的耗热量，比例较高。

6　结　论

本文以高寒地区拉萨市一既有建筑为研究对象，通过 Energyplus 模拟软件进行计算分析，可以得出以下结论：

（1）建筑围护结构改造后，耗热量降低明显，因此建筑围护结构是节能改造的重点。

（2）既有建筑节能改造后在供暖工程逐步实施的背景下，不仅降低能源消耗，同时也有利于维护拉萨地区的生态环境，应加大推广应用。

参考文献

[1]　夏建光，王正清，孙勤梧. 建筑节能的重要意义和实施途径[J]. 能耗及环境，2008.

[2]　中华人民共和国住房和城乡建设部. GB 50189—2005 公共建筑节能设计标准[S]. 北京：中国建筑工业出版社，2005.

[3]　中华人民共和国住房和城乡建设部. JGJ 176—2009 公共建筑节能改造技术规程[S]. 北京：中国建筑工业出版社，2009.

板翅式全热交换器排风热回收系统工程应用效果研究

夏 麟 李海峰 田 炜

（华东建筑设计研究院有限公司）

【摘 要】 本文以上海现代申都大厦改造项目为例，研究了板翅式全热交换器排风热回收系统工程应用效果。研究结果表明：板翅式全热交换器排风热回收系统在上海办公建筑的应用实际节能效果远不如理论计算，总体上冬夏季的节能总量相近，年节能量约为单位排风量 3.6 kW · h/m^3。

【关键词】 板翅式全热交换器 热回收系统 节能量

1 前 言

截止到 2013 年 12 月 31 日，全国共评出 1 446 项绿色建筑评价标识项目[1]，其中，运行标识项目 104 项，占总数的 7.2%，注重设计标识的落地是绿色建筑发展的重点方向之一，因此行业日益关注绿色建筑中应用技术的实际效果如何？

《绿色建筑评价标准》（GB/T 50378—2006）中的“5.2.10 条利用排风对新风进行预热（或预冷）处理，降低新风负荷。”明确指出对空调区域排风中的能量加以回收利用可以取得很好的节能效益和环境效益。因此，设计时可优先考虑回收排风中的能量，比较排风热回收的能量投入产出收益，尤其是当新风与排风采用独立的管道输送时，有利于设置集中的热回收装置。

“标准”对于新风热回收技术的推广应用起到了极大的作用。清华大学建筑节能研究中心张野[2]通过对实际项目排风热回收应用情况的分析，总结排风热回收在民用建筑空调系统应用中存在的问题，文章指出目前排风热回收系统在应用中普遍存在热回收效率低、风阻大、热回收装置漏风、排风量过小、风机效率低等问题，以上即使仅出现一个问题，都会严重影响系统的节能效果和经济性。新风热回收技术的节能效果存在一定的争议，文章通过模拟分析，研究转轮全热回收装置的热回收节能效果和经济性，据此得出排风热回收技术的适用性及应用要点。

本文将结合实际应用项目（上海现代申都大厦改造项目），研究板翅式全热换热器的节能性。

2 板翅式全热交换器

板翅式全热交换器的原理与一般的板翅式换热器原理一样，不同之处在于全热型的采用了经特殊加工的纸张作为基材，并对其表面进行特殊处理后制成单元体黏结在隔板上。当隔板两侧的气流之间存在温度差和水蒸气分压力差时，两股气流之间将产生传热和传湿过程，从而进行全热交换。

板翅式换热器结构简单，运行安全、可靠，无传动设备，不消耗动力，无温差损失，设备费用较低，但是设备体积大，须占用较大建筑空间，接管位置固定，缺乏灵活性，传热效率较低。[3]

申都大厦空调新风系统采用了全新风分体式热回收复合空调机组，两种容量分别为 4 000 m^3/h（服务 3、4、6 层）和 3 600 m^3/h（服务 2、5 层），服务 2、3 层的新风空调箱安装在 3 层空调机房，室外机安装在屋顶西北侧，太阳光热集热板下方。服务 4～6 层的新风空调箱安装在 4 层空调机房，室外机安装在屋顶西北侧，太阳光热集热板下方。

全新风分体式热回收复合空调机组，主要包括室内机、室外机、风管组成。室内机内部主要由送风机、排风机、板翅式全热换热器、过滤器等构成，原理图见下图：

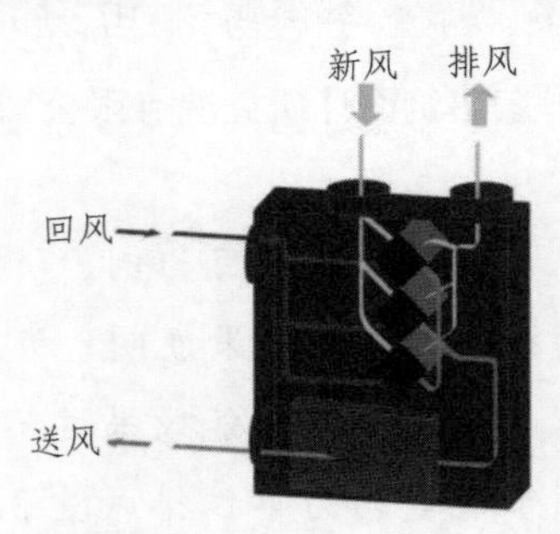

图 1　全新风分体式热回收复合空调机组（室内机）原理图

4 000 m^3/h 全新风分体式热回收复合空调机组室内机主要参数如下表：

表 1　全新风分体式热回收复合空调机组室内机主要参数

新风量/（m^3/h）	4 000	
排风量/（m^3/h）	3 000	
制冷	全热回收效率/%	65
	焓降/（kJ/kg）	26.3
	热回收冷量/kW	24
制热	温度回收效率/%	70
	温升/°C	9.1
	热回收热量/kW	12.3
送风机	输入功率/kW	2.38
	机外静压/Pa	250
排风机	输入功率/kW	1.43
	机外静压/Pa	150

由空气-空气能量回收装置 GB/T 21087—2007[4]可知，热回收装置热回收效率的测试工况要求新风量与排风量相等，其他要求如下表：

表 2　热回收装置热回收效率的测试工况

项目	排风进风		新风进风	
	干球温度/°C	湿球温度/°C	干球温度/°C	湿球温度/°C
交换效率（制冷）	27	19.5	35	28
交换效率（制热）	21	13	5	2

3 节能性及经济性的理论简化计算

以 4 000 m^3/h 全新风分体式热回收复合空调机组为例，空调采暖计算期取值如下表：

表 3 空调采暖计算期

项目	日期	工作天数	热回收时间
空调	6.1 ~ 9.30	22×4 = 88	8h/日 ×88 日 = 704 h/年
采暖	12.1 ~ 2.28	22 + 22 + 20 = 64	8h/日 ×64 日 = 512 h/年

计算全年回收的能量时，需考虑室外环境温度的变化对回收能量的影响，本计算按当量满负荷法计算。此建筑为办公建筑，查表可知夏季的当量满负荷运行时间为 560 h，冬季的当量满负荷运行时间为 480 h，热回收效率均按 60%考虑。

室内外计算参数见表 4，计算结果见表 5。

表 4 室内外计算参数

项目	室外干球/°C	室外湿球/°C 相对湿度/%	室外焓值/（kJ/kg）	室内干球/°C	相对湿度/%	室内焓值/（kJ/kg）
夏季	34.6	28.2	90.4	25	50%	50.3
冬季	− 1.2	74%	5.1	20	40%	34.9

项目	焓差/（kJ/kg）	年全热回收/（kW · h）
夏季	90.4 ~ 50.3	13 473.6
冬季	34.9 ~ 5.1	8 582.4
全年合计/（kW · h）	22 056	

4 基于运营数据的应用效果分析

以上理论分析，计算过程做了很多假设平均，计算过程并未考虑风机能耗对于热回收节能效果的影响，本文基于实际运营数据对系统的进行模拟分析研究。

4.1 室内温湿度规律

经过一年的实际运行，空调采暖期间室内温湿度呈现一定规律的变化，典型运行特点如下图，冬季（1 月）室内温度在 21 °C 左右，室内相对湿度在 30%左右，夏季（7 月）室内温度在 25.5 °C 左右，室内相对湿度在 60%左右。

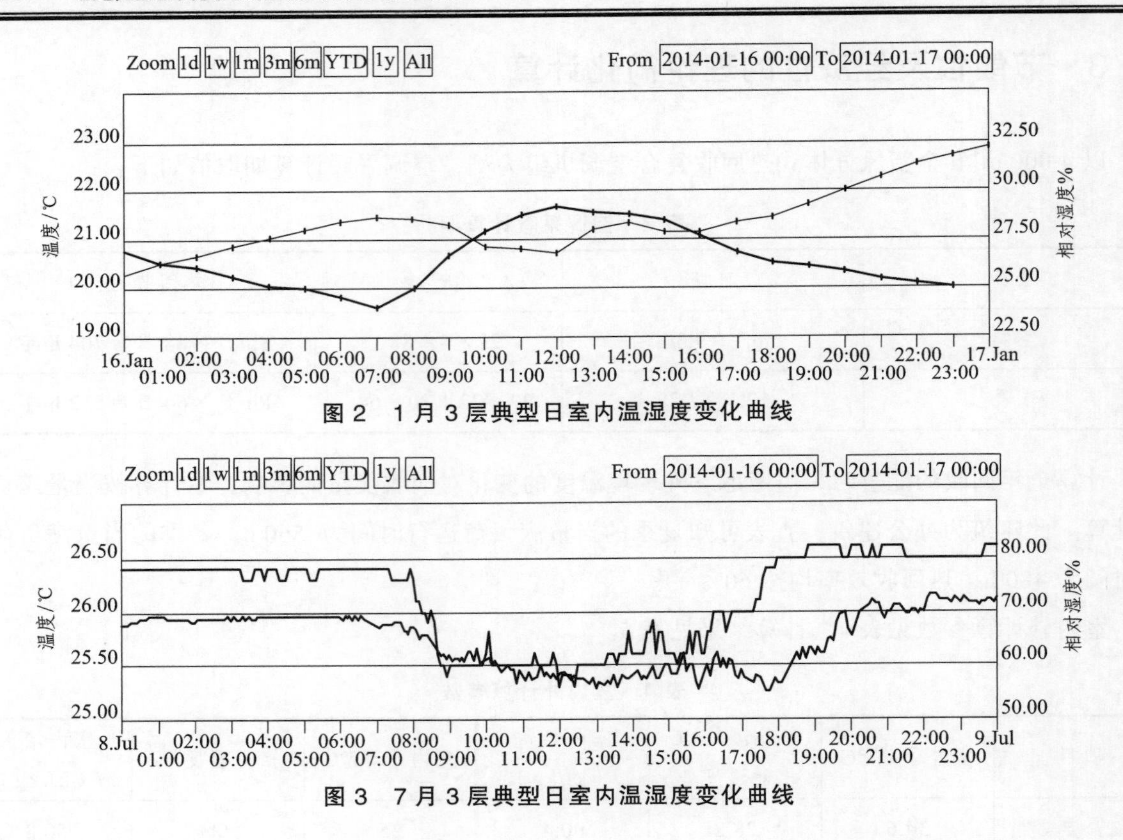

图 2　1 月 3 层典型日室内温湿度变化曲线

图 3　7 月 3 层典型日室内温湿度变化曲线

4.2　基于室内实际温湿度的模拟分析

由文献 1 可知，风机能耗极大影响了热回收的节能效果，本文只分析热回收系统本身的节能，不考虑其与一般新风系统的比较，因此将回收的热量与风机能耗的差值作为并新风热回收系统的节能评价指标。

4.2.1　模拟平台搭建

本文采用 Trnsys 模拟分析软件，搭建了分析模型，如下图：

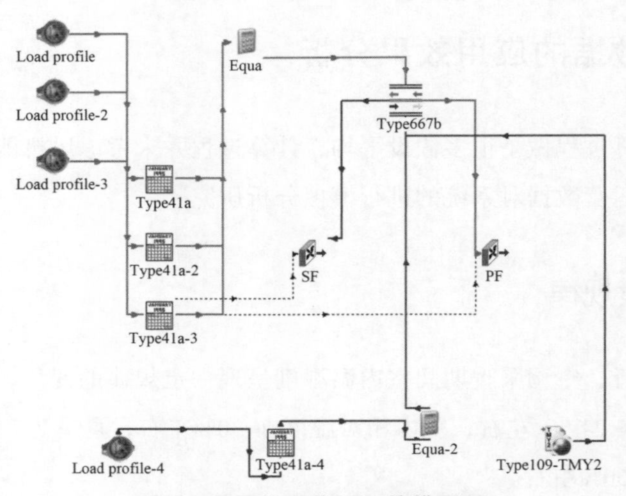

图 4　新风热回收机组的模型图

4.2.2 边界条件设置

主要设备参数参照表 1 设置，热回收效率参照表 2 的标准工况效率设置，冬夏季空调采暖期间室内温湿度参数参考 4.1 设置，室外温湿度参数采用典型气象年数据（TMY2），每日新风机组运行时间从早 8 点到晚上 6 点。

4.2.3 标准工况验证分析

模拟首先依据表 2 的交换效率制冷工况进行验证模型的模拟分析。下图为标准工况一天的温度变化曲线，Tin，Hin 代表室内温湿度（27，50%），T_{w}，H_{w} 代表室外温湿度（35，59%），T_{sf}，H_{sf} 代表送风温湿度（30.3，60.3%），T_{pf}，H_{pf}（31.8，42.6%）代表送风温湿度，不同状态的焓值分别为 55.8，89.4，72.6，64.3（kJ/kg），全热效率和显热效率分别为 0.5，0.59。结果说明此模拟平台的模拟结果与标准工况的机组热回收效率基本一致。

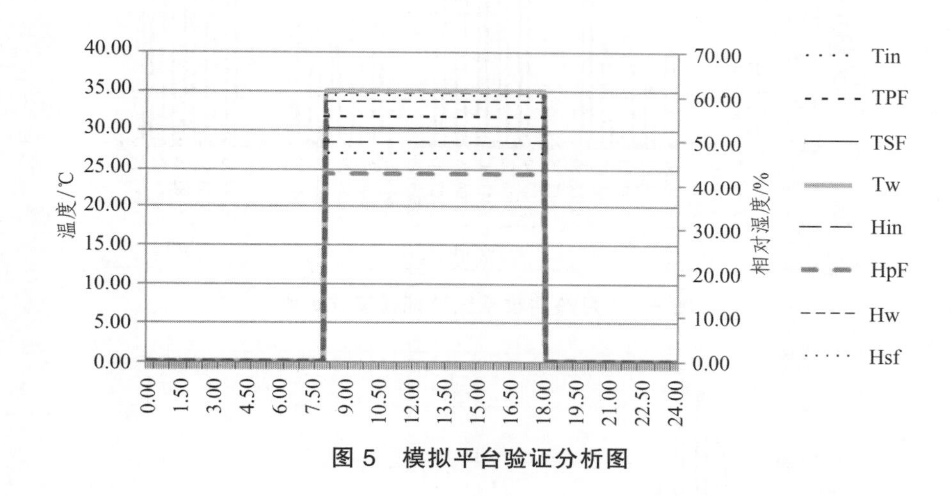

图 5　模拟平台验证分析图

4.2.4 空调工况分析

对于空调季节，主要分析 6—9 月的运行，具体情况见下图：

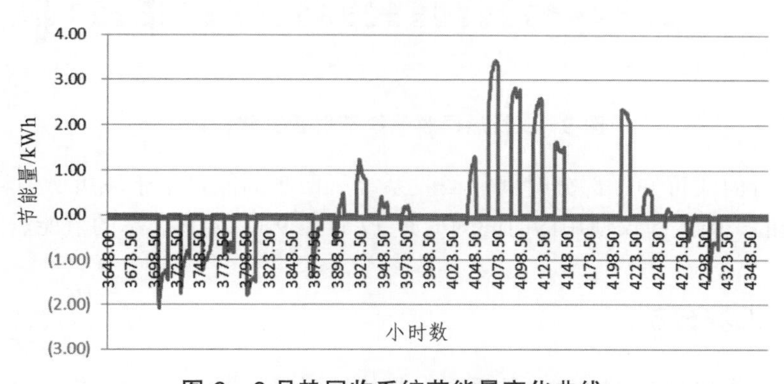

图 6　6 月热回收系统节能量变化曲线

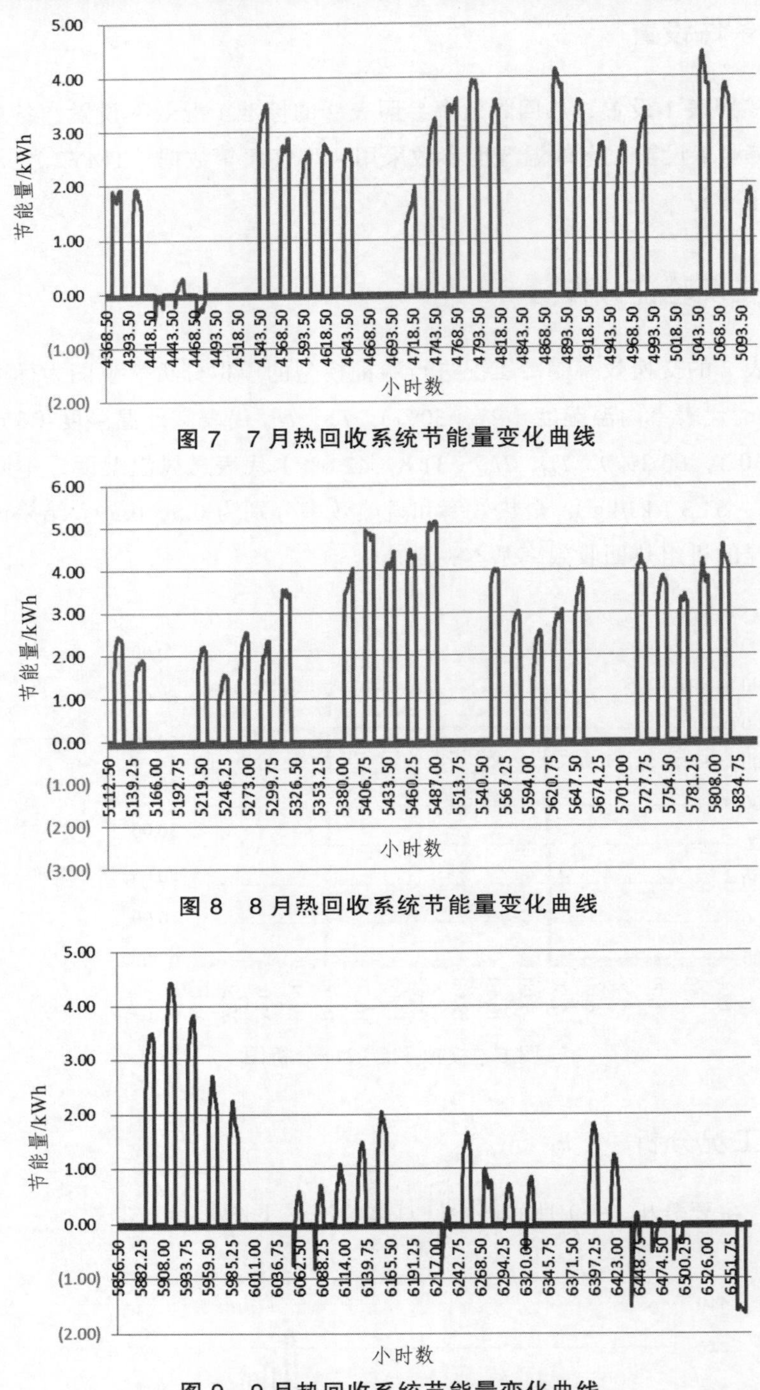

图 7　7 月热回收系统节能量变化曲线

图 8　8 月热回收系统节能量变化曲线

图 9　9 月热回收系统节能量变化曲线

由以上 4 月运行曲线可知，部分时间热回收系统所回收的能量小于风机所消耗的能源，即使运行也是不利于节能的，因此建议使用的时间为 6 月 17 日至 9 月 24 日，总的节能量为 5 278.1 kW · h。

4.2.5　采暖工况分析

对于采暖季节，主要分析 11—3 月的运行，具体情况见下图：

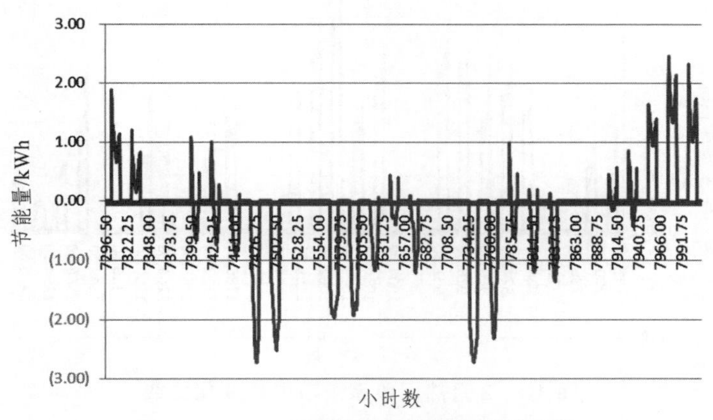

图 10 11 月热回收系统节能量变化曲线

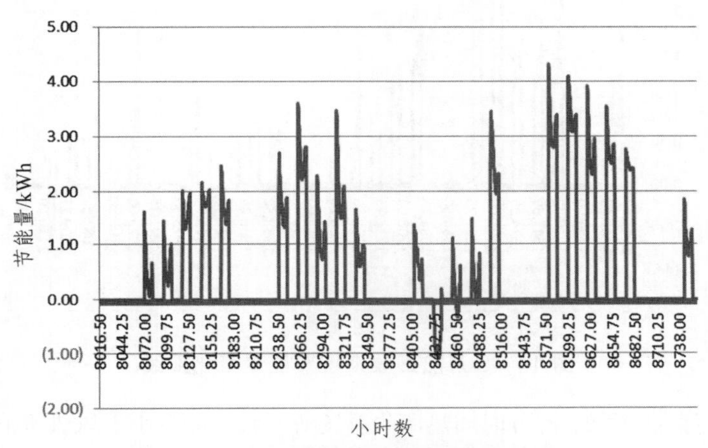

图 11 12 月热回收系统节能量变化曲线

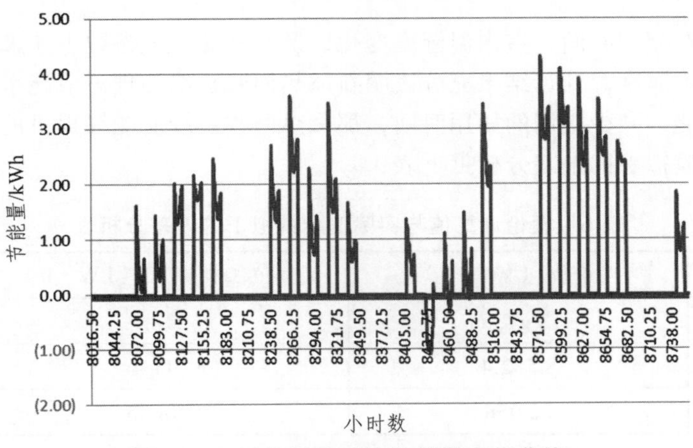

图 12 1 月热回收系统节能量变化曲线

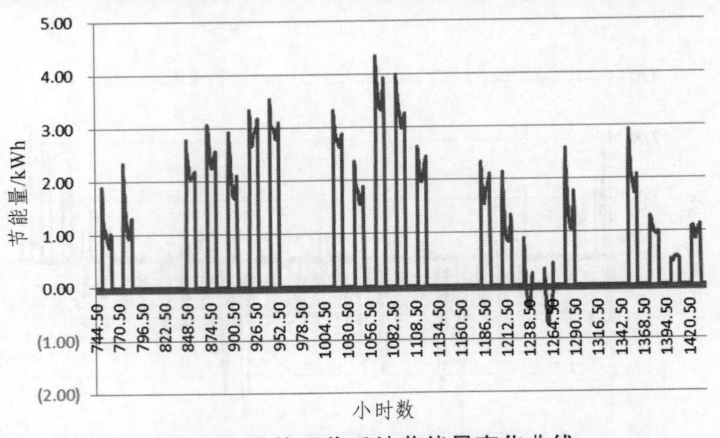

图 13　2 月热回收系统节能量变化曲线

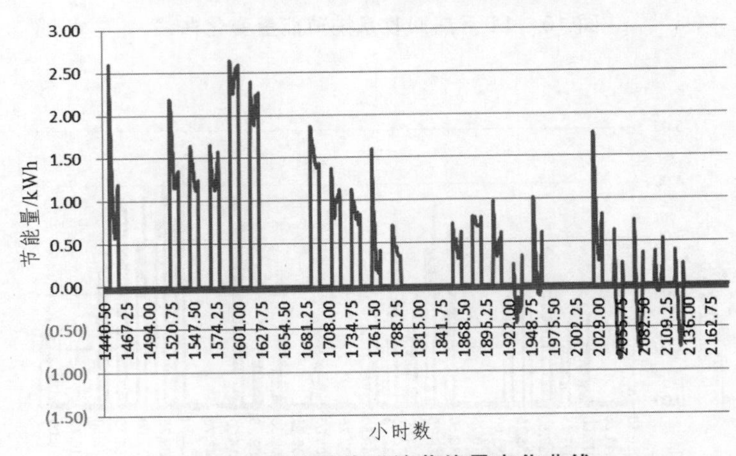

图 14　3 月热回收系统节能量变化曲线

由以上 5 个月运行曲线可知，部分时间热回收系统所回收的能量小于风机所消耗的能源，即使运行也是不利于节能的，因此建议使用的时间为 11 月 28 日至 3 月 24 日，总的节能量为 5 711.4 kW · h。

4.2.6　结果分析

实际值（模拟）在使用时间、室内温湿度变化以及室外温湿度参数上还未完全与实际一致，但计算结果具有一定的可靠度。计算结果充分表明新风热回收机组的理论节能率被过高地评估，如果考虑充分发挥行为节能，减少空调的使用时间，那么热回收系统所能够提供的节能量将会更少。理论计算值与实际值（模拟）的偏差分析见下表：

表 5　理论计算值与实际值（模拟）的偏差分析表

项目	理论值/（kW · h）	实际值（模拟）/（kW · h）	偏差率
空调	13 473.6	5 278.1	51%
采暖	8 582.4	5 711.4	33%
合计	22 056	10 989.5	50%

本文以 6 月份为例，以室内温湿度变化数值代替恒定的室内温湿度进行分析比较，结果表明热回收系统的节能量将降低至原有节能量的 88%。

5 结 语

通过实际运行的数据分析可知，板翅式全热交换热回收新风系统在上海应用的节能效果具有一定的局限性，总体上冬夏季的节能总量相近，年节能量约为单位排风量 3.6 kW·h/m^3，工程应用时应注意以下问题：

（1）工程应用时应该针对当地的气象特点进行详细的节能效果分析。

（2）节能效果分析中应该考虑风机能耗的影响，即以扣除风机能耗后所获得的热回收量作为节能评价指标。

（3）节能效果分析中应借助计算机仿真技术进行动态的分析方法。

（4）计算机仿真分析模拟平台须按照标准工况进行验证分析后方可用于不同工况的分析。

（5）计算机仿真分析模拟平台的边界条件宜按照实际情况设置动态变化的室内外温湿度参数，当不能获得实际参数时，可以采用典型气象年数据作为室外温湿度参数，采用典型室内温湿度参数作为室内温湿度参数。

参考文献

[1] 中国城市科学研究会. 中国绿色建筑 2014. 北京：中国建筑工业出版社，2014.

[2] 清华大学建筑节能研究中心. 中国建筑节能年度发展研究报告. 北京：中国建筑工业出版社，2014.

[3] 赵建成，等. 排风热回收系统在工程中的应用. 建筑科学，2006（12）.

[4] GBT 21087—2007 空气-空气能量回收装置.

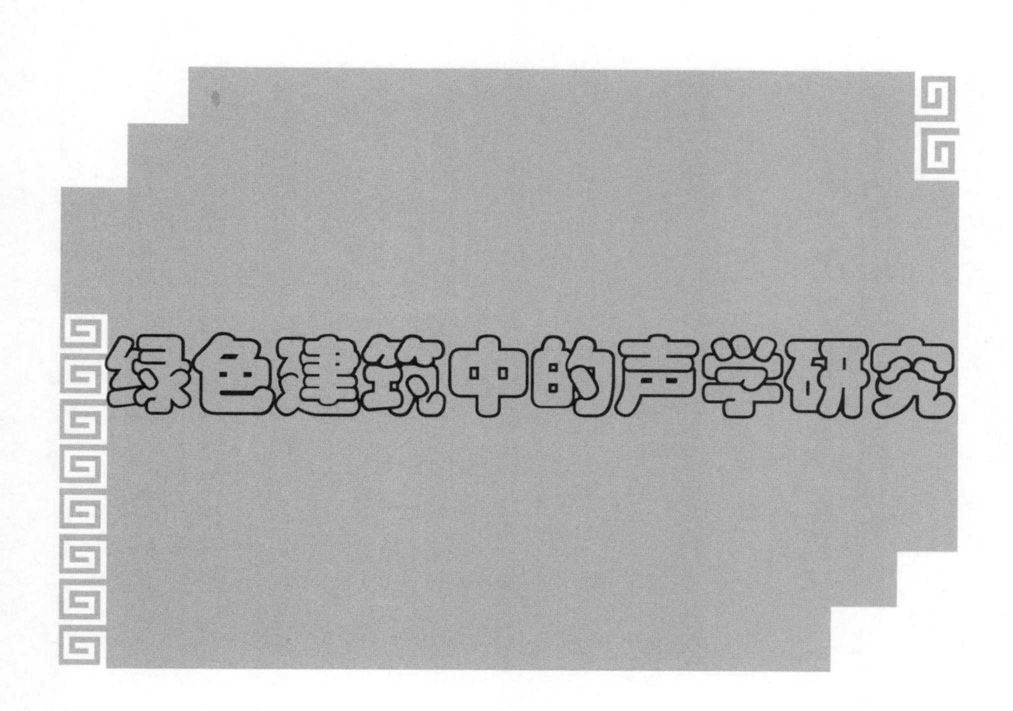
绿色建筑中的声学研究

绿色建筑的声学要求与措施

李慧群
（中国建筑西南设计研究院有限公司，天府大道北段866号）

【摘　要】 绿色建筑评价指标体系由节地与室外环境、节能与能源利用、节水与水资源利用、节材与材料资源利用、室内环境质量和运营管理六类指标组成。其中“节地与室外环境”和“室内环境质量”两项指标包含对声环境的具体要求。本文主要讨论绿色建筑体系中声学的具体要求和解决措施。

【关键词】 绿色建筑　声环境

1 引　言

绿色建筑的理念是在全球资源与人口配比失衡、人居环境污染加剧的背景下应运而生的。目前，世界各国普遍重视绿色建筑的研究，许多国家和组织都在绿色建筑方面制定了相关政策和评价体系，有的已着手研究编制可持续建筑标准。我国在2006年发布并实施了GB/T 50378—2006《绿色建筑评价标准》，正式建立了绿色建筑评价体系。声环境质量控制在绿色建筑评价体系中占有一席之地，具体控制内容出现在室内环境质量和室外环境两大章节之中，良好的声学环境成为获得绿色建筑标识的条件之一。

2 绿色建筑评价对声学的要求

绿色建筑评价体系的6个项目中，每项指标包括控制项、一般项与优选项，控制项为绿色建筑的必备条件，一般项和优选项为划分为绿色建筑等级的可选条件，其中优选项是难度大、综合性强、绿色度较高的可选项。各项指标分别按照住宅建筑和公共建筑提出了相应要求。

绿色建筑需满足所有控制项的要求，并按满足一般项数和优选项数的程度，划分为三个等级；满足的一般项和优选项数目越多，等级越高。

2.1 住宅建筑

评价指标中的控制项是项目被评为“绿色建筑”的必备条件。住宅建筑的控制项包含以下内容：

表 1

控制项（共 40 项）					
节地与室外环境（共 4 项）	节能与能源利用（共 3 项）	节水与水资源利用（共 5 项）	节材与材料资源利用（共 2 项）	室内环境质量（共 5 项）	运营管理（共 6 项）

评价项目为住宅建筑时，控制项中对声学的要求如下：

（1）节地与室外环境：施工过程中制定并实施保护环境的具体措施，控制由于施工引起的大气污染、土壤污染、噪声影响、水污染、光污染以及对场地周边区域的影响。

干扰周围生活环境的声音，满足国标《建筑施工场界噪声限值》（GB12523）的要求；项目组应提供的施工过程控制的有关文档，包括环境保护计划书、实施记录文件、环境保护结果自评报告等；当地环保局或建委等有关职能部门对环境影响因子排放评价的达标证明文件。

（2）室内环境质量：对建筑围护结构采取有效的隔声、减噪措施。卧室、起居室的允许噪声级在关窗状态下白天不大于 45 dB（A），夜间不大于 35 dB（A）楼板和分户墙的空气声计权隔声量不小于 45 dB，楼板的计权标准化撞击声声压不大于 70 dB；外窗的空气声计权隔声量不小于 25 dB，沿街时不小于 30 dB。

针对该项目，建筑施工图设计说明应包含对维护结构隔声措施、隔声效果的说明、维护结构做法详图等。需要第三方提供的检测报告。

评价指标中的一般项与优选项是划分绿色建筑等级的可选条件，通过的项目越多，评价等级越高。其中与声学相关的只有一般项。住宅项目的一般项包含以下内容：

表 2 划分绿色建筑等级的项数要求（住宅建筑）

等级	一般项（共 40 项）						优选项（共 6 项）
	节地与室外环境（共 9 项）	节能与能源利用（共 5 项）	节水与水资源利用（共 7 项）	节材与材料资源利用（共 6 项）	室内环境质量（共 5 项）	运营管理（共 8 项）	
	4	2	3	3	2	5	—
	6	3	4	4	3	6	2
	7	4	6	5	4	7	4

评价项目为住宅建筑时，一般项的声学要求如下：

节地与室外环境：住区环境噪声符合现行国家标准《声环境质量标准》（BG 3096—2008）的规定。

根据场地所在标准中的类型，若环境噪声测试值高于标准值，应采取降噪措施，并控制场地内的室外空调机、风机等机械设备噪声状况。该项目需要第三方提供的环评报告书、噪声相关设计分析文件盒自述说明文件；需要第三方提供的噪声现场测试报告。如果靠近主干道，较难实现。

2.2 公共建筑

公共建筑的控制项包含以下内容：

表 3

控制项（共 40 项）					
节地与室外环境（共 3 项）	节能与能源利用（共 5 项）	节水与水资源利用（共 5 项）	节材与材料资源利用（共 2 项）	室内环境质量（共 7 项）	运营管理（共 6 项）

评价项目为公共建筑时，控制项中对声学的要求如下：

（1）节地与室外环境：施工过程中制定并实施保护环境的具体措施，控制由于施工引起各种污染以及对场地周边区域的影响。

干扰周围生活环境的声音，满足国标《建筑施工场界噪声限值》（GB12523）的要求；项目组应提供的施工过程控制的有关文档，包括环境保护计划书、实施记录文件、环境保护结果自评报告等；当地环保局或建委等有关职能部门对环境影响因子排放评价的达标证明文件。

（2）室内环境质量：宾馆和办公建筑室内背景噪声符合现行国家标准《民用建筑隔声设计 》（GBJ118）中室内允许噪声标准中的二级要求；商场类建筑室内背景噪声水平满足现行国家标准《商场（店）、书店卫生标准》（GB9670）的相关要求。

室内背景噪声含风口、风机盘管、空调、照明电器、控制器等室内机电设备噪声，相关设计含建筑室内背景噪声源的分析，对各种降噪措施的效果计算，及最终能达到的效果、计算说明。现场检测报告。

公共项目的一般项包含以下内容：

表 4　划分绿色建筑等级的项数要求（公共建筑）

等级	一般项（共 40 项）						优选项（共 21 项）
	节地与室外环境（共 8 项）	节能与能源利用（共 10 项）	节水与水资源利用（共 6 项）	节材与材料资源利用（共 5 项）	室内环境质量（共 7 项）	全生命周期综合性能（共 7 项）	
	3	5	2	2	2	3	—
	5	6	3	3	4	4	6
	7	8	4	4	6	6	13

评价项目为公共建筑时，一般项的声学要求如下：

（1）节地与室外环境：场地环境噪声符合现行国家标准《声环境质量标准》（GB 3096—2008）的规定。

根据场地所在标准中的类型，若环境噪声测试值高于标准值，应采取降噪措施，并控制场地内的室外空调机、风机等机械设备噪声状况。该项目需要第三方提供的环评报告书、噪声相关设计分析文件盒自述说明文件；需要第三方提供的噪声现场测试报告。如果建筑靠近主干道，则较难实现。

（2）室内环境质量：宾馆类维护结构构件隔声性能满足现行国家标准《民用建筑隔声设计规范》（GBJ118）中的一级要求。

客房与客房之间隔墙、客房与走廊隔墙（包括门）的空气声隔声性能满足 GBJ118 中一级要求。客房外墙（包含窗）的空气声隔声性能满足 GBJ118 中一级要求。客房层间楼板、客房与各种有振动源的房间之间的楼板撞击声性能满足 GBJ118 中一级要求。

（3）室内环境质量：建筑平面布局和空间功能安排合理，减少相邻空间的噪声干扰一级外界噪声对室内的影响。

合理布置可能引起振动和噪声的设备，并采取有效的减振和隔声措施。噪声敏感的房间应远离室内外噪声源。

“绿色建筑”评价体系对于建筑施工过程和室内噪声的控制更为重视，这两项列为必选条件；对于室外声环境噪声控制要求稍低，只列为可选条件。

3 建筑声学设计应该关心的内容

（1）对于室外环境：对于在建和未建项目，可采用有效的噪声模拟软件进行前期模拟，对于已建项目，则可以进行现场实测。最后提供环境测试和评估报告。

（2）对于地下层：一般地下室主要用于集中布置机房、车库、人防等空间，无噪声敏感空间，因此布局应与功能需求为主。但是也由于地下室是噪声源密集区域，设计中要注意出现噪声排放超标的情况。

（3）地上非敏感空间（如商业、娱乐、酒店的公共区域等）：

该类区域对噪声振动有一定的要求，主要噪声振动源为这些区域服务的空调机房。声学设计可以在机房选址上给予适当的意见，尽量避开较敏感区域布置机房；在确定位于楼层上的设备机房位置和设备噪声与振动特性后，进行适当的隔声减振处理。

目前，避难层兼设备层的噪声振动问题，是比较普遍的问题，对于位于避难层的设备机房，可以采用浮筑楼板构造来降低设备振动对敏感区域的影响。

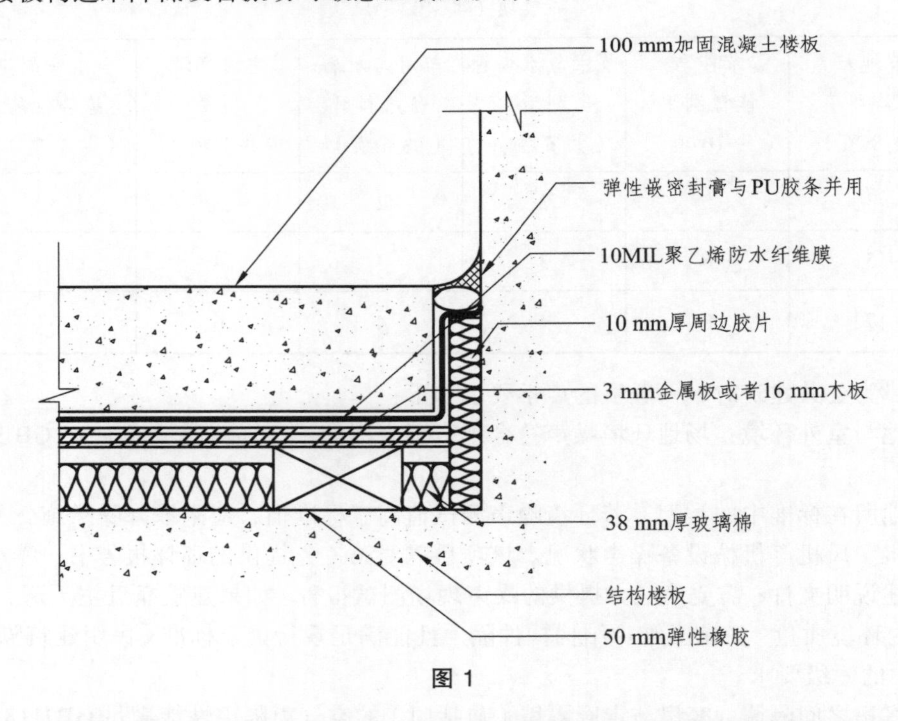

图 1

为公共服务区供暖的空调系统，送回风系统应有适当的消声以防止噪声通过空调风管系统向外传播。从而有效降低空调设备噪声对使用空间的影响。

（4）地上办公区：

办公区为噪声次敏感区域，一般可能存在的噪声源主要有：空调机房、电梯井、电梯机房和室外交通噪声、室外设备噪声或风口等。办公用房如果采用开窗自然通风的形式，对室外交通噪声、设备噪声和可能出现的其他噪声排放会比较敏感。因此，在建筑布局上要合理控制需要开窗的房间室外噪声值。以使建筑在正常运行时，满足室内噪声限值的要求。

（5）敏感区域（卧室、医院病房、酒店客房、会议演出用房或其他有私密性要求的房间等）：

对背景噪声要求非常高，对建筑隔声与空调系统消声都有很高的要求，设计中应给予了足够的重视，采取相应措施。紧邻敏感区的空调机房，机房和敏感房间之间尽量采用双层实心墙进行隔绝。如果条件受到限值不能采用双墙的区域，墙体应增加相应的隔声措施以满足间隔墙的隔声要求。对于双层墙，施工时也应提别注意断开两层墙体之间的刚性连接，避免噪声声桥而降低隔声量。敏感用房的墙体隔声量通常要达到 50 dB。一般的轻质隔墙很难满足其隔声要求。一般敏感用房的楼板撞击声压级应达到 65 dB 以下。一般楼板的隔声性能很难满足其要求。敏感房间声学设计还应该关注空调送回风管道，适当的消声措施以降低设备风口噪声的排放。

4 墙体和楼板隔声性能分析

满足空气声隔声指标 $R_w + C \geq 40$ dB 的墙体：

表 5

序号	构　　造	墙体厚度 /mm	面密度 /（kg/m^2）	计权隔声量 $R_w + C$/dB
1	75 轻钢龙骨双层石膏板隔墙，中间填 50 厚玻璃棉或岩棉	125		40
2	190 厚加气混凝土砌块 + 双面 15 厚抹灰	220	259	44
3	150 厚蒸压加气混凝土条板 + 双面 20 厚抹灰	190	108	43
4	240 厚空心砖墙 + 双面 10 厚抹灰	250	202	42

满足空气声隔声指标 $R_w + C \geq 45$ dB 的墙体：

表 6

序号	构　　造	墙体厚度 /mm	面密度 /（kg/m^2）	计权隔声量 $R_w + C$/dB
1	75 轻钢龙骨双层石膏板隔墙，中间填 50 厚玻璃棉	125		45
2	190 厚加气混凝土砌块 + 双面 15 厚抹灰	230	284	43
	+ 40 岩棉 + 13 石膏板	53		+ 5
3	240 厚空心砖墙 + 双面 10 厚抹灰	250	202	42
	+ 40 岩棉 + 13 石膏板	53		+ 5

满足空气声隔声指标 $R_w + C \geq 50$ dB 的墙体：

表 7

序号	构　　造	墙体厚度/mm	面密度/(kg/m^2)	计权隔声量 R_w+C/dB
1	100 轻钢龙骨双层石膏板隔墙，中间填 50 厚玻璃棉	225		53
2	150～200 厚钢筋混凝土墙	150～200	360～480	47～52

满足空气声隔声指标 $R_w+C\geqslant 55$ dB 的墙体：

表 8

序号	构　　造	墙体厚度/mm	面密度/(kg/m^2)	计权隔声量 R_w+C/dB
1	240 厚实心砖墙＋单面 10 厚抹灰	225		55

满足空气声隔声指标 $R_w+C\geqslant 60$ dB 的墙体：

表 9

序号	构造	墙体厚度/mm	面密度/(kg/m^2)	计权隔声量 R_w+C/dB
1	240 厚实心砖墙＋单面 10 厚抹灰＋空气层＋240 厚实心砖墙	250	440	60～65

普通混凝土楼板的构造及其隔声性能：

表 10

序号	构　　造	楼板厚度/mm	面密度/(kg/m^2)	计权隔声量 R_w+C/dB	计权标准化撞击声压级 L_{npw}/dB
1	100～200 钢筋混凝土楼板＋找平层＋石材或地砖等装饰面层	150～250	300～540	50～55	75～80
2	100～200 钢筋混凝土楼板＋找平层＋实贴木地板等装饰面层	150～250	300～540	50～55	63～68
3	100～200 钢筋混凝土楼板＋找平层＋地毯或橡胶地板等装饰面层	150～250	300～540	50～55	55～60

改善楼板隔声性能的措施主要有以下几类：

表 11

序号	构　　造	构造厚度/mm	面密度/(kg/m^2)	计权隔声增量 ΔR_w/dB	计权标准化撞击声压级改善值 L_{npw}/dB
1	在楼板下悬挂隔声吊顶（两层 15 mm 石膏板构成，混凝土板底部和天花板之间的空腔高 100～250 mm，空腔中填有最小密度为 24 kg/m^3 的玻璃棉毡）	≥125		10～15	10～15
2	混凝土找平后铺 5～10 mm 厚弹性隔声垫，上铺不小于 40 mm 配筋混凝土	≥50		5～10	18～23
3	混凝土找平后铺 20～50 mm 厚弹性隔声垫层，上铺不小于 100 mm 配筋混凝土	≥200		约 15	约 25（常用于机房隔声）

5 结 语

我国于2006年颁布绿色建筑的国家标准，自2008年起正式开展“绿色建筑评价标识”认证，正逐渐完善我国的绿色建筑评价标识体系，绿色建筑得到迅速发展。

评价绿色建筑时，应统筹考虑建筑全寿命周期内，节能、节地、节水、节材、保护环境、满足建筑功能之间的辩证关系。声环境作为人居环境中的一个重要组成部分，应该积极融入这个体系之中。随着“绿色建筑评价标识”认证的推行，建筑声学也将迎来新的发展契机。

酒店宴会厅声学处理

杨 帆

【摘 要】 本文主要介绍了某酒店宴会厅声学处理的全过程与厅堂中的声学知识讲解,并通过自己多年的实际经验与专业知识相结合对室内隔声处理与音质处理注意事项与材料选择,科学的分析计算从而达到预期的效果,并现场测试得出最终满意的结果。

【关键词】 隔声 音质 测试

随着时代的迅速发展，近年来我国酒店业也为了适应时代的发展不断的改善营业理念。为了满足国际、国内各种形式的会议交流，各大酒店宴会厅都纷纷引进各种先进的多媒体设备和丰富多彩的装修设计风格，以满足宴会厅的各种品牌展会、新品发布会、新闻发布会、行业论坛、交流会、联欢晚会、大型婚庆、寿宴等各种活动的使用。

在先进的多媒体设备与丰富多彩的装修，很多酒店宴会厅却出现声学缺陷，这就是我们国家对建筑声学方面的知识太欠缺了，据不完全统计：2012 年从事建筑声学行业不到 1 万人。一些酒店盲目的装饰装修导致厅堂无法满足正常使用，音质差最为突出。

下面我们通过一个真实案例讲解声学的基础知识与如何避免、解决声学缺陷。

1 建筑概况及使用要求

酒店宴会厅主要用途用：品牌展会、新品发布会、新闻发布会、行业论坛、交流会、联欢晚会、大型婚庆、寿宴等。某酒店宴会厅三维结构为：长 15 m，宽 20 m，高 6.4 m。顶面为石膏板吊平顶，地面采用大理石石材铺贴，墙面为非承重复合墙体，墙表面基层为石膏板，面为壁纸饰面。厅堂内部基本无吸声材料，主要靠空气衰减。从而导致出现严重建筑声学缺陷，例如：声音叠加导致声压级提高，声场分布不均匀，混响时间过长，等建筑声缺陷。专业声学工程师现场测试，对角 5 个点的测试结果为：测点一为 4.6/s，测点二为 5.4/s，测点三为 4.9/s，测点四为 5.9/s，测点五为 5.1/s。

图 1

2 建筑声学设计相关规范和指导原则

GBJ118—88《民用建筑隔声设计规范》。

GB/T50356—2005《剧场、电影院和多用途礼堂建筑声学设计规范》。

GJ57—2000《剧场建筑设计规范》。

GBJ16—37《建筑设计防火规范》。

GBJ76—84《厅堂混响时间测量规范》。

根据其使用功能的声学要求，建筑声学设计的指导原则如下：

（1）合理的室内混响时间设计。

（2）保证有足够的响度、良好的语言清晰度。

（3）合理的声反射扩散设计。

（4）声场分布均匀，无对听音形成干扰的音质缺陷。

按照上述要求，建筑声学设计主要包括：宴会厅的混响时间控制、无声缺陷。

3 建筑声学设计指标

根据使用要求，为了保证会议语言清晰饱满，根据设计规范结合现有体型，确定本宴会厅的最佳混响时间为中频（1.0 ± 0.1）s（500 Hz）为宜，低频允许 20%提升。室内噪声水平应控制在 35 dB（A）以下。

说明：

建筑声学的内容分为两大方面：

（1）室内声学——解决内室音质的问题，保证听清、听好。

（2）噪声控制——控制建筑物内外的噪声干扰。

现有状态分析及处理说明。

3.1 音质部分

宴会厅三维结构比例为 1∶2.33∶3.35，不是最佳的黄金比例，墙面没有任何吸声反射材料与结构，顶面与地面同样无反射或吸声材料或结构，声学工程师测试 ease 模拟软件，并对模拟结果进行计算得出墙面出现严重的平行颤动回声，地面与顶面也同样出现上下的颤抖回声，墙面高度 2 m 处出现大量的驻波，声场分布极其均匀。

在做吸音之前我们要了解对于不做吸音处理的房间会出现的音质缺陷，如声失真或畸变，还有大家都知道的声驻波、声染色、声聚焦、多重回声、回声、声影，给人的感觉是闷、声音发干、不饱满等等，上面的声缺陷在小房间是经常出现的，小房间最常见的是低频染色。为了不让以上声缺陷对人们享受高质量听音时干扰。国内外声学工作者门在多年的测试与实验，不断研究中对以上的声缺陷做合理的科学处理。研究得出，在处理声缺陷的两种处理方式：一是吸音材料，二是吸音结构，分别吸收低、中、高频声音。通常多孔材料主要吸收高频声，多孔吸音材料是从表面到内部均有相互连通的微孔纤维吸音材料，像聚酯纤维板、玻璃棉、岩棉、窗帘、地毯等均属于多孔纤维吸音材料。吸音原理是当声波入射到多孔材料的表面时激发起微孔内部的空气振动，空气与固体筋络间产生相对的运动，由于空气的黏滞性在微孔内产生的相应的黏滞阻力，使振动空气的动能不断地转化为热能，使得声能被衰减；另外在空气绝热压缩时，空气与孔壁之间不断发生热交换，也会使声能转化为热能，从而被衰减。不过多孔材料也不可以过量使用，以免高频声吸收过度，影响音质的清晰和明度。应注意在布置多孔吸音材料的同时，也适当地布置一些低、中频结构。通常薄板吸声结构主要吸收部分低频声。其吸声频带在 80 ~ 300 Hz，吸声系数一般为 0.2 ~ 0.5。在上述中薄板上穿以一定密度的小孔，或者在其后铺衬岩棉毡等，等构成穿孔板吸收结构，当穿孔板中的圆孔变为平行窄缝时，穿孔板吸声结构就演变成狭缝吸声结构。薄板共振吸声原理：声波与薄板在声波的作用下产生振动，振动时由于板内部在龙骨间出现摩擦损耗，使声能转变为机械振动，把声能转变为热能而起到吸声作用，像石膏板等薄板与空腔形成的结构就很容易与四分之一波长的声波生产共振，抵消或损耗声能从而起到吸声作用。通过上述介绍我们对吸声有了一个大体上的了解，下面根据本宴会厅详细讲解：为了保证宴会厅的建筑声学设计指标，声学工作人员通过专业的分析与甲方沟通，并本着降低成本保证质量的原则，决定对宴会厅声学改造采用软包与硬包加扩散的处理方式在通过依林混响时间计算公式：

$$T = \frac{KV}{-\sin(1-\overline{a})} S$$

式中　V——房间的容积（m^3）；

K——与声速有关的常数，一般取 0.161；

S——室内总表面积（m^2）；

a——室内表面平均吸声系数。

表 1

Hotel M蔓兰酒店B2宴会厅混响时间计算表 V = 1800m³ S=848m²															
	项目	代号	面积 m2	125Hz		250Hz		500Hz		1000Hz		2000Hz		4000Hz	
			S	α	S* α	α	S* α	α	S* α	α	S* α	α	S* α	α	S* α
1.天花	软包		150	0.35	52.5	0.95	142.5	0.80	120.0	0.85	127.50	0.90	135.0	0.95	142.5
	凹凸扩散加水晶灯		60	0.25	15.0	0.20	12.0	0.10	6.0	0.07	4.20	0.07	4.2	0.08	4.8
2.墙面	软包		150.0	0.45	67.5	0.88	132.0	0.91	136.5	0.85	127.50	0.70	105.0	0.62	93.0
	硬包		36.0	0.14	5.0	0.35	12.6	0.64	23.0	0.94	33.84	0.99	35.6	0.99	35.6
	扩散		20.0	0.18	3.6	0.06	1.2	0.04	0.8	0.03	0.60	0.02	0.4	0.02	0.4
3.地面	地毯		400.0	0.05	20.0	0.15	60.0	0.12	46.0	0.25	100.00	0.35	140.0	0.40	160.0
	餐桌		89.0	0.18	16.0	0.61	54.3	1.00	89.0	1.00	89.00	1.00	89.0	1.00	89.0
5.计算	V 室内总体积		1800.0												
	S 室内总内表面积		848.0												
	S×α 总吸声量m2				179.7		414.6		421.3		482.6		509.2		525.3
	α 平均吸声系数			0.21		0.49		0.50		0.57		0.60		0.62	
	-LN(1-α)换算			0.24		0.67		0.69		0.84		0.92		0.97	
	-LN(1-α)*S换算			201.89		569.17		582.49		680.01		694.75		694.41	
	-4mv											16.20		39.60	
	满场混响时间 (秒)				1.22		1.18		1.02		0.95		0.91		0.90
	满场混响时间频率比				1.20		1.16		1.00		0.93		0.89		0.88

$$A = S_1\alpha_1 + S_2\alpha_2 + \cdots + S_n\alpha_n = \sum_{i=1}^{n} S_i\alpha_i \text{ (m}^2\text{)}$$

从上述计算中可以得出，宴会厅部分采用软包，采用软包侧用[250，500，1 000，2 000 Hz 四个频率吸声系数的算术平均值（取为 0.56 的整数倍）称为“降噪系数”（NRC）]的软包体。

具体布置为：

3.1.1 宴会厅顶面

采用软包结构，$S = 300\ \text{m}^2$ 安装方式采用凹凸错落无规则的安装方式，不低于 150 mm 落差高度。

3.1.2 宴会厅墙面

采用软包与硬包（硬包的吸声为 0.09，可记作不吸声，注：系数系数小于 0.2 的材料为隔声材料，反正：系数系数大于 0.2 的材料为吸声材料，1 峰值）加上部分扩散，从而达到声学设计要求。墙面软包：$S = 120\ \text{m}^2$；扩散：$S = 30\ \text{m}^2$。

3.1.3 宴会厅地面

采用 6 mm 地毯，根据地毯厂家提供的声学测试数据地毯的吸声系数为 0.09，对高频吸声较高，吸声系数在 0.55 左右。

3.1.4 软包测试系数

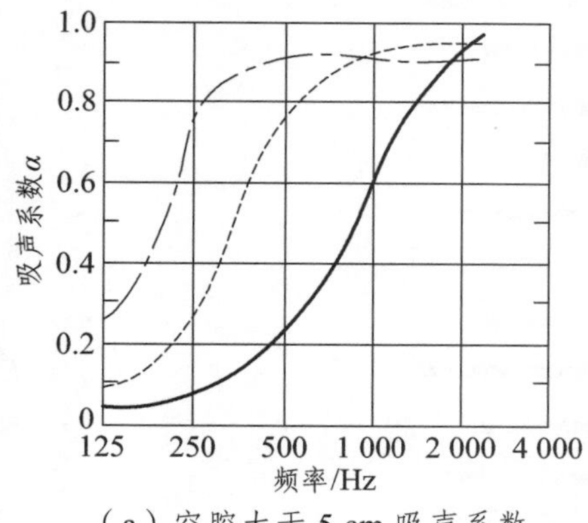

（a）空腔大于 5 cm 吸声系数

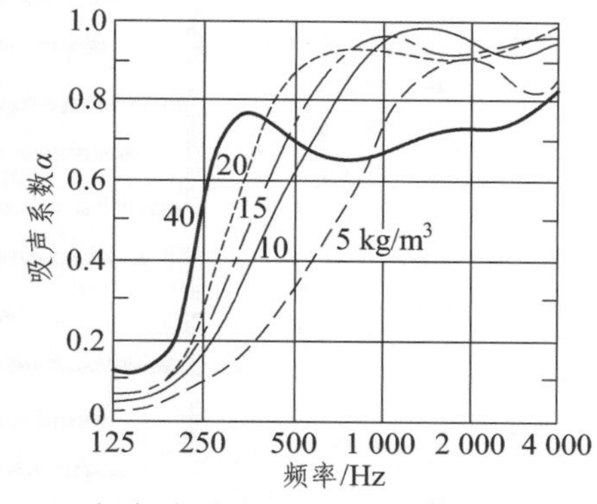

（b）空腔小于 5 cm 吸声系数

图 2

3.1.5 软包节点

软包采用 20 mm 巴斯夫，饰面布面采用透声性较好的吸声软包，软包衬底面采用 9 mm 奥松板。

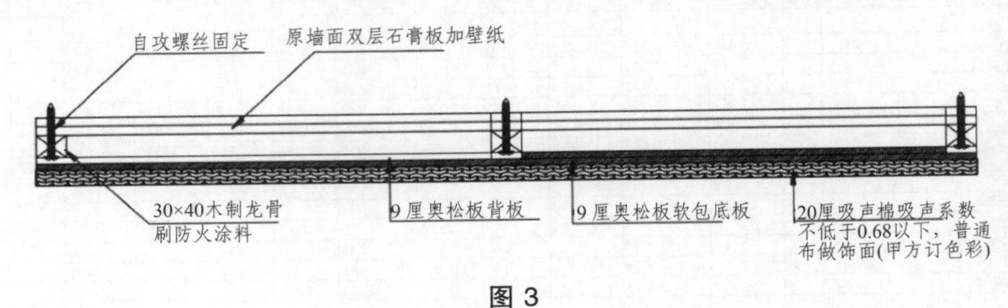

图 3

3.1.6 硬包节点

饰面布面采用透声性较好的吸声软包，软包衬底面采用 9 mm 奥松板。

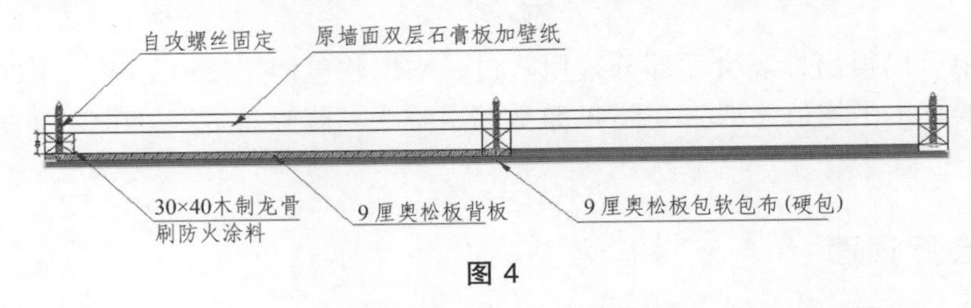

图 4

3.1.7 扩散节点

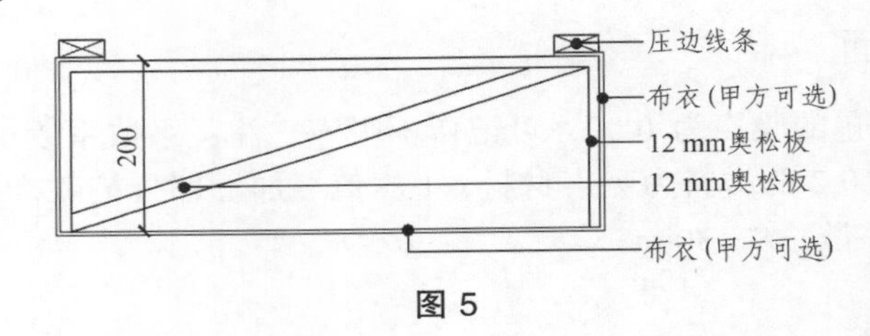

图 5

3.1.8 吊顶布置与安装方式

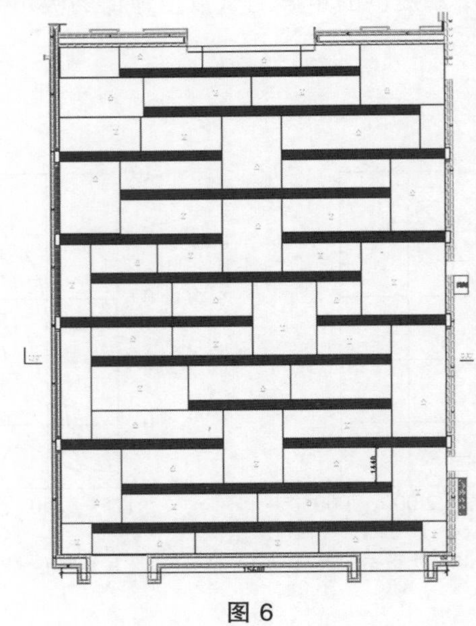

图 6

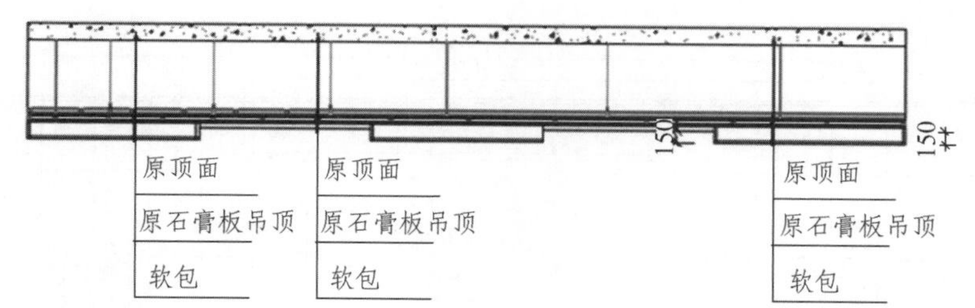

图 7

3.1.9 墙面软包与硬包的布置

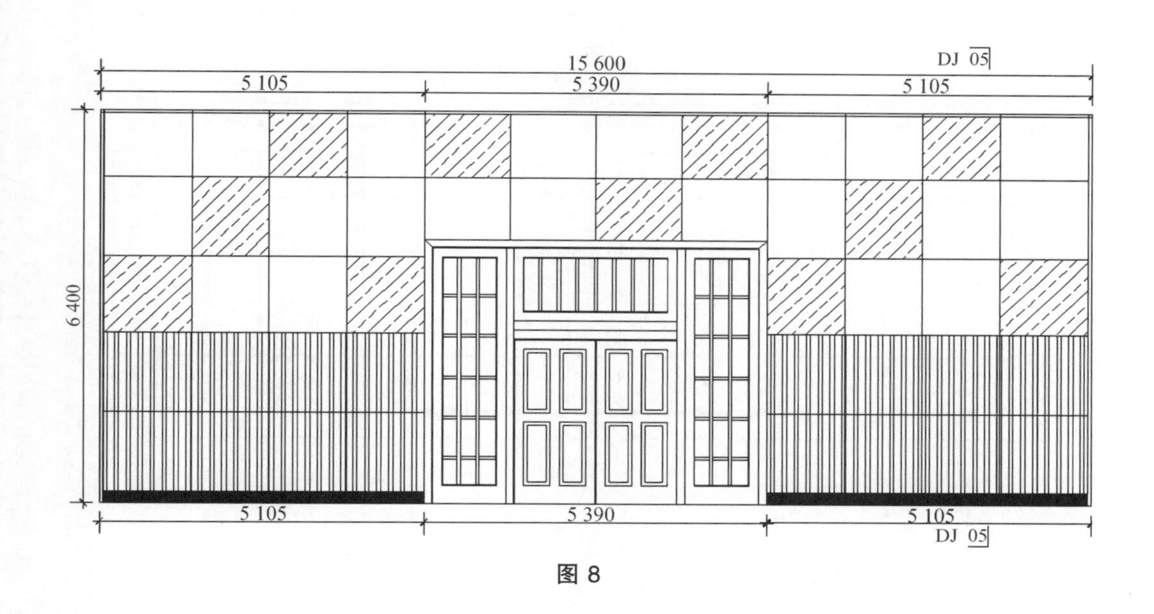

图 8

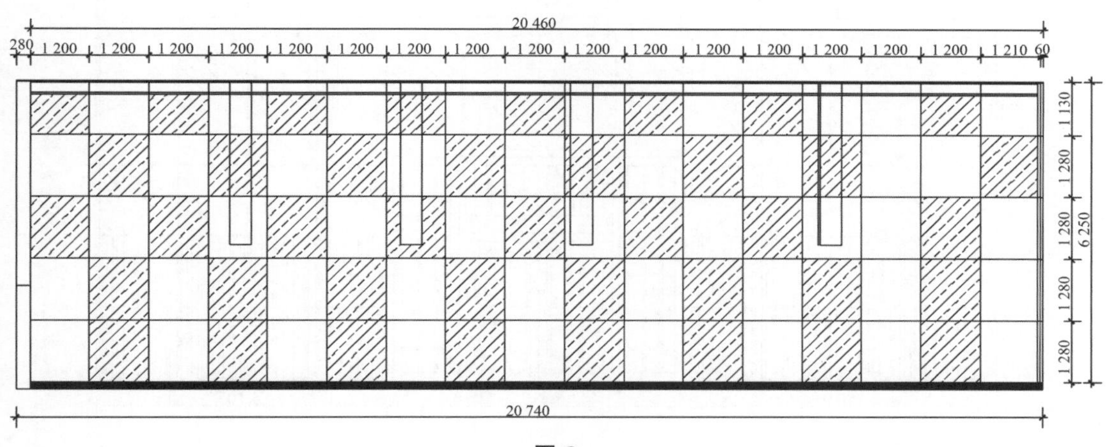

图 9

3.1.10 阴影部分为软包

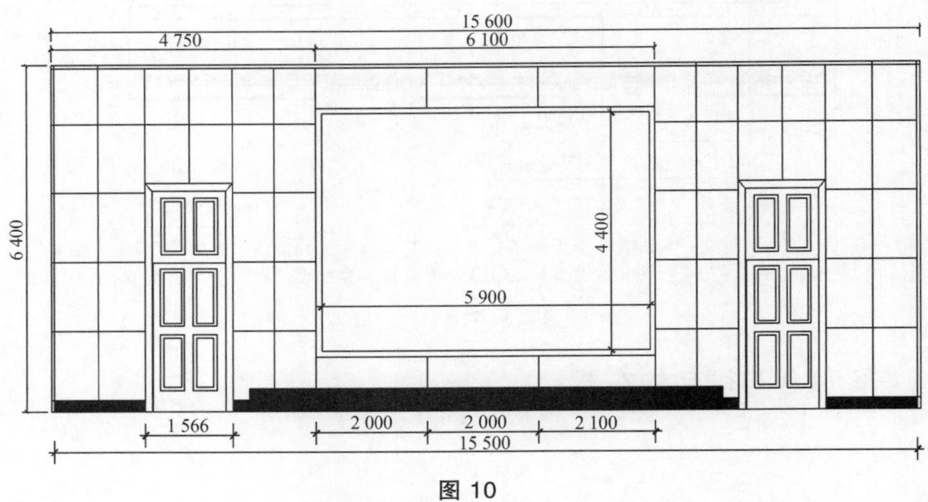

图 10

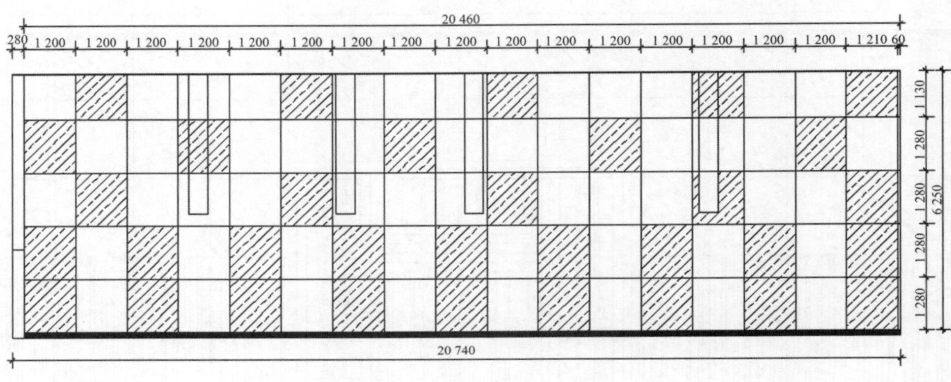

图 11

注：阴影部分为软包

3.1.11 扩散的布置图

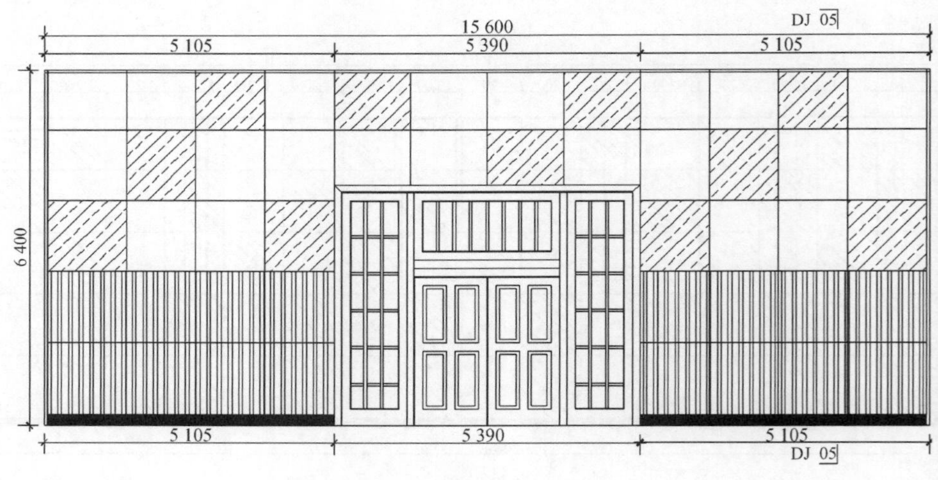

图 12

注：阴影部分为扩散 阴影部分为软包

3.2 隔声方面

由于宴会厅在地下 2 层且周围环境无严重噪声干扰。原墙面采用的是 6 层石膏板复合结构，内藏容重为 46 kg/m^2 的岩棉，按照参考文献：隔户墙如果是 24 红砖墙，其隔声量 52 dB。如果是轻质隔墙，可以在其内侧增设一道纸面石膏板或水泥纤维加压板（FC 板）分立墙，以提高其隔声能力。通常两道 12 mm 的石膏板，相距 80 mm 时，隔声量为 38 dB；相距 140 mm 时，隔声量为 45 dB，门的隔声量取决于门扇本身的隔声量及门缝,密封程度。一道普通的木门的隔声量只有 12 ~ 15 dB，如果将门做成多层复合夹层门，中间有 50 mm 岩棉做门扇，这样门可以提高 5 ~ 7 dB 隔声量，如果是专业的隔声门，钢制的最高隔声量可以达到 45 dB，但是必须在现场门框要相应处理，如果现场制作的木质专业隔声门，双企口加毛毡密封或用橡胶条密封，这样可以实验测试可以到 39 ~ 41 dB 的隔声量。可以得出宴会厅的分墙隔声量为 55 dB（A），按照实际测试得出宴会厅在的背景噪声为 35 dB（A）以下。能满足宴会厅的各项使用。另为空调系统如出现噪声值超标，应该做降噪处理，本宴会厅由于顶面有双层石膏板吊顶，加上管道前期已经做消声处理，所以不需要在加以改善。

3.3 测试部分

混响时间测试主要分为两部分：

3.3.1 声场分布测量

在一个厅堂中，为了了解在使用（演出、讲演）时听众席上各点听到的声音大小是否相同或差别不大，可以通过声场分布测量来了解，即在声源发声时，测量听众席上各点的声压级。因为通常不可能同时测量较多点，所以要求声源发出的声音是稳定的，在每个测点测量时能相同地重放。这对自然声很难做到，所以通常是用电子设备的声源系统，信号用啭音或窄带噪声，也可以用音乐的片断。声源位置通常就是实际使用时自然声源的位置。在空场时进行测量，可以在观众席上测取很多点，甚至每个席位逐个测量。但空场测量结果往往不能反映实际使用时的情况。在听众满场测量时，限于时间，不可能测取很多的点，只能在有代表性的若干个点进行测量。

3.3.2 脉冲响应测量

在厅堂音质测量中，为了了解接收点的反射声的时间分布，可以进行脉冲响应测量。用一个短的脉冲声激发房间声场，脉冲宽度一般应小于 20 ms。在接收点处用高质量的传声器连接到示波器以观察声压响应。如果需要可以把示波器上的图形拍摄下来。也可以来用声频 A/D 转换器进行高速数据采样，获得脉冲响应的数字序列。脉冲声源通常用电火花发生器。如果要区分频率，也可以用短的突发纯音作测试信号，用扬声器系统来放音。

房间或房间内某个位置上的一些严重声学缺陷，能够从示波器显示的脉冲响应团中发现。这些缺陷如没有初始反射声，强反射之间的时间间隔太长，在较晚的时间内出现明显的峰表示存在回声，等等。图 13 是脉冲响应的示例图。

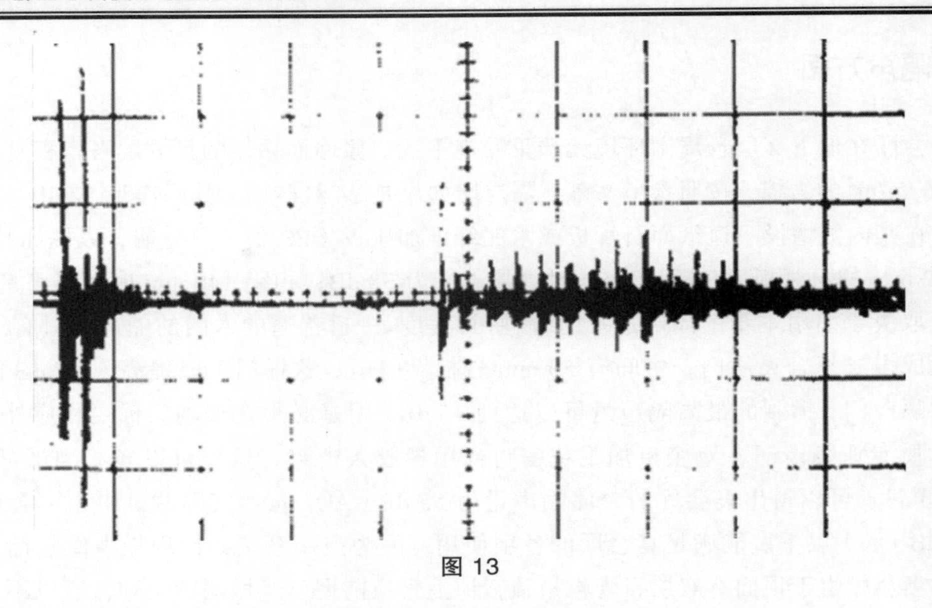

图 13

根据上述测试项目与方式对本项目宴会厅测试结果如下：

测试点一：计全为 80 dB（A）

63 Hz　125 Hz　250 Hz　500 Hz　1 000 Hz　20 00 Hz　4 000 Hz　8 000 Hz

76 dB　76.8 dB　78.5 dB　79.6 dB　83.1 dB　82.5 dB　80.2 dB　84 dB　83.15 dB

测试点二：计全为 82B（A）

63 Hz　125 Hz　250 Hz　500 Hz　1 000 Hz　2 000 Hz　4 000 Hz　8 000 Hz

78 dB　76.18 dB　78.52 dB　80.46 dB　83.41 dB　84.5 dB　841.12 dB　84.4 dB　84.15 dB

测试点三：计全为 85 dB（A）

63 Hz　125 Hz　250 Hz　500 Hz　1 000 Hz　2 000 Hz　4 000 Hz　8 000 Hz

76 dB　76.8 dB　78.5 dB　79.6 dB　83.1 dB　82.5 dB　80.2 dB　84 dB　83.15 dB

测试点四：计全为 84B（A）

63 Hz　125 Hz　250 Hz　500 Hz　1 000 Hz　2 000 Hz　4 000 Hz　8 000 Hz

78 dB　76.18 dB　78.52 dB　80.46 dB　83.41 dB　84.5 dB　841.12 dB　84.4 dB　84.15 dB

测试点五：计全为 80 dB（A）

63 Hz　125 Hz　250 Hz　500 Hz　1 000 Hz　2 000 Hz　4 000 Hz　8 000 Hz

76 dB　76.8 dB　78.5 dB　79.6 dB　83.1 dB　82.5 dB　80.2 dB　84 dB　83.15 dB

测试点六：计全为 82B（A）

63 Hz　125 Hz　250 Hz　500 Hz　1 000 Hz　2 000 Hz　4 000 Hz　8 000 Hz

78 dB　76.18 dB　78.52 dB　80.46 dB　83.41 dB　84.5 dB　841.12 dB　84.4 dB　84.15 dB

测试点七：计全为 85 dB（A）

63 Hz　125 Hz　250 Hz　500 Hz　1 000 Hz　2 000 Hz　4 000 Hz　8 000 Hz

76 dB　76.8 dB　78.5 dB　79.6 dB　83.1 dB　82.5 dB　80.2 dB　84 dB　83.15 dB

测试点八：计全为 84B（A）

63 Hz　125 Hz　250 Hz　500 Hz　1 000 Hz　2 000 Hz　4 000 Hz　8 000 Hz

78 dB　76.18 dB　78.52 dB　80.46 dB　83.41 dB　84.5 dB　841.12 dB　84.4 dB　84.15 dB

		125Hz	250Hz	500Hz	1000Hz	2000Hz	4000Hz
测点1							
	T20	1.15	1.05	1.01	0.98	0.97	0.95
测点2							
	T20	1.05	1.105	1.01	0.98	0.97	0.95
测点3							
	T20	1.05	1.05	1.01	0.98	0.97	0.95
测点4							
	T20	1.2	1.05	1.01	0.98	0.97	0.95
测点5							
	T20	1.12	1.05	1.01	0.98	0.97	0.95
测点6							
	T20	1.11	1.05	1.01	0.98	0.97	0.95

图 14

根据宴会厅的主要使用功能设计混响时间，同时兼顾各频带的平衡度。混响时间指标考虑取 6 个频带（1 倍频程），各频带的中心频率为：125 Hz，250 Hz，500 Hz，1 000 Hz，2 000 Hz，4 000 Hz。满场中频（500 Hz）混响时间为：1 s。观众厅要求混响时间特性为中高频基本平直，低频有一定提升，满场混响时间相对于 500 Hz 的频率特性为：

中心频率	混响时间比
125 Hz	1 ~ 1.2
250 Hz	1 ~ 1.1
2 000 Hz	0.9 ~ 1
4 000 Hz	0.88 ~ 1

3.4 隔声测试

墙体隔声测试结果：

根据现场的测试，宴会厅的轻体墙体的计权隔声量为 56 dB[DnT，w（C，Ctr）]（－1；－4）

注：DnT，w 为国家标准 GB/T50121-2005 计权标准声压级差。

C，Ctr 为频谱修正量（C 用于建筑物内部两个空间之间，Ctr 用于建筑物内部空间与外部空间之间）。

3.5 背景噪声测试

检测项目。

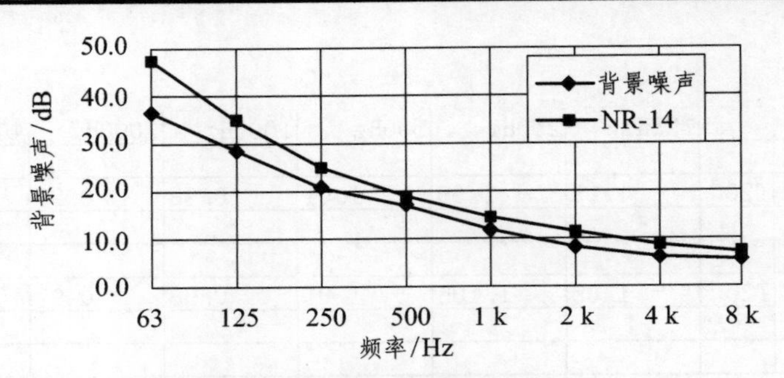

图 15 背景噪声测试图 33 dB（A）

注：主要参考文献：

秦佑国，王炳麟. 建筑声学环境.

车世光，项瑞祈. 噪声控制与室内声学.

绿色机场航站楼内大空间的声学设计研究①

刘东升[1] 李 倩[2] 李慧群

（1. 中国建筑西南设计研究院有限公司，天府大道北段 866 号；
2. 燕山大学建筑工程与力学学院）

【摘 要】 绿色机场建筑中候机厅、到达大厅、出发大厅等大空间的声场状况容易被忽视，但该类空间的声场状况直接影响了机场航站楼的正常使用。通过对青岛机场航站楼内大空间的声场状况进行模拟分析，并合理布置声学材料，控制混响时间与语言清晰度指标。通过对大空间声场分布状况进行优化设计，使之满足绿色机场建筑的基本要求。

【关键词】 绿色机场 混响时间 语言清晰度

1 引 言

目前，在进行绿色机场建筑设计过程中，噪声防控得到了高度重视，而机场室内声环境的优化设计往往被忽视。该类空间由于体型巨大，可用吸声面积较少，因此混响时间得不到有效控制，且容易出现回声、声聚焦等声学缺陷，严重影响了室内广播系统的正常运行。在《民用建筑绿色设计规范》(JGJT 229—2010)中，还对该类空间的声学处理有所要求，提出应在车站、体育馆、商业中心等大型建筑的人员密集场所，需做吸声隔声处理。因此，机场航站楼内部大空间必须进行合理的声学设计。

2 机场航站楼声场分析

航站楼内大空间的声场分析可用 Odeon 声学软件进行室内声场模拟。选用青岛机场方案设计的航站楼大空间部分在 CAD 中建模，导入 Odeon 软件进行自然声场的模拟。在大空间正中布置一点声源，并在出发大厅、安检区和候机厅设置接收点，如图 1 所示。图中红色点是声源位置，蓝色点是接受点，一共 8 个，接收面是高出地面 1.5 m 高平面。通过模拟主要对接收面的声场分布状况以及 8 个受声点的各个声学参数平均值进行分析。

① 基金资助：国家“十二五”科技支撑计划课题《高原气候适应性节能建筑关键技术研究与示范》(2013BAJ03B04)。

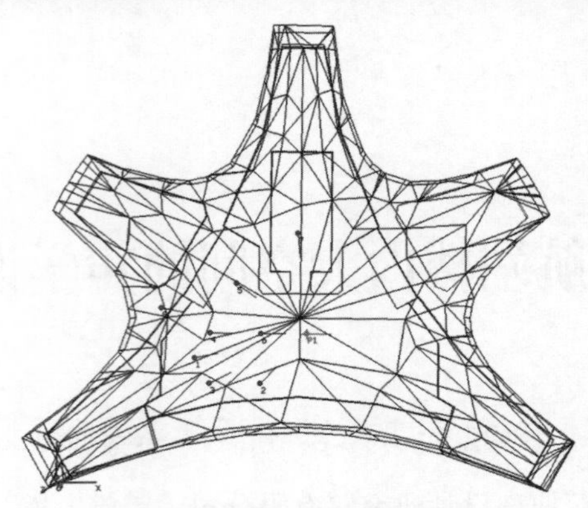

图 1 航站楼内声源与接受点位置

航站楼大厅屋顶一般都采用金属屋面，屋面构造包括隔声层和吸声层两部分。吸声层主要是采用穿孔钢板后贴吸声棉，该构造吸声效果较好，但因面积较少，故仅利用屋顶做吸声还不够，应考虑在人员高度平面附近进行一定的吸声处理，能对受声面的声场分布起到良好的效果。本次设计考虑在航站楼内墙面、顶棚以及利用一些构件做一定吸声处理。下面通过对声场主要客观声学指标进行分析，以评估经过处理后的绿色机场航站楼内部大空间的声场分布状况。

2.1 混响时间分析

混响时间是绿色机场设计中最核心的音质指标，同时也是音质设计中最能定量估算的重要评价指标，它直接影响厅堂音质的效果，很多其他客观声学参数都与混响时间有一定的相关性。6 个频带中以 500 Hz、1 000 Hz 和 2 000 Hz 三个频带的值最有参考意义。该航站楼的 T30 在这三个频带的声场分布图如下图 2 所示。

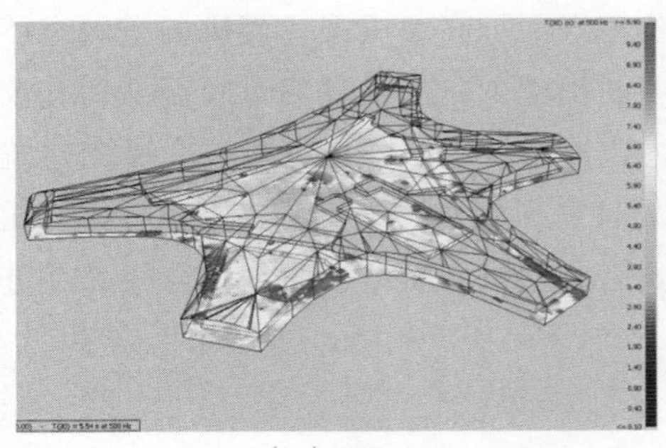

（a）500 Hz

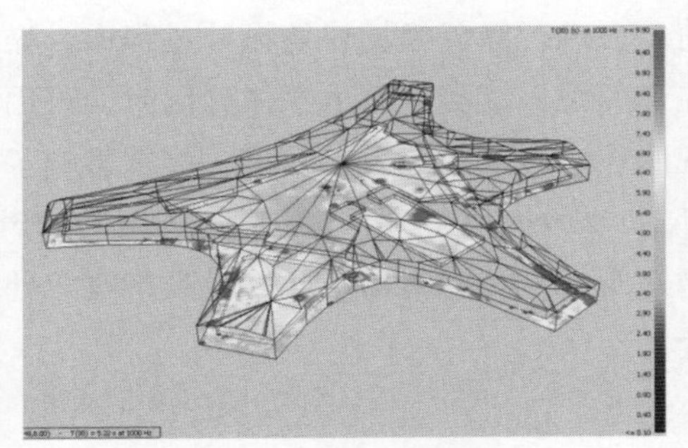

（b）1 000 Hz

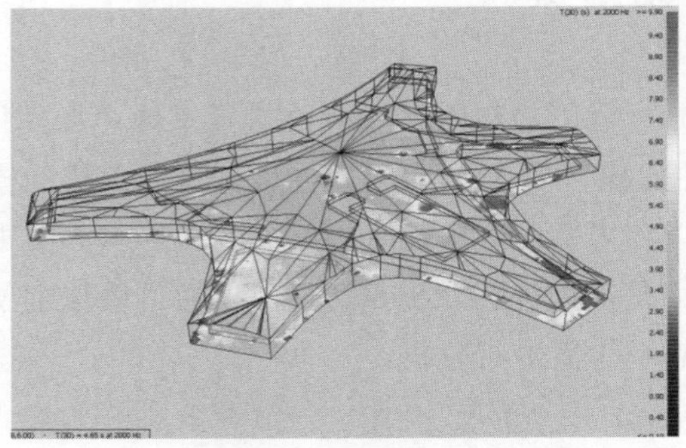

（c）2 000 Hz

图 2 T30 在 500、1 000、2 000 Hz 的分布图

从声场混响时间分布图中可以看出，T30 在低中高频的分布都很均匀，这得益于在大厅顶部、内部商铺墙面和一些构件布置了宽频吸声材料。500 Hz 的 T30 基本在 3.5 s 左右，1000 ~ 2000 Hz 的 T30 基本在 4 s 左右，这比设计值稍高，主要受限于航站楼内部可做吸声处理的壁面有限。对混响时间稍长带来的影响进行评价，需对语言清晰度进行分析。对于局部出现的混响时间过长的区域，其成因是由于后期反射声能较强，判断可能出现的后期反射声线主要来自侧墙和顶部。来自侧墙的后期过强反射声能一般传播路径会经过人流区，会被人流吸收，因此主要的影响是来自顶部的过强反射声，由于机场条件限制，不能增加顶部有效吸收空间。

2.2 语言清晰度分析

分析机场航站楼的语言清晰度主要应对清晰度 D50 和语言传输指数 STI 进行分析。清晰度 D50 是混响过程中 50 ms 以内的反射声能占全部声能的百分数，是评价语言清新度的重要指标。语言传输指数 STI 是由调制转移函数（MTF）导出的评价语言可懂度的客观参量，也是评价厅堂语言清晰度的一个重要参量。该航站楼的 D50 和 STI 的分布如图 3 和 4 所示。

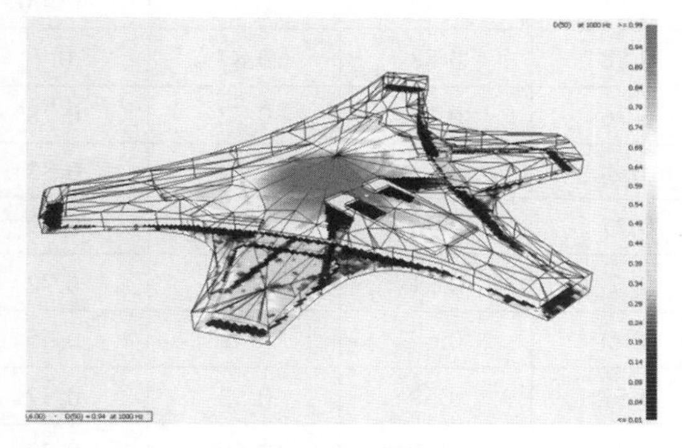

图 3 D50 分布图

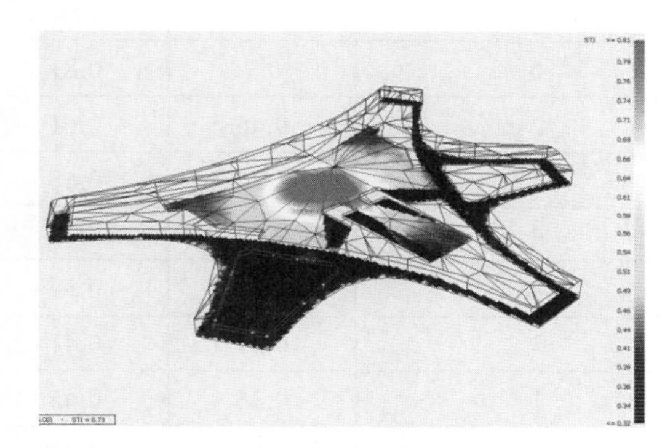

图 4 STI 分布图

D50 是人在航站楼内交流时的语言清晰度状况，因此只需考量在距离声源较近位置的清晰度状况。从图中可看出，大空间内部中间区域的 D50 值较高，基本在 0.75 以上，这得益于该区域声能以直达声为主。考量 STI 时也应以距离声源较近位置的区域为主要考量对象。从图中可看出这部分区域的 STI 值较高，基本在 0.6 以上，从下面 SIT 的评价图中可知该空间的语言传输指数处于良的水平。

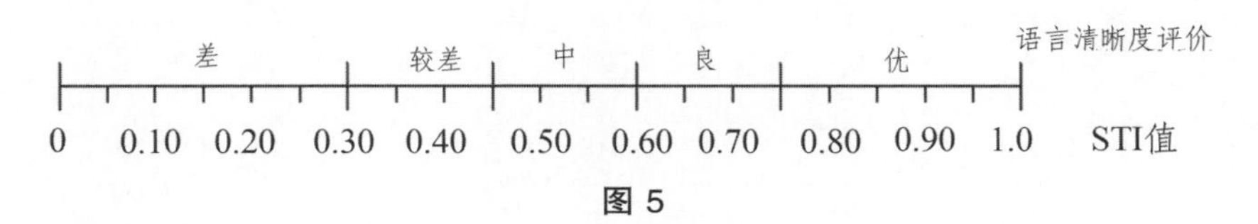

图 5

2.3 多点的声学参数均值分析

通过模拟分析 8 个接受点的声场状况，主要考察混响时间与清晰度状况。各点的混响时间 T30 如表 1 所示，清晰度 D50 如表 2 所示，STI 的分布如下图 5 所示。

表 1　各点的 T30 值

T（30）（s）simulated						
Rec. no.	125	250	500	1 000	2 000	4 000
6	6.48	6.25	5.41	5.3	4.6	2.67
2	6.35	6.19	5.79	5.44	4.6	2.39
5	6.69	6.64	6.19	5.9	4.85	2.79
4	6.61	6.39	6.43	6.45	4.84	2.49
7	6.69	6.13	5.53	6.6	5.08	2.55
3	5.73	5.63	5.94	5.7	4.76	2.96
1	6.42	5.96	5.55	5.44	4.67	2.79
8	—	6.69	6.39	6.12	5.47	3.7

表 2　各点的 D50 值

D（50）simulated						
Rec. no.	125	250	500	1 000	2 000	4 000
6	0.7	0.81	0.88	0.88	0.87	0.9
2	0.46	0.61	0.76	0.75	0.72	0.78
5	0.54	0.68	0.8	0.79	0.77	0.83
4	0.56	0.7	0.77	0.76	0.72	0.79
7	0.38	0.52	0.7	0.71	0.68	0.72
3	0.27	0.41	0.6	0.64	0.6	0.65
1	0.36	0.45	0.57	0.57	0.53	0.57
8	0.36	0.45	0.8	0.79	0.68	0.72

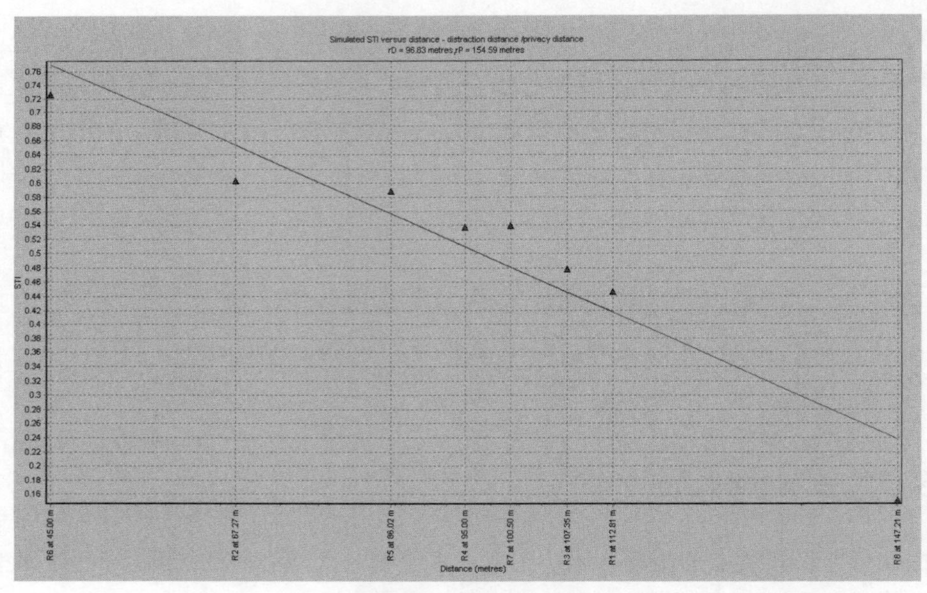

图 6　各点的 STI 值

可以看出：航站楼内 T30 的值稍微偏高，造成这一结果的原因是，来自顶面以及较远墙面的反射声造成了 T30 值稍长。但从 D50 的数值表中可以看出，D50 的值基本都在 0.6 以上，说明清晰度并未受到太多后期反射声的影响。各接收点的 STI 基本都在 0.5 以上，机场航站楼内大空间的语言清晰度状况基本处于中和良的范围中。

3 结 论

进行绿色机场设计需要对航站楼内大空间进行声学处理，以获得良好的室内声环境质量。经过优化设计分析，可得到如下结论：

（1）需对航站楼内部的墙面、顶部以及一些构件作吸声处理后，使得航站楼内部大空间的混响时间水平基本处于一个合理的范围内。

（2）在该混响时间的条件下，航站楼内大空间的语言清晰度状况较好。

空调系统及可再生能源应用

某项目地源热泵系统岩土热响应试验应用

孙　凡

（国家海洋博物馆筹建处，天津经济技术开发区第二大街42号　300457）

【摘　要】 现场热响应试验是指利用地埋管换热系统采用人工冷（热）源向岩土体中连续加热（制冷），并记录传热介质的温度变化和循环量，来测定岩土体热传导性能的试验。本文以天津填海造陆地区某项目岩土热响应试验为基础，通过对地质情况分析、原始温度测试、地埋管换热孔进出水温度变化情况分析，从而计算出岩土导热系数，为浅层地热在该项目的利用提供了基础依据。

【关键词】 地源热泵　热响应试验　导热系数

地源热泵技术是一种绿色环保、节能高效的能源利用技术，地源热泵系统是一种利用地下浅层地热资源，既能供热又能制冷的环保型空调系统。地源热泵通过输入少量的电能，即可实现能量从低温热源向高温热源的转移。本次测试的主要目的是了解项目所在区域岩土的基本物理性质，在此基础上，掌握岩土体的换热能力，为地源热泵系统设计人员结合建筑结构、负荷特点等设计系统优化方案提供基础数据，以保障系统长期运行的高效与节能。

1　工程项目情况

本项目位于天津滨海旅游区填海造陆区域，总占地面积约15万平方米，总建筑面积约8万平方米。本文本着绿色节能的原则，从各种能源形式的技术、经济、能源利用等角度，分别对4种冷热源方案进行了能源利用合理性利用评价与冷热源形式经济性评价，通过综合各关键因素的分析，最终确定冷热源方案为垂直埋管地源热泵系统。

2　热响应试验方案

2.1　试验介绍

土壤源热泵系统中地下埋管与周围土壤组成了换热器，其换热性能受周围岩土影响较大。不同地点的岩土热物性不同，换热器的换热量也不同。为了给拟建建筑土壤源热泵系统的设计提供可靠的基础数据，进行了岩土热响应实验。

实验过程中共测试了三口换热井，井深均为 120 m，采用双 U 型换热器，回填材料均为中粗砂。埋管选用 PE 管，管外径为 32 mm，壁厚为 3 mm，内径为 26 mm。双 U 型埋管连接示意图如图 1 所示。

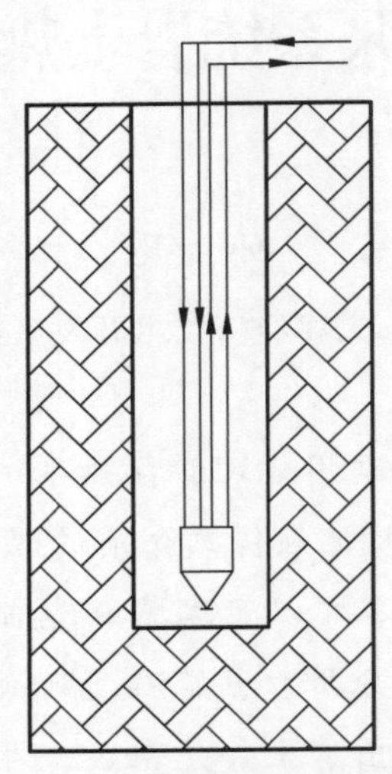

图 1　双 U 型埋管连接示意图

测试设备为电加热器及温控器、水泵、超声波流量计及 Pt1000 铂电阻温度传感器等。水泵流量采用调节阀控制，测试流量保持在 1.55 t/h 左右。流量误差≤±2%，温度误差≤±0.2 °C，符合规范要求。

2.2　测试步骤

（1）热响应试验在埋设换热管 100 h 后进行。

（2）原始地温测量：下管过程中在一口井内设置温度测点，测点布置分别为 -10、-30、-50、-70、-90、-110 m，取平均值作为钻孔内岩土平均温度。

（3）测试方法：采用恒热流法，以固定的热流密度向地下排热，每隔 7 min 测试一组数据，测试时间约为 48 h。

3　热响应试验结果

3.1　土壤原始温度测试结果

土壤原始温度测试采用 Pt1000 铂电阻，测点位置分别为 -10、-30、-50、-70、-90、-110 m，测试结果如表 1 所示，120 m 内土壤原始平均温度为 15.3 °C。

表 1　土壤原始温度测试结果

深度/m	10	30	50	70	90	110
温度/°C	13.2	14.7	15	15.5	16.2	17
平均温度/°C	15.3					

3.2 试验结果（1#井）

3.2.1 岩土导热系数

测试时间历时 48 h，原始数据见附表。测试设定加热功率为 6.2kW，管内流量固定为 1.57 m^3/h，测试结果如图 2 所示。

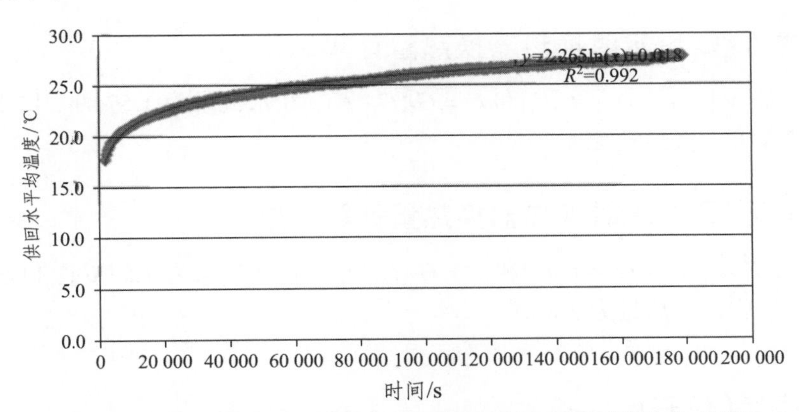

图 2　1#井地埋管换热器进、出水的平均温度随时间变化曲线

采用恒热流模拟试验方法（热响应测试）得出的试验数据是地埋管换热孔进出水温度随时间变化的一组数据，利用线源解析法可逆推得到岩土体的导热系数。根据线源理论：

$$T_f(t)=\frac{q}{4\pi\lambda}\left[\ln\left(\frac{4a\tau}{r^2}\right)-\gamma\right]+q\cdot R_b+T_0 \tag{1}$$

式中　$T_f(t)$——随时间变化的地埋管换热器进出水平均温度（°C）；

q——单位延米地埋管换热孔换热量（W/m）；

λ——岩土体导热系数[W/（m · K）]；

a——岩土体导温系数（m^2/s）；

r——钻孔半径（m）；

γ——常数，0.577 2；

R_b——钻孔内热阻（m · K/W）；

T_0——地层初始温度（°C）。

根据式（1）利用恒热流模拟试验数据可推导出岩土体导热系数的公式和方法。

$$T_f(t)=k\cdot\ln(t)+m \tag{2}$$

$$k=\frac{q}{4\pi\lambda} \tag{3}$$

将恒热流模拟试验的试验数据分析整理为公式（2）的形式，为

$$y=2.265\ln x+0.018 \tag{4}$$

结合（2）式和（4）式，计算得出测试孔周围岩土导热系数为 1.84W/（m · °C）。

3.2.2 夏季 30 °C 供水时换热器换热量计算结果

依据夏季工况测试结果，根据公式 $Q = KF\times[(t_1 + t_2)/2 - t_{原始}]$和 $Q = G_c(t_1 - t_2)$，在水流量为

1.57 m^3/h、供水温度为 30 °C 时，计算回水温度为 26.4 °C，换热量为 6.7 kW。

3.2.3 夏季 35 °C 供水时换热器换热量计算结果

依据夏季工况测试结果，根据公式 $Q = KF \times [(t_1 + t_2)/2 - t_{原始}]$和 $Q = G_c(t_1 - t_2)$，在水流量为 1.57 m^3/h、供水温度为 35 °C 时，计算回水温度为 30.1 °C，换热量为 8.9 kW。

3.2.4 冬季 5 °C 供水时换热器换热量计算结果

根据公式 $Q = KF \times [t_{原始} - (t_1 + t_2)/2]$和 $Q = G_c(t_2 - t_1)$，在水流量为 1.57 t/h、供水温度为 5 °C 时，计算回水温度为 7.6 °C，换热量为 4.7 kW。

3.2.5 冬季 7 °C 供水时换热器换热量计算结果

根据公式 $Q = KF \times [t_{原始} - (t_1 + t_2)/2]$和 $Q = G_c(t_2 - t_1)$，在水流量为 1.57 t/h、供水温度为 7 °C 时，计算回水温度为 9.1 °C，换热量为 3.8 kW。

3.3 测试结果(2#井)

3.3.1 岩土导热系数

测试时间历时 48 h，原始数据见附表。测试设定加热功率为 6.2 kW，管内流量固定为 1.60 m^3/h，测试结果如图 3。

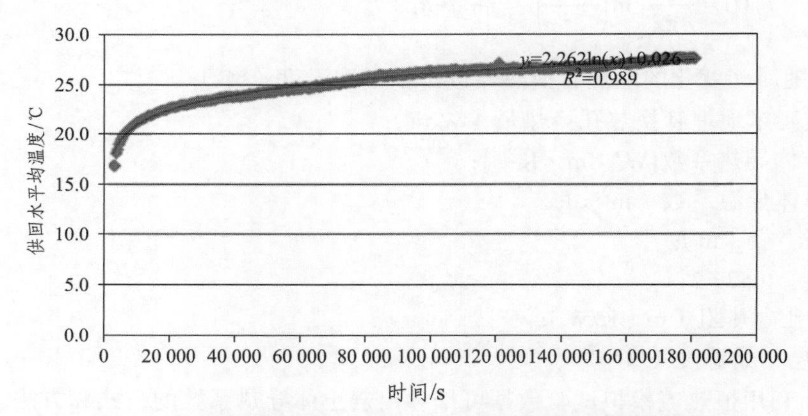

图 3 地埋管换热器进、出水的平均温度随时间变化曲线

将恒热流模拟试验的试验数据分析整理为前述公式（2）的形式，为

$$y = 2.265\ln x + 0.018 \tag{5}$$

结合（2）式和（5）式，计算得出测试孔周围岩土导热系数为 1.83W/（m · °C）。

3.3.2 夏季 30 °C 供水时换热器换热量计算结果

依据夏季工况测试结果，根据公式 $Q = KF \times [(t_1 + t_2)/2 - t_{原始}]$和 $Q = G_c(t_1 - t_2)$，在水流量为 1.60 m^3/h、供水温度为 30 °C 时，计算回水温度为 26.5 °C，换热量为 6.7kW。

3.3.3 夏季 35 °C 供水时换热器换热量计算结果

依据夏季工况测试结果，根据公式 $Q = KF\times[(t_1+t_2)/2-t_{原始}]$和 $Q = G_c(t_1-t_2)$，在水流量为 1.60 m^3/h、供水温度为 35 °C 时，计算回水温度为 30.3 °C，换热量为 9.0kW。

3.3.4 冬季 5 °C 供水时换热器换热量计算结果

根据公式 $Q = KF\times[t_{原始}-(t_1+t_2)/2]$和 $Q = G_c(t_2-t_1)$，在水流量为 1.60 t/h、供水温度为 5 °C 时，计算回水温度为 7.5 °C，换热量为 4.7 kW。

3.3.5 冬季 7 °C 供水时换热器换热量计算结果

根据公式 $Q = KF\times[t_{原始}-(t_1+t_2)/2]$和 $Q = G_c(t_2-t_1)$，在水流量为 1.60 t/h、供水温度为 7 °C 时，计算回水温度为 9.0 °C，换热量为 3.8kW。

3.4 测试结果（3#井）

3.4.1 岩土导热系数

测试时间历时 48 h，原始数据见附表。测试设定加热功率为 6.1 kW，管内流量固定为 1.54 m^3/h，测试结果如图 4。

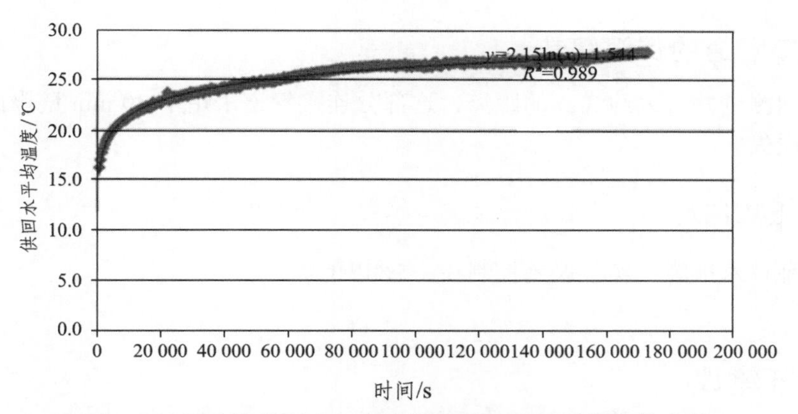

图 4 地埋管换热器进、出水的平均温度随时间变化曲线

将恒热流模拟试验的试验数据分析整理为前述公式（2）的形式，为：

$$y = 2.15\ln x + 1.54 \qquad (6)$$

结合（2）式和（6）式，计算得出测试孔周围岩土导热系数为 1.78 W/（m· °C）。

3.4.2 夏季 30 °C 供水时换热器换热量计算结果

依据夏季工况测试结果，根据公式 $Q = KF\times[(t_1+t_2)/2-t_{原始}]$和 $Q = G_c(t_1-t_2)$，在水流量为 1.54 m^3/h、供水温度为 30 °C 时，计算回水温度为 26.3 °C，换热量为 6.6kW。

3.4.3 夏季 35 °C 供水时换热器换热量计算结果

依据夏季工况测试结果，根据公式 $Q = KF\times[(t_1+t_2)/2-t_{原始}]$和 $Q = G_c(t_1-t_2)$，在水流量为

1.54 m^3/h、供水温度为 35 °C 时，计算回水温度为 30.1 °C，换热量为 8.8 kW。

3.4.4 冬季 5 °C 供水时换热器换热量计算结果

根据公式 $Q = KF \times [t_{原始} - (t_1 + t_2)/2]$和 $Q = G_c(t_2 - t_1)$，在水流量为 1.54 t/h、供水温度为 5 °C 时，计算回水温度为 7.6 °C，换热量为 4.6 kW。

3.4.5 冬季 7 °C 供水时换热器换热量计算结果

根据公式 $Q = KF \times [t_{原始} - (t_1 + t_2)/2]$和 $Q = G_c(t_2 - t_1)$，在水流量为 1.54 t/h、供水温度为 7 °C 时，计算回水温度为 9.1 °C，换热量为 3.7kW。

3.5 误差分析

3.5.1 土壤温度测定

本工程采用 Pt1000 铂电阻测试土壤原始温度，这种方法误差小，仪表及测量误差约 1%。

3.5.2 流量的测量

循环水流量的测量采用进口超声波流量计，测量误差在 ± 2%范围内。

3.5.3 连接管道的保温隔热

从测试设备到测试井有大约 3 m 的距离，这部分连接管道采用了 20 mm 壁厚的橡塑保温材料，减少了管道的热损失。

3.5.4 总体热损失

通过采取各种技术措施，实验误差控制在 ± 5%以下。

4 结论与建议

4.1 结 论

（1）120 m 范围内土壤原始平均温度为 15.3 °C。

（2）1#井测试与计算结果如表 2，计算岩土导热系数为 1.84 W/（m · K）。

表 2 1#井测试及计算结果汇总

供水温度/°C	回水温度/°C	流量/（m^3/h）	换热量/kW
30	26.4	1.57	6.7
35	30.1	1.57	8.9
5	7.6	1.57	4.7
7	9.1	1.57	3.8

（3）2#井测试与计算结果如表3，计算岩土导热系数为1.83 W/（m·K）。

表3　2#井测试及计算结果汇总

供水温度/°C	回水温度/°C	流量/（m^3/h）	换热量/kW
30	26.5	1.60	6.7
35	30.3	1.60	9.0
5	7.5	1.60	4.7
7	9.0	1.60	3.8

（4）3#井测试与计算结果如表4，计算岩土导热系数为1.78 W/（m·K）。

表4　3#井测试及计算结果汇总

供水温度/°C	回水温度/°C	流量/（m^3/h）	换热量/kW
30	26.3	1.54	6.6
35	30.1	1.54	8.8
5	7.6	1.54	4.6
7	9.1	1.54	3.7

4.2 建　议

由于实际运行过程与测试过程会有差异，特别是建筑物的冷热负荷不同，地埋管的排热和吸热量也不相同。若吸热量大于排热量时，地下温度逐渐下降，夏季换热量会大于测试值，冬季换热量会小于测试值；若排热量大于吸热量时，地下温度会逐渐上升，冬季换热量将大于测试值，夏季换热量将小于测试值。建议根据建筑物负荷情况，进行地埋管换热器数量的模拟计算。

太阳能结合水源热泵技术在居住建筑中的应用

杨旭峰[1] 崔艳梅[2]

（1. 俄罗斯BTK集团北亚总部，北京 100028；2. 中国建筑科学研究院，北京 100013）

【摘 要】 根据特定的环境条件，采用太阳能和浅层地热能相结合的集中供热系统，节能效果十分明显，具有良好的推广价值和广泛的运用前景，即在热负荷需求较低的情况下，以太阳能供热系统为主、水源热泵供热系统为辅，可以节省运行费用；在太阳能利用受限制的气候条件下，以水源热泵供热系统为主、太阳能供热系统为辅的集中供热系统，这样达到既能保持最佳的运行效果又能获得最佳的节能性。

【关键词】 太阳能 浅层热能 水源热泵 集中供热

1 引 言

能源是人类赖以生存和推动社会进步的重要物质。煤炭作为主要能源在我国能源体系中占主导地位。煤炭在我国能源生产结构和消费结构中的比例为76%和66%。长期以来以煤炭作为主要能源对我国的大气环境造成了严重的破坏。虽然我国制定的空气环境二级标准远远低于发达国家的同类标准，但实际监测结果表明，我国绝大多数城市仍然难以达到标准。

我国正在规划改变以煤为主的能源结构，计划到2010年是我国的能源结构中煤炭比重降到60%以下。在国家《可再生能源中长期规划》中，到2020年，可再生能源的比例要达到15%。根据国家可再生能源发展“十二五”规划。2015年非化石能源开发总量将达到4.8亿吨标准煤。因此，开发利用清洁能源和可再生能源，寻求和推广使用替代能源势在必行。

2 我国北方地区建筑用能概况

随着我国城市化进程的推进和人民生活水平的提高，建筑能耗占社会总能耗的比重逐年增大。建筑能耗（即建筑使用的能耗）包括采暖、空调、供热水、炊事、家电等方面的耗能。建筑耗能占当年全社会终端能源消费量的27.8%，其中，以建筑采暖和空调能耗为主，占建筑总耗能的50%～70%，是建筑耗能的主要部分，也是浪费最为严重和节能潜力最大的部分。由此可见，建筑节能对全社会能源消耗的降低具有重要的作用，建筑节能中处于重要地位的采暖空调节能备受关注。随着科技的进步和运用技术的成熟，可再生能源的利用已日益受到重视并很好的得到运用。

3 青藏高原地区居住建筑用能概况

青藏高原地区的太阳能资源相当丰富，西宁地区年太阳能辐射强度为 5 600 MW，均大于同纬度的东部地区。因此，利用太阳能供暖是一种可以尝试的方法。太阳能供暖系统与常规能源供暖系统的主要区别在于它是以太阳能集热器作为能源，替代部分替代以煤、石油、天然气、电力等作为能源的锅炉。太阳能集热器获取太阳辐射能而转化的热量，通过散热系统送至室内进行采暖；过剩热量储存在储热水箱中内；当太阳能集热器收集的热量小于供暖负荷时，由储存的热量来补充；若储存的热量不足时，由备用的辅助热源提供。

浅层地热能是指地表以下一定深度范围内，温度一般低于 25 °C，在当前技术经济条件下具备开发利用价值的地球内部的热能资源。浅层地热能是地热资源的一个组成部分。浅层地热能资源主要来自于太阳的辐射能，储量巨大。主要储存于地下数百米以上至地表冻土层以下的恒温带中。

浅层地热能不是传统概念的深层地热，是地热可再生能源家族中的新成员，它不属于地心热的范畴，是太阳能的另一种表现形式，广泛地存在于大地表层中。它既可恢复又可再生，是取之不尽用之不竭的低温能源。以往这种低温能源，属于低品位的能源（通常温度<25 °C，区别于石油、煤炭等一次性高品位能源），往往被人们所忽视。随着制冷技术及设备的进步和完善，成熟的热泵技术使浅层地热能的采集、提升和利用成为现实。

浅层地热能由于其温度较低不易提取，而不被人们所利用。随着科学技术的进步和对自然环境影响的重视，作为一种可再生的、清洁的、能量巨大的新型能源受到广泛的重视，在全球范围内开始对浅层地热能利用和运用的研究。地表浅层是一个巨大的太阳能集热器，收集了 47%的太阳能，相当于人类每年利用能量的 500 多倍，且不受地域、资源等限制，是清洁的可再生能源。地面 5 m 以下土壤温度全年基本稳定且略低于年平均气温，可在夏冬季提供相对较低的冷凝温度和较高的蒸发温度。所以从热力学原理上讲，土壤是一种比大气环境更好的热泵系统的冷热源。随着制冷技术及设备的进步与完善，成熟的热泵技术使浅层地热能（热）的采集、提升和利用成为现实。即以少量高品位能源（电能），实现低品位热能向高品位转移。在冬季，把地源介质中的热量“吸取“出来，提高循环介质温度后，供人采暖；夏季，把室内的热量取出来，释放到地源介质中去，以达到制冷的目的，同时还能实现无偿提供热水等功能。

目前利用浅层地热能的主要方面是运用在建筑物的空气调节中。其方法就是通过热泵技术将地下低品位的浅层低温热源提取上来加以利用。

在西宁地区，浅层地热能资源也相对丰富其主要赋存形式是浅层的地下水和土壤（岩石）中的低温地热能。

本项目通过充分利用青藏高原丰富的太阳能和浅层地热能可再生能源，运用相应的技术对原有的天然气供暖系统进行改造。减少对一次性能源的依赖和消耗，达到打造节能环保绿色小区的示范效应目的。通过对项目的运行可监测的基础上获得基础数据，为大面积推广使用提供技术依据。

4 示范项目实例分析

根据当地的可利用的太阳能资源和浅层地热能（地下水）资源的赋存条件，本示范项目案拟采用太阳能供暖系统和水源热泵供暖系统相结合的集中供暖系统，以替代原有设计的天然气壁挂炉分户供暖系统。总示范建筑面积为 7 500 m^2。共设计建设 U 型玻璃管太阳能集热器 900 m^2、蓄热保温水箱 70 m^3 和制热功率为 400 kW 的水源热泵的可再生清洁能源混合供暖系统系统，以及相应的分户计量和能源利用监测系统。

4.1 太阳能结合水源热泵技术的优势及必要性

4.1.1 太阳能结合水源热泵技术的优势

1. 气候优势

示范项目位于青海省东部、湟水下游，区内气候属半干旱大陆性气候。其基本特点是：高寒、干旱，日照时间长，太阳辐射强，昼夜温差大，冬夏温差小，气候地理分布差异大，垂直变化明显，气温随海拔增高而递减，降雨量随海拔增高而递增。海拔 3 000 m 以上的北部地区及山区较寒冷，海拔 1 700 ~ 2 500 m 的黄河、湟水河谷地带较温暖。年平均气温 3.2 °C ~ 8.6 °C，最高气温 25.1 °C ~ 33.5 °C，最低气温 – 18.8 °C ~ – 25.1 °C。年平均降雨量 319.2 ~ 531.9 mm。多集中在 7—9 月，相对湿度一般为 57% ~ 63.66%；蒸发量为 1 275.6 ~ 1 861 mm。风速为 1.9 ~ 2.5 m/s，最大风力 8 级，多出现在冬末春初时期。年平均日照 2 708 ~ 3 636 h。无霜期约 90 d。

2. 太阳能资源优势

根据对西宁地区太阳能资源的丰富程度、利用价值及稳定程度分析结果，西宁地区太阳总辐射 5 836.3 MJ/（m^2·a），日照时数为 2 666.7 h。一年四季中，冬季总辐射最少。最小值出现在 12 月，为 297.9 MJ/（m^2·a），夏季最多，春季多于秋季。西宁地区年总辐射相对稳定，而且稳定性最好的地区对应总辐射最多的地区，表现出“愈多愈稳”的分布特点。西宁地区属于太阳能资源较丰富区，具有较高的利用价值。

4.1.2 太阳能结合水源热泵技术的必要性

（1）充分利用可再生清洁能源是建筑用能的发展方向。“十一五”期间，我国的太阳能供热采暖技术和工程应用将会有较快的发展，特别是财政部、建设部的“可再生能源建筑应用示范项目”完成后，会获得相当数量示范工程的实践经验总结。

（2）在充分利用可再生能源的基础上提高供暖的保证率。近几年太阳能供暖在青海省已有若干示范性项目。由于太阳能辐射季节性较强，受气候影响因素，每年都有 3 到 4 次总计 10 天左右时间室内温度满足不了要求，影响供暖效果使太阳能供暖的应用受到很大的影响。以往的解决方法是采用电辅助加热，耗能较大且效果不理想。采用太阳能与浅层地热能混合系统技术，不仅能够充分利用可再生能源，又不受外界环境影响，得到理想的供热效果。

（3）为大面积推广积累经验和成熟技术。本项目的基本思想是充分利用本地区的太阳能和浅层地热能的特点，运用太阳能供暖和地源热泵综合技术，提高太阳能、地热能多种可再生能源在建筑中的综合利用技术水平，包括优化设计、智能化控制、蓄能技术等，发挥不同能源种类的各自优势，做到多能互补；开发太阳能供热、采暖综合利用“绿色建筑”的技术和可再生能源综合利用“绿色建筑”性能评估体系。为在全省范围内推广提供技术依据。

（4）实现节能减排的重要途径。建筑耗能的主要方面是供暖和空调，通过该项技术，在供暖中大量使用可再生能源来替代宝贵的一次性化石能源，对实现国家可再生能源中长期规划有着世风重要现实意义，同时也对青海省节能减排战略具有重大的意义。

4.2 示范项目的建设思路及实施策略

4.2.1 示范项目的建设思路

据当地的可利用的太阳能资源和浅层地热能（地下水）资源的赋存条件，本方案拟采用太阳能供暖系统和水源热泵供暖系统相结合的集中供暖系统方案。方案的设计基于以下 3 个方面的考虑：

（1）太阳能供暖系统的优点是充分利用可再生能源，一次性能源使用率最低（运行费用低）。

（2）太阳能供暖系统的缺点是由于受气候影响因素，每年都有 3 到 4 次总计 10 天左右时间室内温度满足不了要求，影响供暖效果使太阳能供暖的应用受到很大的影响，而且受场地条件限制没有足够的面积安装太阳能集热板，相应地初投资较高。

（3）利用浅层地热能的水源热泵供暖系统，由于当地的高海拔、地下水温较低，地下换热效率相对较低，运行费用相对太阳能系统较高。但水源热泵系统具有不受室外环境温度的影响，系统稳定性好的特性。

因此本方案根据青海高原特定的环境条件下，采用太阳能和浅层地热能相结合的集中供热系统（混合系统，Hybrid System），即在热负荷需求较低的情况下，以太阳能供热系统为主、水源热泵系供热系统为辅，可以节省运行费用；在太阳能利用受限制的气候条件下，以水源热泵供热系统为主、太阳能供热系统为辅的集中供热系统，这样既能保持最佳的运行效果，又能获得最佳的节能性。

4.2.2 示范项目的实施策略

（1）根据当地的太阳能资源和地下水资源的特性，可再生清洁能源供热系统的设计思路是采用主动式太阳能供热系统和水源热泵供热系统现结合的集中供热系统。根据前面计算，示范区全部采用太阳能资源满足供暖需求，一是安装太阳能集热器所需的场地受限，二是经济上不合理。在充分利用有效太阳能采光面积的基础上，联合另一种可再生能源的水源热泵供暖系统的形式，达到既能保证供暖需求又能极大程度地可利用可再生能源的目的。

（2）太阳能供暖系统采用 U 形真空玻璃管太阳能集热器 900 m^2，蓄热保温水箱 70 m^3，以及相应的控制系统和室外管路、循环系统与原有的室内辐射地板末端散热系统连接，构成完整的供热系统。太阳能系统的循环采用一次循环、排空系统，在提高系统效率、减少系统投资的同时满足冬季防冻要求。集热水箱采用非承压系统，以解决夏季闭式二次循环系统高温、高压容易给系统管路和设备造成损坏的问题，提高系统供暖的可维护性和使用寿命。

（3）作为在太阳能利用受限制的气候条件下，不能满足供热需求时，以水源热泵供热系统作为供热源。水源热泵系统与太阳能系统并联，并根据供水温度进行相互切换，以保证在任何气象条件下满足供热需求。水源热泵系统采用以取水量为 86 m^3/h，制热量为 440 kW · h 的水源热泵机组一台以及相应的热泵机房辅助设备系统组成。（见图 1）

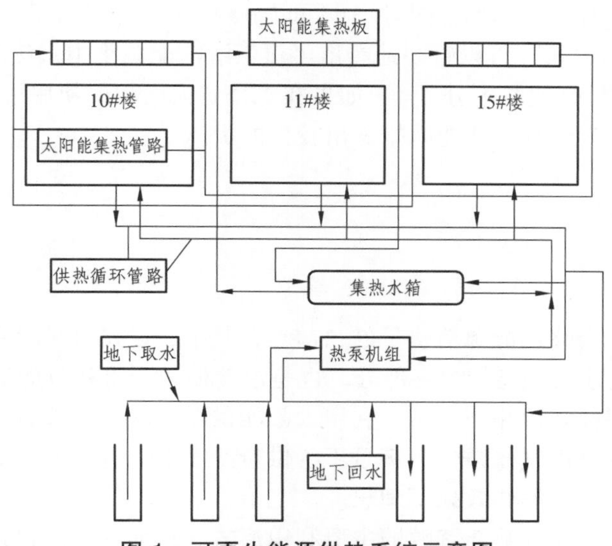

图 1　可再生能源供热系统示意图

（4）太阳能供热系统与水源热泵供热系统并联，采用温度智能控制，实现两个系统制动相互切换，并通过水源热泵系统中的地下供回水系统来解决太阳能系统在过度季、夏季水温过高的问题。

5 经济及社会效益分析

充分利用可再生能源的太阳能 + 浅层地热能的供热系统，技术上在青海地区是可行的，节能效果十分明显，具有良好的推广价值和广泛的运用前景。

5.1 节能及经济效益分析

根据示范区已有资料，通过以上分析论证，获得以下主要节能效益分析：

（1）通过对示范小区建筑物的建筑节能措施和使用特性与建筑能耗的分析：示范区建筑面积为 11 000 m^2。供暖期为 180 d，建筑物年供暖耗能量 98 kW · h/m^2，示范区总供暖耗能量为 1 045 000 kW · h。

（2）采用主动式太阳能供热系统和水源热泵供热系统相结合的可再生清洁能源系统改造原有的天然气供热系统，在资源条件上和技术上是可行的，技术运用是成熟的。

（3）根据方案设计，太阳能供热系统需要建设 800 m^2 的集热板和 70 m^3 的蓄热保温水箱；水源热泵系统需要建设输出热功率 500 kW 的热泵机房和 86 m^3/h 的供回水系统。总投资约为 283.87 万元。折合每平方米投资 258.1 元。满足示范区任何气象条件下的供热需求。

（4）根据设计方案最大负荷计算：每平方米供热运行费用约为 8.89 元/季；比较天然气供热系统，每平方米节约运行费用约 11.10 元/季；节约率达 53%。同时每年节约天然气一次性化石能源 154 000 m^3。在设备的寿命期内（25 年）可节约一次性能源 385×10^4 m^3 天然气。

5.2 社会效益分析

通过对两种不同的能源利用方式供热系统的能耗分析，分析结果可再生清洁能源集中供热的运行费用只有天然气供热运费的 47.7%。同时每年可以节约一次性化石能源 154 000 m^3。在系统生命周期内节约天然气 385×10^4 m^3。可以直观地看出可再生清洁能源集中供热的方式，在保证供热效果的前提下，其经济效益和社会效益十分显著。如果在青海省大面积的使用可再生清洁能源供暖系统，将会为社会降低能耗，能为全社会节能减排做出较大的贡献。

6 结 论

建筑耗能占当年全社会终端能源消费量的 27.8%，其中，以建筑采暖和空调能耗为主，占建筑总耗能的 50% ~ 70%，是建筑耗能的主要部分，也是浪费最为严重和节能潜力最大的部分。

青藏高原地区的太阳能资源相当丰富，利用太阳能供暖青藏高原具有得天独厚的资源优势。由于受气象条件的限制，在极值气候条件下满足不了供热的要求。以往的做法是以电辅助加热的办法来解决。其缺点是耗能太大而制热效果不理想。

水源热泵空调系统是浅层地热能资源的主要利用形式，目前在我国建筑节能中广泛使用，技术日趋成熟。由于在青藏高原地区，地下浅层温度较低，可利用的温差较小。完全采用地源热泵技术实现区域供暖，其运行成本相对内地较高，但其优点是不受气象条件的限制。本示范项目的主要技术思路是充分分析太阳能和浅层地热能在青海地区的特点，利用两种可再生能源在供暖方面运用的技术，实现既能满足供热需求又能实现最大程度的节能的目的。

参考文献

[1] 王磊. 西藏太阳能与水源热泵联合供暖系统优化. 暖通空调，2007，37（11）：91-94.
[2] 袁尚科，等. 某水源热泵的技术改造设计. 建筑节能，2009，37（5）：56-58.

太阳能-地源复合热泵系统技术经济分析①

张艳红[1]　林　闽[1]　韩宗伟[2]　阴启明[2]
（1. 新疆维吾尔自治区新能源研究所，乌鲁木齐　830011；
2. 东北大学材料与冶金学院，沈阳　110819）

【摘　要】　本文介绍了在乌鲁木齐甘泉堡建设的太阳能-地源复合热泵系统示范工程情况，对冬季采暖和夏季制冷情况进行了实际测试运行，并进行了相关技术经济分析，结果表明：系统年节约费用约为 52 万元，常规能源替代量约 198 吨标准煤，全年基本无污染物排放，项目经济效应和环境效益均显著，表明本项目的技术路线是可行的。

【关键词】　太阳能　地源热泵　测试运行　技术经济分析

1　前　言

据统计，目前建筑能耗已超过社会总能耗的 23%，其中我国严寒地区由于面积大、供暖期长，使得其供暖空调所占建筑能耗比例最大，是建筑节能减排的重中之重。新疆地区面积辽阔，大部分处于严寒地区，建筑供暖空调能耗巨大，建筑供暖产生的烟尘是城市环境污染的主要来源。因此，探索适用于该地区的节能环保的供暖空调系统势在必行。在新疆科技厅、建设厅、乌鲁木齐建委等部门的支持下，我们在乌鲁木齐甘泉堡新疆新能源研究所研发基地建设了太阳能-地源复合热泵系统示范项目，探索适合于干旱严寒地区的可再生能源建筑供能的新途径，为乌鲁木齐市的“蓝天工程”提供了一种新的可行的技术路线。

2　示范工程的基本情况

2.1　工程概况

本项目实施地点在乌鲁木齐市米东区甘泉堡工业园内，新疆新能源研究所生产研发基地占地面积为 150 亩（10 万平方米），位于北纬 44.4°，东经 87.7°。本次示范项目建筑情况如表 1 所示。

① 基金项目：国家科技支撑项目（No.2012BAA13B00）；国家科技支撑项目（No.2013BAJ03B00）。

表 1 示范项目建筑技术参数情况

项目	宿舍	办公大楼	研发中心	厂房	总面积	采暖计算面积
建筑面积/m^2	5 741.66	3 485.49	1 609.13	6 676.58	17 512.1	30 861.26
最大热负荷/kW	510.3	325.9	108.5	561.4	1 153.8	
最大冷负荷/kW	206.8	182.4	59.4	46.4		
全年累计热负荷/(kW·h)	282 528.7	301 708.6	117 507.9	381 305.1		
全年累计冷负荷/(kW·h)	3 328.5	42 586.2	13 652.4	12 546.9		
热负荷指标/(W/m^2)	11.3	19.8	16.7	13.1		
冷负荷指标/(W/m^2)	0.4	8.2	5.7	1.3		

如表 1 所示，一期建筑最大热负荷为 1 153.8 kW，因此可以确定，一期建筑热泵机组容量为 1 200 kW。本项目的主要问题是采暖，因此冷负荷参数对热泵机组选型只作参考。工业厂房净空高度≥13 m，本项目如果接入热力公司管网供暖，1 m^2 最少要按 3 m^2 计算。

2.2 气象条件

乌鲁木齐市地处欧亚大陆腹地，在 GB 50189—2005《公共建筑节能设计标准》中属于严寒地区 B 区，在 GB 50352—2005《民用建筑设计通则》中属于Ⅶ气候区。其气候特征表现为夏季炎热，冬季寒冷，昼夜温差大，具有寒冷干燥多变的特点，冬长夏短，春秋不明显，光照充足，热量充沛，气温日差大。一般情况下供暖期由 10 月 15 日至次年 4 月 15 日，长达 182 d，相比之下全年需要供冷的时间相对较短，为 60 d 左右，且空调单位面积冷负荷与供暖单位面积热负荷相比较小。

表 2 太阳能资源带分类 [kW·h/(m^2·a)]

分 类	年辐射总量指标
最丰富带	≥1 750
很丰富带	1 400～1 750
较丰富带	1 050～1 400
一般带	<1 050

我国太阳能资源带分类如表 2 所示，按照表中规定的指标，经统计乌鲁木齐地区年平均太阳总辐射量为 1 372 kW·h/(m^2·a)，属于太阳能资源较丰富地区。

2.3 热泵机组主要参数

该工程设计采暖负荷为 1 153.8 kW，最大空调负荷 454.3 kW。选用 2 台山东富尔达 LSBLGRG-770MD 系列双螺杆热泵机组，末端循环水泵和地源侧循环泵各 2 台，均选用凯泉离心泵。主要设备型号及参数见表 3 和表 4。

表 3 山东富尔达 LSBLGRG-770MD 系列热泵机组主要参数

制冷工况				制热工况			
制冷量/kW	电功率/kW	末端供回水温度/°C	热源供回水温度/°C	制热量/kW	电功率/kW	末端供回水温度/°C	冷源供回水温度/°C
661	118	7/12	35/30	620	147	45/40	5/10

表 4 末端循环泵和地源侧循环泵型号

水泵型号	功率/kW	流量/（m^3/h）	扬程/m	质量/kg
KQL12/315-15/4	15	100	32	134

2.4 太阳能集热部分

本项目针对土壤温度冬取夏灌不平衡这一问题，在设计中采用太阳能集热器收集热量，然后回灌至土壤中以提升取热井周围土壤的温度，对提取回灌的热量不平衡差进行补充。在太阳能集热系统设计时，依据现场可利用面积以及系统阵列与周围环境相协调的实际情况，总的太阳能集热面积为 217.6 m^2，单台集热模块为$\phi 58\times 25$ 支，3.4 m^2/台，集热阵列由 8 组组成，每组为 8 台集热模块，合计 64 台集热模块。集热器成平行四边形布置占地面积 451 m^2，太阳能集热器向正南偏西 5°布置，倾斜角度为 40°。太阳能集热系统运行采用温差循环，温差设置为 8 °C ~ 45 °C 可调，集热系统与地源侧采用板式换热器，换热面积为 20 m^2。

2.5 用户侧和地源侧情况

办公大楼、研发中心、宿舍全部采用地板辐射采暖制冷，工厂车间采用地板辐射 + 轴流式风道采暖制冷。地源侧采用了直径 32 mm 双 U 形地埋 PE 管，共打土壤垂直埋管井 266 口，每口井深 100 m，地埋管间距为 5 m。

2.6 系统原理

太阳能-地源复合热泵系统主要包括四个部分：太阳能集热器、土壤换热器、水/水热泵机组、地板辐射盘管。系统分为六种供能运行模式，分别是：太阳能直接供暖模式、太阳能热泵供暖模式、太阳能联合土壤源热泵供暖模式、土壤源热泵供暖（冷）模式、太阳能季节性土壤蓄热模式、土壤直接供冷模式，每种模式由自控系统根据判定要求自动切换运行。该系统原理图如图 1 所示。

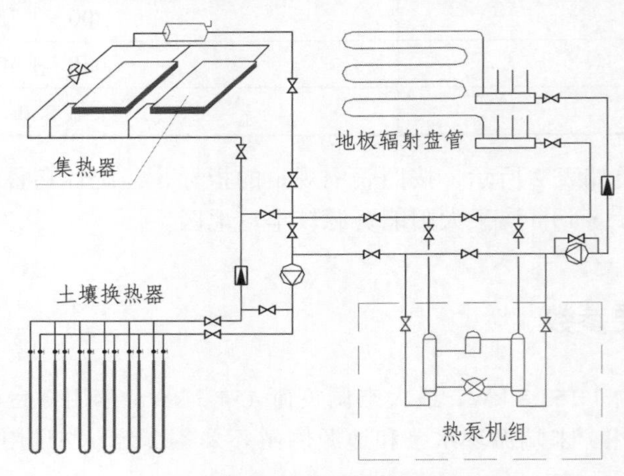

图 1 太阳能-地源复合热泵系统

3 太阳能-地源复合热泵系统技术经济分析

3.1 测试运行情况

从目前该项目投运效果看，2013—2014 年建筑的冬季采暖和夏季制冷均达到了设计要求，采暖期研发中心室内温度为 16 °C ~ 20 °C；办公楼室内温度为 18 °C ~ 22 °C；职工宿舍室内温度为 14 °C ~ 18 °C；实验工厂室内温度为 4 °C ~ 12 °C，制冷期室内温度都在 24 °C 以下，年节约费用 52 万元。本系统全年基本无污染物排放，项目经济效应和环境效益均显著；引起了较多的社会关注度，社会效应良好。表 5 为新疆建科院和新疆新能源研究所共同测试情况。

表 5 系统运行测试情况

1	技术类型	太阳能-土壤源热泵复合供能	
2	示范面积/m^2	17 500	
3	建筑节能率	民用建筑 65%、公共建筑 50%	
4	实施量/m^2	17 500	
5	热泵系统能效比（COP_5）	冬季 3.5	夏季 4.5
6	热泵机组能效比（COP）	冬季 6.4	夏季 7.8
7	全年常规能源替代量（吨标煤）	197.87	
8	二氧化碳减排量/（t/a）	488.7	
9	二氧化硫减排量/（t/a）	3.96	
10	烟尘减排量/（t/a）	1.98	
11	年节约费用/（元/a）	525 647	

3.2 冬季采暖和夏季制冷的运行效果及经济效益

项目的总采暖面积为 17 512.1 m^2, 2013 年 10 月—2014 年 3 月采暖季期间室外平均气温 – 6.4 °C，测试期室外平均温度为 – 11.6 °C，办公楼室内平均温度为 20.4 °C。采暖期实际耗电量为 470 211.5 kW · h，该系统采用峰谷平电价收取电费，峰电 0.63 元/（kW · h），每天 6 h，平电 0.37 元/（kW · h），每天 10 h，谷电 0.19 元/（kW · h），每天 8 h，630 kV · A 变压器按月收取 26 元/（kV · A · 月）的基本费，采暖季总电费计为 258 810.05 元。按工程面积每平方米采暖费用为 14.78 元/m^2；按当地热力公司给出的采暖计算面积则每平方米采暖费用为 8.38 元/m^2。米东区冬季采暖费收费标准为 24 元/m^2，折算本项目年节约采暖费约 48 万元。

由于本项目的技术独特性，在 2014 年夏季制冷期，除了必要的测试开启了热泵机组制冷外，基本上采用了土壤源通过板换的直接制冷模式，整个系统只有地源侧和用户侧的两个循环泵在工作，系统能效比非常高，COP_{max} 在 20 以上。该工作模式非常适合于干旱地区，不结露、不凝霜，值得在北方地区大规模推广。由于变压器用户端还接有其他生产实验设备，推算出的制冷期电费≤2 元/m^2，远低于任何一种制冷系统，比乌鲁木齐一般的商业建筑溴化锂机组 38 元/m^2 制冷收费标准低很多。综合采暖、制冷和人工管理成本，本项目一年可节约运行费 52 万元以上。

3.3 能效比的计算

热泵机组能效比：

冬季地源热泵机组测试期间体积流量为 124 kg/m³，进出口温差 2.9 °C，耗电量 $N_{i1} = 65.2\text{kW}$，平均制热量测算能效比为

$$Q_H = V_1 pc\Delta t_{W1} / 3\,600 = 417.54 \text{ (kW)} \tag{1}$$

$$COP_H = Q_H / N_{i1} = 6.4 \tag{2}$$

同样，夏季地源热泵机组测试期间体积流量为 95 kg/m³，进出口温差 2.5 °C，耗电量 $N_{i2} = 35.4$ kW，平均制冷量测算能效比为

$$Q_L = V_2 pc\Delta t_{W2} / 3\,600 = 275.76 \text{ (kW)} \tag{3}$$

$$\text{COP}_L = Q_L / N_{i2} = 7.8 \tag{4}$$

热泵系统能效比：

冬季地源热泵机组测试期间体积流量为 1340 kg/m³，进出口温差 3.9 °C，耗电量 $N_{i3} = 1732.8\text{kW}$，平均制热量为（按平均测试 12 h 计算）

$$Q_H = V_3 pc\Delta t_{W3} / 3\,600 = 6\,067.97 \text{ (kW)} \tag{5}$$

$$\text{COP}_H = Q_H / N_{i3} = 3.5 \tag{6}$$

同样，夏季地源热泵机组测试期间体积流量为 859 kg/m³，进出口温差 3.7 °C，耗电量 $N_{i4} = 598.5$ kW，平均制冷量为（按平均测试 9 h 计算）

$$Q_L = V_4 pc\Delta t_{W4} / 3\,600 = 2\,692.97 \text{ (kW)} \tag{7}$$

$$\text{COP}_L = Q_L / N_{i4} = 4.5 \tag{8}$$

夏季制冷期，土壤源直接制冷模式的 COP 不能简单套用上述公式，计算方法为

$$\text{COP} = \text{总搬运的制冷量/总系统电耗} \tag{9}$$

在测试期间，受环境温度等影响，总搬运的制冷量一直是个变量，$\text{COP}_{冷}$计算的最大值≥20。

3.4 常规能源替代量的计算

按乌鲁木齐市冬季供暖期为 6 个月共计 183 天计算，每吨标准煤的热量 $q = 29\,298$ kJ/吨标准煤，所以，系统所消耗的能量可折合为标准煤的算法如下：

系统采暖期内总能量 Q_z：

$$Q_z = Q_H \times 2 \times 183 = 2\,220\,877.02 \text{ (kW·h)} \tag{10}$$

$$Q_z \times 3\,600 / q = 221 \text{ t（标准煤）} \tag{11}$$

采暖期系统耗电总量折合成标准煤为：

$$N_{i3} \times 2 \times 183 \times 3\,600 / q = 77.9 \text{ t（标准煤）} \tag{12}$$

由上述计算可得冬季采暖期内整个系统节约 143.1 t 标准煤。

同理可得：

按乌鲁木齐市夏季制冷期为三个月共计 90 天计算：

所以，系统所消耗的能量可折合为标准煤的算法如下：

$$(Q_{L}\times 24/9)\times 90\times 3\ 600/q=72.42\ \text{t（标准煤）} \tag{13}$$

制冷期系统耗电总量折合成标准煤为：

$$(N_{i4}\times 24/9)\times 183\times 3\ 600/q=17.65\ \text{t（标准煤）} \tag{14}$$

由上述计算可得夏季制冷期内整个系统节约 54.77 t 标准煤。

综上计算可得

$$\text{常规能源替代量 } Q_{hm}=197.87\ \text{t 标准煤}\approx 198\ \text{t 标准煤}$$

3.5　二氧化碳、二氧化硫、烟尘减排量

根据项目全年常规能源替代量的计算结果，该项目的全年常规能源替代量为 198 t 标准煤。可得二氧化碳减排量（t/a）按以下公式计算：

$$Q_{CO_2}=2.47\times Q_{hm}=488.7\ \text{(t/a)} \tag{15}$$

二氧化硫减排量：

$$Q_{SO_2}=0.02\times Q_{hm}=3.96\ \text{(t/a)} \tag{16}$$

烟尘减排量：

$$Q_{y}=0.01\times Q_{hm}=1.98\ \text{(t/a)} \tag{17}$$

3.6　相关性分析

本项目为太阳能-地源热泵复合供能系统，太阳能能否实现给土壤补热是本项目的关键。

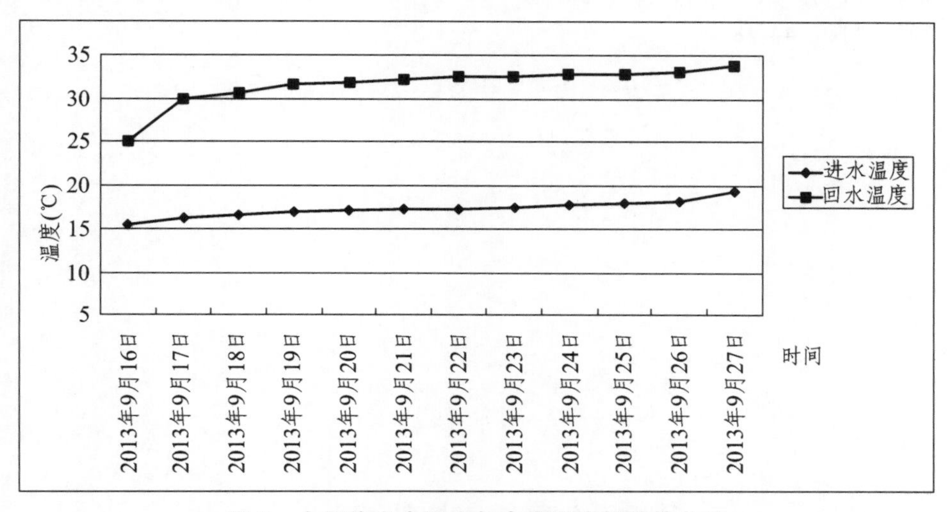

图 2　太阳能进水温度与出水温度相关性曲线

图2显示了2013年太阳能给土壤储热期间某个时间段的情况，通过进水温度与出水温度的变化，可以看到太阳能集热回灌系统运行一定时间后，地埋井土壤温度逐渐上升，出水温度也相应地升高。通过分析，我们认为在干质土壤条件下，太阳能补热是有效果的。一般情况下，地面 15 m 以下的土壤可以看成是近似的恒温层，随着深度的增加，土壤温度略有增加。而地面 15 m 处的土壤温度近似等于当地年平均气温 ± 2 °C，乌鲁木齐地区的地下水（土壤）温度在 10.5 °C ~ 12.5 °C。本项目的太阳能集热工程于 2013 年 7 月 30 日完成，随后就进行了调试试验，通过相关性分析，还是可以看到土壤温度的逐渐变化，储热是有效果的。

4 结 论

采用太阳能-地源复合热泵系统，在确保建筑物冷热需求的同时，最优化地使用了自然资源，因此具有非常明显的节能和经济效益。通过运行测试证明，本项目的技术路线是可行的。本项目还在完善过程中，可再生能源的自控测试系统还在设计和调试中，前期人工测试的数据信息量少且还存有误差，而建筑采暖和制冷是一项长期的任务，相信经过 3 ~ 4 年的连续测试运行就能得到更科学的评判结论。

参考文献

[1] 韩宗伟，王一茹，阿不来提·依米提，等. 空气源热泵辅助吸收式地源热泵系统的适应性分析[J]. 制冷技术，2014，34（1）：55-59.

[2] 杨军，韩宗伟，张艳红，等. 土壤热渗耦合作用下U形埋管换热器换热特性数值模拟[J]. 可再生能源，2014，32（6）：822-828.

[3] ZONGWEI HAN，JUN YANG，MIN LIN，etc. Analysis of the thermal effect about groundwater flowing to the nest of tubes heat transfer[C]. GCGW-2014，Global Conference on Global Warming China，Beijing，2014.

[4] 张艳红，林闽，修强，等. 乌鲁木齐盈科广场污水源热泵系统技术经济分析[J]. 太阳能，2012，11：44-48.

分布式能源站在中新天津生态城园区中的设计及应用

李翔宇[1] 刘文闯[2]

（1. 天津国发新能源技术咨询有限公司，中新天津生态城中天大道2018号；
2. 中新天津生态城建设局，天津生态城汉北路7号）

【摘 要】 中国必须立足于现有能源资源，全力提高资源利用效率，扩大资源的综合利用范围，而分布式能源无疑是解决问题的关键技术。为此，中新天津生态城组织国内外专家确立了以低碳城市为目标，以低碳产业为核心，以新能源利用为重点的发展战略。通过大量的现场实地调研及分析，在生态城国家动漫产业园内建设了可以满足冷、热、电多种供能需求，实现分布式能源高效利用的综合型微网能源站。该项目集中了地源热泵、水蓄能、燃气三联供、光伏发电、电制冷等5种供能方式。将地源热泵与燃气三联供和水蓄能系统耦合，形成了热力微网系统，实现了冷热多元化联供；以光伏幕墙系统、三联供发电上网系统与市电系统相结合，形成电力微网系统，实现了电力多元化联供。

【关键词】 分布式能源站 微电网 微热网

中国人口众多，自身资源有限，按照目前的能源利用方式，依靠自己的能源是绝对不可能支撑13亿人的“全面小康”，使用国际能源不仅存在着能源安全的严重制约，而且也使世界的发展面临一系列新的问题和矛盾。面临当前化石能源消耗带来的严重危机，调整能源结构已经迫在眉睫。中国必须立足于现有能源资源，全力提高资源利用效率，扩大资源的综合利用范围，而分布式能源无疑是解决问题的关键技术。

分布式能源技术的发展，为中国与世界发达国家重新回归同一起跑线创造了一个新机遇，如同手机和家电一样，它有可能使中国依据市场优势迅速占据世界领先地位。

中新天津生态城是中新两国政府改善生态环境、建设生态文明的战略性合作项目，显示了中新两国政府应对全球气候变化、加强环境保护、节约资源和能源的决心。

为此，中新天津生态城组织国内外专家共同研究制订了生态城中长期能源综合利用实施规划，把节能减排作为约束性指标，确立了以低碳城市为目标，以低碳产业为核心，以新能源利用为重点的发展战略。确定了中新天津生态城能源利用的目标为：减少能源需求，优化能源结构，提高能源利用效率，积极发展新能源和可再生能源，构建安全、高效、可持续的能源供应体系。

根据生态城总体规划的原则，在进行分布式能源开发利用时，应首先考虑以光伏发电、风力发电及燃气发电为主，保证区域内的供电需求，提高供电可靠性。燃气三联供在供电的同时，可与地源热泵结合作为提高分布式供热，实现区域能源的综合管理与利用。这座动漫园能源站正是在这种契机下孕育而生。

动漫园能源站坐落于生态城国家动漫产业园内，紧邻生态城服务中心，占地面积 1 700 m^2，建筑面积 4 300 m^2。她为动漫园园区内 6 个地块（共 24 万 m^2）公共建筑提供冷、热源。能源站供冷能力约 2 万 kW，供热能力约 1.4 万 kW。

经过详细而周密的现场实际调研和综合分析，总结出国家动漫园地域内有如下资源可利用：

（1）深层地热：在中新生态城地区发育较好的热储层主要有：新近系明化镇组热储层（Nm）、馆陶组热储层（Ng）、古近系东营组热储层（Ed）三个热储层。深度分布在 2 000 ~ 3 000 m，出水温度一般为 75 °C ~ 85 °C。

（2）浅层地热：中新天津生态城该片区域土质为第四系松散沉积层，浅层地热资源无论是温度还是地质条件都较为适宜采用土壤源热泵形式。

（3）太阳能：中新天津生态城属于我国太阳能资源Ⅱ类地区，年总日照数 2 613 h，水平面年总辐射量 5 152 MJ/（m^2 · a），根据天津气象站 1999—2008 年的历史资料显示，天津地区多年年平均太阳辐射量在 4 845 MJ/m^2 左右。太阳能资源适合建设光伏发电项目和太阳能热水系统。

（4）风能：风力发电是环境效益最好的电源之一，不消耗物质资源，发电过程中无污染，是新能源开发中技术最成熟、最具有规模化开发条件和商业化发展前景的发电方式，是我国鼓励和支持开发的清洁能源。根据塘沽气象站（位于生态城以南约 5 km 处）1971—2000 年的长期观测数据，当地多年平均风速为 4.3 m/s。

（5）供电：中新天津生态城实行峰谷分时电价。通过结合生态城的区域的本地资源优势在和多方多专业的专家反复论论证后，明确了能源站的设计指导思想要有超前意识，即技术要先进，环保要可靠，节能要显著，自控水平要高，力求各项设计指标达到国内先进水平。因此本项目建设决定采用节能降耗的冷热电三联供、地源热泵与空调蓄能等三者相结合的节能降耗技术等，切实落实国家节能政策，实施可持续发展战略。

1 项目实施技术介绍

动漫园能源站主要是向园区内动漫主楼、创展、创智、创研、读者新媒体、美星影视基地 6 个地块共 24 万 m^2 的公建用户提供冷、热源，通过计算得知总的供冷量约 27 271 kW，供热量约 16 466 kW。考虑各建筑单体不同功能区域的同时使用系数，能源中心的夏季冷负荷配置按照总负荷的 75%进行负荷配置，即 20 453 kW，冬季热负荷配置按照总负荷的 85%进行负荷配置，即 14 000 kW 进行设备选型设计。

动漫园能源站同时集中了地源热泵、水蓄能、燃气三联供、光伏发电、电制冷等 5 种供能方式。这 5 种供能方式在单独技术应用上都是较为成熟的，但把他们纳入统一的控制系统，能够根据不同供应方式的负荷大小，成本高低进行智能耦合，自动选择最优化运行模式，这至少在国内还是首创，能源站工艺流程图如下图所示。

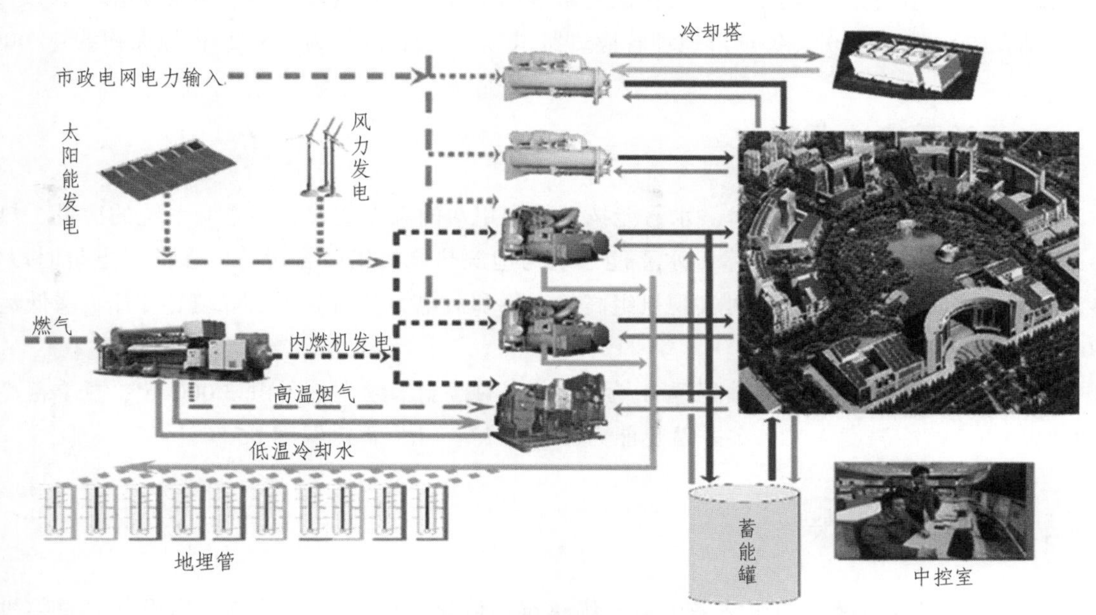

图 1 能源站工艺流程图

动漫园能源站具体采用的措施有：

1.1 天然气冷热电三联供技术

天然气冷热电三联供系统即 CCHP（Combined Cooling，Heating and Power），是国内大力推广的冷热电联产的高效能源技术，一次能源利用率超过 80%，为火力发电厂效率的 2 倍，污染物排放量为传统火电厂的 1/10。

发电机组以天然气为燃料进行发电，产生的电力提供给能源站内的部分设备使用。而天然气在燃烧过程排出的废热通过溴化锂吸收式机组回收利用，转化为可供用户使用的冷热源，实现冷热电联产以及一次能源阶梯式的高效利用。

三联供系统选用一台燃气发电机机组，设备的发电量为 1 480 kW。选用烟气热水型溴化锂吸收式冷热水机组一台，制冷量 1 465 kW，制热量 1 600 kW。

1.2 地源热泵技术

地源热泵系统属于清洁环保，无任何污染的可再生能源，它利用地下土壤温度相对稳定的特性，以地表浅层土壤作为热源、冷源，通过深埋于建筑物周围的土壤换热器管路系统与建筑物内部完成热交换，冬季从土壤中取热，向建筑物供暖，夏季向土壤排热，为建筑物制冷。

中新天津生态城动漫园能源站配置 2 台制冷量 3 550 kW、制热量 4 100 kW 的地源热泵机组。地源热泵机组提供的冷负荷占整个能源站提供的总冷负荷的 34.7%，地源热泵机组提供的热负荷占整个能源站提供的总热负荷的 58.57%。

室外埋管换热器布置于动漫园中心公园景观区内，景观区内有热工水池、山地景观、各种模型园林小品等。室外土壤源换热器就敷设在这些景观的下面。通过现场的实地勘测测量，共设 1 400 个钻孔，钻孔内设置 PE100 级双 U 形地埋管换热器，U 形管公称外径为 DN32，占地面积约 43 000 m^2。

1.3 蓄冷蓄热技术

蓄能蓄热技术选用水蓄能技术。水蓄能技术是利用水的温度变化，将空调系统的冷量、热量储存起来，在需要时释放出去的技术。水蓄能系统与地源热泵机组联合运行，在低谷电价时段蓄冷/蓄热，高峰电价时段放冷/放热，可实现机组高效运行和对电力负荷起到削峰填谷作用，降低运行费用 20%以上。

中新天津生态城动漫园能源站配置 4 台 750 m^3 的蓄能水罐，总体积 3 000 m^3，夏季蓄冷能力 24 300 kW · h，蓄冷温度 4 °C；冬季蓄热能力 45 700 kW · h，蓄热温度 65 °C。

1.4 光伏发电技术

中新天津生态城动漫园能源站采用了光伏建筑一体化（BIPV）的独特外形设计，总装机容量 70 kW，共使用 464 块非晶硅太阳能电池板，总面积约 1 211 m^2，年发电量约 7.9 万 kW · h。它采用光伏建筑一体化设计，将由电池板组成的光伏幕墙作为整体建筑屋顶及侧墙的一部分，突破了传统设计方式，实现了建筑造型、采光和太阳能利用的和谐统一。

服务中心停车场光伏电站装机容量 400 kW，由 1 202 块多晶硅、154 块单晶硅、568 块非晶硅、260 块柔性非晶硅共 2 184 块太阳能电池板组成，面积约 3200 m^2，年发电量约 36 万 kW · h。它充分利用停车场上部罩棚空间布置太阳能光伏板，实现了可再生能源的有效利用。

1.5 大型离心机组

为了保证夏季的正常供冷，能源站采用了离心式冷水机组作为冷源的补充供能形式。能源站采用 2 台离心冷水机，单机制冷量 4 100 kW，通过站内自控系统统一控制，一般在夏季冷负荷高峰时段使用，主要起到调峰和保障供能安全的作用。

1.6 市政热源补充

在极端天气情况下，引入预留市政热源作为调节补充，满足用户的采暖需求。

1.7 自动监控技术

为全面统筹控制和科学管理，实现燃气三联供系统、地源热泵系统和蓄能系统的可靠联合供能，动漫园能源站采用了先进的自动控制系统。根据负荷需求变化，控制系统自动选择不同的运行模式，实现系统能力使用率最大、总能源利用效率最高和供能能耗最少的目标。

1.8 建筑自身特性

同时，能源站还是一座绿色环保建筑。外檐材料由建筑废料再加工而成；玻璃幕墙兼顾自然采光与光伏发电功能；遮阳膜结合蓄能罐余冷回收技术，大大降低了夏季室内温度，进一步减少了自身空调系统的能耗。

2 双微网设计技术介绍

生态城国家级动漫园能源站作为生态城能源利用的示范项目，是集多种能源技术耦合和高效梯级利用的样本，创造性地实现了分布式能源与可再生能源的综合利用。将地源热泵与燃气三联供和水蓄能系统耦合，形成了热力微网系统，实现了冷热多元化联供；以光伏幕墙系统、三联供发电上网系统与市电系统相结合，形成电力微网系统，实现了电力多元化联供。成为国内首例可以满足冷、热、电多种供能需求，实现分布式能源高效利用的综合型微网能源站。

2.1 微热网设计

在夏季制冷中，我们利用夜间电价低谷时间段启动蓄能模式，利用地源热泵向蓄能罐蓄冷，存储能源。而在白天的平段期、高峰期等高电价时段，系统优先利用蓄能罐向外放冷。而后根据负荷需求的变化，自动启动燃气三联供系统进行补充。如仍无法满足，系统又将自动转换为燃气三联供+地源热泵共同运行模式进行放冷，并利用地源热泵进行调节。在夏季制冷高峰时，系统自动采用燃气三联供+地源热泵+电制冷的共同运转模式，充分保证用户的供冷需求。

在冬季供热中，我们同样利用夜间电价低谷期，利用地源热泵系统向 4 个蓄能罐蓄能的同时，向用户供热，以保证管网低温运行，防止冻管。在白天，系统优先利用蓄能罐向外供热，其余时段根据负荷变化，自动控系统依照燃气三联供、地源热泵的顺序优先选择。在极端天气情况下，引入预留市政热源作为调节补充，满足用户的采暖需求。

2.2 微电网设计

动漫园能源站以光伏幕墙为主的微电网系统、三联供发电系统与市电系统相结合，形成电力的多元化联供，成为国内首例可再生能源和清洁能源多元化耦合的微网能源站。

微网系统采用就地发电，自发自用的方式，不需要另外架设输电线路，可有效减少投资成本；就地消纳，可以使调压和传输中的损耗减到最小，最大限度地节约电能；同时，通过三联供和光储系统实现能源站内的冷/热/电联供，既响应了国家节能减排政策，又在一定程序上缓解大电网供电压力，使本地清洁能源得到较好利用，实现项建设价值。

由于燃机三联供系统供冷供热的特性，燃机需按季节启停。正常运行模式下，在夏、冬季，综合微网联网运行，此时燃机开启，并网运行。光储微网根据自身能量平衡状况确定自身运行状态。在春、秋季，燃机停运，综合微网系统变成光储微网系统，系统并网运行，光储微网根据自身能量平衡状况确定自身运行状态。当外网停电时光储微网根据自身能量平衡状况确定自身运行状态。

3 运行效果

据初步统计测算，能源站目前采用的冷热联供模式与常规电制冷、锅炉房采暖方式比较，三联供系统及地源热泵加水蓄冷系统可以大大降低系统的运行能耗，减少环境污染。

经测算三联供系统启用后，预计本项目全年用 120 万 m^3 天然气替代燃煤 1 883 t 标煤，年可减排烟尘 1.0 t，减少 CO_2 排放 2 000 t，减少 SO_2 排放 32 t，相当于种植森林 27 hm^2，节能减排效果十分显著。

因为选用了一支专业高效的运行管理队伍，这支队伍在实践当中不断建立健全暖通、电气等设备的标准化操作规程，使之标准化、信息，不断摸索、总结、优化整个能源站的运行模式，从而使这套系统不仅达到了使用要求，而且降低了运行成本，延长了设备的使用寿命，保证了能源站安全卫生的正常运转，实现了社会效益和经济效益的有效最大化。

经过这支专业团队对能源站的运行情况的不断监测和修正用能策略，自 2011 年开始正使用能至今，2012—2013 年度运行成本费用相比第一年降低了 25.48%。

2013 年动漫园能源站开始正式实行供热计量收费。这套供热计量收费系统的应用使得动漫园用户的自我节能意识增强，对未出租的空置办公用房进行了调节控制，能源站整体的供热量大幅下降。通过数据分析可以看出，2013—2014 年采暖季能源站向外累计供热量为 17 180 GJ。

4 建设区域型能源站的建议

通过动漫园能源站的规划、建设、实际运转的情况，我们总结了建设区域型能源站的几点建议：

（1）在分布式能源站或综合能源站建设初期，应编制较为详细的可研报告，包括能耗分析、供能模式、运行策略、分段实施和对供能项目的建议等内容，一定要做到“先谋而后动”，并在实际运行阶段严格按照可行性分析报告的运转策略进行运行。

（2）在考虑建设能源站的设计初期要从建设项目的实地状况入手，深入了解项目周边的资源分布情况，充分利用当地现有的资源。因地制宜确定合理的设计方案，将实际建筑的能耗和现有资源有机的相结合，实现资源的最大化利用，达到资源与能耗的平衡。

（3）对于一个项目来说可能会分期或批次进行施工或建成后入住率暂时没有达到预想的入住状态下，再设计考虑能源站提供的冷热负荷的资源配备时，要充分考虑能源站提供的冷、热源的分阶段供能、分时段供能、分区域供能模式。

（4）建议在实际施工及运行维护过程中采用专业的对队伍进行施工及维护，以保证设计方案的实现及全套系统运行时高效、节能、安全的运行。

综上所述，动漫园能源站作为分布式能源综合利用的示范项目，其应用成功是建立在充分调研，综合分析及权衡现有资源和经济建设目标使之有机地结合的前提下，将能源需求和现有资源统一规划和考虑，充分利用当地现有的本土资源，且最大化地利用了可再生能源，制订出切实可行的方案。

根据既定的方案在建设中严把安全关、质量关，狠抓落实，使得方案中的设想在现实中得以实现。建成后仍然不断地根据现有的实际情况，不断调整设备运行参数，找到最佳的设备供能点，使得供能方和用能方在保证正常运行的基础上在能源综合利用、环境保护、经济运营、节能减排上均做到从实际角度出发，以人为本，多方共赢。

参考文献

[1] 曾乐才. 分布式能源与微网技术发展研究. 上海电气技术，2013（1）.

[2] 中新天津生态城管理委员会. 中新天津生态城分布式能源规划. 天津：中新天津生态城管理委员会，2012.

膨胀水箱在内外分区空调水系统中的优化设计

陈英杰[①]

（中国建筑西南设计研究院有限公司机电二院，成都 610000）

【摘　要】 本文针对有内外分区的空调水系统中膨胀水箱定压进行了分析，提出“一个水系统设置两个膨胀水箱”的方法，并分析此方法的优点及可行性。

【关键词】 内外区　膨胀水箱　定压　优化

1　引　言

随着我国经济的高速发展，城市中出现了越来越多的大型建筑，这些建筑通常要将空调区域分为内区和外区。内区和外区空调水系统夏季时为一个水系统，冬季则变为两个独立的水系统，因此水系统的定压就存在不同的方法。本文将比较两种方案，并最终确定最优化的方案。

2　大型商业建筑空调形式的特点

商业建筑灯光及设备负荷一般较大（约 120 W/m^2），此负荷为全年均有的室内冷负荷。因此对于无外围护结构的房间，常年均在此冷负荷。我们称这些房间为内区房间。[1，2]

商业建筑存在大量的小商店和餐厅，这些房间可能对室内温湿度有不同的要求，因此这些房间一般均采用风机盘管加新风系统。[3，6]

3　大型商业建筑空调水系统的设计要点

根据冬季商铺是否需要供冷的原则将商业分为内区和外区。外区房间的空调水系统需要冬季供热，夏季供冷。内区房间常年需要供冷。

因商业内区房间内部发热量大，制冷季长，内区商业的风机盘管系统在冬季及过渡季利用冷却塔和板式换热器联合“免费供冷”[4，7]。

免费制冷的使用条件为：当冷却水温度低于 9 °C 时，开启冷却塔，用冷却水对内区房间进行制冷。[5，8]

① 基金资助：国家“十二五”科技支撑计划课题《高原气候适应性节能建筑关键技术研究与示范》(2013BAJ03B04)。

4 空调水系统膨胀水箱设置方案的分析及比较

因内外分区的存在，空调水系统夏季采用一套空调水系统，冬季采用两套空调水系统（即分别负担内区和外区），相应水系统的定压也要设置两套系统。冬季内外区水系统是完全分开的，两个膨胀水箱分别给两个系统定压。本文分析的是：夏季空调水系统为一个系统，如何优化水系统的定压问题。本文列出两种方案，方案一为一般设计方法，方案二为优化后设计方法。

以某大型商业空调水系统为例进行分析。内外区水系统分别设置一组分、集水器。图1为空调水系统流程图。

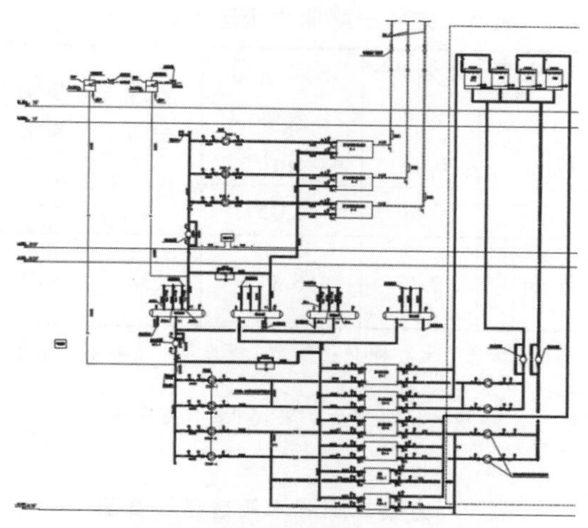

图1 某商业空调水系统图

方案一：水系统定压点分别设置在热水回水主管及冷水供水主管。水系统简图如下：

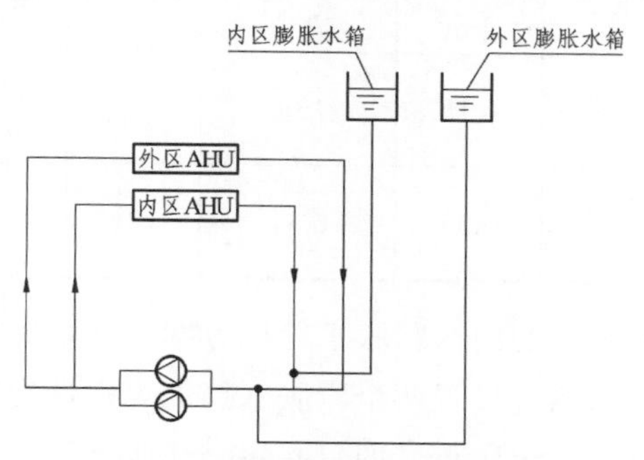

图2 方案一的水系统简图

方案二：水系统定压点分别设置在内外区的集水器上。水系统简图如下：

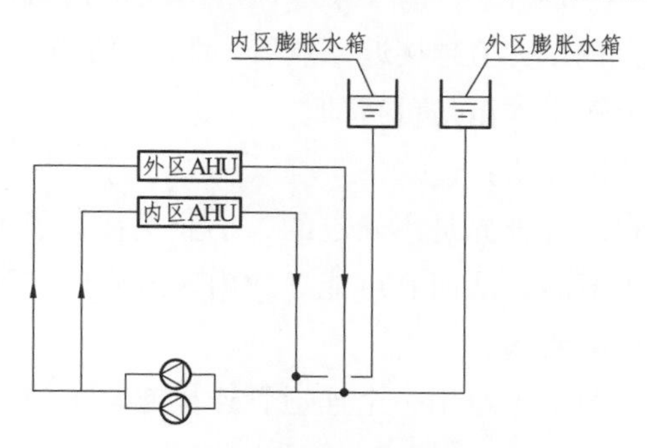

图3 方案二的水系统简图

两个方案进行比较，方案二比方案一有两个优点。

定压点设在集水器比设在总水管上好，优点如下：

（1）集水器内水流速较低（约 1.0 m/s），有利于水系统排气。

（2）保证集水器压力恒定，有利于集水器各分支管水力平衡。

（3）夏季一个水系统设置两个膨胀水箱，也就有相当于增加了一个排气点，这是有利于系统排气。

方案二的膨胀水箱容量比方案一小。膨胀水箱计算表格如下（取内区负荷为总负荷的 1/3）：

表 1　方案一膨胀水箱选型计算表

冷热源系统编号	系统负荷/kW	系统水容量 V_c/m^3	系统膨胀水量 V_p/m^3	水箱调节容积 V_t/m^3	水箱所需有效容积/m^3	水箱型号	有效容积	水箱型号及外形尺寸	质量
整个系统	16 800	558	2.49	0.56	3.05	7#	3.10	1 600×1 600×1 400	4 t
裙房商业外区	11 205	372	5.94	0.37	6.31	13#	8.10	2 800×1 800×1 800	10 t

注：按《开式水箱》03R401-2 表 1-1 计算系统水容量 V_c：壳管式蒸发器、表冷器分别取水容量 1l/kW，室内机械循环管路取水容量 31.21/kW。
按《全国民用建筑工程设计技术措施 暖通空调.动力》表 6.9.6-1 空调热水膨胀量：15.96 L/m³ 空调冷水膨胀量：4.46 L/m³。

表 2　方案二膨胀水箱选型计算表

冷热源系统编号	系统负荷/kW	系统水容量 V_c/m^3	系统膨胀水量 V_p/m^3	水箱调节容积 V_t/m^3	水箱所需有效容积/m^3	水箱型号	有效容积	水箱型号及外形尺寸	质量
裙房商业内区	5 544	184	0.82	0.18	1.00	4#	1.10	1 400×900×1 100	1.3 t
裙房商业外区	11 205	372	5.94	0.37	6.31	13#	8.10	2 800×1 800×1 800	10 t

从两个计算表格可以看出方案二的内区膨胀水箱比方案一的膨胀水箱体积小 2 m³。

对方案二中夏季时一个空调水系统设置两个膨胀水箱的可行性进行分析：

（1）一个空调水系统只能有一个定压点，即只有一个膨胀水箱起到了给水系统定压的作用，而另一个膨胀水箱只起到膨胀和排气的作用。

（2）内外区集水器均在一个冷冻站里，两个集水器的高度也相同，只有 *A* 点和两个集水器之间的管道长度不同，因此 *B*、*C* 两点的压力值越接近 *A* 点值（即压力值越小），则哪点就为系统的定压点。

因此，一个水系统设置两个膨胀水箱是可行的。

方案二可能存在的问题及解决方法：

通常商场未招商前，内区和外区分界是不确定的，小业主在买了商铺后重新进行了房间分隔，可能会与原设计的内外分区面积不同，从而有可能导致内区或外区实际需求超过设计负荷，导致某个膨胀水箱满足不了系统膨胀量的要求。

解决方法为：可将内外区的两个水箱用一个连通管连接起来（注：连通管的接管高度应高于系统未运行前的水位），如下图所示。

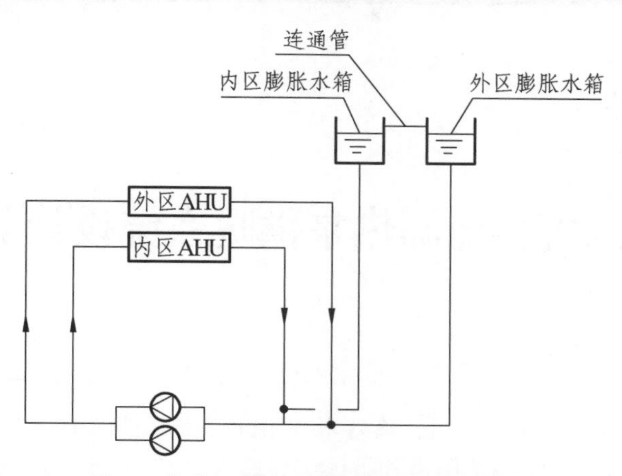

图4 方案二增加连通管的水系统简图

5 体 会

膨胀水箱定压虽是空调水系统设计中的一个小环节，但对保证水系统的正常运行起着非常重要的作用。在设计中，应本着具体问题具体分析的态度，经济、合理地选择合适膨胀水箱及定压点。

参考文献

[1] 赵荣义，范存养. 空气调节[M]. 3版. 北京：中国建筑工业出版社，1994.

[2] 《公共建筑节能设计标准宣贯辅导教材》编委会. 公共建筑节能设计标准宣贯辅导材料[M]. 北京：中国建筑工业出版社，2005.

[3] 陆耀庆. 实用供热空调设计手册[M]. 2版. 北京：中国建筑工业出版社，2008.

[4] 曾昭向，卢清华. 中央空调节能技术分析及探讨[J]. 制冷与空调（四川），2013，1（27）：45-48.

[5] 蔡增基，龙天渝. 流体力学泵与风机[M]. 北京：中国建筑工业出版社，1999.

[6] 刘翠琴，孔令波. 空调设计中的节能措施[J]. 制冷与空调（四川），2012，2（26）：198-201.

[7] GB 50189—2005 公共建筑节能设计标准[S]. 北京：中国建筑工业出版社，2005.

[8] 潘云刚. 高层民用建筑空调设计[M]. 北京：中国建筑工业出版社，1999.

新疆地区太阳能-地源热泵供暖系统设计与运行效果①

热孜望·坎吉[1] 林 闽[1] 韩宗伟[2] 阴启明[2] 李卫华[1] 韩 宇[1]

（1. 新疆太阳能科技开发公司，乌鲁木齐市北京南路科学一街 328 号 830011；
2. 东北大学，沈阳市和平区文化路 3 号巷 11 号 110819）

【摘 要】 针对新疆地区的气候特点及建筑能耗现状，提出了一种综合利用太阳能和浅层土壤热能的热泵供暖空调系统，介绍了系统的运行原理，结合当地的气象条件和建筑情况对复合系统进行了设计过程，对系统的运行性能进行了测试分析，结果表明该系统基本满足设计要求，系统的运行费用大大降低，该系统在新疆地区具有良好的应用前景。

【关键词】 太阳能 地源热泵 运行原理 运行费用

1 引 言

近年来随着我国建筑业的蓬勃发展，建筑面积急剧增加，建筑供暖空调造成的能源消耗和环境污染已是不争事实和普遍关注的问题，是国家节能减排战略的重要实施领域。新疆地区处于严寒地区，建筑供暖空调能耗巨大，建筑供暖产生的烟尘是城市环境污染的主要来源。将热泵技术与可再生能源利用相结合是解决严寒地区供暖空调能耗问题的根本途径。近年来，在节能减排的压力下，各种形式的热泵供暖空调系统在我国得到广泛应用，并取得了一定的节能效果。但有很多系统未充分考虑热源能量输出特性与建筑负荷特性间的匹配关系，机械地推广到严寒地区，导致系统运行经济性和节能性均不理想，甚至有的还不能保证系统长期运行可靠性。理论研究及工程实践表明，单一热源热泵系统很难兼顾系统的节能性、经济性及可靠性，多能互补耦合热泵技术是未来的发展方向。

毕月虹进行了太阳能热泵和土壤源热泵交替运行供暖的性能实验研究，结果表明太阳能热泵和土壤源热泵交替运行中，二者可相辅相成[1]。余延顺对寒冷地区太阳能-土壤源热泵系统在各种运行工况下的运行特性进行了研究，得出寒冷地区太阳能保证率及集热器面积的确定方式[2, 3]。V. Trillat-Berdal 等利用太阳能辅助土壤源热泵对建筑面积为 180 m^2 的住宅进行了供暖、供生活热水的实验研究，实验中将过剩的太阳热通过换热器蓄存到土壤中以保证土壤热平衡，经过 11 个月的运行，热泵的平均供暖 COP 为 3.75[4]。Onder Ozgener 研究了太阳能与土壤源热泵系统联合运行的性能，结果表明这种组合可降低土壤源热泵系统的设计容量，提高了热泵性能系数[5]。Farzin M. Rad 等对太阳能复合地埋管地源热泵系统在加拿大寒冷地区应用进行了可行性研究，研究表明相比单一

① 基金项目：国家科技支撑项目（No.2012BAA13B00）；国家科技支撑项目（No.2013BAJ03B00）。

地源热泵系统，可减少的地埋管长度与集热器面积的比例为 7.64 m/m^2，复合系统的经济性优于单一地源热泵系统[6]。Kadir Bakirci 等通过实验研究了太阳能复合垂直埋管地源热泵系统在土耳其寒冷地区运行性能，结果表明在整个供暖期内热泵和整个系统性能系数分别在 3.0 ~ 3.4 和 2.7 ~ 3.0[7]。韩宗伟等分别通过实验和模拟方式研究了严寒地区太阳能季节性土壤蓄热和相变蓄热辅助地源热泵系统的运行性能，研究发现太阳能与地源热泵的结合既提高了系统的运行性能，还保证了系统的长期运行可靠性[8-10]。研究同时发现，由于太阳能流密度小，单纯通过蓄热方法解决严寒地区地源热泵热平衡问题，需要较大的集热面积；同时集热器价格较高且需较大的安装空间，使其应用价值大大降低。另外由于在严寒地区应用太阳能系统冬季要使用防冻液，实验发现，长期运行会出现爆管或渗漏等问题，增加了系统的运行难度。

为了探索适合新疆地区的可再生能源供暖空调方式，本项在充分考虑新疆地区可再生能源特点和建筑负荷特性基础上，从理论研究、关键技术研究及工程示范角度，对严寒地区多热源互补热泵系统构建方法、关键技术展开全方位研究，以推动新疆地区供暖空调节能减排工作的进行。

2 太阳能–热泵供暖空调系统工作原理

基于新疆地区气象条件的综合分析，为了充分利用一年四季太阳能和浅层土壤热能实现建筑可持续供暖空调效果，本项目采用太阳能季节性蓄热与地源热泵进行复合，同时兼顾夏季供冷需求，为此提出了太阳能季节性蓄热复合地源热泵系统，该系统原理图如图 1 所示。由图中可以看出，该系统主要由太阳能集热器、土壤换热器、热泵机组、板式换热器、辅助热源、供暖末端等组成。图中蒸发器与冷凝器属于同一热泵机组，为了实现分阶段调节，系统中可设置多个热泵机组。太阳能集热器采用并联同程式阵列形式，土壤换热器也采用并联同程式连接。该系统存在 6 种运行模式：

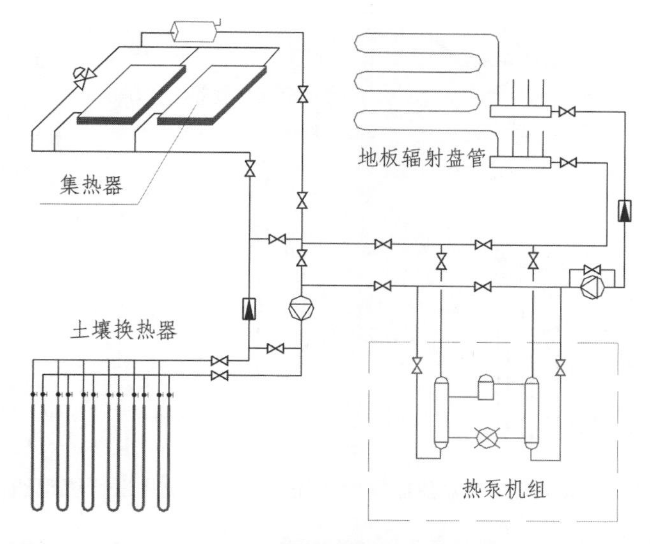

图 1 太阳能季节性土壤蓄热复合地源热泵供暖空调系统图

模式一：太阳能季节性土壤蓄热模式。当在非供暖期或供暖系统停止运行时，可以通过地埋管换热器将集热器收集到的太阳热蓄存在深层土壤中，以提高土壤换热器周围的土壤温度，保障地源热泵系统持续高效的运行。其运行原理如图 2 所示。

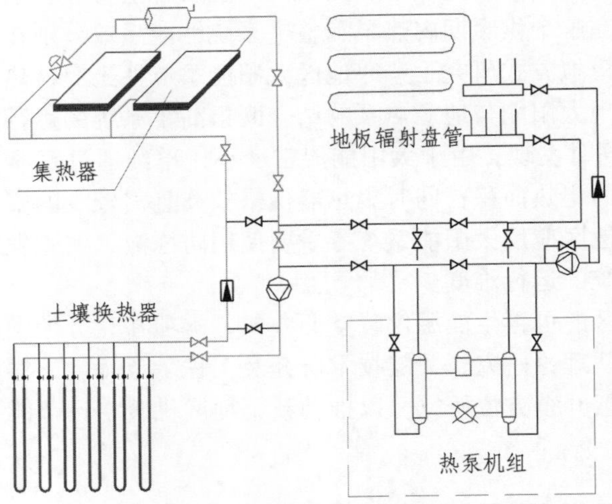

集热器
地板辐射盘管
土壤换热器
热泵机组

图 2　太阳能季节性土壤蓄热模式运行原理图

模式二：太阳能土壤蓄热同时土壤直接供冷模式。工业园内各建筑夏季空调负荷较小，而地埋管换热器的换热长度是按照冬季供暖工况确定的，换热面积较大。因此，可以利用一部分埋管换热器进行太阳能土壤蓄热，另一部分进行取冷空调。当供暖结束后，一般土壤换热器周围土壤温度较低，同时由于空调对象湿负荷较小，此时可以利用土壤换热器直接和土壤换热制取冷水进行空调，并将空调排热蓄存至土壤中，这样有助于土壤温度场的恢复。图 3 为该模式的运行原理图。

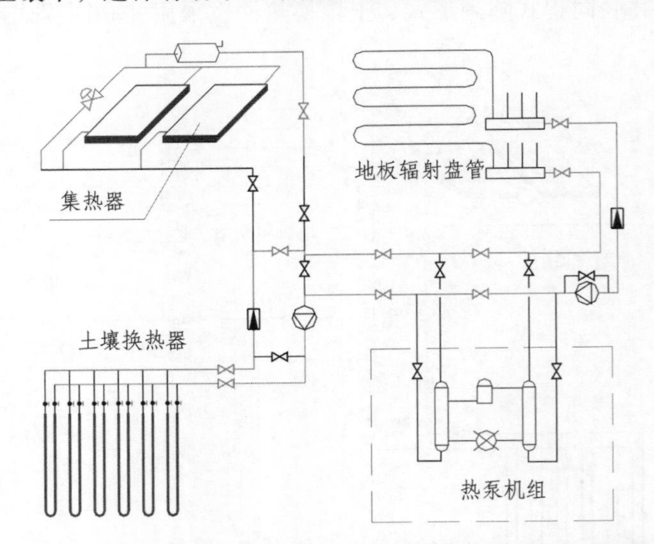

图 3　太阳能-土壤蓄热同时土壤直接供冷模式运行原理图

模式三：太阳能直接供暖模式，供暖初期建筑物热负荷较小，同时太阳辐射相对较强，且经过长时间的蓄热土壤换热器周围温度较高，太阳能土壤蓄热效率相对较低，此时可以利用太阳能直接供暖。该模式运行原理如图 4 所示。

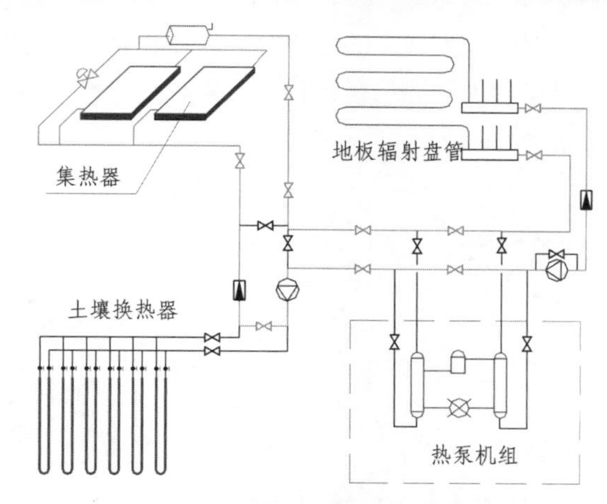

图 4　太阳能直接供暖模式运行原理图

模式四：土壤源热泵供冷模式。夏季当土壤直接供冷不能满足要求时，将其作为地源热泵的冷源供冷确保供冷效果。该模式运行原理图如图 5 所示。

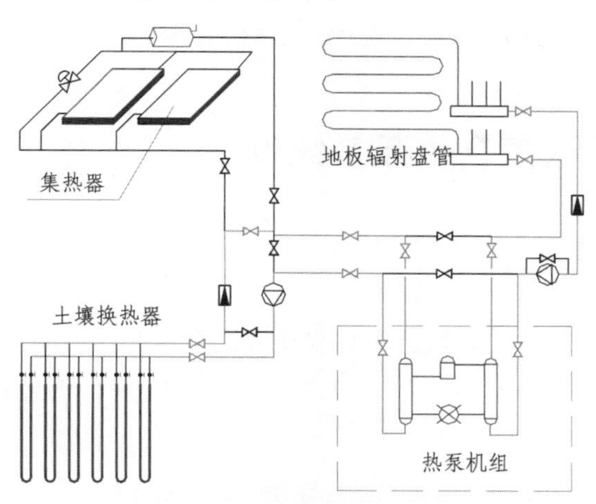

图 5　土壤源热泵供暖（冷）模式

模式五：土壤源热泵供暖模式。当供暖期夜间或阴雪天气时，太阳能集热器有效集热量为零，此时运行土壤源热泵进行供暖。其运行原理如图 6 所示。

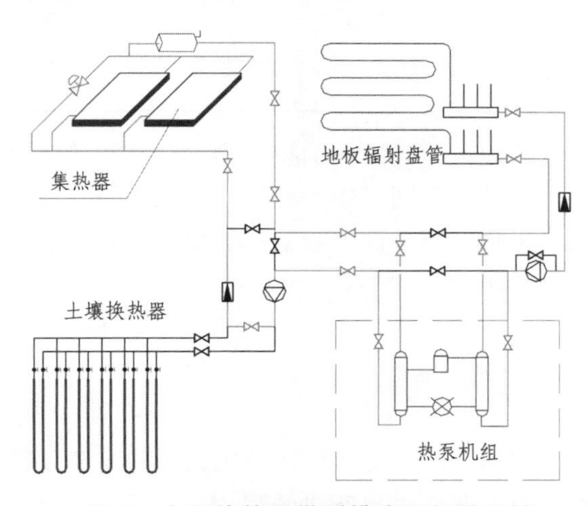

图 6　太阳能热泵供暖模式运行原理图

模式六：太阳能联合土壤源热泵供暖模式。供暖期内，白天太阳能有效集热，但是太阳能直接供暖模式难以满足供暖需求，此时可以启动土壤源热泵联合进行供暖。该模式运行原理如图 7 所示。

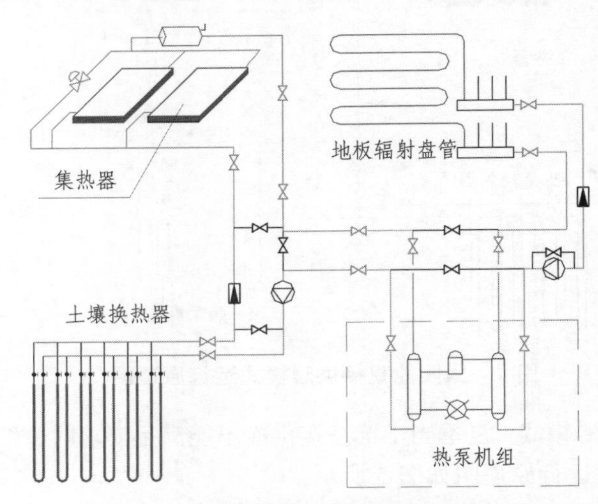

图 7　太阳能联合土壤源热泵供暖模式

3　太阳能–地源热泵复合供暖系统设计

3.1　示范项目概况

本项目示范点为新疆太阳能科技开发公司甘泉堡太阳能产品研发生产基地，地处乌鲁木齐市高新区甘泉堡工业园，占地面积为 150 亩（10 万平方米），位于北纬 44.4°，东经 87.7°。表 1 甘泉堡基地新建建筑规划面积。

表 1　甘泉堡基地新建建筑规划面积

宿舍 I	5 741.66 m^2
办公大楼	3 485.49 m^2
餐厅	1 609.13 m^2
厂房 I	6 676.58 m^2
总建建筑面积	17 513 m^2

根据乌鲁木齐地区的建筑设计规范，建筑外围护结构按照节能建筑进行设计，该建筑周边无城市热网。为了保障园区生产和生活需求，同时作为研究基地探索研究适用于新疆地区的可再生热泵供暖空调系统形式，应用太阳能集热、季节性土壤蓄能、地板辐射供热/冷等技术进行利用太阳能、土壤热能联合热泵技术供暖空调的研究与示范。

3.2　建筑动态负荷特性计算分析

建筑动态负荷计算需结合不同建筑的性质、使用要求以及建筑具体结构参数，根据乌鲁木齐地区的气象参数及建筑设计图纸，对工业园内拟新建的宿舍、餐厅、办公楼、生产厂房根据不同的使用要求，利用 DeST 软件进行了全年动态负荷模拟。通过计算宿舍、餐厅、办公楼、厂房的全年动态负荷，确定建筑全年动态负荷特性。图 8 为工业园内建筑全年逐时总负荷变化曲线，计算结果如表 2 所示。由表 2 中可以确定，一期建筑最大热负荷为 1 153.8 kW，因此可以确定一期建筑热泵机组容量为 1 200 kW。

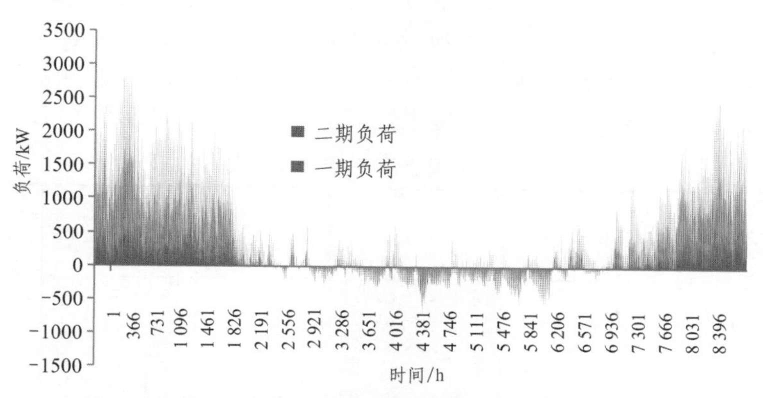

图 8　甘泉堡基地新建建筑全年逐时总负荷变化曲线

表 2　甘泉堡基地新建建筑全年总负荷计算结果

项　目	一期（宿舍Ⅰ+餐厅+办公楼+厂房Ⅰ）
供暖面积/m^2	17 512.1
最大热负荷/kW	1 153.8
最大冷负荷/kW	454.3
平均热负荷/kW	247.9
平均冷负荷/kW	48.5
累计热负荷/（kW·h）	1 083 050.3
累计冷负荷/（kW·h）	77 124.0
热负荷指标/（W/m^2）	14.2
冷负荷指标/（W/m^2）	2.8

图 9 为供暖期内工业园内一期建筑在不同热负荷值范围出现的时间统计。由图 9 可以看出，一期建筑热负荷值在 600 kW 以下出现时间较多，因此可以采用两台以上的机组实现分阶段调节，其中一台机组的容量为 600 kW。同时考虑到逐时负荷小于 200 kW 时的时间较长，因此，一期建筑热泵机组一种较好的配置方式为 600 kW + 400 kW + 200 kW。

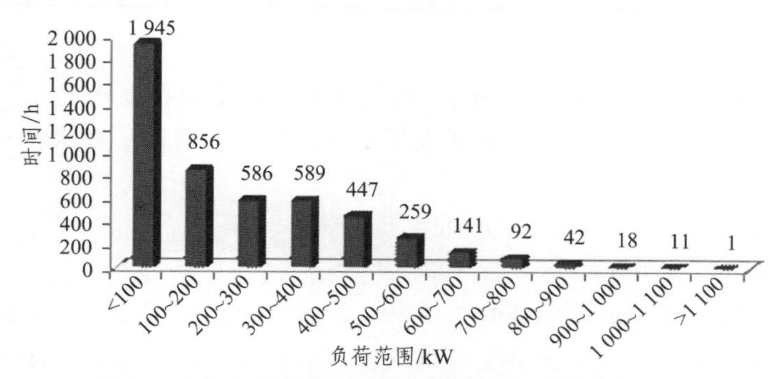

图 9　甘泉堡基地新建建筑逐时负荷出现频段统计

3.3　地下土壤换热区域地质勘测及土壤热物性测试分析

3.3.1　现场地质勘测情况

由于本项目中拟采用土壤热能进行供暖空调，传统的地源热泵系统根据取热形式的不同，可分为地埋管地源热泵系统、地下水地源热泵系统及地表水地源热泵系统，见表 3。上述三种形式的选择与地质条件密切相关，在地下水丰富或地表水水源良好的地方，采用地下水或地表水的地源热泵系统换热性能好、换热系统小、能耗低，性能系数高于地埋管地源热泵系统。

表 3　不同土壤深度土壤类型

层底深度/m	厚度/m	含水岩组划分	地质剖面及成井结构（1：1 000）	岩性简述
13.45	13.45			黄土
59.05	45.60			黏土
61.08	2.75			细砂（水层）
74.65	12.85			黏土
81.40	6.75			砂质黏土
91.45	10.05			黏土
115.40	23.95			砂质黏土
191.30	75.90			黏土
214.60	23.30			砂质黏土
227.60	13.00			黏土
236.10	8.50			粗砂
243.70	7.60			黏土
254.60	10.90			砂质黏土

现场勘测得到如下结论：

（1）在勘探深度（勘探深度 8.0 ~ 15.0 m），地层主要由表土和粉土构成。

（2）场地地下水位埋深 2.9 ~ 4.7 m，地下水类型为潜水，渗透性、富水性一般。地下水位年变幅 0.5 ~ 1.5 m。

（3）场地环境水、土对建筑材料具强腐蚀性。

（4）场地标准冻土深度 1.40 m。

此外，根据现场钻探 254.6 m 取水井的结果来看，由地面至地下 254.6 m 的土壤类型如表 3 所示。由地面至地下 254.6 m 深，土壤类型主要是黏土和砂质黏土，其渗透率较差。通过对取水井测试结果表明，单位涌水量 0.046 L/（s · m）。

3.3.2 岩土热响应测试分析

在太阳能季节性蓄热复合地源热泵系统中，地下土壤换热系统既是蓄热换热器又是地源热泵的取热器，其性能好坏直接影响了整个系统的节能性和经济性。在设计地下土壤换热系统时不仅需考虑换热区域的地质条件，还应知道土壤的准确的热物性参数，因此在本项目设计之初首先对现场土壤的热物性进行测试分析。测试过程中在不同位置对两个钻孔进行了测试。

表 4 为测试孔基本参数，循环水平均温度测试结果与计算结果对比见图 10 和图 11，测试过程中 1#测试孔因停电导致加热停止约 5 h。

表 4　测试孔基本参数

项　目	测试孔	项　目	测试孔
钻孔深度/m	100	钻孔直径/mm	200
埋管形式	双 U 形	埋管材质	PE 管
埋管内径/mm	26	埋管外径/mm	32
钻孔回填材料	原浆	主要地质结构	黏土层

通过测试可知：1#测试孔初始温度为 11.2 °C，导热系数为 0.931 W/（m · °C），容积比热容为 1.873×10^6 J/（m^3 · °C）；2#测试孔初始温度为 11.3 °C，导热系数为 0.879 W/（m · °C），容积比热容为 1.969×10^6 J/（m^3 · °C）。

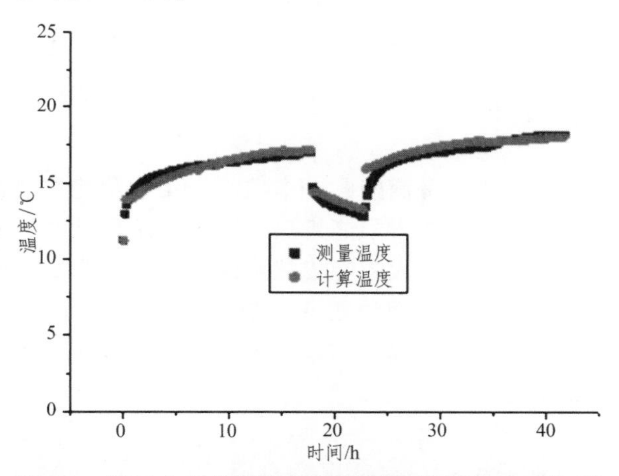

图 10　循环水平均温度测试结果与计算结果对比图

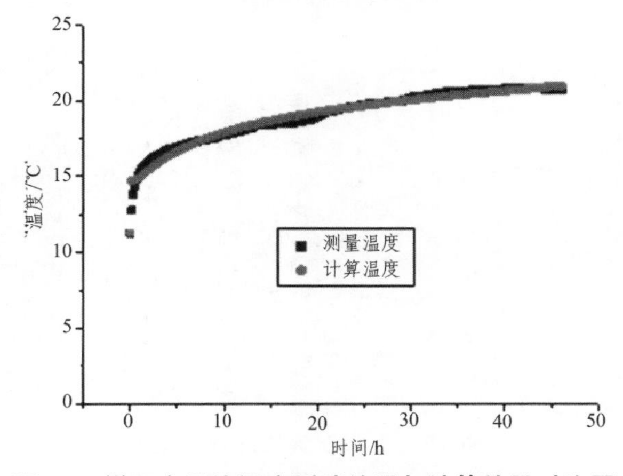

图 11　循环水平均温度测试结果与计算结果对比图

3.4 地下换热系统的设计

地埋管区域地质构造以黏土层为主。地下 100 m 内主要由黏土、粉质黏土、黄土、细沙构成，比较有利于钻孔，但导热系数偏低、地下水量比较小，地下水回灌较困难。所以在项目实施中，否定了实行水源热泵系统方案，决定采用地源热泵系统方案。

目前地下换热系统的设计一般依据单位孔深换热量进行计算，单位孔深换热量是地热换热器设计中重要的数据，它是确定地热换热器容量、确定热泵参数、选择循环泵流量与扬程、计算地埋管数量与埋管结构等的重要依据。单位孔深换热量取值偏大，将导致埋管量偏小、循环液进出口温度难以达到热泵的要求。结果导致热泵实际的制热、制冷量低于其额定值，使系统达不到设计要求。反之，单位孔深换热量取值偏小，埋管量将增加，工程的初投资增高，但热泵机组的运行费用将会降低。

在地源热泵运行的额定工况下，针对该地域地质条件深层岩土热物性的测试情况，考虑到当地地温初始温度（11.3 °C）、冬季地埋管循环液温度设定（3 °C ~ 7 °C）等因素，本项目地埋管换热器采用双 U 形换热器，其长度按照取热工况选取，其单位孔深换热器为 23 ~ 26W/m。

在本项目中由于进行了太阳能土壤蓄热，埋管换热器周围的土壤温度场可以保持以年为周期的热平衡，因此不需要增加埋管间距来缓解由于冬夏冷热负荷不平衡引起长期运行性能下降问题。本项目中确定地埋管换热器间距为 5 m，采用矩形排列，考虑到渗流对蓄热效率的影响，矩形的短边垂直于渗流方向。

3.5 太阳能集热系统设计

针对地源热泵系统冬夏取、排热不平衡问题，本项目采用太阳能集热器集热，并将热量蓄存至土壤中以提升取热井周围土壤的温度。在太阳能集热、蓄热系统设计时，依据现场可利用面积以及系统阵列与周围环境相协调的实际情况，太阳能集热系统集热面积为 218 m^2，集热阵列由 8 组成，每组为 8 台集热模块。太阳能集热器向正南偏西 5°布置，倾斜角度为 40°。太阳能集热系统为开式常压无储热水箱系统，集热系统运行采用温差循环，温差设置为 8 °C ~ 45 °C 可调，集热系统与地源侧采用板式换热器，换热面积为 20 m^2。

图 12 太阳能集热阵列现场

3.6 太阳能-热泵系统工程示范总体概况

太阳能-浅层地热复合源系统进行了试验研究后，在新疆太阳能科技开发公司甘泉堡生产研发基地进行了应用示范。总建筑面积 17 513 m^2，生产用钢结构厂房面积为 6 700 m^2 一层；试研楼面积为 3 500 m^2 三层；宿舍面积为 5 700 m^2 六层；研发中心面积为 1 600 m^2 二层。太阳能-浅层地热复合源系统采用了约 200 m^2 太阳能集热采光面积、空调主机为地源热泵机组（土壤换热机组），室内空调制冷、采暖方式部分为地板辐射采暖系统，部分为对流式风机盘管。

甘泉堡太阳能生产研发基地所有建筑总热负荷约 1 200 kW，夏季制冷负荷最大约 300 kW。采用两台型号规格相同的双螺杆压缩机热泵机组（型号 LSBLGRG-770MD 性能参数：制热量 620 kW，制热功率 147 kW，制冷量 661 kW，制冷功率 118 kW），满载总功 236 kW。每台机组有两个压缩机，可以分别工作，单个压缩机工作时为 56 kW。地源侧循环泵 2 台 11 kW、1 台 15 kW 按需分别开启。供暖（制冷）循环泵 2 台 10 kW，一用一备。

图 13 热泵机房现场图

4 示范工程运行效果

2013 年 7 月，太阳能储热部分完工，进行太阳能给土壤源储热的实验，2013 年 9 月 25 日由于天气原因开始供暖，2014 年 3 月 30 日停暖，2014 年 6 月 30 日开始制冷，2014 年 8 月 20 日停止制冷。从目前该项目投运效果看，建筑冬季采暖和夏季制冷基本达到了设计要求，研发中心室内温度为 16 °C ~ 20 °C；办公楼室内温度为 18 °C ~ 22 °C；职工宿舍室内温度为 14 °C ~ 18 °C。2013—2014 年冬季采暖运行费预期 28 万元。本项目示范工程按实际建筑面积计算，则每平方米建筑面积供热耗电成本为 15.9 元；按当地热力公司测算的建筑面积计算（钢构厂房边沿净高 13 m，最高处达 17 m，热损大，热力公司最少要 1 m^2 按 3 m^2 算），则整个采暖季的采暖费用应为 9.07 元/m^2。热泵系统全年基本无污染物排放，项目经济效应和环境效益均显著作为太阳能复合地源热泵项目，达到了很好的示范效应，引起了较多的社会关注度，社会效应良好。

5 结 论

由于严寒干旱地区土壤温度较低（如 8 °C 左右），处于地源热泵正常工作温度范围（0 °C ~ 25 °C）的低端，又因严寒干旱地区冬季采暖时间长（如 4 300 h 左右）及土壤传热能力较低，土壤温度恢复能力较差，恢复时间较长，往往导致地源热泵系统的“冬用夏灌”不平衡。太阳能-浅层地热复合源系统通过复合利用太阳能和土壤热能两种热能，能够解决上述问题。系统的的能效比 COP 值比地源热泵高出 50%左右，提高了地源热泵系统的节能效果。严寒干旱地区太阳能资源良好，且太阳能辐射不受地点、位置和水文地质条件的约束，故太阳能-浅层地热复合源系统使用地域广泛，尤其适用于新疆、内蒙古、青海、甘肃、陕西北部、西藏等具有良好太阳能资源及冬季需要采暖的广大地区。

参考文献

[1] YUEHONG BI，TINGWEI GUO，LIANG ZHANG，etc. Solar and ground source heat-pump system. Applied Energy，2004，78（2）：231-245.

[2] 余延顺，廉乐明. 寒冷地区太阳能-土壤源热泵系统运行方式的探讨. 太阳能学报，2003，24（1）：111-115.

[3] 余延顺，马最良，廉乐明. 太阳能热泵系统运行工况的模拟研究. 流体机械，2004，32（5）：65-69.

[4] V. TRILLAT-BERDAL，B. SOUYRI，G. FRAISSE. Experimental Study of a Ground-Coupled Heat Pump Combined with Thermal Solar Collectors. Energy and Buildings，2006，38（12）：1477-1484.

[5] OZGENER O，HEPBASLI A. Experimental performance analysis of a solar assisted ground-source heat pump greenhouse heating system. Energy and Buildings，2005，37（1）：101-110.

[6] FARZIN M RAD，ALAN S FUNG，WEY H LEONG. Feasibility of combined solar thermal and ground source heat pump systems in cold climate，Canada. Energy and Buildings，2013，61：224-232.

[7] KADIR BAKIRCI，OMER OZYURT，KEMAL COMAKLI，etc. Energy analysis of a solar-ground source heat pump system with vertical closed-loop for heating applications. Energy，2011，36（5）：3224-3232.

[8] ZONGWEI HAN，MAOYU ZHENG，FANHONG KONG. Numerical simulation of solar assisted ground source heat pump heating system with latent heat energy storage in severely cold area. Applied Thermal Engineering，2008，28（11-12）：1427-1436.

[9] 韩宗伟，郑茂余，孔凡红. 严寒地区太阳能-季节性土壤蓄热供暖系统的模拟研究. 太阳能学报，2008，29（5）：574-580.

[10] 韩宗伟，郑茂余，白天. 潜热蓄热对太阳能-土壤源热泵系统影响. 哈尔滨工业大学学报，2009，41（6）：57-61.

华西医院 ICU 空调设计①

王　蕾

（中国建筑西南设计研究院有限公司机电三院，成都　610000）

【摘　要】 本文介绍了 ICU 病房的空调通风设计，针对 ICU 病房的特殊性介绍了加大通风换气量的措施。

【关键词】 ICU　空调　通风　换气次数

1 引　言

本工程为四川大学华西医院第一住院楼九层局部装修改造工程，原九层为普通病房，现在改成 ICU 病房。该楼位于四川省成都市华西医院内，建筑类别为一类高层，耐火等级为一级。改造区建筑面积为 1 850 m^2，其中包括 ICU 病房其附属房间等。

2 ICU 病房对室内环境的要求

室内温、湿度：确定温、湿度要考虑到病人的舒适感和不利细菌生长繁殖。当温度降到 25 °C 以下，人体表面发菌量会大大降低，相对湿度 50%是抑制一些细菌生存的最佳值，且有利于人体健康，结合以上特点并参照《医院建筑设计与设备》一书中对医院空调设计的室内温湿度的推荐值。本工程室内空气参数取值为：夏季 t = 24 °C ~ 26 °C，ψ = 50% ~ 60%；冬季 t = 22 °C ~ 25 °C，ψ = 50% ~ 55%。

室内洁净度：根据《医院洁净手术部建筑技术规范》（GB 50333—2002），ICU 属于Ⅲ手术室的辅助用房，洁净等级为 10 万级。

室内空气压力：为保持 ICU 病房室内洁净度，防止室外污染气体进入，室内应保持正压。本 ICU 病房，三面与外界相邻，一面与非洁净区相邻。与非洁净区之间静压差应与外界相邻时，迎风面的正压值应>10 Pa[1]。

① 基金资助：国家“十二五”科技支撑计划课题《高原气候适应性节能建筑关键技术研究与示范》（2013BAJ03B04）。

由此 $P = 0.7$ Pa，因为室内正压值不能低于 5 Pa，压力值也不能取得过高，否则要求的新风量较多，开门也有困难。

室内风速：根据《医院洁净手术部建筑技术规范》（GB 50333—2002），工作区允许风速为 0.4 ~ 0.5 m/s，本工程应属乱流，要求偏低，允许温度应适当放宽，取允许风速为 0.45 ~ 0.5 m/s。

3 ICU 病房空调通风设计

3.1 空调方式的选择

本次设计的 ICU 病房均为 6 人或 4 人床病房，考虑到病人对房间温湿度的不同需要，本次设计采用风机盘管加新风系统，这样每个房间可以分别独立控制室内温度[3]。

3.2 满足室内洁净度要求

《医院洁净手术部建筑技术规范》（GB 50333—2002），ICU 净化等级 10 万级。经与华西医院院方沟通，院方认为 ICU 若做净化空调，其运行管理费用较高，最终导致病人住院费用较高。根据院方现有 ICU 病房管理经验，院方要求：ICU 病房安装分体式空调消毒及净化装置来满足 ICU 病房的净化要求。

3.3 新风量及换气次数的确定

根据《民用建筑供暖通风与空气调节设计规范》（GB 50736—2012）要求，病房的新风换气次数不小于 2 次[4]。一个病房有 6 张床，换算到每张床新风量为 55 m^3/h。考虑到 ICU 病房有以下几点原因需要加大新风量：

（1）ICU 病房内病人病情严重，难免出现呕吐、大小便失禁等情况，因此病房内产生的异味较严重。

（2）ICU 病房内护士较多，基本要两张床需要配备一个护士。

（3）ICU 病房可开启外窗较小，非空调季节时自然通风无法满足室内温湿度要求，所以非空调季节时仍需要开启新风机进行机械通风。

根据以上几点原因，并与经于院方沟通后确定病房的换气次数为 4 次/h。

3.4 增加排风系统

ICU 病房需要设置机械排风系统，有两点原因，如下：

（1）经过计算维持 5 Pa 的正压要求所需的新风量换气次数为 0.5 次/h，新风换气次数为 4 次/h，因此需要增加 3.5 次/h 的换气次数。

（2）ICU 属于特殊病房：未防止病人跳窗等过激行为，病房的外窗均为高窗[5]，且窗户非常小，经过测量一个病房的可开启外窗只有 0.8 m × 0.5 m 大小（且为上悬窗）。这么大的窗户无法满足非空调季节的自然通风要求，因此需要设置机械排风系统。

所以为了维持室内较好的环境，ICU 病房内常年均应关闭外窗、开启排风机和新风机。

本次病房改造前，院方已经此普通病房进行简单的改造。下图为现场医院在病房内自行增加的窗式换气扇。

图1 ICU 病房改造前

从改造前的照片可开出，若无机械排风系统，是无法保证室内卫生及舒适度要求，因此院方在自行增加了排气扇。

3.5 送风方式的选择

风机盘管风口形式的选择应注意：

（1）因每张病床均设有帘子，如果采用扩散型风口，则会将帘子吹动。

（2）ICU 病房对冬季空调温度要求较高，如果采用扩散性风口，则可能导致热风送不下来。

因此，ICU 病房应采用直吹型风口，本工程采用双层百叶风口。

3.6 送风口位置的选择

风口不能直吹病人的上身及头部，风口不能被帘子包在里面，防止一个风口只吹一个病床。

因此，本工程风机盘管的送风口设置在两个病床之间，能吹到病人的脚的位置。

ICU 病房的新风量较大，且过渡季节新风承担了送风的作用，因此新风口不应接至风机盘管内，而应直接送至房间内。为了兼顾送风均匀和配合装修，本工程将新风口设置在病房的走道上（图 2）。

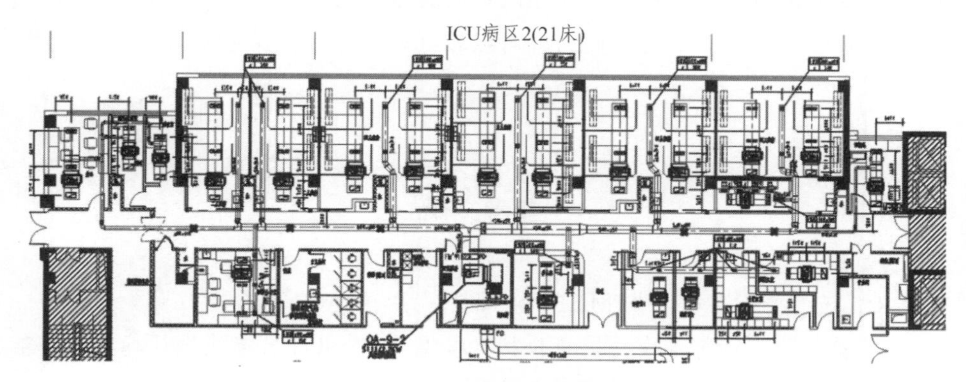

图2 ICU 病房空调平面图

3.7 排风口位置的选择

从气流组织的角度分析，若送风为上送，则排风口设置为下排是最好的方法[7]。但病房内设备较多，较难设置下排风口的位置，本工程设置的排风口为上排，排风口的位置设置在病人的头部（图 3）。有条件的工程应配合病房的装修和家具的布置来布置下排风口。

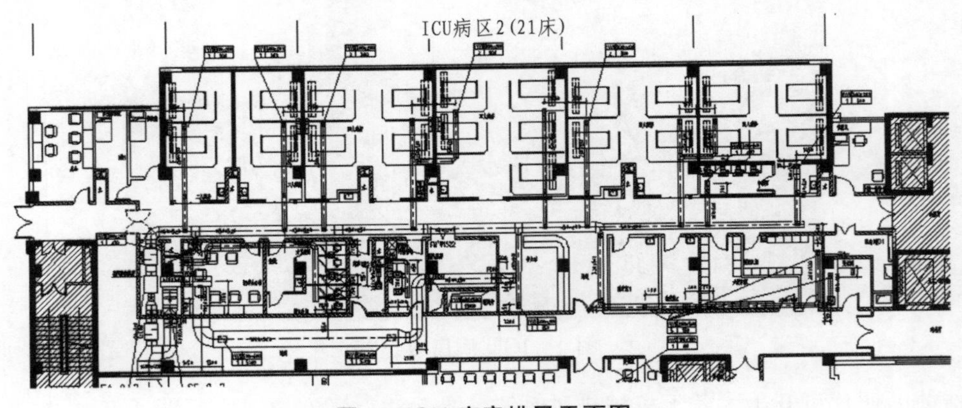

图 3 ICU 病房排风平面图

4 设备的选择

采用卫生型新风机，该机组采用双层排水密封，风管上设置初效（G4）、中效过滤器（F7），这样可有效防止新风受污染[8]。

5 结 论

病房作为重症病人的病房，其对空气洁净度气流组织、温湿度的要求都相对严格，其设计和设备选用必须符合规范要求，经过精确计算。

病房的可开启外窗面积较小，无法利用自然通风来满足室内舒适度要求。为了能让新风顺利送入房间内，就需要设置机械排风系统，这样才能提高室内舒适度。

医护人员注意着装卫生，以上各方面结合可以较好地满足重病患者对环境，特别是对洁净度的要求。

参考文献

[1] 赵荣义，范存养. 空气调节[M]. 3 版. 北京：中国建筑.

[2] 《公共建筑节能设计标准宣贯辅导教材》编委会. 公共建筑节能设计标准宣贯辅导材料[M]. 北京：中国建筑工业出版社，2005.

[3] 陆耀庆. 实用供热空调设计手册[M]. 2 版. 北京：中国建筑工业出版社，2008.
[4] 侯余波，戎向阳. 华西医院心理卫生中心空调设计[J]. 暖通空调，2009，39（4）：24-26.
[5] 沈海英. 医院手术部及ICU病房洁净技术探讨[J]. 制冷与空调（四川），2008，22（5）：51-55.
[6] GB 50333—2002 医院洁净手术部建筑技术规范[S].
[7] 刘翠琴，孔令波. 空调设计中的节能措施[J]. 制冷与空调（四川），2012，2（26）：198-201.
[8] GB 50189—2005 公共建筑节能设计标准[S]. 北京：中国建筑工业出版社，2005.

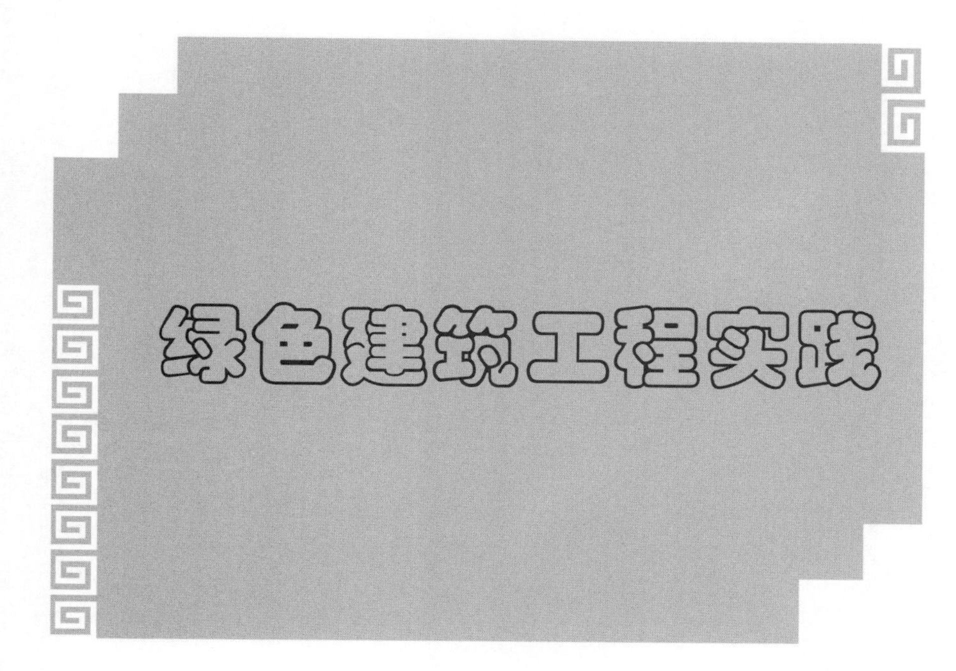
绿色建筑工程实践

青岛新机场航站楼绿色建筑关键技术研究

高庆龙　刘东升　杨正武
（中国建筑西南设计研究院有限公司，天府大道北段866号）

【摘　要】 青岛新机场航站楼拟达到绿色建筑三星级要求，在项目设计过程中，针对绿色建筑政策分析，设计策略，采光、照明和空调能耗耦合分析，声环境控制策略等关键问题，进行了相关研究，使之满足绿色建筑三星的相关要求，并为项目的合理化设计和理性化决策提供了技术支持。

【关键词】 机场航站楼　绿色建筑　关键技术

1 概　况

青岛新机场航站楼建筑面积约45万平方米，建筑高度43 m，预计2025年旅客吞吐量达到3 500万人次，2045年旅客吞吐量达到5 500万人次。设计灵感源于波动起伏的海洋；海星状的航站楼，自空中鸟瞰，“齐”字状的总体布局，更与青岛的悠久历史文化建立关联建成后将成为当地独一无二的地标建筑。航站楼以“绿色三星”为目标，通过鳃状侧高窗解决采光排烟，采用区域冷热电三联供等创新技术，致力于成为绿色、高效、创新、节能的典范，实现低成本运营。

图1　青岛新机场鸟瞰图

2 绿色建筑政策研究

对于业主而言，绿色建筑的经济动力来自于运营费用的降低和地方与国家的经济补贴。首先对国家和地方对于绿色建筑的相关政策进行收集，分析针对本项目的绿色建筑可享受到的国家和地方激励政策，用于决策参考。

3 绿色航站楼的设计策略研究

现行标准为 2006 年颁布的《绿色建筑评价标准》(GB/T 50378—2006),《绿色建筑评价标准》(GB/T 50378—2014) 在 2015 年 1 月 1 日开始实施。与 GB/T 50378—2006 版本相比，评估方法有较大的变化。GB/T 50378—2006 版本采用“打勾法”，GB/T 50378—2014 版本中采用“打分法”，在每项中有具体的得分标准，根据满足该项的“程度”打分，最后按照所有项汇总分评定星级

在航站楼设计完成时，新标准已经实施，现阶段《绿色建筑评价标准》(GB/T 50378—2006) 仍为有效标准。首先采用 GB/T 50378—2006 版本的绿色建筑评价标准进行技术策略研究，确定了达到绿色建筑三星评价要求所需要满足的要求。对航站楼的设计用《绿色建筑评价标准》(GB/T 50378—2014) 进行预评价，设计阶段的加权得分为 82.37 分，运营阶段加权得分为 86.28 分，均满足绿色建筑三星级标识加权得分大于 80 分的要求；按照此设计策略进行设计和运营管理，可以满足绿色建筑三星级标识要求。

4 航站楼空间自然采光与空调能耗耦合优化研究

在航站楼的能耗中，空调能耗与照明能耗占有较大的比重。自然采光可以降低照明能耗，但同时会引入太阳辐射热。太阳辐射热会增加夏季空调能耗，降低冬季采暖能耗。照明能耗的降低，会减少灯光的内热扰，间接影响夏季空调能耗和采暖能耗。自然采光影响人工照明的开启，自然采光的同时大量太阳辐射的进入会增加空调能耗，同时人工照明的开启时间和方式也会带来空调能耗的变化，由此三者之间的关系进行耦合分析，寻找相对平衡点，为青岛航站楼的设计建筑设计寻求“最优解”。

针对大空间建筑存在的自然采光问题，提出与自然采光 + 人工照明 + 空调能耗的耦合分析。采用动态光环境模拟软件 Daysim 与能耗模拟软件，通过计算工作面上的实际照度并于设定的最小照度值进行对比判断是否需要人工照明，从而得到照明时间表和全年的照明耗电量。可将计算结果导入到能耗模拟软件中，进行综合能耗分析，具体流程见图 2。

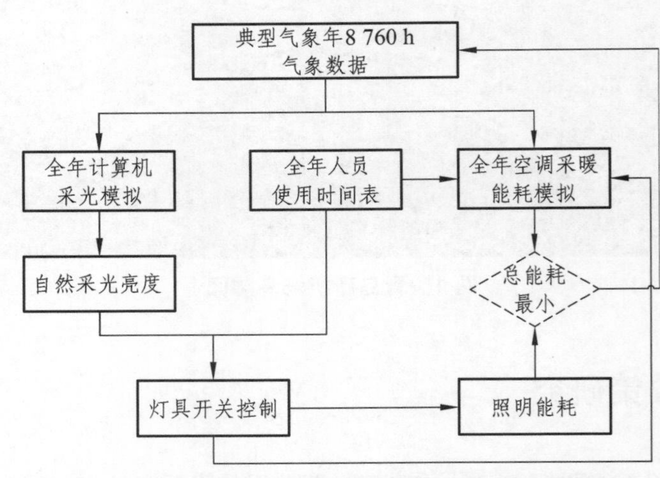

图 2 采光、照明空调综合能耗分析优化模型框图

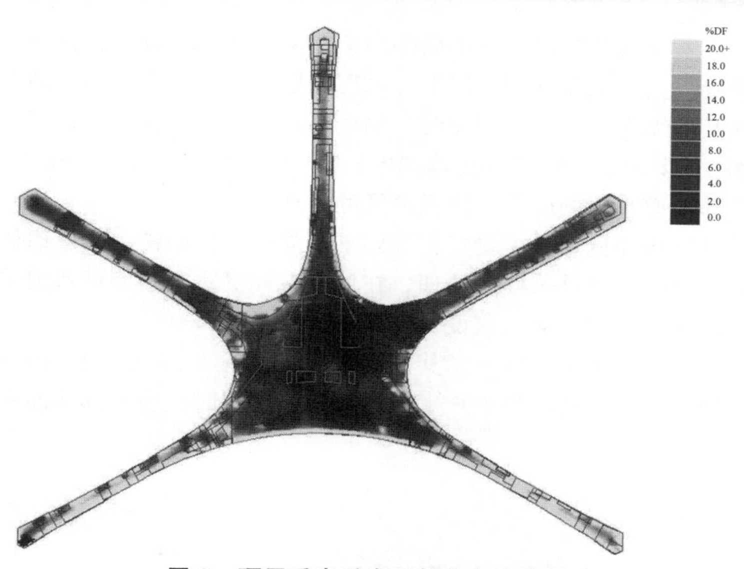

图 3 顶层采光采光系数分布渲染图

综合考虑采光、空调和采暖能耗，玻璃幕墙的玻璃参数宜满足以下要求：玻璃的可见光透射比不低于 0.50，遮阳系数不大于 0.40。航站楼应设置天窗，并根据立面造型给出了天窗的设置区域，天窗的面积为需天窗采光面积的 5%～6%为宜。为便于排水，减少天窗出现渗漏，天窗位置建议设置在屋脊位置，控制天窗面积并处理好构造措施。为减少室内的眩光，造成视觉不舒适，天窗应选用漫反射的透明材料，或者在天窗下采用漫反射（透射）材料进行吊顶处理，以提高室内光照均匀度，降低眩光，提高视觉舒适度。

可开启的采光天窗同时可以作为消防防排烟窗，设置采光窗时应综合考虑采光、消防需求，确定最终的位置和天窗面积。

5 绿色航站楼声环境控制策略研究

特殊的使用功能和周边条件，带来了航站楼特殊的声环境问题。前期对于航站楼存在的声学问题、处理方法和细部构造进行了分析研究，并给出了建议的技术措施。

航站楼外部环境噪声中最主要的成分是飞机噪声。目前我国的机场噪声评价应以 LWECPN 为主要评价量。从对国内其他机场的实测数据与以及部分机场的环境噪声分布图中进行权衡判断，可得出青岛机场航站楼位于为 LWECPN > 85 dB 的区域，因此需对飞机噪声进行控制。控制飞机噪声，最有效的措施是对航站楼外围护结构进行有效的隔声设计，主要包括金属屋面、玻璃幕墙以及结构墙体的隔声设计。航站楼内部噪声包括设备系统中特别是暖通空调系统噪声控制，不同相邻区域之间墙体和楼板的空气声隔声措施以及建筑内部隔墙和楼板的固体传声等内容。

经过研究分析，建议在考虑航站楼金属屋面板的隔声问题时，可采取面层采用 1 mm 以上厚度的氟碳涂层铝镁锰合金板，底层钢板考察采用穿孔钢板，穿孔率要求 15%左右，隔声层在保温层与隔汽层的基础上做一层玻璃棉隔声层（50 mm 厚度以上），具体构造可参见图 4。航站楼的玻璃幕墙玻璃可采用 12 + 12A + 10 + 2.28PVB + 10 中空钢化 low-e 夹胶玻璃。航站楼外墙一般采用 200 厚蒸压加气混凝土砌块墙双面抹灰构造（墙厚达到 220 mm），能起到良好的隔绝室外噪声的效果。

航站楼内部墙体根据周围相邻空间类型与使用要求的不同，隔声量要求亦不同，一般在 45～60 dB 范围内。公共空间的隔墙隔声量一般在 40 dB 左右；普通办公用房的隔墙隔声量一般为 40～45 dB；

休息室、贵宾室等相对要求较高的房间的隔墙隔声量要求在 45 dB 以上；其他一些管井、电梯井、卫生间等房间的隔墙隔声量一般在 45 dB 以上。机房隔墙隔声需考虑周围不同空间的影响，可分三种情况：当与机房或其他无人滞留区域相邻时，隔墙隔声量要求达到 45 dB 以上；当不与敏感房间相邻时，隔墙隔声量一般要求在 50 ~ 55 dB 范围内；当与敏感房间相邻时，隔墙隔声量要求在 60 dB 以上。此外，机房内部墙面与顶棚应考虑做吸声降噪处理。

航站楼内部的设备机房和休息室、贵宾室等要求安静的房间的楼板需考虑做隔振处理。设备机房与敏感区域相邻时，对机房做浮筑楼板处理，在休息室和贵宾室顶棚可考虑采用隔声吊顶对噪声源进行有效的隔绝；候机区上方楼面，宜设置吸声吊顶。

对技术设备做一定的隔声减振处理。尤其是针对旋转设备（例如风扇、冷凝设备、水泵等）需要配置适当的隔振基础以减少运转过程中产生的振动传声。同时机房内部墙面和顶棚应做一定的吸声降噪处理。

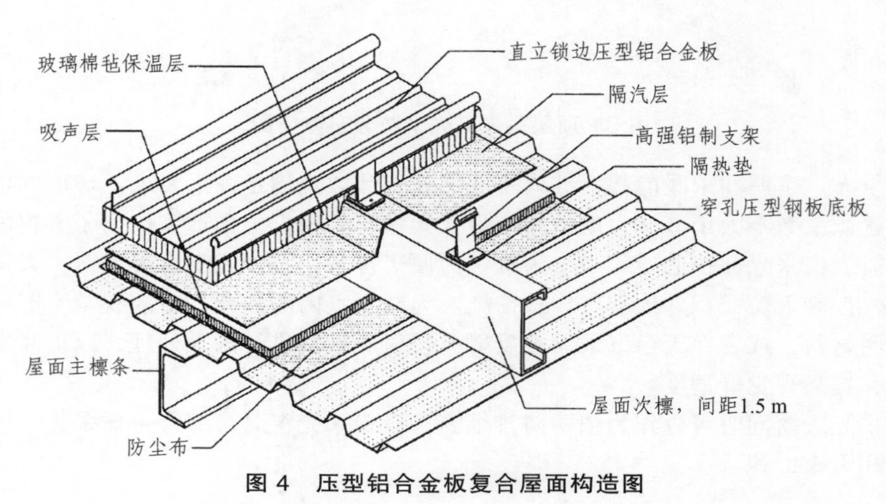

图 4　压型铝合金板复合屋面构造图

6 结　语

青岛新机场航站楼拟达到绿色建筑三星级要求，在项目设计过程中，针对绿色建筑政策分析，设计策略，采光、照明和空调能耗耦合分析，声环境控制策略等关键问题，进行了相关研究，使之满足绿色建筑三星的相关要求，并为项目的合理化设计和理性化决策提供了技术支持。

绿色建筑三星级低碳酒店——天津圣光万豪酒店

周灵敏 周海珠 尹 波

（中国建筑科学研究院天津分院，天津 300384）

【摘 要】 酒店是天津市“绿色低碳旅游”的重要一环，天津圣光万豪酒店在“绿色低碳旅游”上进行探索，以“低碳”作为酒店的设计主题之一，综合运用低碳技术，力图打造国内外首个全程记录“碳足迹”的绿色建筑三星级低碳酒店。

【关键词】 绿色建筑 低碳技术 碳足迹记录 低碳酒店

1 项目概况

天津圣光万豪酒店地处蓟县规划的旅游休闲区中，北临东通景观路，紧邻蓟县府君山公园，北望群山；远观翠屏湖，景色宜人。酒店用地面积 43 943.54 m^2，总建筑建筑面积 56 756.62 m^2，地下 1 层，地上 5 层，主要功能区为客房、宴会厅、餐厅及商业店铺等。该酒店于 2012 年 5 月获得国家绿色建筑三星级设计标识。

图 1

2 设计理念

打造国内外首个“低碳主题酒店”，对酒店全程进行“碳足迹”记录，成为国内首个具有人文底蕴和技术内涵的三星级绿色酒店。

天津圣光万豪酒店五星级酒店以“低碳”作为酒店的设计主题之一，一方面通过可再生能源利用和节能技术利用，降低酒店运行能耗，另一方面通过记录“酒店运行碳足迹”和“客人碳足迹”进行管理节能和行为节能，从而整体降低酒店温室气体排放，实现“低碳”的目标，力图打造国内外首个全程记录“碳足迹”的低碳酒店。

3　低碳技术

天津圣光万豪酒店内设泳池、SPA、四季花园、发电健身器材等各类设施，为度假的客人们提供健康生活方式——“在度假中体验绿色生活，在休闲中记录碳足迹”。酒店室外景观小品结合绿色生态技术进行设计，处处体现低碳的理念，处处展示低碳的技术，使人身临其境地感受到“节能减排”与个人行为的相关性。酒店内部客房全部采用节能型设备、节水型产品和绿色环保室内材料，并设有低碳行为提示。酒店的特色餐厅打造“低碳饮食”的理念，餐厅推出“低碳套餐”，推广有机蔬菜，使客人在享受绿色健康饮食的同时，感受低碳的魅力。同时设立低碳体验中心，使客人置身于酒店中感受到低碳技术的魅力和内涵，从太阳能热水系统、负氧新风系统、中水处理系统、KTV隔音技术、活动外遮阳技术、绿色照明技术、智能化节能管理系统等方面的展示提升酒店的科技含量和技术内涵。

3.1　主动与被动节能措施相结合

本项目位于天津市蓟县境内，属于寒冷地区。建筑节能设计重点考虑冬季保温问题，通过提供围护结构的传热系数降低建筑的能耗。外墙材料选择时，优先选择采用工业废弃物为原料加工成的加气混凝土砌块，体现循环经济综合利用的设计理念；天津市公共建筑节能标准要求外墙传热系数为 $K = 0.60$ W/（m^2·K），本酒店外墙传热系数设计值为 $K = 0.38$ W/（m^2·K），明显优于标准要求；本酒店严格控制酒店体形系数和各个朝向窗墙比，均小于 0.35；采用外平开钢化三层玻塑框窗（5 + 6A + 5 + 6A + 5），综合传热系数 $K = 2$ W/（m^2·K），高于天津地标 $K = 2.7$ W/（m^2·K）的要求；同时在南向、东向、西向无阳台的客房设置可调节的活动外遮阳，活动外遮阳采用手动控制的形式，客房人员可以根据房间内的热舒适和亮度自行调节；综合考虑中庭的采光效果和综合能耗，酒店在中庭部分采用 FCS 内遮阳系统。对四季花园和 SPA 玻璃顶，采用保温隔热膜，根据实测，未贴膜房间和贴膜房间的最高温差可达 8 °C。

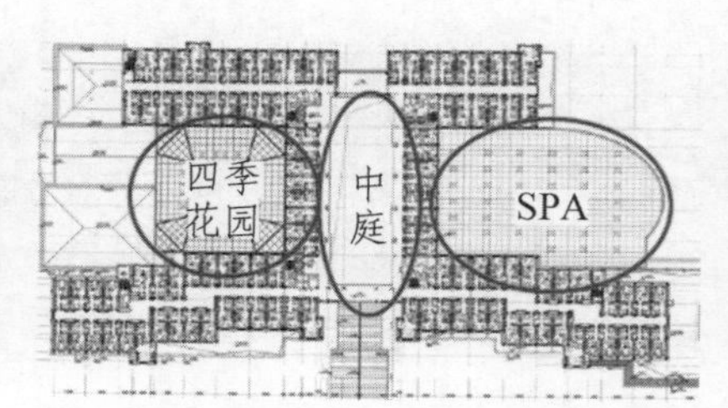

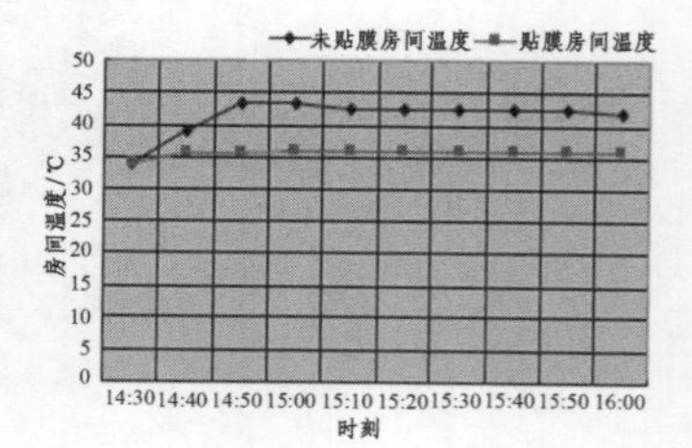

图 2　中庭效果图及 FCS 内遮阳系统

酒店客房全部选用节能灯具，客房灯具主要采用 T5 荧光灯、LED 灯以及卤素灯等灯具，并且设有完善的智能照明控制系统，客房内照明功率密度值小于 13 W/m^2，比普通酒店降低 15%以上。客房床头内的照度可调控制在 50 ~ 150Lux；客房局部照明，比如梳妆镜前的照明，办公桌的书写照明，这些区域照度值达到 300Lux，满足人性化的照明需求；客房照明显色性 R_a>80，较好的显色性，能使客人倍感舒适。

酒店在顶层公共区域走道设置 16 个导光筒，降低走道部位照明能耗，同时为客人提供舒适的自然光环境。

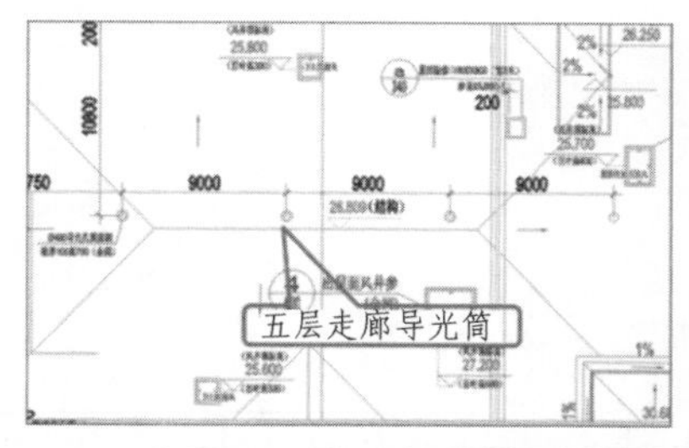

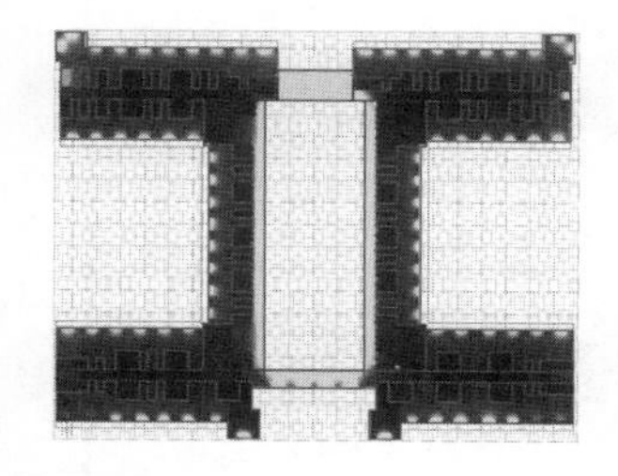

图 3 屋顶导光筒位置图及五层整体采光效果图

采用 DOE-2 能耗模拟软件对本酒店建筑能耗进行模拟，设计建筑年能耗占参照建筑年能耗比率为 72.05%，设计建筑的二氧化碳排放量比参考建筑降低 21%。

3.2 高效、节能的热水系统

酒店建筑生活热水用量很大，为了降低制备生活热水能耗，本酒店充分考虑利用可再生能源和能源的梯级利用制备生活热水，降低了生活热水的能耗。

在 SPA 区域采用太阳能热水系统，电辅助加热的方式，为客房淋浴提供热水，太阳能集热设备安装在酒店后面的山坡上，集热器面积约 320 m^2，年太阳能热水产生量为 4 575.2 m^3/a，太阳能热水量占建筑生活热水消耗量比例的 20.78%。每年节电量为 15.14 万 kW · h，年节约成本约 20 万元，减排量为 622 t 二氧化碳。

酒店区域利用溴化锂直燃机组的烟气余热制备生活热水，提高系统热效率，降低污染物排放量，充分利用高温余热。烟气余热回收每年制备生活热水量 7 119.1 m^3/a，每年节省天然气用量 42 511.1 m^3/a，一体化直燃机每年运行费用节省 121 万元，烟气余热回收利用的静态投资回收期 1.67 年，通过烟气余热回收，减排二氧化碳 244 t/a。

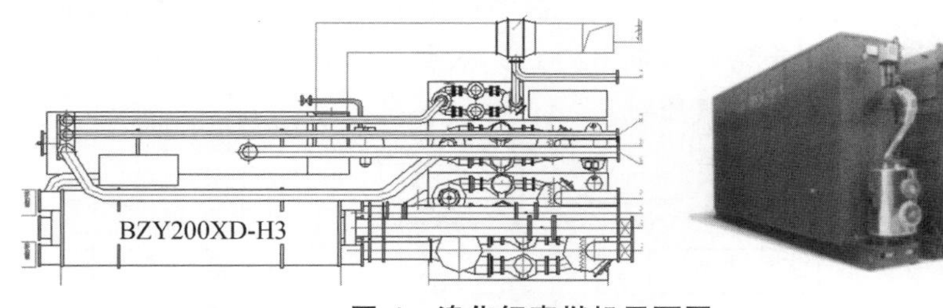

图 4 溴化锂直燃机平面图

3.3 中水收集利用

酒店建筑生活用水具有水耗量大，优质杂排水丰富，用水量随入住率的变化明显等特点。针对以上的用水特点，本酒店设计自建中水站，收集沐浴和盥洗用水、商业和办公的盥洗用水和游泳池用水，处理后回用于室内冲厕，道路浇洒和绿化灌溉等，中水系统日处理能力 110 m^3/d，选用经济性好、稳定性高的带缺氧段的 MBR 污水处理回用工艺，能很好地满足污水处理及回用的水质要求。

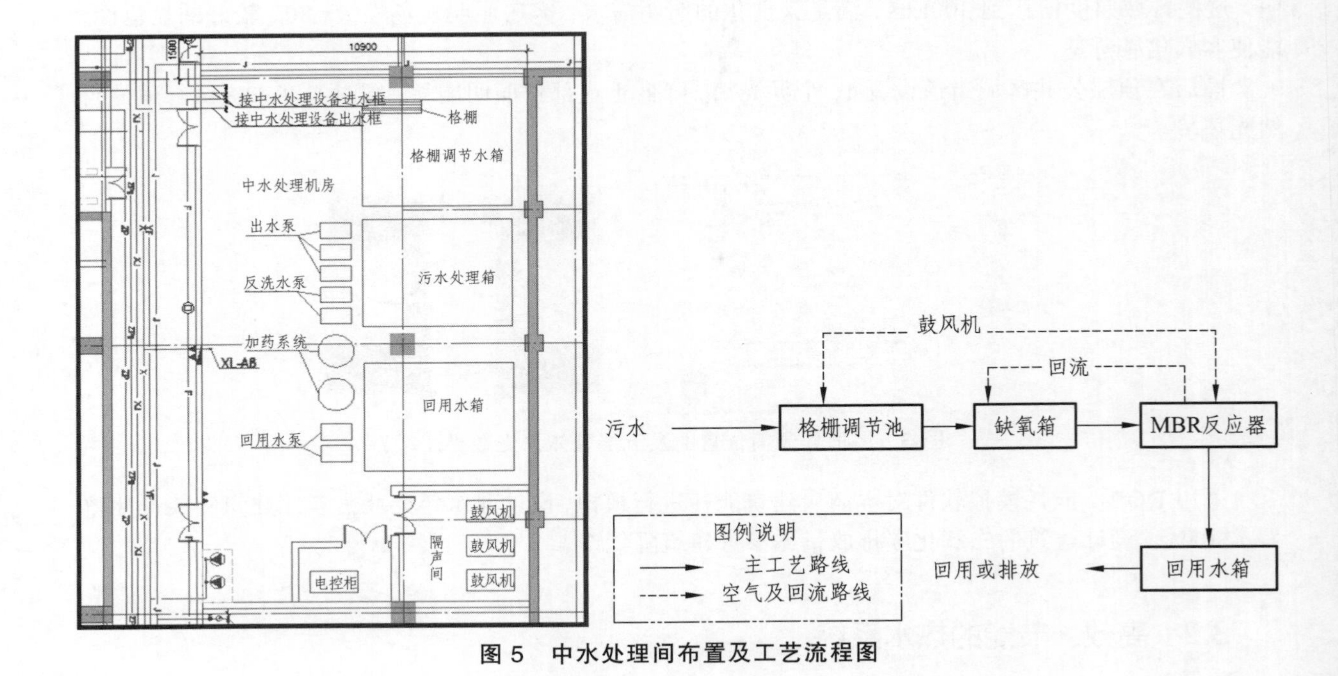

图 5　中水处理间布置及工艺流程图

3.4　空气品质提升

天津圣光万豪酒店定位于五星级旅游度假酒店，对室内空气品质要求很高，为提供优质、舒适、健康的室内空气品质，项目设计室内温度监测控制系统、室内空气质量监测系统和空气负氧离子发生装置等，提高室内空气品质。

项目空调系统根据各不同功能房间合理设计，在大堂、餐厅、宴会厅等大空间采用全空气系统，设置排风设施，在过渡季节采用全新风运行；在客房采用风机盘管加新风系统，室温独立控制，配置排风设施，保证新风和排风平衡。在宴会厅、餐厅、多功能厅、客房、会议室等房间的新风机组设置空气负氧离子发生器，使得酒店在保证室内新风量的同时，保证室内含氧量，提高室内空气质量，为室内人员提供舒适、健康、清新的空气。在多功能厅，会议厅，宴会厅设置 CO_2 浓度监测装置，实现污染物浓度超标时实时报警，根据室内 CO_2 浓度，调节新风、回风管上的电动风阀开度，及时降低室内空气污染，保证室内空气质量。

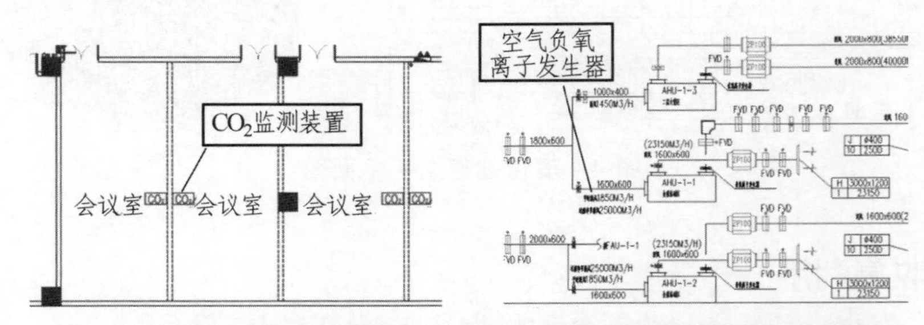

图 6　室内空气质量监测系统、空气负氧离子发生装置平面布置图

此外，项目结合景观在酒店入口处，设置喷雾降温系统，夏季炎热时，通过水汽蒸发迅速降温，使人达到较为舒适状态。

3.5 绿色装修

项目以低碳主题文化作为推动酒店发展的原生动力，深深根植于装修设计全过程。在对客房的装修上一是突出室内空间设计的人性化的使用功能，在绿色客房设计体现“客房是客人在异乡的家”的理念，整体体现人性化。同时在隔声、采光、照明灯光布置、灵活隔断、残疾人客房等设计时均体现人性化的特点，于细微处彰显人性化。二是装修材料切实贯彻环保、绿色的原则，选用可重复利用材料、可循环利用材料和再生材料（3R 材料），等环保装饰材料，节约能源，三是在装修设计上展现低碳主题文化的魅力。

图 7　绿色建材

图 8　装修效果图

4　客人碳足迹

天津圣光万豪酒店通过记录“酒店运行碳足迹”和“客人碳足迹”进行管理节能和行为节能，从而整体降低酒店温室气体排放，实现“低碳”的目标。

碳足迹（carbon footprint）是指个人的能源意识和行为对自然环境造成的影响，也就是个人的能源消耗量和污染排放量；酒店运营阶段内消耗的能源、水资源及其他资源等折算成温室气体的综合指标，即是酒店“碳足迹”。万豪酒店对客人碳足迹记录的按照如下基本流程（不含间接碳足迹）进行：

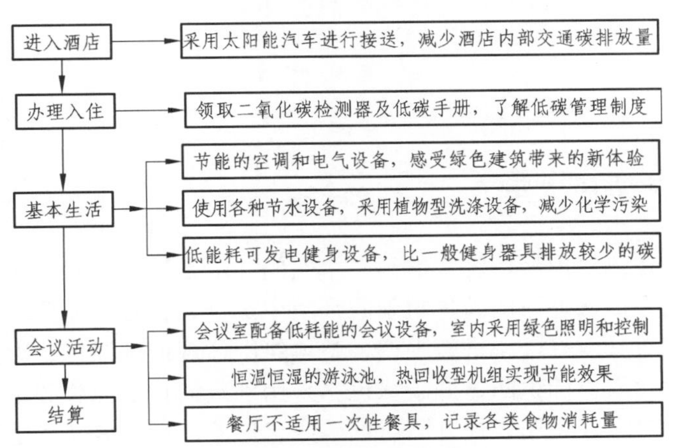

图 9　酒店碳足迹记录基本流程

客人在酒店中的活动涉及到的碳排放主要有三类。能源碳足迹：如照明、采暖空调、热水等产生的碳排放；消耗品碳足迹：使用酒店六小件（牙膏、牙刷、拖鞋、梳子、沐浴液、洗发液）等一次性用品产生的碳排放循环用品碳足迹：床单、浴巾、毛巾、桌布等可循环使用的物品产生的碳排放；本项目通过用电分项计量，统计客人在酒店内所有活动产生的碳排放，并与之同类酒店碳排放相比较。通过打印客人“碳足迹”账单，不仅让客人体验“低碳之旅”，而且可以引导客人行为节能，降低酒店总体碳排放；同时，酒店结合“客人碳足迹”设置一系列奖励互动：客人碳积分达到 100分，可以送免费早餐一份；客人碳积分达到 500 分，免费种植一棵树；客人碳足迹达到 200 分，免费住宿一晚……

此外，酒店还设置“低碳会议”“碳中和活动”，用植物抵消会议产生的碳排放。

5　低碳引导

低碳引导主要通过对客房内所有具有“低碳特色”的产品、设施和技术进行介绍，从客人的行为上进行引导，达到“节能节水减碳”的目的，实现低碳生活。

客人在进入“绿色客房”时，门口就有“绿色客房”的标识；进入客房后，有专门的“绿色客房”介绍资料，采用再生纸打印，对绿色客房里节能设施如生饮水装置、超静音环保冰箱、节水器具、节水淋浴等进行介绍，在“润物细无声”中普及、根深低碳、节能环保的意识。卫生间对所采用的节水器具、节水淋浴设置节水标语和节水图标，标识“节水马桶比普通马桶节水 30%”等。在洗手台处有明显的“自带牙刷，可减排 CO_2”温馨提示语；对于入住两天以上的客人温馨提示：“不更换床单，可节约几度电，可节约几升水”；客房内有征询宾客意见牌，提醒客人牙刷、梳子、拖鞋做到屡次使用，减少消耗。摆放绿色节能杂志及报刊，在休闲的同时关注节能；摆放绿色点菜单，推行酒店绿色菜肴，普及绿色养生的高品质生活理念。

另外，酒店的低碳引导还表现在对客人生活方式低碳态度的引导。在酒店客房内部张贴绿色出行宣传标语，倡导绿色出行，主张慢跑和骑自行车，不仅节能而且起到锻炼身体的作用。酒店园区内设置慢行道路，让客人在室外绿化丛生中享受到鸟语花香。酒店倡导客人首选绿色环保商品，进行绿色购物。另外，酒店倡导使用非一次性产品来代替一次性的纸制品或塑料制品，鼓励客人入住酒店，最好携带自用日用品，倡导客人尽量购买当地生产的产品，倡导食用有机食品；酒店生产一些原生态绿色产品，供客人购买，这样不仅可减少对环境产生的影响，有利于客人身体健康，更间接的将一种“低碳、绿色”的理念传达并普及。

6　绿色展示

6.1　绿色展示之酒店大堂

酒店的大堂是酒店在建筑内接待客人的第一个空间，也是使客人对酒店产生第一印象的地方。作为一个过渡空间，当人们从外面的繁华喧闹的环境中走进来，身心需要一个过渡。大堂既要创造舒适的视觉环境，亦要对其友好气氛进行强调，整体氛围体现低碳绿色，大堂的装修设计是酒店整体形象的体现。酒店大堂入口标识凸显低碳绿色，采用别致的指引标牌和绿色装修石材；入口停泊太阳能运送车，负责短泊客人之用，提升酒店低碳绿色形象；设置旋转发电门，起到很好的节能作用，关注低碳绿色细节。在夏季炎热时候设置喷雾降温装置，降低室外温度，提高舒适度要求。

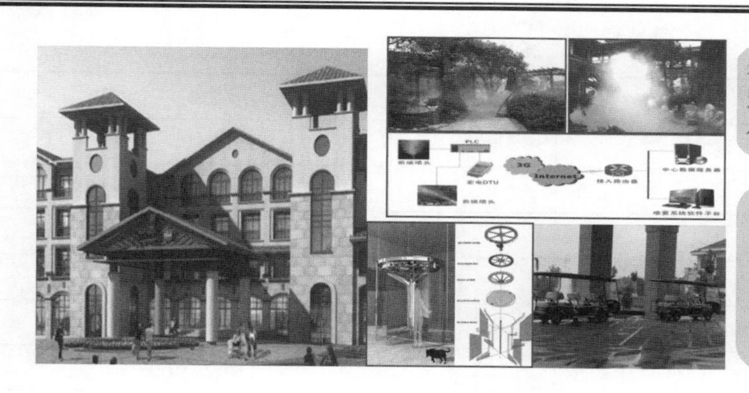

炎炎夏季，于酒店大堂设置喷雾降温装置，客人入住之初体验别样舒适

酒店入口设置旋转发电门，酒店入口停泊太阳能运送车，供短泊客人之需，于细微处彰显节能、低碳的绿色形象

图 10　绿色展示–大堂入口

6.2 绿色展示之低碳展示系统

项目依托蓟县盘上旅游风景区的平台，建立了完善低碳展示系统，主要包括碳足迹记录、低碳体验中心、室内四季花园、生命墙、发电健身器材、道路压力发电等，为国内外宾客、社会各阶层游客展示绿色低碳技术，宣传“绿色、低碳”理念。在轻松、休闲、娱乐的气氛中，增强绿色、环保意识，普及生态、低碳知识。

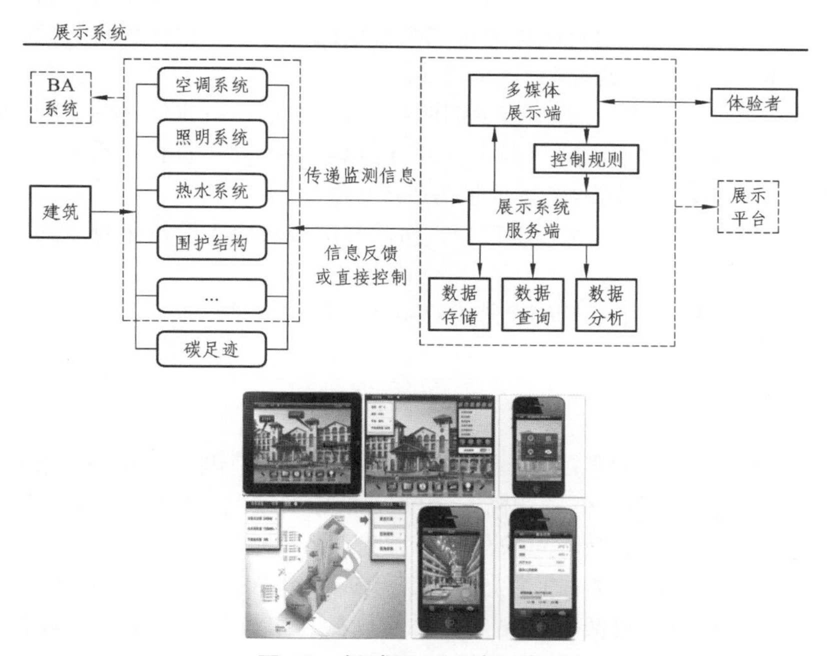

图 11　低碳展示系统示意图

7 效益分析

7.1 建筑能耗

采用 DOE-2 对建筑能耗进行模拟，设计建筑单位面积能耗为 132.66 kW · h/ m^2，参考建筑能耗为 184.14 kW · h/ m^2，设计建筑年耗煤量占参照建筑年耗煤量比率为 72.05%。

表 1　减排量统计

低碳技术	减排量/t
围护结构（外墙＋外窗＋遮阳）	186
照明系统	235.5
空调采暖系统	970
太阳能热水系统	622.7
烟气余热回收系统	244
节能设备	115.2
合　计	2 237.4

根据 IPCC 数据库，消耗 1 kW · h 的产生 CO_2 量的排放为 0.997 kg，消耗 1 m^3 天然气产生 CO_2 量的排放为 1.885 kg，综合考虑太阳能热水系统和烟气余热系统的减排量，进行核算本酒店相对于基准建筑年减排为 2 373.4 t 二氧化碳。

7.2　建筑碳排放

根据 IPCC 国际碳排放标准计算，本酒店全寿命周期内二氧化碳减排可分为绿色建材减排、绿色施工减排和绿色建筑技术降低运营能耗减排三个方面的内容，其中绿色建材减排主要分为绿色建材生产减排、绿色建材运输减排两部分。

绿色建材减排：因采用了大量的绿色环保建材，可再循环材料比例达到 10.42%，根据 IPCC 标准估算，可减排 1 794 t 碳排放；本项目采用 500 km 以内生产的建筑材料重量占建筑材料总重量的 60%以上，据测算，建材交通运输的碳排放量为 635.9 t。

绿色施工减排：施工阶段碳排放为 2 114 t，而其基准建筑施工阶段碳排放为 2 137 t，碳减排量为 23 t。

运营能耗减排：每年能源消耗方面减少 2 373.4 t 二氧化碳排放。

7.3　效益分析

对客人的效益：体验低碳主题，记录“碳足迹”引导行为节能，每年潜在节能潜力在 500 t 以上。对酒店运营方的效益：进行“低碳营销”，组织“低碳会议”，发展“低碳旅游”，同时酒店每年可降低能耗 262 万 kW · h 电量，每年可节约 262 万元。

对酒店的社会效益：每年可减排 2 373.4 t 二氧化碳，相当于植树 2.14 万棵（30 年的冷杉）；全寿命周期碳排放（按 30 年计）可减排 7.36 万吨二氧化碳，相当于植物 66.3 万棵树（30 年的冷杉）。

天津市提出到 2015 年，全国万元国内生产总值能耗下降到 0.869 t 标准煤（按 2005 年价格计算），比 2010 年的 1.034 t 标准煤下降 16%，十二五期间，实现节约能源 6.7 亿吨标准煤。要实现建筑领域的节能减排，应该在建筑领域内大力推广圣光蓟县酒店所采用的绿色低碳技术。

8　结　论

天津圣光万豪酒店低碳主题酒店，已于 2012 年 9 月正式投入使用，该项目在运营过程中将继续总结先进的低碳技术经验和运营管理经验，提供酒店的市场竞争力，建设成为在运营阶段具有实效性和舒适性的酒店，为推广酒店建筑节能技术积累经验。

参考文献

[1] GB 50378—2006 绿色建筑评价标准.
[2] 张琦，刘红. 低碳经济背景下绿色酒店建筑信息技术应用[J]. 商业经济，2011（8）.
[3] 沈子杨. 论低碳酒店的营造[J]. 商业现代化，2010 年 9 月.
[4] 李进兵. 酒店企业自愿环境行动研究述论[N]. 北京第二外国语学院学报，2010（11）.
[5] 胡阿芹. 我国绿色酒店发展中存在的问题及解决策略[J]. 现代商业，2007（27）.
[6] 李娴. 我国绿色酒店可持续发展探讨[J]. 资源与人居环，2011（8）.
[7] 王泽光. 试析如何促进星级宾馆减少碳排放[J]. 科协论坛（下半月），2010（10）.
[8] 杨洋. 论我国绿色酒店的发展[J]. 时代经贸：学术版，2008（17）.

天津市某办公楼实际运行能耗分析①

贺 芳　王雯翡　周海珠　闫静静　杜 涛

【摘　要】本文依托于天津生态城某办公楼 2012 年全年实际运行能耗数据，分析了该办公楼的各项能耗类别，通过与天津市办公楼能耗平均水平作对比，发现该办公楼能耗水平明显低于天津市平均水平，可见该项目采用的各项节能措施，如围护结构保温、活动外遮阳设计、地源热泵、空调排风热回收、节能灯具等节能效果显著，具有一定的可推广性。

【关键词】办公楼　运行能耗　节能措施

1　引　言

随着经济的持续增长和社会的不断进步，我国已成为世界第二大能源消费国，其中建筑能耗占我国能源消耗的 40%，尤其是大型公共建筑单位面积能耗远高于住宅能耗，是我国建筑节能的重点。在国家节能减排的方针政策下，天津市与新加坡合作建设天津生态城，2009 年生态城建设了中国北方首个绿色建筑三星级办公建筑——商业街 2 号楼，2011 年该建筑正式投入使用。本文以该建筑 2012 年全年的能耗为研究依据，分析天津市办公类建筑的能源消耗情况，为寒冷地区公共建筑节能设计和运行提供指导。

该办公楼总建筑面积 17 386.07 m^2，其中地上建筑面积 14 702.7 m^2，地上共 9 层，建筑功能以办公室为主，辅助会议室、接待区、多媒体区、展示区等功能。效果图如下所示。

图 1　商业街 2 号楼建筑外观

① 本论文受国家“十二五”科技支撑计划课题“天津生态城绿色建筑评价关键技术研究与示范（编号：2013BAJ09B02）”和国家“十二五”科技支撑计划课题“绿色建筑标准体系与不同气候区不同类型建筑重点标准规范研究（编号：2012BAJ10B01）”支持。

2 建筑节能措施

该项目为了减低建筑能耗，采用了一系列的被动节能措施，并使用了可再生能源，详情如下：

2.1 围护结构节能设计

在建筑的设计方面，该项目按照《天津市公共建筑节能设计标准》（DB 29-153—2005）的要求，严格控制建筑的体型系数、窗墙比等参数，外墙采用 350 厚钢筋混凝土剪力墙，采用外贴 90 mm 厚模塑聚苯板外墙外保温系统，局部填充粉煤灰加气混凝土砌块，外墙平均传热系数为 0.454 W/（m^2·K）；屋面采用 80 mm 厚挤塑聚苯板，传热系数为 0.418 W/（m^2·K）；外檐门窗采用断桥铝合金窗 6 + 12A + 6LOW-E 中空玻璃，传热系数为 2.3 W/（m^2·K）。

2.2 活动外遮阳

该建筑的南向 3～9 层非幕墙窗外设有可调节活动遮阳金属卷帘百叶，其冬季遮阳系数 0.72，夏季遮阳系数 < 0.27，有效减少建筑太阳辐射，降低空调的能耗。

2.3 地源热泵空调系统

该办公楼的空调冷热源由螺杆式地源热泵机组提供，地源侧埋管为深度 120 m 的双 U 型的垂直耦合埋管，埋管管材选用型号 HDPE-100，打井口数为 164 口。地源热泵系统选用 1 台 30 HXC300A-HP1 型热泵机组，机组额定制冷量为 1 014 kW，供热量为 1 161 kW，额定耗功率分别为 168 kW、257 kW。机组额定 COP 为 6.03，经现场检测，机组夏季运行时的 COP 为 5.84。空调系统水管路采用二管制，机组夏季提供 7/12 °C 的冷冻水，冬季提供 40/45 °C 的热水。空调末端采用风机盘管加新风系统，建筑每层均设新风机房。

2.4 排风热回收

新风换气机设置全热回收装置，新风换气机的全热回收效率为 65%，对夏季的冷量和冬季的热量进行收集利用。采用全热新风热回收装置，可以有效地减少空调系统能耗。

2.5 节能高效照明

该建筑办公室、会议室等照明灯具均选用节能型灯具，照明功率密度满足《建筑照明设计标准》（GB 50034）规定的目标值。

3 实际运行能耗分析

3.1 实际运行能耗

根据该建筑自身特点，对照明及插座用电、冷热源机组、地源侧水泵及空调侧水泵、风机动力用电等，分别进行计量。选取了 2012 年全年的运营能耗数据，进行了全年的能耗分析。实际运行能耗与设计建筑能耗对比如下：

表 1 实际运行能耗与设计能耗对比

能耗类型	参照建筑年总耗电量		设计建筑年总耗电量		实际运行耗电量	
	kW · h	kW · h/ m^2	kW · h	kW · h/ m^2	kW · h	kW · h/ m^2
照明耗能	368 930	25.09	307 319	20.90	223 860	15.23
电器设备耗能	409 185	27.83	409 185	27.83	298 061	20.27
风机能耗	433 224	29.47	300 944	20.47	370 277	25.19
水泵能耗	101 463	6.90	95 563	6.50	162 928	11.08
空调机组供冷耗能	169 779	11.55	103 917	7.07	137 298	9.34
空调机组制热耗能	179 031	12.18	75 829	5.16	105 969	7.21
总　计	1 661 612	113.01	1 292 757	87.93	1 298 393	88.31
能耗比例	100.00%		77.8%		78.1%	

根据上表，该建筑全年实际单位面积能耗为 88.31 kW · h/ m^2，是参考建筑单位面积能耗的 78.1%，节能率为 60.93%。

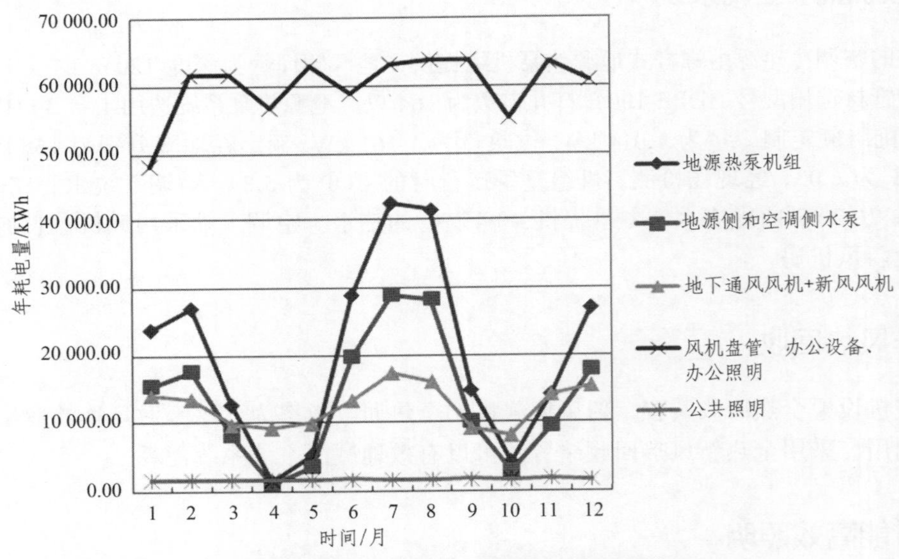

图 2 商业街 2 号楼各项能耗逐月变化情况

图 2 为该建筑逐月用电情况，可见供暖期，1 月至 4 月的地源热泵机组、水泵和风机能耗逐渐下降，10 月至 12 月的空调能耗逐渐上升；空调期，5 月至 7 月的地源热泵机组、水泵和风机能耗逐渐升高，7、8 月份的制冷能耗达到最大，8 月至 10 月的空调能耗又逐渐下降。主要是由于空调系统采用的新风换气机具有热回收功能，冬季供暖季的室内外焓差值大于夏季空调期的室内外焓差值，冬季排风热回收的效果明显高于夏季，使得冬季的空调耗电量小于夏季空调耗电量；过渡期，4 月—5 月和 9 月—10 月份的空调能耗为全年最小值。全年风机用电由于包含了新风风机的用电，因此也表现为供暖季和空调季较大，过渡季较小的规律。全年的公共照明能耗比较稳定。

对各项用电比例进行分析如下：

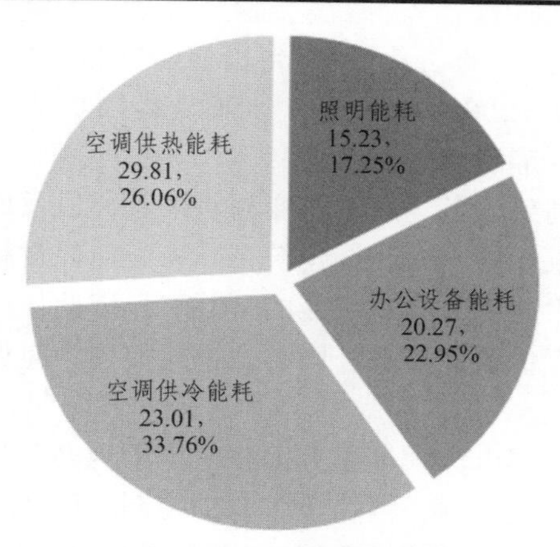

图 3 商业街 2 号楼各项用电比例

由图 3 可以看出，该项目空调供冷能耗比例最大，为 33.76%，其次为空调供热能耗 26.06%，空调能耗占总能耗和为 59.82%，办公设备能耗比例为 22.95%，照明能耗为 17.25%，可见，照明和办公设备用能占总用能的 40.2%。

3.2 能耗水平对比

根据民用建筑能效（碳排放）交易方法学和管理办法研究子课题——办公建筑能效交易方法学研究报告，对天津市 2010 年全年的能源消耗情况进行调研，在 24 个样本中得到，天津市 2010 年全年总耗电量为 41.77 ~ 107.93 kW · h/（ m^2 · a），其平均值为 71.39 kW · h/（ m^2 · a），该调研的耗电量，不包括冬季采暖能耗。依次类推商业街 2 号楼项目除去冬季空调运行的耗电量之外，单位面积能耗为 65.31 kW · h/（ m^2 · a），低于天津市平均能耗水平，降低了 8.5%。各部分能耗折合标煤详见表 2。

同样根据调研结果，天津市 2010 年采暖期单位建筑面积耗热量为 0.18 ~ 0.52 GJ/ m^2，平均耗热量为 0.30 GJ/ m^2，折合标煤为 10.24 kgce/ m^2。商业街 2 号楼冬季空调能耗为 23.01 kW · h/（ m^2 · a），折合标煤为 5.73 kgce/ m^2 [注：火电发电煤耗为 0.249 kgce/（kW · h）]，可见地源热泵系统供暖能耗远小于常规市政热水供暖能耗。具体如下表所示：

表 2 与天津市平均能耗对比

类 型	除去供暖能耗的全年能耗 /（kgce/m^2）	供暖能耗 /（kgce/m^2）	全年能耗 /（kgce/m^2）	能耗降低比例
天津市平均水平	17.78	10.24	28.02	100%
商业街 2 号楼	16.26	5.73	21.99	21.52%

由表 1 可以看出，商业街 2 号楼项目全年能耗比天津市平均水平降低了 21.52%，节能效果显著。

4 结 论

通过对商业街 2 号楼项目的 2012 年实际运行能耗统计，发现该建筑能耗比天津市办公建筑 2010 年平均能耗降低了 21.52%，分析原因主要有以下方面：

（1）天津市调研的建筑能耗，大部分为2000年以前建成的，外围护结构设计基本达不到《公共建筑节能设计标准》（GB 50189—2005）的要求，而商业街围护结构设计优于标准要求，可见围护结构保温对建筑能耗影响较大，节能潜力巨大。

（2）商业街2号楼采用的高效设备、风机、变频水泵等，以及地源热泵系统的使用，降低了建筑的设备能耗，尤其是地源热泵系统，对降低建筑冬季采暖能耗贡献较大。

（3）照明和办公设备用能占到办公建筑用能的40.2%，因此使用节能灯具，在保证照度的前提下，房间照明功率密度满足目标值设计要求，同时，平时使用中应做到人走灯熄，并及时关闭办公设备，避免浪费。

（4）商业街2号楼项目，在用电分项计量方面相对于常规办公建筑有所改善，并设置了能耗监测展示平台，可实时监测各项用电数据，但在设备自动控制方面还不够完善，不能达到智能控制设备节能运行的目的。望今后大型办公建筑设置能耗监测和控制系统，保证建筑节能高效运行。

参考文献

[1] 陈高峰，张欢，等. 天津市办公建筑能耗调研及分析. 暖通空调[J]，2012，42（7）：125-128.
[2] 科技成果验收资料——民用建筑能效（碳排放）交易方法学和管理办法研究子课题——办公建筑能效交易方法学研究报告[J]. 天津市城乡建设和交通委员会，2012.
[3] 清华大学建筑节能研究中心. 中国建筑节能年度发展研究报告[M]. 北京：中国建筑工业出版社，2010.
[4] 住房和城乡建设部科技发展促进中心. 中国建筑节能发展报告. 北京：中国建筑工业出版社，2010.

基于黏滞流体阻尼器的加固改造绿色施工技术

卢云祥　曲清飞　王林枫　田　涌　冉　群
（贵州中建建筑科研设计院有限公司，贵阳市甘荫塘干平路2号　550006）

【摘　要】 主要研究黏滞流体阻尼器在建筑工程抗震、减振加固改造中的分析方法和应用技术。相比加强结构刚度的传统减振加固方法，黏滞阻尼加固改造技术的减振效果好、施工效率高、安装快、无污染，是建筑物关于抗震减振加固改造领域的一种绿色施工技术。结合江苏省某化工厂房的随机冲击、非平稳、多频振动问题，采用有限元技术对厂房结构进行了黏滞阻尼减振时程分析及黏滞阻尼器的加固改造。结果表明，附加黏滞流体阻尼器的减振加固技术具有显著的减振效果，且施工效率高、无污染、不影响生产，为类似工程提供借鉴和参考。

【关键词】 黏滞阻尼器　绿色施工　减振加固　有限元分析

诸多因素如建筑物使用年限的增长、使用功能的改变、自然灾害的破坏等，都会导致建筑物的安全性与耐久性受到不同程度的损害。其中，关于如何提高建筑物抗震、减振性能的问题在工程中尤为重要，振动问题不仅威胁着结构安全，也影响了仪器、设备的使用，是构成人员伤亡、财产损失、引发灾害的重大隐患。

据统计资料，我国2008年汶川地震就使得50万平方千米的中国大地山河移位，满目疮痍，遇难同胞达6.9万人，直接经济损失8451亿元。同时，随着科技与经济的快速发展，机械设备带来的振动问题也日益突出，甚至导致严重的安全事故。飞行器、火电机组、化工厂房所发生的事故中约40%就与振动有关[1]。

此类抗震、减振问题的解决都依赖于对建筑结构的加固改造。传统的结构抗震、减振方法即是增加结构静刚度和体量，旨在加强结构自身“抗”振的能力，通过加大构件截面，加大构件配筋等，提高结构刚度等方法来抵抗动力荷载作用。除了传统的结构抗震、减振方法外，一些学者提出了结构控制的概念，旨在通过调整结构动力特性以减小结构的振动反应[2]。附加黏滞流体阻尼器的减振加固技术因其减振效果好、施工效率高、安装快、无污染等优点，已成功应用于工程结构的抗震抗风和减振降噪等领域[3-6]，其创造的经济价值和对社会安全的贡献不可估量。

本文主要研究黏滞流体阻尼器在建筑工程抗震、减振加固改造中的分析方法和应用技术。在介绍黏滞流体阻尼器的构造形式、消能原理及力学模型基础上，分析讨论了黏滞阻尼减振技术的施工工艺和阻尼支撑布置形式；结合江苏省某化工厂房的随机冲击、非平稳、多频振动问题，采用有限元技术对厂房结构进行了黏滞阻尼减振时程分析和附加黏滞流体阻尼器的加固改造。结果表明，附加黏滞流体阻尼器的减振加固改造技术具有显著的减振效果，且施工效率高、无污染、不影响生产，是建筑工程关于抗震、减振加固改造领域的一种绿色施工技术，为类似工程提供借鉴和参考。

1 黏滞阻尼器消能原理及力学模型

1.1 杆式黏滞流体阻尼器的构造与消能原理

杆式黏滞流体阻尼器随着抗震技术的发展，相继在美国、法国、日本和我国得以应用[7]。某双杆式黏滞流体阻尼器，如图 1 所示。

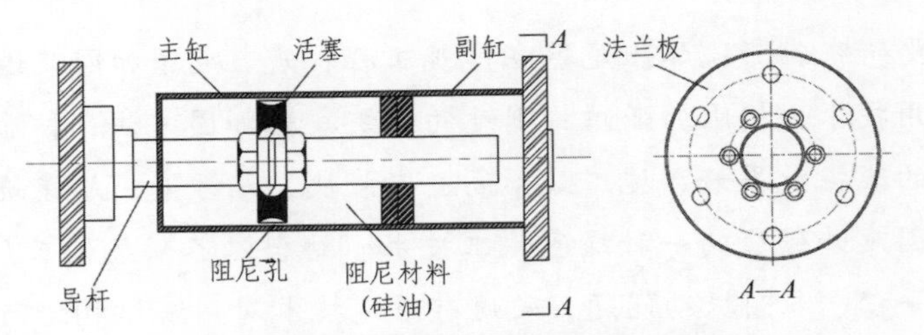

图 1 杆式黏滞流体阻尼器构造示意

当体系受扰动时，活塞与缸体之间发生相对运动，活塞两端的压力差使黏滞流体阻尼材料从阻尼孔通过，形成阻尼力，达到消能目的。

1.2 黏滞流体阻尼器力学模型

一般情况下，Makris 和 Constantinou 对黏滞流体阻尼器建议采用简化 Maxwell 模型来描述[8]：

$$P(t) = C\,\mathrm{sgn}[\dot{u}(t)]\left|\dot{u}(t)\right|^{\alpha} \tag{1}$$

式中：$P(t)$ 为阻尼器输出阻尼力；$u(t)$ 为导杆位移；C 是阻尼系数；α 为阻尼器速度指数。

黏滞流体阻尼器作为一种无刚度、速度相关型消能装置，速度指数 α 是影响其减振性能的重要参数之一，不同速度指数的阻尼器滞回曲线如图 2 所示。当 α 越小时，阻尼器对速度的敏感性越高，对于很低的相对速度，可输出较大阻尼力，且非线性阻尼器随着 α 越小，其滞回曲线更接近于矩形，意味着具有更为优越的耗能能力。

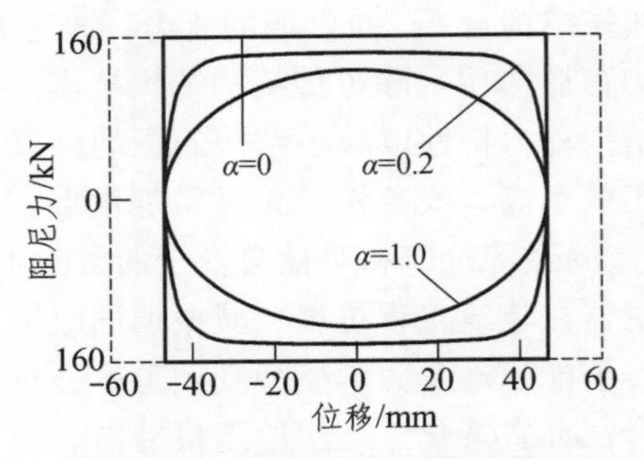

图 2 阻尼器滞回曲线比较示意图

2 黏滞阻尼器的安装与布置形式

2.1 黏滞阻尼器的安装施工工艺

黏滞阻尼器的安装施工工艺主要包含以下步骤：① 耳板预埋件施工：定位并安装黏滞阻尼器的耳板预埋件；② 焊接耳板：待耳板吊高至安装位置后，将耳板焊接至耳板预埋件上相应位置；③ 耳板焊缝探伤：耳板焊缝达到强度后，对焊缝采用磁粉探伤；④ 黏滞阻尼器的定位：将黏滞阻尼器运送到安装位置，缓缓升起，直到两端的双耳环座刚好在两块耳板预埋件的中心、耳板上下耳环之间为止；⑤ 安装黏滞阻尼器：将黏滞阻尼器两端的双耳环座按照设计要求，采用螺栓连接或焊接的方式安装在耳板上；⑥ 后续处理工作：将黏滞阻尼器两端法兰板上的螺栓拧紧，清除焊接渣滓，并进行防腐涂装处理。

可见，黏滞阻尼器的现场施工基本上都是对钢构件的连接与安装作业，且预埋件、耳板、钢支撑等均可在工厂进行预制加工后，运至施工现场进行安装。采用黏滞阻尼器进行加固改造，施工效率高、无污染，不改变原结构的传力途径和正常使用。

2.2 黏滞阻尼器在框架单元中的支撑形式

工程实际中，黏滞流体阻尼器与支撑杆连接安装在建筑结构内，共同发挥耗能减振作用，支撑的形式与布置是影响阻尼器耗能性能的重要因素之一。阻尼器的支撑布置通常需要综合多方面的因素，既保证结构的力学性能，又充分发挥其耗能减振效率，同时还要考虑实际施工的方便及建筑的美观要求。几种主要支撑形式如图 3 所示。各类阻尼器支撑形式特点如下：

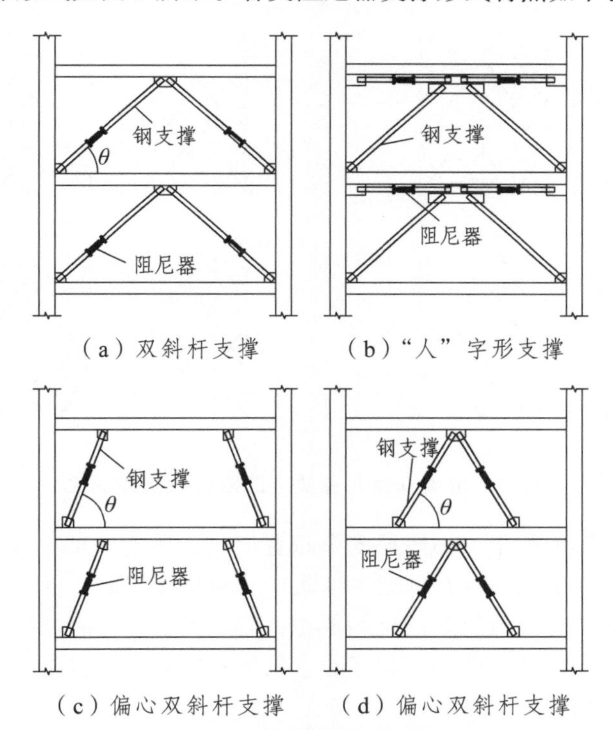

（a）双斜杆支撑　（b）“人”字形支撑

（c）偏心双斜杆支撑　（d）偏心双斜杆支撑

图 3　阻尼器支撑的几种主要形式

（1）双斜杆支撑具有构造简单、易于装备的优点，且便于设置门窗洞，但在输出阻尼力时会在结构梁的跨中和柱脚处产生附加集中力，支撑设计时应于考虑附加集中力的影响。

（2）“人”字形支撑属于水平支撑，其优点是可以充分利用阻尼器的耗能能力且方便设置门窗洞，但其构造和装配较为复杂，设计时应考虑其侧向稳定性。

（3）偏心支撑可方便设置门窗洞，支撑杆长度短、刚度较大，可更好地发挥阻尼器的耗能效率，但应考虑倾斜夹角 θ 过大和附加集中力的影响。

2.3 黏滞阻尼器在框架里面内的支撑布置

对建筑结构进行消能减振设计时，通常仅在有限的结构开间内设置黏滞阻尼支撑，建筑竖直面上各结构开间支撑的组合即是框架立面内的支撑布置形式。立面内的支撑布置形式不仅要满足结构的力学性质要求，还要考虑建筑的美观性。

阻尼支撑安装在结构立面上受到水平地震荷载作用时，支撑杆会受到阻尼力的拉压作用，此时建筑结构会承受附加的剪力或轴力。刚性层间构件受到附加剪力的位置虽然不同，但剪力的总和基本保持不变；而框架柱承受的附加轴力却因不同的支撑形式受到显著影响，可能导致柱附加轴力增大的现象。因此，支撑设计时还应注重考虑支撑形式对柱附加轴力的影响。

值得注意的是，建筑楼层越高会导致阻尼力分量影响的效果不断增大，其累加效果对结构设计不仅有失经济性，甚至有可能导致结构的破坏和阻尼器失效，有悖于黏滞阻尼结构的消能减振目的。因此，从力学性质的角度考虑框架立面的阻尼支撑布置形式是十分必要的。

另一方面，对阻尼支撑布置形式进行设计时，仅需在有限框架单元内设置支撑，故支撑布置形式往往具有很大的自由度，在考虑阻尼支撑布置形式合理力学性质基础上，兼顾建筑美观的视觉效果成为支撑设计考虑的又一重要因素。图 4 给出了框架立面几种典型的双斜杆支撑形式。

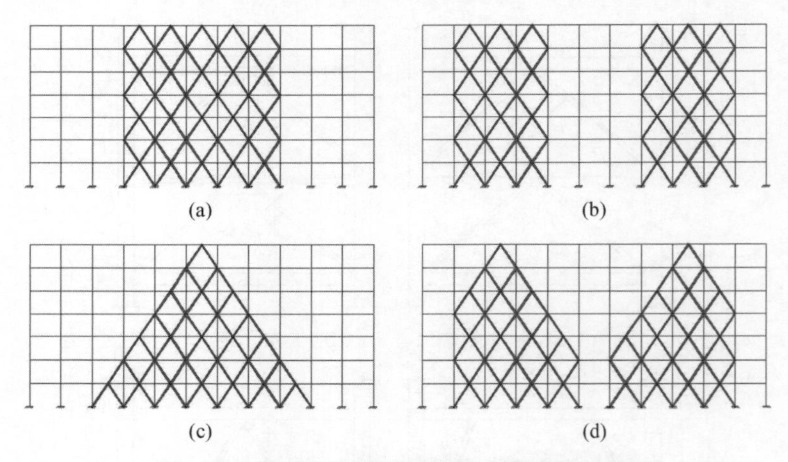

图 4 框架立面几种典型的双斜杆支撑形式

图 4 是工程中几种典型的框架立面阻尼支撑布置形式，各支撑布置形式具有如下特点：

（1）支撑形式（a）：当阻尼支撑在框架中部集中、对称布置时，框架内柱主要承担阻尼器的竖向附加轴力，使整个框架结构具有更好的抗倾覆力，有效保证黏滞阻尼器的正常工作。

（2）支撑形式（b）：在框架立面两个相互独立的半榀内对称布置阻尼支撑，使得框架立面内阻尼器的附加内力得到更为均匀地分布。

（3）支撑形式（c）：在框架立面内设置金字塔形的阻尼支撑，阻尼支撑的数量由下向上呈递减趋势，结构受力特性上更适用于以剪切变形为主的荷载激励，如地震作用，同时建筑外观效果也富有立体感。

（4）支撑形式（d）：该支撑形式综合了（b）、（c）两种布置方案的优点，将阻尼支撑在框架立面的两个半榀内按金字塔形布置，不仅使结构具有更适于抗震的消能特性，同时也将阻尼支撑在立面上分布更均匀，结构受力更合理。

综上所述，阻尼支撑的布置形式应在兼顾结构受力合理、均匀的前提下，对施工方便、建筑美观给予进一步考虑。

3 工程概况及测试分析

3.1 工程概况

江苏省某 10 层钢结构化工厂房，总平面尺寸为 17 m × 18 m，高 29.95 m。为满足生产要求，各楼层分别安置了闪蒸罐、搅拌器、反应釜、循环泵管道等化工设备，如图 5 所示。生产过程中，除电机、搅拌器等单一频率的谐波振动外，输送到设备、管道中的原料、催化剂、循环水等还产生一系列的物理、化学反应，导致了复杂的压力变化和动水流激振动现象。为了充分挖掘设备的潜力，提高经济效益，厂方将生产负荷提高到设计值的 250%。此时整个厂房的框架结构、各楼层处的设备及局部梁、板均产生强烈的振动现象，给厂房结构带来了极大的安全隐患。

为解决此问题，厂方采用新增钢柱、增大截面等加强结构刚度的传统加固方法进行了 3 次减振改造，但减振效果不甚理想，反而使结构更为复杂、传力路径不明确。

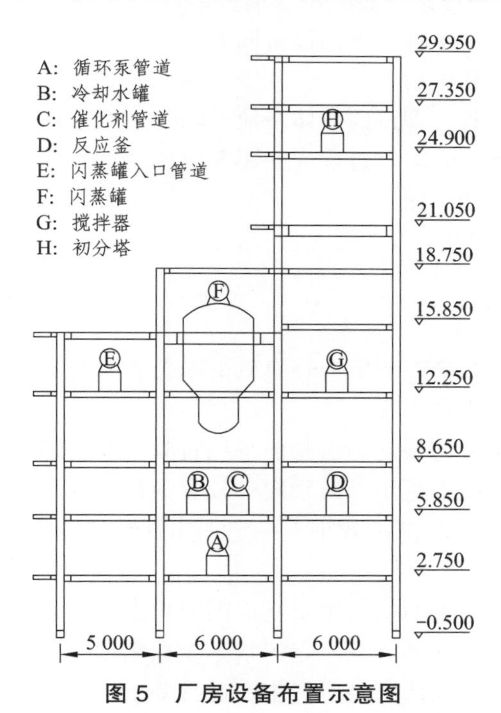

图 5 厂房设备布置示意图

3.2 动力测试分析

该厂房振动问题十分复杂，为有效地实现减振目的，必须先确定其振源特性、传递路径及振动强度。为此，对厂房结构进行了振动测试，部分传感器布置如图 6 所示。

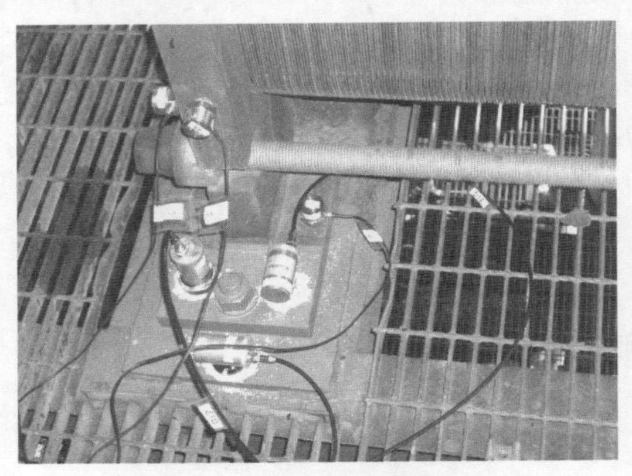

图 6 部分传感器布置示意

对于此类复杂工业振动问题，振源是难以通过测试直接得到的。为了判断主要振源及传递途径，本工程采用相关性分析判断测点振动的同源性，以此确定主要振源。各测点的相关性分析结果表明，闪蒸罐及闪蒸罐入口管道内的剧烈反应是整个框架振动体系的主要振源，且振动主谐频为 f= 7.4 Hz、f= 3.2 Hz、f= 1.5 Hz，位移响应最大幅值达到 u_0 = 1.094 mm，速度最大响应幅值达到 $\dot{u}_0$ = 15.719 mm/s，加速度最大响应幅值达到 $\ddot{u}_0$ = 0.922 m/s^2。经动力测试及数据分析，厂房结构的振动表现以下几个特点：

（1）宽频振动过程。由于闪蒸罐内反应不平稳，形成随机冲击激励，从而引起结构上的振动为宽频振动。按避频或 TMD 方法难以有效减小这类振动。

（2）多振源、多频率的振动系统。不同设备同时工作，其频率不同，共同作用于厂房框架体系上，框架及设备上的响应为多频振动。

（3）非平稳振动过程。设备、管道内液体在流动输送过程中产生复杂的动水流激作用，是重要的动力荷载源。由于生产要求，在运行过程中将不断改变生产负荷，使得动水流激作用的激振频带随时发生变化，形成非平稳振动问题。

3.3 减振方案的确定

依据厂房振动特性的分析结果，制定合理有效的减振方案是本文研究的主要目的。动力分析结果表明，以下减振方法不适用于本工程：

（1）由于框架结构和设备上的振动特点是非平稳宽频振动，因此采用加强结构刚度的传统抗振方法显然是不适用的。刚性减振不适用于激励频带较宽的振动问题，这种方法虽能提高结构的固有频率，但仍难超出激励的频率范围，减振效果不一定理想且经济性较差。同理，采用其他避频或 TMD 方法也无法有效地达到减振目的。

（2）测试结果表明，厂房结构的振动主要是由闪蒸罐惯性力引起的，为满足生产运行要求，需尽量降低闪蒸罐水平晃动，即保证其具有一定的水平支撑刚度。然而，在设备支座处设置隔振装置将大幅衰减罐体水平支撑刚度，无法满足厂房生产运行要求。因此，隔振方法显然也不适用于本工程振动问题。

（3）动力测试数据表明，框架结构上的振动为高频低幅振动。若采用位移相关型的线性或粘弹性阻尼器进行减振改造，会导致框架结构和设备无法在振动过程中获得足够大的抗力，从而无法有效衰减振动能量。

基于以上原因，本工程采用了非线性黏滞阻尼消能控制技术。厂房结构中设置非线性黏滞流体阻尼器，在结构、设备产生强烈振动之前，阻尼器率先进入消能状态，产生较大的阻尼，极大的消耗振动能量并迅速衰减结构、设备的动力响应，保证结构、设备的安全和正常使用。而且，阻尼器属于非承重构件，其功能仅是在结构振动过程中发挥耗能作用，不承担结构的承载作用，因此对结构的承载能力不构成任何影响，是一种安全可靠的减振方法。

本工程共采用 100 套非线性黏滞流体阻尼器，速度指数 $\alpha=0.2$，阻尼系数 $c_\alpha=160\ \mathrm{kN}\cdot(\mathrm{s/m})^{0.2}$，最大输出阻尼力 $F=100$ kN。其中，选择厂房框架结构相对振幅较大的位置布置 58 套阻尼器，采用双斜杆支撑形式；其余 42 套分别安置于闪蒸罐等主要振动设备上，以消耗设备振动能量，同时在设备发生振动时为其提供侧向约束。

4 黏滞阻尼减振结构有限元分析

4.1 计算模型

在 ANSYS 平台上，对减振方案进行了数值仿真以验证其减振效果，计算模型及阻尼器布置见图 7。模型中，阻尼器采用 combin14 单元模拟。

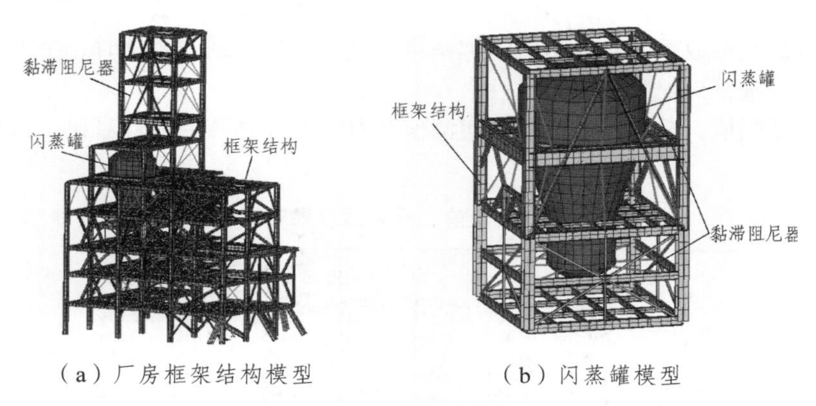

（a）厂房框架结构模型　　（b）闪蒸罐模型

图 7 有限元计算模型

4.2 计算结果分析

本文采用黏滞阻尼消能控制技术，结合动力测试、信号处理和有限元分析方法，对附加黏滞阻尼器的消能减振方法进行了计算与分析。结果表明，设置速度相关型的黏滞流体阻尼器后，厂房结构和主要设备的振动响应均得到了有效控制，原振动强烈部位衰减幅度甚至达 70%左右。稳态阶段的闪蒸罐位移时程结果如图 8 所示。

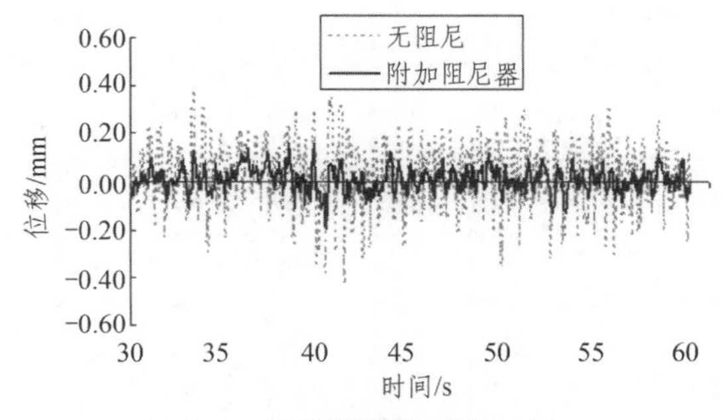

图 8 闪蒸罐位移时程曲线

5　减振效果评估

根据减振方案，对厂房框架结构、设备进行了阻尼器安装工作。安装完毕后，现场振动现象显著衰减，厂房结构、设备的振动幅值均得到有效控制。局部框架结构的黏滞阻尼器设置见图 9。

图 9　框架结构设置阻尼器

为讨论改造后的减振效果，对厂房振动体系再次进行动力测试。测试时，要求与改造前的工作负荷、闪蒸量保持一致，确保数据的可比性。

将改造前的振动幅值，分别与改造后的实测值和有限元计算结果进行对比。振动位移幅值结果如表 1 所示。

表 1　改造前、后减振效果对比

振动部位	方向	改造前		改造后		减振率	
		有限元（mm）	实测（mm）	有限元（mm）	实测（mm）	有限元（%）	实测（%）
层闪蒸罐	X方向	0.288	0.335	0.111	0.117	-61.4%	-65.0%
	Y方向	0.437	0.408	0.191	0.166	-56.3%	-59.2%
	Z方向	0.325	0.353	0.067	0.061	-79.4%	-82.8%
1层框架板梁	X方向	0.038	0.056	0.027	0.016	-28.2%	-71.4%
	Y方向	0.079	0.062	0.021	0.025	-73.4%	-59.4%
	Z方向	0.019	0.128	0.011	0.012	-41.1%	-90.6%
2层框架板梁	X方向	0.119	0.134	0.060	0.068	-49.6%	-49.3%
	Y方向	0.232	0.223	0.089	0.092	-61.6%	-58.7%
	Z方向	0.048	0.227	0.031	0.039	-36.0%	-82.8%
3层框架板梁	X方向	0.154	0.288	0.057	0.106	-63.1%	-63.2%
	Y方向	0.284	0.355	0.098	0.174	-65.5%	-50.8%
	Z方向	0.054	0.102	0.023	0.017	-57.1%	-83.3%
4层框架板梁	X方向	0.117	0.126	0.023	0.067	-80.3%	-46.8%
	Y方向	0.291	0.319	0.093	0.206	-68.0%	-35.5%
	Z方向	0.053	0.102	0.030	0.017	-43.5%	-83.3%
5层框架板梁	X方向	0.205	0.126	0.072	0.067	-64.9%	-46.8%
	Y方向	0.375	0.357	0.097	0.149	-74.1%	-58.3%
	Z方向	0.026	0.019	0.007	0.008	-73.1%	-57.9%
6层框架板梁	X方向	0.247	0.268	0.065	0.116	-73.7%	-56.7%
	Y方向	0.378	0.127	0.109	0.033	-71.2%	-74.0%
	Z方向	0.134	0.081	0.071	0.008	-47.0%	-90.1%
7层框架板梁	X方向	0.296	0.151	0.092	0.051	-68.9%	-66.2%
	Y方向	0.297	0.306	0.086	0.098	-71.0%	-68.0%
	Z方向	0.041	0.019	0.031	0.008	-24.4%	-57.9%
8层框架板梁	X方向	0.396	0.181	0.115	0.022	-71.0%	-87.8%
	Y方向	0.311	0.309	0.086	0.088	-72.3%	-71.5%
	Z方向	0.039	0.046	0.031	0.010	-20.5%	-78.3%
9层框架板梁	X方向	0.311	0.234	0.102	0.074	-67.2%	-68.4%
	Y方向	0.301	0.296	0.092	0.096	-69.4%	-67.6%
	Z方向	0.037	0.020	0.027	0.006	-27.0%	-70.0%
10层框架板梁	X方向	0.394	0.313	0.112	0.017	-71.6%	-94.6%
	Y方向	0.352	0.325	0.098	0.031	-72.2%	-90.5%
	Z方向	0.044	0.061	0.032	0.011	-27.3%	-82.0%

由表 1 可见，厂房结构及闪蒸罐各测点的实际减振率为 35.5%~94.6%，有限元计算得到的减振率为 20.5%~80.3%；实测值与有限元计算结果的减振规律基本保持一致，振动强烈部位的减振率误差控制在 20%以内；这表明有限元仿真计算可有效地评估黏滞阻尼减振结构的动力响应。另一方面，整个厂房现场 100 套黏滞阻尼器的安装施工，仅耗时 1 个月，安装过程中不需厂房停机、停产，整个加固改造过程效率高、安装快、无污染、经济性好，相比传统增大构件截面、新增梁柱等加固方法，附加黏滞阻尼器的减振技术更具优越性和适用性，是建筑结构关于抗震减振加固、改造领域的一种绿色施工技术。

6 结 语

随着建筑科学的发展，人们对抗震抗风、减振降噪的要求日益提高，黏滞阻尼消能减振技术作为一条崭新的途径，显现出优异的抗振性能。本文在介绍黏滞流体阻尼器的构造形式、消能原理及力学模型基础上，分析讨论了黏滞阻尼减振技术的施工工艺和阻尼支撑布置形式；结合江苏省某化工厂房的随机冲击、非平稳、多频振动问题，采用有限元技术对厂房结构进行了黏滞阻尼减振时程分析和附加黏滞流体阻尼器的加固改造。结果表明，附加黏滞流体阻尼器的减振加固改造技术具有显著的减振效果，且施工效率高、无污染、不影响生产，是建筑工程关于抗震、减振加固改造领域的一种绿色施工技术，为类似工程提供借鉴和参考。

参考文献

[1] 胡岚. 装黏滞流体阻尼器的高层钢结构煤气化工业厂房减震研究[D]. 武汉：武汉理工大学，2008.

[2] 周福霖. 工程结构减振控制[M]. 北京：地震出版社，1997.

[3] 孙广俊，李爱群. 安装黏滞阻尼消能支撑结构随机地震反应分析[J]. 振动与冲击，2009，28（10）：117-121.

[4] YAMAGUCHI HIROSHI, ZHANG XIN-RONG, NISHIOKA K, et al. Investigation of impulse response of an ER fluid viscous damper [J]. Journal of intelligent Material Systems and Structures，2010，21（4）：423-435.

[5] TSAI C S, HO CHINA-LUN, CHANG CHIH-WEI, et al. Experimental Investigation on Steel Structures Equipped with Fluid viscous Damper[J]. American Society of Mechanical Engineers，2001，428（2）：95-101.

[6] 卢云祥，蔡元奇.宽频振动问题的黏滞阻尼减振研究[J]. 建筑科学，2011，27（7）：65-69.

[7] LEE D，TAYLOR D P. Viscous damper development and future trends[J]. Structure Design of Tall Building，2001，10（5）：311-320.

[8] CONSTANTINOUS M C，SYMANS M D. Experimental and analytical investigation of seismic response of structures with supplemental fluid viscous dampers[R]. Technical Research Report，1992，NCEER-92-0032.

变频供水技术在高层建筑施工供水中的应用

黄巧玲　赖振彬

（贵州中建建筑科研设计院有限公司，贵州贵阳　550006）

【摘　要】在建筑工程施工活动中，为满足高层或超高层建筑工程楼层施工用水量，加压水泵广泛应用于高层或超高层建筑工程施工活动。这些水泵自动控制水平普遍不高且大多数时间都处于无人管理状态，长时间的运行造成较大的能源浪费，增加施工能耗和工程建设成本，不利于建设单位的成本控制。对水泵进行自动化改造升级，提高设备的运行效率和最大限度地节约能源；对建筑工程的节能、节水，企业产业升级和技术转型，绿色施工活动的广泛开展与推进，实现节约能源、保护环境，促进建筑业可持续发展有着重要的意义。

【关键词】楼层供水　施工能耗　绿色施工　改造升级　技术转型

1　引　言

随着我国经济转型和城镇化进入快速发展的关键时期，越来越多高层或超高层建筑出现在人们的视野，给人们带了绚丽视觉盛宴的同时也加大了这些建筑在生产建造阶段的难度，特别是材料的供应和楼层供水；因此不得不增加相应的设备来保证材料以及施工楼层用水的供应量，确保施工进度和施工质量。增加设备在运转时会加大施工能源消耗，一方面不利于企业的施工成本控制和建筑工程的建设成本，另一方面，在城市建设快速扩张的今天也带来了巨大的能源消耗，进一步加大了我国经济转型和突破能源短缺瓶颈的难度。

建筑能耗与工业、交通能耗组成了我国最主要的能源消耗主体，约占到了全社会总能耗的三分之一。广义的建筑能耗包含了建筑材料制造、建筑施工、建筑使用全过程的能耗[1]。目前我国重点关注的建筑节能领域主要涉及建筑的设计阶段和运行阶段，针对建筑运行使用过程的节能研究体系正不断完善和深入，出现了不少的节能技术和节能运行管理方法与手段。然而建筑材料制造和建筑生产建造阶段的节能研究尚处在缓慢发展阶段，特别涉及生产建造阶段的节能研究。相对于建筑运行使用阶段，建筑生产建造阶段具有对能源的需求巨大和集中、对环境的影响深远等特点。研究表明，建筑生产建造阶段能耗可以占建筑生命周期能耗的23%，在低能耗建筑中甚至到达40%～60%[2]。因此推进建筑生产建造阶段的节能研究和倡导绿色施工有着巨大的经济、社会和环境效益，对建筑业可持续发展和践行节约资源和生态保护社会责任有着积极的促进意义。

2 施工供水耗能现状

建筑施工用水主要是以下三个方面：① 各项施工作业用水；② 施工人员生活用水；③ 消防用水[3]。建筑工程施工楼层供水一般采取的是施工用水和消防用水二合一的方式供水，用水量会随着不同的施工阶段变化起伏较大，尤其是在高层或超高层建筑里，楼层用水量的变化更为明显。高层或超高层建筑施工用水具有距离取水点远、用水点分散等特点，随着城市自来水网供水压力不足现象的越来越严重，对施工养护用水及楼层施工用水的影响也越来越明显。施工方为满足实际楼层施工用水需求，通常采用的是高压水泵二次加压供水的方式。然而一部分施工企业配置的潜水深井泵或离心水泵等加压设备处于基本无管理状态，因而造成了大量的能源和资源的浪费。

2.1 水泵控制方式简单随意

采用的是极为简单的一键启停方式或“用时开、不用时关”的随意控制方式，操作不方便的同时也加剧了水泵的磨损；另外直接采取早上上班启动水泵，下午下班停止水泵，中间无间断时间的“上班开、下班关”控制方式。高压水泵长时间不间断地运行在工频状态下，如果用水终端不用水或者用水量很小的时候，大量的能量就消耗在阀门和挡板上，此时能量的消耗会比较大，造成了能源的白白浪费和加剧水泵磨损，减少水泵使用寿命，加快水泵的更换和维修周期。

2.2 管理不当

施工企业为避免重复投资，根据工程的建设量和建筑物的高度，从建设开始就购置扬程能够满足或略大于建筑物高度的供水水泵。在工程建设的过程中，低楼层需求的水压较低，市政供水水压就能够满足施工需求的水量；随着建筑物高度的不断攀升，需求的水量和水压会逐步增大，为了能够有充足的水量供应就需要开启水泵。在采取的是简单控制方式和末端需求不大的情况下，水泵也是运行在额定功率状态下，能量通常消耗在挡板与水泵互相之间的抵触。这种情况会一直存在，直至工程建设到达水泵的最高扬程或工程主体完成。在此期间，水泵消耗的电能非常之多，增加了建筑工程的建设成本，不利于节约资源和保护环境。

3 施工用水水泵的节能改造研究

3.1 水泵降耗技术的选用

水泵的节能改造是在相同水量需求的情况下，运用技术手段降低其所消耗的能量。降低水泵的能耗技术措施有变频泵供水技术、优化调度、优化水泵等[4]，三种技术措施各有优缺点。优化水泵可以适当调整水泵养护维修周期，操作简单；优化水泵结构需要有专业的技术员操作，且操作复杂繁琐。优化调度需要制定适当的用水计划，按照用水计划简单地控制水泵的启停开关即可；缺点是施工用水随意性比较大，在需要用水的时候开启水泵，不需要的时候停止水泵，都会有一定的延时，而且需要有专人在水泵前看守，增加了劳动力，因此实现施工现场水泵优化调度存在一定的难度。变频技术也是实现水泵调速的技术之一，根据电动机转速公式 $n = (1 - s)60f_1/p$ 得知，在不改变水泵电动机转差率和极对数即不改变水泵内部结构的前提下，水泵电动机的转速和所使用电源频率成正比关系，在变频器的作用下平滑地改变水泵电动机的电源频率即可改变水泵转子的转速，亦即改变了供水系统的供水水压和流量。变频调速具有体积小、精度高、操作简便、节电效率高等特点，近年来成为了城市供水系统节能改造的主要方式之一。

3.2 变频泵供水技术在高层建筑工程供水系统中的应用研究

3.2.1 变频泵供水技术节电原理

要想降低整个供水系统的电能消耗，设法提高水泵的与转效率是非常之有效的措施之一[5]。采用交流变频泵供水技术控制水泵的运行，是城市供水系统节能改造的途径之一。在变频拖动的供水设备中，不对水泵内部结构进行优化的前提下，频率的高低决定了电动机的转速，对于一台水泵来说，可以运用水泵的转速公式来计算不同转速的扬程、流量和功率。对于电动机或水泵来说，流量与转速成正比，扬程与转速的二次方成正比，而轴功率与转速的三次方成正比，它们之间的关系是可以明确的，同一台异步电动机或水泵在电动机旋转磁场的极对数是固定的，在转差率也不变的情况下，水泵的扬程、流量、功率是电源频率的一次方、二次方和三次方的函数关系。因此，在建筑生产建造阶段，当建筑工程达到一定的高度的时候，扬程和用水量都是一定的，此时，根据关系式就可以得出水泵需要的供电电源的频率。

3.2.2 改造节能效果分析

1. 示范工程概况

某建筑工程位于贵州省贵阳市，设地下 4 层，地上 32 层，高 99.75 m，属于高层住宅建筑。采用绿色施工技术建造，主体结构到装修完毕工期为 2 年。

2. 回收周期计算

该建筑工程在生产建造过程中采用施工用水和临时消防用水合二为一的供水方式，楼层施工用水采用一台 22 kW 的离心水泵供水，水泵工作时间为早 7 点到晚 5 点，正常工作日每天工作 10 h。改造前采用工频、额定功率运行，日用电量为 $22 \times 10 = 220$ kW · h，年总用电量为（按 10 个月算）6.6 万 kW · h，年运行费用约 6 万元（不包含维修费用，下同）。对该水泵进行现代化和节能改造，加装变频器和压力传感器系统，该系统价格为 3.0 万元（含安装调试费用）。按一般应用变频器节电率为 20% ~ 50%[6]，年节约电量 1.3 万 kW · h ~ 3.3 万 kW · h，按照目前工业用电的价格为 0.90 元/ kW · h，年运行费用则可节约成本 1.2 万元 ~ 3.0 万元，按照实际节能效率为平均节能效率的 80%[7]，亦可节约 0.9 万元 ~ 2.4 万元，不考虑通货膨胀因素，回收周期为 1 年到 3 年之间。

4 总　结

从变频泵供水技术在工程中的示范应用的实际效果可以看出，通过提高水泵电动机进行自动化水平和优化控制方式，一方面可以使水泵电动机的运行更加高效和合理，减少了水泵的磨损，延长了水泵的使用寿命，也达到了一定的节水、节能的效果。另一方面可以促进建筑施工企业摒弃一些老旧的管理观念，提高企业的现代化信息水平。变频泵技术在其他领域的应用已经非常成熟和广泛，通过变频泵供水技术在工程建设领域的示范应用，奠定了其推广的基础，为降低施工能耗和建筑绿色建造增添一份力量。

参考文献

[1] 甄兰平，李成. 建筑耗能、环境与寿命周期节能设计[J]. 工业建筑，2003，33（2）.
[2] 何小飞. 建筑施工初始能耗及节能施工技术研究[D]. 重庆：重庆大学土木工程学院，2013.
[3] 邱伟. 建筑施工水资源利用及节水措施[J]. 价值工程，2013（28）.
[4] 谭素霞，王友坤，薛梅，等. 关于降低离心水泵能耗的研究[J]. 水利经济，2004，22（6）.
[5] 王志敏. 城市供水系统节能控制研究[D]. 哈尔滨：哈尔滨工业大学，2012.
[6] 姜延柏，郗安民，刘颖，等. 变频器在给水工程中节能降耗的分析[J]. 机电产品开发与创新，2004，7（6）.
[7] 丁宝杰，李巍. 高层建筑施工节水节电的施工方法. 吉林省土木建筑学会 2013 年学术年会论文[M]. 吉林：2013（96）.

附录

绿色公共建筑增量成本分析与估算方法研究

夏 麟

（华东建筑设计研究院有限公司）

【摘 要】 本文首先在大量文献分析的基础上，提出了绿色建筑增量成本的定义，其次通过对《绿色建筑评价标准》的技术分析，将绿色技术分类为绿色建筑新增加的技术或产品和具有绿色属性的现有技术或产品，最后提出了绿色公共建筑增量成本估算分析方法，并以此为基础开发了实现该方法的软件。

【关键词】 绿色建筑 增量成本 成本估算

Analysis and Estimation of the Incremental Cost of Green Public Building

XIA Lin

East China Architectural Design & Research Institute

Abstract Firstly, based on the analysis of literature, The paper putted forward the definition of the incremental cost of green building. Secondly, according to the evaluation standard for green building, green technology is divided into pure green technology and the existing technology which has the green attributes. Finally, the paper bring up a green public building incremental cost analysis method, and developed application program

Keywords green building incremental cost cost analysis

地源热泵埋管非稳态传热快速数值计算方法及实验验证

刘希臣

（中国建筑西南建筑设计研究院）

【摘　要】 本文提出计算地源热泵地埋管的非稳态传热的快速数值计算方法。地埋管与土壤的传热过程是十分复杂的非稳态过程，为得到三维的土壤温度场及管内水温沿埋管方向的变化，并减小数值计算时间，本文采用“单元分割”的思想对控制方程进行离散，并编制计算程序对离散方程进行求解。实例验证表明，计算值与实测值的最大相对误差为 6.8%，平均相对误差为 1.1%，数值计算时间为 5 s。

【关键词】 地埋管　非稳态传热　数值计算

New Solutions for Short-time calculation of Transient heat transfer in GSHP using numerical calculation method and experiment certification

LIU Xichen

Abstract The numerical calculation method of transient heat transfer for underground heat exchanger in GSHP is proposed in this paper. The heat transfer between the ground heat exchanger and the soil is a very complex non-steady-state process, in order to get the three-dimensional soil temperature field and the temperature change of in-pipe water along the pipe direction and reduce the computing time, the “cell division” method is used to create the discrete equations and the computing procedure is compiled to solve the discrete equations. Experiment certification shows that, the maximum and average relative temperature difference between actual measurement and numerical calculation are 6.8% and 1.1% respectively, the computing time of numerical calculation is 5 seconds.

Keywords underground heat exchanger　transient heat transfer　numerical calculation

夏热冬冷地区办公建筑绿色设计探索

——以余姚科创中心大厦为例

朱 燕[1] 何 山[2] 葛 坚[1*]

（1. 浙江大学；2. 西澳大利亚大学；
1*. 浙江大学建筑学系，杭州市余杭塘路866号 310058）

【摘 要】 余姚科技创业中心大厦在投资成本增加有限的情况下，于2013年成功获得了国家二星级绿色建筑认证。本文以该项目为例，首先从绿色建筑评价标准的六个方面入手，围绕着如何在夏热冬冷地区的气候条件以及办公建筑的节能设计两个关键问题进行研究，探索相关条件下的节能设计策略，最后分析其如何通过均衡设计，利用"小投入"实现绿色技术方面的"大产出"，并为今后类似的工程实践提供参考。

【关键词】 办公建筑 绿色建筑 节能策略

Sustainable Design Investigation of Office Building in the Hot Summer and Cold Winter Zone: take the example of Kechuang Central Mansion of Yuyao

ZHU Yan[1] HE Shan[2] GE Jian[1]

（2. Candidate, Doctor of Architecture（Design）/Sessional Lecturer, Faculty of Architecture, Landscape and Visual Arts, University of Western Australia; Add: M433, 35 Stirling Hwy, Crawley WA 6009, Australia; Email: shan.he@uwa.edu.au）

Abstract The Kechuang Central Mansion of Yuyao was awarded with National Two Star Green Building Identification in 2013, without substantial increase of building investment. This paper takes this project as an example to investigate the design strategies around the six national criteria of green building evaluation in a balanced practice. And meanwhile, two key features that influence the design from the project context are considered: the Hot Summer and Cold Winter Zone, as well as office building design. In the conclusion, the authors analyze how to balance the various factors in the design practice, to achieve maximized outcome through minimized extra-investment, as a good reference for future projects with similar natures.

Keywords office building green design energy efficiency strategies

绿色建筑全生命周期碳排放核算及节能减排效益分析

郑立红 冯春善

（天津生态城绿色建筑研究院有限公司，
中新天津生态城中天大道 2018 号科技园低碳体验中心）

【摘 要】为了更好地了解绿色建筑给节能减排带来的效益，本文分析某绿色建筑全生命周期碳排放总量及分布，发现运行阶段碳排放比例最大。采用 eQuest 软件搭建绿色建筑和对比建筑模型，通过对比分析，得出在绿色建筑模型中，全生命周期碳排放总量为 34 350 t，每年单位面积碳排放指标为 83.80 kg CO_2/（m^2·y），其中运行阶段能耗为 659.02 kW·h/（m^2·a），碳排放占比为 96.07%。比对建筑全生命周期碳排放总量为 40 853 t，每年单位面积碳排放指标为 99.66 kg CO_2/（m^2·y），其中运行阶段能耗为 790.05 kW·h/（m^2·a），碳排放占比为 96.70%。绿色建筑对节能的贡献率为 16.59%，对降低 CO_2 排放的贡献率为 15.92%。因此，大力推广绿色建筑的发展是实现我国 2020 年的节能减排目标的必要手段。

【关键词】 绿色建筑 能耗 碳排放

Analysis of the energy conservation and emissions reduction benefits of green building

ZHENG Lihong FENG Chunshan

（Tianjin Eco-city Green Building Research Institute
Low carbon living LAB Science Park，No.2018Zhongtian Road，Sino-Singapore Tianjin Eco-City）

Abstract In order to gain a better benefits，which is brought by energy conservation and emissions reduction of the green building，this paper analyzes a whole carbon emissions and distribution of green building，founds carbon emissions of running phase is the largest.using the eQuest software to build green buildings and contrast buildings models，through the comparison and analysis，it proves that in the green building model, the whole life cycle of carbon emissions add to 34350t, annual per unit of area carbon emissions index is 83.80 $kgCO_2/(m^2.y)$, run phase energy consumption is 659.02KWh/(m^2.a), accounting for 96.07% of the whole carbon emissions.The whole life cycle of carbon emissions add to 40853t of contrast buildings compared with green buildings, annual per unit of area carbon emissions index is 99.66 $kgCO_2/(m^2.y)$, run phase energy consumption is 790.05KWh/(m^2.a), accounting for 96.70% of the whole carbon emissions.Green building has contributed 16.59% of energy saving, and 15.92% of the reduction of CO_2 emissions.So promoting the development of green building is the necessary means to realize the energy conservation and emissions reduction plan in 2020.

Keywords green building energy consumption carbon emission

基于模块化设计的低能耗住宅研究

——以 SDC2013 参赛作品为例

高 青

（东南大学建筑学院，南京 210096）

【摘 要】 2013 年中国山西大同举办了第七届国际太阳能十项全能竞赛暨第一届中国国际太阳能十项全能竞赛。相比于往届竞赛，本次竞赛中参赛作品在模块化设计上有更大的提升。本文以东南大学赛队参赛作品“阳光舟”（Solark）为例，以模块化设计理论为切入点，从模块化空间组合、模块化结构体系、模块化设备衔接三方面详尽地解析了低能耗太阳能住宅“阳光舟”的设计理念和技术体系，以期为我国未来的低能耗太阳能建筑的发展提供可以借鉴的经验。

【关键词】 模块化理论 低能耗 太阳能住宅 2013 中国国际太阳能十项全能竞赛

Research on Low Energy Housing Based on the Modular Design

——Case study of the SDC2013 entry “Solark”

GAO Qing

（School of Architecture，Southeast University，Nanjing 210096）

Abstract The 7th international Solar Decathlon and the first China international Solar Decathlon competition was held in 2013, datong, shanxi, China. Compared with the previous competition, these competition entries have greater improvement on the modularization. This paper aims at the modular space combination, modular system structure and interface modular equipment to analyzes the design of the low energy solar energy residential concept and technological system based on the theory of modular design as the breakthrough point, and takes the entry of southeast university team—Solark as an case study.

Keywords modularization low energy solar residential solar decathlon China 2013

广西某绿色建筑小区中水综合利用方案及分析建议①

李 妍 狄彦强 张宇霞
（中国建筑科学研究院，中国建筑技术集团有限公司，北京 100013）

【摘 要】 广西壮族自治区某住宅小区，以绿色建筑二星级为目标进行设计，前期通过技术经济分析，确定收集 11～18#楼生活污水经人工湿地处理后回用于小区绿化、道路浇洒和景观湖补水。小区运行一年后，通过对实际运行数据的计量统计，发现自来水用水量和中水使用量均未达到前期设计数值，部分中水未得到有效利用，同时，中水站处理水量远未达到设计值，中水处理站设计规模偏大。通过对各项数值的深入分析探讨，认为设计阶段标准选取不合理，小区入住率过低等是引起上述问题的主要原因，并针对小区中水站的稳定运行和中水的合理使用提出了一些改进和建议。

【关键词】 绿色建筑 中水 人工湿地 用水量

Scheme and analysis of comprehensive utilization of recycled water of a green building community in Guangxi province

LI Yan DI Yanqiang ZHANG Yuxia
(China Academy of Building Research, China Building Technique Group Co., Ltd, Beijing 100013)

Abstract In a residential area in Guangxi, with two star green building is designed, the technical and economic analysis, determine the collection of 11～18# building sewage treated by artificial wetland is returned to the green area, road watering and landscape lake water. After one year of operation, through the statistical analysis of the actual operation data, found that the water consumption and water use amount has not reached the pre design numerical, part of water is not available, at the same time, the water treatment plant water did not reach the design value, water treatment plant design scale is too large. Study through in-depth analysis of the value of design stage, that the standard is not reasonable, residential occupancy rate low are the main reasons that cause these problems, and puts forward some improvement and suggestion for operation and reasonable use of water stable residential water stations.

Keywords green building recycled water wetland water consumption

① 院青年基金（20131802331030082）。

住区典型宅间绿地布局模式对室外热环境的影响研究

洪 波

（西北农林科技大学林学院园林系，陕西杨凌 712100）

【摘 要】 居住区宅间绿地与住宅直接相连，是居民出入住宅的必经之处，对居住区室外热环境影响最为直接。本研究以西安地区典型宅间绿地布局模式为研究对象，选择标准有效温度（Standard Effective Temperature-SET*）作为室外热环境的评价指标，分析夏季不同宅间绿地布局模式对居住区室外热环境的影响。研究表明：① 建筑和绿地布局平行于主导风风向，能有效提高低海拔热空气和高海拔冷空气的对流交换效率，致使行人空间获得较舒适的室外热环境；② 通过系列模拟比较表明，宅间绿地为“二分道型”，且布局平行于主导风风向，该布局模式下室外环境标准有效温度（SET*）最低，为最优的宅间绿地布局模式。

【关键词】 室外热环境 宅间绿地 布局模式 标准有效温度（SET*） 数值模拟

Numerical study of typical green land patterns' effects on outdoor thermal environment in residential housing blocks

HONG Bo

（Department of Landscape Architecture，College of Forestry，Northwest A&F University，Shaanxi Yangling 712100，China）

Abstract Residential green space between buildings（GSBB），which is close to occupants' daily life, constitutes an essential component of urban green land and has positive effects on the outdoor pedestrian level thermal environment. Based on typical green land pattern arrangements in GSBB in Xi'an，the effects of different green land patterns on pedestrian thermal comfort in residential housing blocks in northern China were studied by using the revised standard effective temperature（SET*）as an evaluation index. Different green land patterns between buildings have various effects on pedestrian thermal comfort in the summer. Long building facades and green space parallel to the prevailing wind direction can accelerate horizontal vortex airflow at the edges, such airflow could strengthen the convective exchange efficiency of hot air at a low altitude and cold air at a high altitude, and obtain pleasant thermal comfort and natural ventilation at the pedestrian level. A series of numerical simulation and comparison found that pattern with a road that runs along both housing blocks, in the case of 0° wind direction (east wind), is the optimum pattern and has a lower average SET* distribution in the whole open space.

Keywords outdoor thermal environment green space between buildings(GSBB) green land pattern revised standard effective temperature (SET*) numerical simulation

天津生态城绿色建筑增量成本研究

栗志伟　戚建强

（天津生态城绿色建筑研究院有限公司，天津生态城中天大道2018号）

【摘　要】 中新天津生态城是中国、新加坡两国政府战略性合作项目，是继苏州工业园之后两国合作的新亮点。生态城市的建设显示了中新两国政府应对全球气候变化、加强环境保护、节约资源和能源的决心，为资源节约型、环境友好型社会的建设提供积极的探讨和典型示范。生态城内对建筑的节能环保要求比天津其他地区高。本文在对生态城内现阶段已建成和已设计的多个绿色建筑进行了大量调查的基础上，首先对生态城绿色建筑增量成本界定原则作了介绍，其次分别从节地、节水、节材、节能、环保等方面对生态城绿色建筑增量成本现状进行了统计分析，再次介绍了生态城增量成本回收的情况，最后与国内其他地区的绿色建筑增量成本做了一些比较。

【关键词】 绿色建筑　增量成本　生态城

生态校园评价因子的使用者权重研究

林 聪 袁 磊
（深圳大学建筑与城市规划学院深圳）

【摘 要】 本文就校园建设生态需求，归纳出国内外生态校园评估体系的 94 个评价因子作为研究基础，以调查问卷的方式，对深圳大学校园使用者进行调查研究，使用模糊德尔菲法对调查结果进行分析，并参照现有生态校园的国家标准条例进行对比，归纳出深圳大学学生群体对生态校园的关注点与国标现有内容的差异之处。从使用者角度，突显出提高环境物理品质、对设计过程及运营管理进行控制等问题的迫切性，其发现的问题可以作为对现有相关评价系统的修正和补充。

【关键词】 生态校园 调查问卷 评价因子 模糊德尔菲法 校园使用者

Research on the User Weighting Pattern in Assessing Ecological Campus

LIN Cong YUAN Lei
(School of Architecture & Urban Planning Shenzhen University Shenzhen)

Abstract Based on domestic and international ecological campus evaluating systems, the research summarizes 94 evaluating factors which consequently compose the questionnaire for the user opinion survey in Shenzhen University. Using the Fuzzy Delphi Method, the survey results have been analyzed and the factors have been ranked in 3 levels according to the users' opinion. Then the research contracts the "important factors" and "irrelevant factors" with the factors involved in the National Green Campus Standard. In this way, some obvious differences between the major concern of the national standard and that of the campus users can be clearly observed, which shows the possibilities of making improvement for the national standard.

Keywords ecological campus questionnaire evaluating factors Fuzzy Delphi Method campus users

严寒地区村镇绿色居住建筑建设框架研究[1]

曾小成[2]　程　文[3]

（哈尔滨工业大学建筑学院，黑龙江哈尔滨　150006）

【摘　要】 村镇绿色居住建筑作为绿色居住环境重要的组成部分，近年来成为关注的热点。本文试图通过分析严寒地区村镇居住建筑的现状与问题，结合村镇绿色居住建筑建设框架的构建原则，提出严寒地区村镇绿色居住建筑的建设框架以及实施途径。为严寒地区村镇绿色居住建筑的建设提供指导和依据，为村镇居住环境的健康、可持续发展奠定理论与实践基础。

【关键词】 绿色　居住建筑　建设框架　村镇　严寒地区

Research of construction scheme of rural ecological residential buildings

ZENG Xiaocheng　CHENG Wen

（School of Architecture，Harbin Institute of Technology Harbin 150006，China）

Abstract Currently，development of rural ecological buildings as a crucial role in enhancing rural ecological environment is increasingly popular. This paper provides construction schemes and execution approaches for the sake of affording references in terms of constructing ecological and rural sustainable development in freezing areas by means of analysing current situation and problems of rural buildings in freezing area and referring to relevant theories.

Keywords ecology　residential buildings　construction scheme　rural areas　freezing areas

---

① 资助项目："十二五"国家科技支撑计划项目—严寒地区绿色村镇体系构建及其关键技术研究（2013BAJ12B01-01）。

② 曾小成（1989—），男，在读硕士，哈尔滨工业大学建筑学院；地址：哈尔滨市南岗区西大直街66号哈工大建筑学院122室；邮编：150006；邮箱：747763848@qq.com；

③ 程文（1963—），女，博士，哈尔滨工业大学建筑学院教授、博士生导师。

绿色建筑中的节材优化设计

赵彦革 任建伟

（中国建筑科学研究院，北京 100013）

【摘 要】 在新修编的《绿色建筑评价标准》（GB/T 50378）中，增加了关于节材优化设计条文，但并未给出编写优化设计报告的具体要求。本文根据建筑材料的碳排放量分析，给出节材优化设计的原则。同时，本文给出了优化设计报告的框架建议，以便于论证报告的编写。此外，本文还给出了常见工程中，进行优化设计的比选方案。在编写和评价节材优化设计论证报告方面，本文可供相关工程师及绿色建筑评价人员参考。

【关键词】 绿色建筑 节材优化设计 论证报告

Optimization Design of Material Saving in Green Building

Zhao Yange REN Jianwei

（China Academy of Building Research，BeiJing 100013）

Abstract Clauses about optimization design of material saving have been added to the newly edited “Evaluation standard for Green Building” GB/T 50378，but there are no detail requirements in writing the report of optimization design. Principles of optimization design of material saving according to carbon emissions of building materials and suggestions in preparing the verification report of optimization design are given in this paper; The schemes of the optimization design in common construction are also given. This paper can be used as a reference when related engineers and green building evaluators prepare and evaluate the verification report of optimization design.

Keywords green building optimization design of material saving verification report

上海村镇建筑低成本适宜节能技术研究①

瞿　燕

（上海现代建筑设计集团有限公司）

【摘　要】　村镇建筑由于生活水平、用能习惯等有别于城市建筑，因此在适当考虑舒适度的条件下，对其用能方式加以引导，推行有效、适宜的节能技术意义重大。上海地区村镇建筑可以结合地域特点，在以被动式设计为主的建筑形式和体现农村特点的用能模式上加以系统性梳理，达到村镇建筑节能的目标。

【关键词】　上海村镇地区　被动式设计　用能模式　建筑节能

Research on Energy Efficiency Technology of Low Cost for Buildings in Rural Area of Shanghai

QU Yan

（Shanghai Xiandai Architectural Design Group Co.，Ltd，Shanghai　200041　China）

Abstract　Rural building because of living standard and energy use habits are different from city building，so to carry out effective and appropriate energy efficiency technology is of great significance by considering comfort conditions. Rural building in Shanghai area can be combined with regional characteristics，through passive design based architectural form and rural energy use pattern to achieve energy efficiency goal.

Keywords　Rural Area of Shanghai　Passive Design　Energy Use Pattern　Building Energy Efficiency

---

① 本研究受国家科技部“十二五”课题《村镇建筑节能关键技术集成与示范》（2011BAJ08B10）和上海市城乡建设和交通委员会科研项目《上海地区中心村居住建筑节能关键技术集成研究》（2011-30-006）资助。

面向净零能耗建筑的东北村镇住宅的设计要素研究

邵 郁 周小慧

（哈尔滨工业大学，哈尔滨市南岗区西大直街66号510室 150000）

【摘 要】 目前世界能源已经面临前所未有的紧张，发展净零能耗建筑的时代已经到来，净零能耗建筑不是主动技术的简单集成示范，而是以被动式设计为起点，结合适宜的节能及能源系统创作出的不消耗外部能源的建筑。本文依据我国东北村镇的特殊性，对在该地区实现净零能耗住宅进行了研究，通过对被动式设计、提高能源利用效率、可再生能源系统应用三个要素的探讨，提供一种适合东北地区气候特性的本土的、绿色的、可实现建筑工业化生产的净零能耗建筑设计要点和相关村镇住宅建筑技术。

【关键词】 净零能耗 东北 村镇住宅 设计要素

The design elements of net zero energy buildings in the rural of northeast

SHAO Yu ZHOU Xiaohui

（Harbin Institute of Technology，Nangang District of Harbin City West the greatly straight street 66，room 510）

Abstract Currently the world energy has faced unprecedented tension，it is time to develop a net zero energy buildings.Treating passive design as a starting point and combining with appropriate energy conservation and energy systems，net zero energy building is not a simple integration demonstration of active technology . Based on the particularity of towns in the northeast of China，the paper try to realize net zero energy housing in this region. With discussing the three elements of passive designing，improving energy efficiency，applying renewable energy systems，it is possible to provide a suitable net zero energy building design points and rural residential construction technology which can adapt to local climate characteristics，be green and can realize industrial production .

Keywords net zero energy the northeast rural residential design elements

严寒地区开放式办公空间自然通风数值模拟与设计策略研究①

邱 麟 孙 澄 韩昀松

（哈尔滨工业大学建筑学院）

【摘 要】 合理的建筑设计可增强室内自然通风，改善室内的舒适度。开放式办公空间由于人员与设备的密集程度较高，空间进深较大，室内的温度与空气环境常需要空调与机械通风来解决，浪费了大量的能源。通过建筑设计手段促进室内自然通风，增加自然通风的利用率，是实现节能的有效途径。本文选用airpak软件，针对外界环境与自身空间设计的不同情况，选择哈尔滨地区典型开放式办公空间进行室内风速分布、平均空气龄、温度场分布及室内PMV分布的单侧通风模拟。分析模拟结果表明，不同风的投射角度及风速，可通过不同的进风口与出风口对位关系及窗户开启面积来改变。从而改善室内气流组织，引导通风路径，使室内温度及PMV分布相对均匀，在一定程度上改善开放式办公室内的通风效果与空气质量环境。

【关键词】 AIRPAK数值模拟 开放式办公空间 建筑自然通风设计

Study of Natural Ventilation Simulation and Design Strategy in Open Office in Severe Cold Area

QIU Lin SUN Cheng HAN Yunsong

(School of Architecture Harbin Institute of Technology)

Abstract The reasonable architectural design could enhance the indoor natural ventilation and improve indoor comfort. Due to the high intensity of personnel and equipment as well as the large depth of the space, the indoor temperature and air environment are always need to solved by air conditioning and mechanical

① 国家自然科学基金资助项目（51278149）。

ventilation in open office, which waste a lot of energy. Increasing the the indoor natural ventilation and improving the utilization rate by using proper architecture design methods are effective ways to save energy. According to the different situation of external environment and internal space design, Airpak is used to simulate indoor air velocity distribution, mean age of air, the distribution of temperature field and indoor PMV on Harbin typical open office space. The outcome of simulation indicates that different projection angles and wind speeds could improve the organization of indoor airflow and the damped trend of wind speed by changing different air inlets or outlets and the opening area of windows. They could also guide the ventilation path, make indoor temperature and PMV distribution homogeneous relatively. Finally, the effectiveness of nature ventilation and the air quality of open office space could be improved to a certain extent.

Keywords AIRPAK Simulation open office natural ventilation design

从设计角度谈住区声环境优化

杨小东[1] 李英[2] 高焱[2]
（1. 中国建筑设计研究院；2. 北京建筑大学）

【摘　要】 住区声环境是影响居住者居住舒适度的重要考量标准之一。我们认为：噪声防治不能只是在房屋建成后通过各种技术隔声墙或者多层密闭窗进行补救，而是要通过有效的住区声环境优化措施，从建筑设计源头上控制噪声对住区的影响。本文通过大量案例分析与调查数据整理，并结合住区方案设计进程，从住区规划、住宅平面及住宅立面三个环节提出住区声环境优化措施，为建筑从业人员加以选择和使用。

【关键词】 住区声环境　住区规划防噪　户型平面防噪　立面造型防噪

Discissions on Optimization of Residential Acoustic Environment from the Perspective of Design

YANG Xiaodong[1] LI Ying[2] GAO Yan[2]
（1. China Architecture Design and Research Group;
2. Beijing University of Civil Engineering and Architecture）

Abstract The Residential coziness is impacted by the surrounding acoustic environment, which is one of the most important standards for the amenity. In our opinion, it is not enough to only depend on the technical sound-proof wall or multilayer inoperable windows after construction to solve the issues of acoustic environment, but by taking effective acoustic environment optimization measures to minimize the impact on the residential zone from the very start of architectural design. Through a mass of case study and collection of research data as well as the schedule of residential schematic design, this article provides the residential acoustic environment optimization measures for the selection and utilization of architectural practitioners from the aspects of residential planning, residential floor plan and residential facade design.

Keywords residential acoustic environment　noise control in residential planning noise control in floor plans　noise control in facade design